Minerva Library〈経営学〉1

覇者・鴻海の
経営と戦略

喬 晋建[著]

Minerva Library
BUSINESS
ADMINISTRATION

ミネルヴァ書房

はしがき

　2015年3月から10月の8か月間，ほぼ毎日，数時間ないし十数時間をかけて本書の執筆作業に取り組んできた。いよいよ刊行にむけて校正を手にしている今，よろこびと不安がともに湧き上がっている。もちろん読者の反応と評価もとても気になるが，とりあえず以下に何点か，この「はしがき」に記しておきたい。

読者へのメッセージ

　本書は筆者の経営学研究の成果であるが，純粋な学術図書ではないかもしれない。CSR（企業の社会的責任），中国工場，鴻海（ほんはい），シャープ，アップルといった言葉に興味を持っていただいただけでも，ぜひ読んでいただきたい。もちろん，最初から最後まで順番通りに読んでくださる読者がいらっしゃれば，筆者としてこのうえないよろこびだが，頁を適当にめくり，気を引くところだけを読んでいただいてもかまわない。それだけでも，きっと何かの新しい発見があるはずである。

執筆経緯

　筆者は2000年前後から，中国における日系企業の経営管理という研究テーマに取り組んでいたため，数多くの日系工場と中国系（台湾・香港を含む）工場の現地調査を行っていた。その当時の見聞から，中国が「世界の工場」に変身しているなか，中国系工場の競争力が急激に向上するだろうと予感していた。2007年9月から2008年8月までの一年間（CSU Pomona 校の visiting scholar として）ロサンゼルス地区に滞在していたころ，下宿先のアメリカ人家族から「チャイナ・プライス」というおもしろい言葉を聞かされ，書店で，Alexandra Harney の新著（*The China Price*）を購入した。この本を読むことを端緒に，チャイナ・プライスの背後にある中国工場の労働問題に強い関心を持ち，CSR活動の理

論と実践に関する研究を始めた。

　世界の工場と呼ばれる中国で最大・最強の工場となったのは鴻海であり，携帯電話，パソコン，ゲーム機，デジカメ，テレビ，DVDレコーダーといった高額商品だった電子機器をチャイナ・プライス化した最強の立役者も鴻海である。また飛び降り自殺事件の連続発生によって，鴻海の労働問題は全世界で最も注目されていた。当然，中国工場のCSR活動，とりわけ労働問題の研究を進めていくなか，鴻海が最もふさわしい研究対象として浮上した。

　自社ブランドを持たず，他社ブランドの製品を受託生産するというEMSスタイルに徹しているため，一般消費者は鴻海の名前をほとんど知らない。しかし，iPod，iPhone，iPadといったアップルの一連の人気商品をはじめとして，デル，HP，インテル，シスコ，モトローラ，アマゾン，ノキア，ソニー，シャープ，任天堂，ソフトバンクなどの大手企業の数多くの製品を鴻海が受託製造しているため，世界中の消費者は意識せずに鴻海工場の製品を使用している。一方，中国国内では，従業員飛び降り自殺，長時間残業，未成年労働，厳しい罰則規定，大規模なストライキや暴力衝突などの労働問題が多発しており，「搾取工場」が鴻海の代名詞となっている。また，日本国内では，シャープとの資本提携事業を強硬に押し進めようとしてきたため，「下請工場成金」や「黒船乗っ取り屋」などのイメージは相当に強い。

　経営学者の筆者にとって，「世界最大のEMS企業」，「最強の中国工場」，「搾取工場」，「成金乗っ取り屋」などのイメージが混在している鴻海はきわめて魅力的な研究対象となる。最初は鴻海の労働問題だけに注目し，その実態，背景，原因，解決方向性などの究明を目指していた。しかし，「搾取工場」や「乗っ取り屋」と罵倒・警戒されながら，鴻海は100万人以上の従業員を雇用し，世界第一級のブランド企業から委託生産の大口オーダーを取りつけ，世界各地での事業規模を着実に拡大し，売上高と利益を伸ばし続けているという事実を重要視せざるを得なかった。

　鴻海が大きく成長した原因について考えると，きっと鴻海が採用している経営戦略は企業内外の経営環境にうまく適応しているはずである。そうならば，

鴻海がどんな経営戦略をとっているのかを自然に知りたくなる。そして，鴻海とシャープの資本提携事業は大きな成長可能性を持ちながら，さまざまな困難にぶつかり，結局，失敗に終わってしまったが，その失敗から多くの貴重な経験と教訓を学べるはずである。こうして，筆者の鴻海研究は，労働問題から経営戦略とシャープ買収へと自然に広がった。

内容構成

2008年以降の筆者は，「世界の工場」と「チャイナ・プライス」の衝撃，衝撃現象の背後にある労働問題を中心とするCSR活動，CSR活動の世界的潮流（その理論と実務的な取り組み），欧米企業による中国工場監査，中国工場におけるCSR活動の実態，労働問題で最も注目される鴻海の標的化，鴻海の労働問題，鴻海の経営戦略，鴻海とシャープの資本提携，という必然的な流れに沿って研究を進めてきた。本書は，第7章（労働問題）を除いて，筆者の2009年以降に発表した以下6本の論文をベースとしている。

- 「チャイナ・プライスについて」『海外事情研究』第37巻第1号（2009）。
- 「CSR活動の世界的な潮流――その理論と実践」『産業経営研究』第29号（2010）。
- 「欧米企業の中国工場監査」『海外事情研究』第38巻第1号（2010）。
- 「中国におけるCSR活動――農民工の労働権利保護を中心に」『産業経営研究』第31号（2012）。
- 「鴻海社の経営戦略」『産業経営研究』第33号（2014）。
- 「敵か味方か――鴻海社とシャープ社の資本提携事例」『産業経営研究』第34号（2015）。

もちろん，本書の出版にあたり，発表した論文の内容に対して，大幅な修正と補足を行った。第Ⅰ部（第1～2章）の内容はCSR活動の理論と実践に関するものであり，第Ⅱ部（第3～5章）の内容は中国全体のCSR活動に関連するものである。鴻海関連の第Ⅲ部（第6～9章）は分量が大きく，本書の主要内容となっている。また，中国全体のCSR活動に関する先行文献が比較的多い

のに対して，鴻海の経営と戦略に関する先行文献がきわめて少なく，本書に希少価値がある。したがって，分量と希少価値という2点の理由から，「CSR」と「中国工場」という2つの重要なキーワードをあえて書名に入れず，「覇者・鴻海の経営と戦略」という簡潔明瞭な書名をつけることにした。

成果と課題

　まずCSR活動の理論と実践に関する内容（第1〜2章）は主として欧米先進国の状況を説明するものになっているために，中国工場のCSR活動にそのまま適用するのは困難かもしれないが，中国工場のCSR活動の将来的な方向性を示す意義がある。また工場監査とチャイナ・プライスに関する内容（第3〜4章）は大体2008年前後の状況を反映するものであり，2015年現在では一部の状況がすでに大きく変化しているが，中国製造業が成長する一時代の記録としての価値がある。そして，農民工の労働権利に関する状況説明（第5章）は基本的に2010年までのデータを使用しているが，その様子は今現在においても大きく変わらず，マクロ的な労働問題の実態を克明に反映している。

　鴻海に関する内容（第6〜9章）は本書の主要内容となっており，最も力を入れた部分であるが，残念なことに，鴻海は秘密主義で特別に有名な企業でもある。筆者は2010年から2015年にかけて何回も研究目的の工場見学を行い，鴻海の幹部と従業員へのインタビューを試みたが，いつも厳しく制限され，自由な見学と会話ができず，表層的なものに終わってしまった。その結果，本書は基本的に文献研究を方法論とし，主な情報源を新聞記事という間接的な情報に頼らざるを得なかった。新聞記事の場合，情報の信憑性はある程度保証できるという安心感が得られるが，表面的な内容が多いという弱点がある。そういう間接的・表面的な情報に基づいて分析と議論を展開しているため，本書は学術図書のレベルに到達できていないのかもしれない。また，鴻海という巨大企業の経営と戦略に対する説明は多岐にわたり，その多くが筆者の能力範囲を大きく超越している。したがって，本書の説明範囲も分析内容もまったく不完全なものに過ぎず，まさに「群盲，象を評す」というレベルのものと言われるかも

しれない。

　しかし，「搾取工場」や「黒船成金」などのマイナス・イメージが先行する鴻海の知られざる側面，すなわちその労働問題背後の原因と解決方向性，経営戦略上の諸特徴，シャープとの資本提携事業から学べる教訓などを本書が初めて提示することができたため，「レンガを投げて玉を引き寄せる」という意味で，本書の出版は大いに有意義であろう。また，台湾生まれの鴻海は中国進出をきっかけに順調に成長を遂げ，世界最大のEMS企業となった。シャープとの資本提携は成功せず，最大顧客のアップルとの関係にもかつてほど緊密ではなくなっているが，日本の液晶技術の入手ルートを諦めずに開拓しつつ，アップル以外の顧客開拓に成功しており，特にソフトバンク，アリババ，テンセントなどのIT大手企業との急接近は大きな意味を持っている。本書第6章のなかでも説明しているように，鴻海に対する注目度は低くないものの，その実態を客観的に示す書物はほとんど存在していない。世界制覇という鴻海の野望が叶うかどうかを予測できないが，経営学者の筆者が客観・公正の立場から書き上げた本書は現時点で鴻海の実態を示す最良の一冊であると確信している。

将来への期待

　本書で説明しているように，鴻海のような中国企業の労働現場と経営戦略においてさまざまな問題が発生しており，状況改善と軌道修正の必要が迫られている。しかし，時間がすべての問題を解決してくれると筆者は非常に楽観的に考えている。実際，近年の中国で従業員，企業，政府，マスコミなどの関係者のCSR活動に対する認識が大きく変化し，書類偽造，シャドウ工場，社会保障制度参加，健康被害，賃金未払い，公共サービス利用といった本書中に言及している問題はすでに確実に改善されている。鴻海の事例からも判るように，飛び降り自殺事件は2010年に集中的に起きていたが，今は年に1件程度に減り，大きく改善したと言えよう。その経営戦略の手法は多角化だけが成果を上げておらず，ほかの手法はおおむね成功している。シャープ買収の試みは挫折したが，液晶技術の獲得という本来目的を実現する努力は依然として継続しており，

シャープとアップル以外の事業開拓と援軍獲得にも成功している。

近年の中国には，年配者の行儀悪さ，マナー違反，道徳上の不品行などの事例が際立っていることを背景に，「お年寄りが悪人になったのではなく，悪人がお年寄りになった」という言い方が流行っている。つまり，1960年代半ばまでに生まれた年齢層の人々は，毛沢東の文化大革命時代（1966～1976年）に物質的な貧困のなかで歪んだ倫理的・道徳的な価値観が形成され，「いい大人」に成長しないままで年を取り，お年寄りのイメージを悪くしている。筆者もその層の一人なので，自分の日々の振る舞いに注意しなければならないと真剣に反省している。そのうえで，家族愛と豊かさと「普世価値」（世界共通の普遍的価値観）のなかで育った一人っ子世代の人々が筆者の世代の愚行を繰り返さないでほしいと切望している。うれしいことに，ゴミのポイ捨て，汚い言葉遣い，つば吐き，身だしなみの悪さ，ドケチ，騒音放出などに関して言えば，若い世代は確かに行儀よくなっている。これと同じ理屈で考えると，多分，当事者(従業員，経営者，政府役人)が粗野で強欲な私の世代から洗練された節度のある世代に変われば，中国企業の労働者権利，CSR活動，海外進出戦略などの諸問題はより容易に改善・解決できると信じたい。

感謝の言葉

本書の出版に先立ち，中国での現地調査を何度も行い，旅行費用の一部は熊本学園大学の海外事情研究所と産業経営研究所の研究助成金によって賄われた。とりわけ本書の出版にあたり，産業経営研究所の出版助成金を頂いた。執筆中の文献収集について，いつものように熊本学園大学図書館に大変お世話になった。また，ミネルヴァ書房編集部の戸田隆之氏には，出版企画の相談から編集作業まで一手に引き受けていただき，「最初の読者」として，日本語表現，目次形式，内容構成などについて貴重な意見を頂戴した。この場を借りて，熊本学園大学の産業経営研究所，海外事情研究所，図書館の方々，そしてミネルヴァ書房の戸田隆之氏に対して，心から御礼を申し上げます。

最後に，恐縮ではあるが，研究活動以外の関係者にも感謝の言葉を送りたい。

はしがき

2014年8月に大学卒業30周年のクラス同窓会が北京の香山飯店で開かれ，20人前後の同窓が集まった。2015年6月に日本留学30周年の記念パーティが小田原のヒルトンホテルで開かれ，大連外国語学院で日本語集中教育を受けた40人前後の仲間が集まった。2015年9月に高校卒業40周年のクラス同窓会が故郷の太原市にクラスメートが経営する八大祥飯荘で開かれ，30数人の旧友が集まった。また日々の暮らしのなか，九州中国人学者・技術者連合会という親睦団体のメンバーとの交流が非常に多い。各種の会合での雑談のなか，留学組のエリートも，名門大学の同窓も，地方高校卒の友人も，日本滞在の研究者仲間も，みんな非常に個性的な人物で，それぞれ多彩多様で有意義な人生を送ってきていると強く印象づけられた。皆さんのはつらつと輝いている姿が羨ましく，凡庸な自分を何とか奮い起こそうとする気持ちは強まるばかりであるが，地方の小さな私立大学という刺激の乏しい職場に勤務している筆者にとって，一筋にコツコツと研究しつづけていくことだけが自己実現の可能性を高める正道であろう。この意味から，欠点だらけの本書を，わずかな自己安心の材料にするとともに，友人・知人から元気と情熱を絶え間なく頂戴する恩義に報いる返礼にさせていただきたい。

 2015年11月

                    喬　晋建

覇者・鴻海の経営と戦略

目　次

はしがき

第Ⅰ部　CSR 活動の理論と実務

第1章　CSR 活動に関する理論 … *2*

第1節　CSR の概念　*2*
第2節　CSR 研究の流れ　*3*
第3節　CSR 活動の正当性　*4*
　（1）CSR 活動の始まり　*4*
　（2）CSR 推進派　*4*
　（3）CSR 反対派　*5*
　（4）折衷主義的な解釈　*6*
　（5）CSR の市民権確立　*7*
第4節　CSR 活動の主要内容　*7*
第5節　戦略的な CSR　*11*
　（1）戦略的 CSR（＝CSV）の概念　*11*
　（2）CSR 活動の財務条件　*13*
　（3）CSR 活動と事業活動の一体化　*14*
　（4）戦略的 CSR の正当性と成果　*15*
　（5）BOP ビジネス　*18*

第2章　CSR 活動の実務的展開 … *23*

第1節　国際機関の取り組み　*23*
第2節　消費者団体の取り組み　*25*
第3節　欧米企業の取り組み　*27*
第4節　日本企業の取り組み　*31*
第5節　SA8000規格　*36*
　（1）労働基準の制定　*36*
　（2）SA8000規格の由来　*38*
　（3）SA8000の要求事項　*39*
　（4）SA8000の認証　*40*

（5）SA8000制定の背景　*41*
（6）SA8000の役割　*42*
（7）SA8000認証の広がり状況　*44*
（8）日本企業のSA8000認証状況　*46*
（9）中国企業のSA8000認証状況　*48*

第Ⅱ部　中国企業におけるCSR活動の実態

第3章　欧米企業の中国工場監査 …………………………………*54*

第1節　海外工場監査の背景　*54*
第2節　ウォルマートの中国工場監査　*57*
第3節　中国工場監査の問題点　*62*
（1）監査要求の不統一　*63*
（2）多い不条理な要求内容　*64*
（3）文言表現の異なる解釈　*66*
（4）異なる監査主体の混在　*67*
（5）監査機関と監査スタッフの問題　*68*
（6）監査疲労の問題　*69*
（7）相互信頼の問題　*71*
（8）実効性の問題　*71*
第4節　問題解決の方向性　*72*

第4章　チャイナ・プライス …………………………………………*79*

第1節　チャイナ・プライスとは何か　*79*
第2節　チャイナ・プライスはなぜ実現したか　*81*
（1）中国工場の低コスト体質　*81*
（2）大量生産による規模の経済性　*82*
（3）OEM生産方式　*82*
（4）産業クラスター効果　*86*
（5）社会保障制度の不備　*87*
（6）書類の偽造　*89*
（7）シャドウ工場の存在　*90*

第3節　チャイナ・プライスは何をもたらしたか　*91*
　（1）メイド・イン・チャイナ製品の広がり　*91*
　（2）消費者と一部外国企業の利益拡大　*92*
　（3）海外生産者の緊張感の高まり　*94*
　（4）貿易摩擦の恐れ　*94*
　（5）労働者人権の侵害　*96*
　（6）残業超過の常態化　*97*
　（7）労働者の健康被害　*99*
　（8）被害問題の国際化　*101*

第4節　チャイナ・プライスは続けられるか　*102*

第5節　チャイナ・プライスの仕組み　*106*

第5章　農民工の労働権利……………………………………… *110*

第1節　中国におけるCSR活動の全般状況　*110*

第2節　農民工の全体像　*115*
　（1）なぜ農民工か　*115*
　（2）農民工の概念　*116*
　（3）農民工の規模　*117*
　（4）農民工の職業別状況　*117*

第3節　農民工の労働権利の侵害状況　*119*
　（1）低賃金　*119*
　（2）賃金未払い　*120*
　（3）高い労働強度　*121*
　（4）生産事故と職業病の高い発生率　*122*
　（5）社会保障制度の低い参加率　*123*
　（6）非正規の雇用関係　*124*
　（7）劣悪な職場環境　*125*
　（8）公共サービス不足　*126*

第4節　農民工の権利侵害の社会的背景　*127*
　（1）労働力の大量供給　*127*
　（2）労働者組織の不在　*128*
　（3）実力不足　*129*

第5節　新生代農民工の姿　*129*
　（1）職業選択の多様化　*130*

（2）教育水準と権利意識の向上　130
　　（3）都市部への帰属意識の強化　131
　　（4）出稼ぎ先選択の多様化　132
　　（5）労働訴訟の多発　132
　第6節　労働者権利保護に対する政府姿勢　135
　　（1）共産党中国における労働者権利擁護の歴史　135
　　（2）労働契約法の制定　139
　　（3）中国政府の法律執行努力　142
　第7節　問題解決の方向性　145

第Ⅲ部　鴻海にみる労働問題と経営戦略

第6章　中国企業の覇者となった鴻海 ………………………… 154
　第1節　問題意識と研究方法　154
　第2節　先行文献のサーベイと総括　159
　第3節　鴻海の概略　167
　　（1）企業概況　167
　　（2）企業規模　168
　　（3）創業者プロファイル　170

第7章　鴻海の労働問題 ………………………………………… 176
　第1節　連続飛び降り自殺事件　176
　　（1）事件の概略　176
　　（2）事件の影響　178
　第2節　ほかの労働事件　181
　第3節　各種労働事件の原因　189
　　（1）多い残業　189
　　（2）高い離職率　191
　　（3）高い労働強度　192
　　（4）厳格な軍事化管理　194
　　（5）従業員団体の無力化　196
　　（6）安全生産への怠慢　199

（7）厳格な労働規則　200
　　　（8）貧弱な余暇生活　201
　　　（9）士気の低下　203
　　　（10）希薄な人間関係　204
　　　（11）外部要因による連鎖反応　206
　　第4節　労働関係の諸課題　208
　　　（1）企業イメージの改善　209
　　　（2）労働力不足の対策　210
　　　（3）「教育実習」制度の是正　215
　　　（4）公共資源乱用の中止　218
　　　（5）賃金上昇への対応　223
　　　（6）人材の現地化　230
　　　（7）情報の公開　232
　　　（8）CSR活動の重視と企業行動規範の作成　234

第8章　鴻海の経営戦略　244

　　第1節　生産規模の拡大　244
　　第2節　積極的なM&A活用　248
　　第3節　生産工場の立地分散　251
　　第4節　柔軟な生産調整　256
　　第5節　ものづくりへのこだわり　259
　　第6節　発注企業との戦略的パートナーシップ関係の構築　265
　　第7節　自社ブランド力の構築　272
　　第8節　事業経営の多角化　278
　　　（1）家電小売業への進出　280
　　　（2）自動車部品事業への進出　285
　　　（3）ほかの事業分野への進出　287
　　　（4）鴻海の多角化事業に対する分析と提言　290

第9章　鴻海とシャープの資本提携事業　300

　　第1節　事業提携の背景　300
　　　（1）鴻海の収益性低迷　300

（２）見えざる「第三の男」の存在　302
　　　（３）液晶技術に対する鴻海の執念　305
　第２節　事業提携の展開過程　306
　　　（１）シャープとの提携交渉の開始　306
　　　（２）堺工場とシャープ本社への出資決定　307
　　　（３）堺工場への出資完了　308
　　　（４）シャープ本社出資の難航　311
　　　（５）鴻海はずしの道へ　313
　　　（６）「オオカミと一緒にダンスする」　317
　　　（７）鴻海とシャープの資本提携交渉の破談　318
　　　（８）交渉破談による悪影響　321
　第３節　交渉難航中のシャープ　323
　　　（１）経営体制の刷新　324
　　　（２）海外工場の売却　325
　　　（３）商品開発と市場開拓　326
　　　（４）小幅の業績回復　333
　　　（５）不安要素　335
　　　（６）苦しい財務状況　344
　　　（７）経営危機の再来　348
　　　（８）経営再建策の基本内容　351
　　　（９）資本増強策の実施と鴻海支援の門前払い　352
　　　（10）経営再建策の実施状況　354
　第４節　交渉難航中の鴻海　363
　　　（１）「打倒サムスン」の新戦術　363
　　　（２）アップルからの発注減少　365
　　　（３）アップル依存からの脱出　368
　　　（４）大きな業績回復　371
　　　（５）シャープへの片思い　372
　第５節　結果と教訓　377
　　　（１）「すべての道はローマに通じる」鴻海　377
　　　（２）「吉凶未分」のシャープ　380
　　　（３）部品メーカー連合の構想は正しかった　381
　　　（４）相互尊重を事業提携の前提にせよ　382
　　　（５）意思決定体制のスタイルを重視せよ　384
　　　（６）「自国主義・自前主義」の「垂直統合モデル」に固執するな　385
　　　（７）オンリーワン技術の流出を恐れるな　388

（8）「日の丸液晶大連合」の道に進むな　*391*

主要参考文献　*405*

索　　引　*413*

ern I 部
CSR 活動の理論と実務

第1章
CSR 活動に関する理論

第1節　CSR の概念

　CSR とは Corporate Social Responsibility の頭文字で，「企業の社会的責任」と訳されることが多い。簡単に言うと，CSR とは，企業の経営目標，意思決定，価値判断基準などは社会の目標と価値観に一致しなければならないこと，企業が現行の法律を順守して不祥事の対応と予防をしながら，納税と雇用と商品・サービスの提供といった消極的な責任だけでなく，高い企業倫理を樹立して環境保護，資源の有効利用，慈善活動，文化振興といった活動への協力と寄付を通じて社会に対する責任を積極的に果たさなければならないことを意味する。

　CSR の概念に対する定義は非常に多く存在している。たとえば欧米の大学で最もよく使われている CSR 関係の教科書のなかで，CSR の意味を「企業は一般大衆，コミュニティ，およびその環境に影響を与えるどんな行為に対しても説明責任を負うべきである (Corporate social responsibility means that a corporation should be held accountable for any of its actions that affect people, their communities, and their environment)」と説明されている。また日本経営倫理学会は CSR を「企業組織と社会の健全な成長を保護し，促進することを目的として，不祥事の発生を未然に防ぐとともに，社会に積極的に貢献していくために企業の内外に働きかける制度的義務と責任」と規定している。

　日本ではまず山城章が1949年に「企業の社会的責任論」を本格的に提起し，その後の1956年に，企業家団体の経済同友会において「経営者の社会的責任の

図表1－1　CSR研究の流れ

	注目点	CSRの推進力	CSRの方針と方法
第1段階： 1950s～ 1960s	企業の社会的受託責任	経営者（すなわち社会受託者）の良心，会社の評判	社会貢献活動への資金提供，企業のPR活動
第2段階： 1960s～ 1970s	企業の社会的即応性	社会的騒乱と抗議，企業スキャンダルの頻発，公共政策と公的規制，利害関係者の圧力，シンクタンクの政策文書	利害関係者戦略，規制の遵守，社会監査，広報機能，政府のロビー活動の改革
第3段階： 1980s～ 1990s	企業倫理	宗教的・人種的信条，技術主導の価値転換，労働者人権からの圧力，倫理プログラム，利害関係者との交渉	社会的使命と価値観の声明，CEOの倫理の主導
第4段階： 1990s～ 2000s	企業市民	グローバルな経済活動，高度技術による意思疎通，地政学的変化，環境保護への関心，NGOの圧力	政府間協定，グローバルな監査基準，NGOとの対話，持続可能性に関する監査と報告

出所：出見世信之（2009），31頁。

自覚と実践」が議論され，また1960年代に起きた公害問題によって「企業の社会的責任」が大きく注目され始めた。現在，日本の厚生労働省の定義としては，「企業が活動するのに当たって，社会的公正や環境などへの配慮を組み込み，従業員，投資家，地域社会等のステークホルダー（stakeholders：利害関係者）に対して責任ある行動を取るとともに，アカウンタビリティ（説明責任）を果たしていくことである[4]」。

第2節　CSR研究の流れ

CSRに関する研究はすでに経営学の重要分野の一つとなっているが，CSR活動の推進主体や活動範囲などに対する見解は論者によって大きく異なり，まさに百花繚乱の様相を呈している。しかし，CSR研究の流れはおおざっぱに図表1－1のように整理することができる。そこから判るように，時代の変化にしたがい，CSR研究が注目するポイントもCSR活動を推進する力もCSR活動の方針と方法も大きく変化しており，CSR活動の具体的内容もCSR活動に関わる関係者も大幅に増えている。

第3節　CSR活動の正当性

(1) CSR活動の始まり

もともと資本主義社会での企業，特に株式会社において，株主の利益を最大にすることが企業経営の主要目的とされており，企業が果たす社会的責任はさほど重要ではなかった。また，企業はすでに雇用，投資，購買，商品提供といった日常業務を通じて，社会に大きく貢献し，社会的責任を果たしていると解釈する人は多かった。しかし，時代の進歩にしたがい，企業活動が外部社会に及ぼす影響は格段に大きくなり，企業は社会的責任をより積極的に果たす必要があると認識されるようになり，いわゆるCSR運動はまず欧米諸国で芽生えた。

たとえば20世紀初頭のアメリカでは，大財閥だったロックフェラー（John Davison Rockefeller：1839〜1937, 石油王），カーネギー（Andrew Carnegie：1835〜1919, 鋼鉄王），モーガン（John Pierpont Morgan：1837〜1913, 金融王）らは相次いで私財を投じて慈善行為と社会貢献を目的とする財団を設立し，CSR活動の先駆けとなった。他方では，シェルドンが1920年代の著書のなかにsocial responsibilityという用語を用いて企業の社会的責任の必要性を論じた，ということは学界最初だと言われている[6]。特に1953年にボーウェンの著作が出版されてから[7]，CSRに関する理論研究は大きく進展することとなった。

(2) CSR推進派

1960年代以降，CSRに関する理論研究は全盛期に入り，その主張の多くは激しく対立したため，経営学にとどまらず，社会学，行政学，政治学まで広がり，市民社会全体から大きく注目されるようになった。たとえばよく知られているように，ノーベル経済学賞1970年受賞者のサミュールソン（Paul Anthony Samuelson：1915〜2009）と経営の神様と呼ばれるドラッカー（Peter Ferdinand Drucker：1909〜2005）たちは一貫して，株主利益最大化という伝統的な企業目標に反対し，外部社会への企業の責任を強調していた。彼らの考え方は若干の

違いがあるものの，基本的に，「企業は社会の公器」であり，近代的な大企業はより大きな権力と影響力を持つことになったので，企業の外部社会に対する責任も増大したという見方は共通している。[8]

（3）CSR 反対派

　CSR 推進派の勢力が急激に拡大しているという時代の流れのなか，あえて反論を唱える人も少なくない。たとえばレビット（1955）[9]，フリードマン（1962 & 1970）[10]，ジェンセン（2002）[11]，マーゴリスとワルス（2003）[12]などの研究者はCSR活動範囲の急激な拡大に反対し，株主利益の獲得こそが企業の最も重要な社会的責任だと主張した。

　ノーベル経済学賞1976年受賞者で新自由主義（Neo Liberalism）のリーダーとして知られるフリードマン（Milton Friedman：1912〜2006）によれば，資本主義社会において，企業とは株主の私有財産であり，企業の社会的責任とは株主利益の最大化にほかならない（the social responsibility of business is to increase its profits）。特に経営と所有が分離されている現代の株式会社において，雇われ経営者の唯一の「社会的」責任は雇い主の株主たちの要求にしたがい，各種の社会一般法律を守りながら，できるだけ多くの利益を株主に稼ぎ出すことである。つまり，企業の外部社会への責任と言っても法律を守るのはその限度であり，株主利益の獲得と関係の薄い経営活動（たとえば慈善寄付行為など）は株主に対する不誠実な背任行為に当たる。株主と従業員と消費者を除く外部社会に対する企業の責任は主に政府への納税を通じて行われているし，また行われるべきである。岡田正大（2012）はこのフリードマン流の新自由主義の主張を次の3点に整理している。[13]

　1）企業は利益の最大化を通じて，すでに社会福祉の増進に最大限に寄与している。

　2）社会的課題の克服に正当な根拠をもって<u>直接</u>に従事できる唯一の主体は，民主的に選ばれた政府であって私企業ではない。

　3）もしも企業が社会的課題の克服に<u>直接</u>に従事しようとすれば，経営者は

株主に対して利益損害の危険性を警告しなければならない。

（4）折衷主義的な解釈

CSR 推進派と CSR 反対派が激しく論戦しているなか，両派の対立する意見から折衷主義的な発想が自然に生まれる。フリードマンの新自由主義の考え方に依拠しつつ，企業利益の主体を株主からステークホルダー全体へ広げ，企業の「見識ある自己利益（enlightened self-interest)」を企業の社会的責任へ拡大解釈するような議論は徐々に多く見られるようになった。そのなか，フリーマン(1984)[14]やミッシェル(2001)[15]などの研究はよく知られている。

　フリーマンやミッシェルらの主張によると，企業（経営者）は，良き企業市民（Good Corporate Citizenship）として，株主だけでなく，従業員，消費者，地域コミュニティ，政府といったステークホルダー全体の利益を考慮したうえで行動しなければならない。また，企業は常に透明性を保ち，これらのステークホルダーに対する説明責任を果たし，コンプライアンス（compliance）すなわち法令遵守はもとより，環境保護や慈善活動などの社会貢献行動を企業戦略の一環として位置づけて活動しなければならない。

　また，企業目標を株主利益からステークホルダー全体利益へ拡大解釈する見解に合わせ，CSR 活動を一種の保険として理解することも可能である。つまり，もし企業は慈善や公益などの社会性目標の追求を放棄すると，それによって不利益を被るステークホルダーが生まれる。そういうステークホルダーは企業に対して抵抗，拒絶，批判などの行動を取る可能性がある。そうなると，企業のブランド・イメージが悪くなり，売上高が減少することになる。その種のダメージと被害を事前に防ぐために，企業は CSR 活動を実施しておく必要がある。

　「見識ある自己利益」の説にせよ，「保険説」にせよ，実際，今の欧米社会では，企業のステークホルダーを株主・投資家，従業員，供給業者，消費者，NPO 団体，地域コミュニティ，政府といった企業内外の多種多様な利益関係者へ拡大解釈し，共存共栄の関係を築き上げるためには，CSR 活動は欠かせないと

いう考え方は研究者と経営者と一般市民の間にかなり浸透している。

（5）CSRの市民権確立

時代の変化に伴い，CSR活動の正当性はすでに一般的に認められ，CSRの正当性を正面から否定する意見は今日ではほとんど見られなくなっている。CSRが現代社会で市民権を確立した主な理由について，ポーター＆クラマー(2006)[16]は次のように整理している。

1）道徳的義務：企業には善良な市民として正しいことに取り組む義務があるためである。

2）持続可能性：企業には地球環境と地域社会を守り育てる責任があるためである。

3）事業継続の資格：企業は，行政当局や地域社会や消費者などの企業外部のステークホルダーから，暗黙的か明示的かを問わず，事業を継続する許可を得る必要があるためである。

4）企業の名声：CSR活動にコストが伴うというデメリットもあるが，企業イメージ，ブランド力，従業員士気などを高め，そして収益性と株価を上昇させるというメリットも客観的に存在しているためである。

ただし，企業と社会を相互依存関係ではなく，対立関係にあると捉えているのは以上4つの理由に共通する弱点である。このため，以上4つを合わせても十分条件とはなり得ず，大きな限界があると言わざるを得ない。CSRの市民権が確立される十分条件を探るために，企業内部のインセンティブ要因を見つけなければならない。ポーターとクラマーはその内部要因に基づくCSR活動を戦略的CSRまたはCSV（共有価値の創造）として命名し，その詳細は本章第5節で説明する。

第4節　CSR活動の主要内容

企業活動は外部社会へさまざまな影響を及ぼすので，CSR活動の内容に関

する見解も多岐に渡っている。品質の良い商品の提供，納税，就業機会の提供，地域社会への貢献，寄付，慈善活動などは昔から CSR 活動の内容とされてきた。それに加えて，近年にも種々の新説が現われている。たとえばシュワーツ＆カロール（2003）は，企業が社会的責任を果たす動機を経済，制度，道徳という3つに帰結し，そして3つの円形が交差し，共同集合の部分が CSR の理想状態とされる。しかし，あくまでも経済的動機が最も基本的な決定要因であり，企業の経済利益と関係の薄い社会的責任はあまり果たされないという[17]。

また，ランガン（V. Kasturi Rangan）ら（2015）は，CSR 活動を効率的に推し進めていくためには，今までのようなバラバラで場当たり的なやり方を改め，首尾一貫した総合的な CSR 戦略を策定しなければならないと主張する。ランガンらはハーバード大学ビジネススクールで勉強する経営者たちを対象に調査を行い，広範な地域および事業に分布している数多くの企業の CSR 活動を次のような3つの領域に大きく分類した[18]。

1）慈善活動中心：慈善活動を主要内容とする CSR 活動は，利益を生んだり，事業パフォーマンスを直接に改善したりすることを目的にしないものである。たとえば市民団体への寄付，地域活動への参加，従業員個人およびグループのボランティア活動などが挙げられる。

2）事業効率改善：事業効率の改善を基本内容とする CSR 活動は，既存のビジネスモデルの範囲内で機能しており，バリューチェーン上の各種活動をサポートしながら，社会・環境面のベネフィットを提供するものである[19]。企業自身の事業活動の効率改善につながることが多いため，売上高の増加やコストの削減などをもたらす可能性がある。たとえばサステナビリティ（持続可能性）・プロジェクトの取り組みのなかで資源の利用量，廃棄物と温暖化ガスの排出量などが減れば，その結果として企業の生産コストが削減される可能性が大きい。また，従業員の労働環境，医療，教育などに投資すれば，労働生産性の向上，従業員離職率の低下，企業イメージの向上，取引条件の改善といった効果が期待できるかもしれない。

3）ビジネスモデルの転換：ビジネスモデルの転換を目指す CSR 活動は，

図表1-2 カロールによる社会的責任のピラミッド

出所：Carroll, A. B. (1993), p.36.

社会・環境面の課題を真正面から対応しようとして，新たな事業形態を作り出すものである。この領域で最も目立っているのは環境や福祉や貧困などを対象とするソーシャル・ビジネスである。

さらに，慈善活動中心，事業効率改善，ビジネスモデルの転換という3つのうち，そのいずれの領域のCSR活動を実施する際にも，1) 領域内のプログラムの整理と調整，2) パフォーマンス測定指標の開発，3) 領域間のプログラムの調整，4) CSR総合戦略の策定，という4つのステップを踏まえて進めていく必要があると主張している。彼ら自身も認めているように，これら4段階の分け方は便宜上のものである。この4つを全部実行しなければならないが，順番通りに実行する必要はない。

さまざまな意見のなかで，最も分かりやすい見方を提示したのは米国ジョージア大学教授のカロール (Archie B. Carroll) であった[20]。彼は，企業の果たすべき社会的責任をピラミッド的な構造と表現し，順番的に下から上に行く，と説明している (図表1-2)。

1) 経済責任 (Economic Responsibilities)：株式配当，従業員報酬，税金などをまかなうために，必要な経済利益を獲得する (Be profitable)。実際，経済利益の獲得は企業活動の責任だけでなく，企業活動の目的そのものである。

2）法律責任（Legal Responsibilities）：企業活動ないし企業自身の存在が認められるために，税法，商法，独占禁止法，労働法，環境基準，PL法，業界基準と規制などの法律と商業慣習を守る（Obey the law）。これらの法律と商業慣行を守らなければ，追加徴税，罰金，営業停止，取引拒否，商品不買といったさまざまな形で，政府あるいは市場から懲罰を受けることとなる。

3）倫理責任（Ethical Responsibilities）：企業外部の関係者に反感を持たせないために，社会一般の倫理観にしたがい，贈収賄，欺瞞的価格，虚偽の宣伝広告，不公正な競争，顧客への購入強要，談合，不正契約，従業員への差別といった非倫理的な企業活動を行わず，他者の利益を損なうようなことを避ける（Be Ethical）。このレベルの社会的責任を果たすためには，企業独自の倫理観と自主基準を確立し，企業独自に設定した目標に努力するケースが多い。

4）博愛責任（Philanthropic Responsibilities）：企業外部の関係者に好感を持たせるために，良き企業市民として，地域コミュニティに利益と資源を提供し，住民生活の質的改善に努力する（Be a good corporate citizen）。このレベルの社会的責任を果たすことは必ずしも一般的に要請されているわけではなく，個々の企業の能力・判断・選択に委ねられている。この意味から，裁量的責任（discretional responsibility）とも呼ばれる。

このピラミッド構造のなかで，企業の社会的責任は階層的に達成していくとされている。言い換えれば，経済責任から博愛責任までの序列が決まっているものであり，責任遂行の順番を入れ替えたり，飛び級したりすることは非合理的なやり方だとされる。ただし，この階層の順序についてさまざまな議論があり，たとえば法律責任を経済責任の前に位置づけるべきだという見解がある。

一般論として，この4種類の責任は上の階段に行くことにつれて，その重要度が次第に減少していく。ウェートづけをすれば，4-3-2-1のように点数化したりすることもできる。したがって，低次元の経済責任と法律責任を果たしていない企業は社会から厳しいペナルティを受けなければならないが，高次元の倫理責任と博愛責任を果たしていなくても責められるべきではない。つまり，経済責任と法律責任だけを果たし，倫理責任と博愛責任を果たしていない

企業は発展途中の状態として問題視されない。一方，低次元の経済責任と法律責任を果たしていないにもかかわらず，高次元の倫理責任と博愛責任を果たそうとする企業は偽善者として疑われる。たとえば世界流通最大手のウォルマート（Wal-Mart）は中国の清華大学に100万米ドル以上を寄付したときに，その寄付金はウォルマートの正当利益から支出されたのではなく，労働者の人権侵害と所得減少によって実現されたとマスコミが猛烈に批判した。

第5節 戦略的なCSR

（1）戦略的CSR（＝CSV）の概念

　従来の考え方では，CSRは企業のイメージが悪化しないためにとられる防衛手段であった。しかし，近年には，CSR活動に新しい戦略的重要性を与える研究が注目されている。たとえばポーター＆クラマー（2006）[21]は，企業をイメージ損害と法律訴訟から守るという消極的な観点ではなく，消費者利益を守ることによって自社の差別的な競争優位性を構築するという積極的な観点からCSR活動を捉える必要があると主張している。CSR活動を重要な競争戦略として捉えるべきだと強調しているために，ポーターらの主張は戦略的CSR（Strategic CSR）と呼ばれる。

　ポーター＆クラマー（2006）によれば，CSR活動は不祥事の際の贖罪や保険ではなく，また慈善行為でもなく，より積極的な態度で臨めば企業のビジネスチャンスとイノベーション，そして競争優位につながる有意義な事業活動である。そのため，CSR活動の目的をイメージ損害の予防から付加価値の創造に転換させ，「受動的CSR」から「戦略的CSR」に転換しなければならない。また，この転換に伴い，社内のCSR担当部門を費用のかかるコスト・センターではなく，新しい付加価値が創出されるプロフィット・センターとして位置づけるべきである。実際，ネスレ（Nestle），トヨタ自動車，マイクロソフト，GE，ホールフーズ・マーケット（Whole Foods Market）などの有名企業はすでにこの戦略的CSR戦略に取り組んでいる。

たとえばCSR活動が真剣に行われている工場では，労働者権利が守られ，使用される原材料や化学薬品や添加物などに関する品質管理も厳しく，製品に関するアフターケアもしっかり行われているので，その製品への信頼性も比較的に高い。商品の品質，安全と健康への影響，納入工場での労働状況，地球環境への影響などに関心を持つ消費者が増えているので，消費者は法令遵守の工場で生産された製品に若干のプレミアム価格を支払うことに同意することもあり得る。つまり，CSR活動に起因した消費者満足度の高さは法令遵守工場の差別的な競争優位性となる。法令遵守工場はより多くの生産オーダーを獲得したり，より高い納品価格を要求したりすることは可能なので，工場の経営収益性も向上することになる。こうして，戦略的CSRは企業の収益性に貢献できるのであれば，CSR活動にこれまで消極的だった企業も積極的に動き出すだろうと期待される。

戦略的CSRとは，営利企業が本来の事業活動を通して経済的価値を創造しながら，社会的問題を解決して社会的価値を創造することである。社会的責任の遂行と企業収益性の改善が相互に補強し合い，企業と社会との間に一種の共生関係が築き上げられる。社会全体・消費者・企業自身のいずれにも価値を創出するという意味から，ポーターとクラマーは2011年論文のなかに戦略的CSRをCSV（Creating Shared Value：共有価値の創造）と名称を改めた。この2011年論文のなかで，「すべての利潤が同じではない。社会性目的に絡む利潤はより高度な資本主義を代表する。つまり，企業と地域がともに繁栄するというポジティブな循環を創造する (Not all profit is equal. Profits involving a social purpose represent a higher form of capitalism, one that creates a positive cycle of company and community prosperity)」という主張が宣言された。

ポーター&クラマー（2011）の発表をきっかけに，「CSRはもう古い，これからはCSVだ」とか，「CSRからCSVへの転換」といった議論が徐々に広がり，（本業を中心にして利益も伴う）CSVの追求を免罪符にして，（本業との関連性が薄くて利益も伴わない）CSR自体への意識が薄れ，CSR全体を怠慢する（悪徳？）企業でさえも現れている。CSVの発想が悪用されることを危惧する専門家た

ちの共通認識として，CSVを戦略的CSRとして認めることにしても，CSVはあくまでもCSRの一部分に過ぎず，CSRの代替とはならない。CSVを口実にCSRのほかの部分を怠慢するのは許されない。誤解を避けるために，筆者はあえてCSVではなく，戦略的CSRという概念を使うことにする。

（2）CSR活動の財務条件

　一般的な見方として，CSR活動は将来収益の増加をもたらすかもしれないが，CSR活動にかかるコストは当期利益にマイナスの影響を及ぼすこととなる。たとえば企業のCSR関係支出は企業内に蓄積される有形資産と無形資産に転換されたと理解すれば，それをほかの設備投資と同様に，資産項目に記載すべきであろうが，現行の会計制度では，CSR関係支出は単なる発生費用として取り扱われている。つまり，CSR関係の支出は資産投資ではなく，管理コストである。

　近年には，戦略的CSRの観点から出発し，CSR活動と企業の財務指標との関連性を検証する研究は増えている。しかし，残念なことに，採用された指標と研究方法の違いによって，正相関関係と負相関関係の結果は混在しており，明確な結論は得られていないようである。たとえばCSR活動と長期的利益との相関関係を検証しようとする225件の研究結果を見ると，CSRを重視する企業が，その立派な努力の対価として高い収益性を得られた，という因果関係が検出されたものは一件もなかった。しかし，多くの先行研究から分かったこともある。それは，高い収益性を上げている企業の多くはCSR活動を比較的に重視しており，また多くの企業では，収益性が下がればCSR活動に対する配慮も薄れる，という事実である。つまり，会社の収益性が原因で，CSR活動は結果である。この意味から，CSR活動は，資金力に余裕のある会社だけが取り組むことのできる一種の贅沢だとも言えよう。

　幸いなことに，CSR活動を重視することによって，会社の収益性が悪化してしまったという事実もいまだに検出されていない。法令の遵守，自社従業員の待遇改善，取引先業者の労働状況の確認と監査，製品安全対策と環境保護対

策，消費者団体との良好な関係の構築，地域社会への貢献，といったことを内容とするCSR活動はたしかに多くの出費を伴う。しかし，これらのCSR活動は，顧客と投資家の好感を引き起こし，従業員の満足度を高めることができる。その結果，容易な資金調達，高い生産能率，品質の高い製品，高い売上高と市場占有率と収益性，といったメリットは期待できる。こうして，CSR活動によるコストは，CSR活動から生まれるメリットによって大まかに相殺される。「結局，いいやつになって大損することはない」というわけである。

こうして，戦略的CSRの考え方では，CSRは守りの手段から攻めの手段へと変化し，その重要度が増大しているが，CSR活動の実施にコストがかかるという事実は変わらない。あくまでもCSRは長期利益の獲得という目的を実現する手段に過ぎず，CSRを自己目的化することはできない。企業利益の獲得という目的を実現する手段として位置づける限り，CSR活動に関する財務的前提条件が課されることとなる。現状では，「CSRによる利益≧CSRによるコスト」の場合にのみ，CSR活動は正当化されるという意見が多い。

(3) CSR活動と事業活動の一体化

戦略的なCSRという考え方は，企業を主体とするCSR活動に新しい方向性とその重要性を示してくれた。なぜかというと，経営戦略論的な考え方では，戦略とは選択であり，何かを選ぶと同時にほかのものを放棄する，ということを意味する。CSRも例外ではない。企業は多くの分野に広がる無数の社会問題に対応するように要求されているが，企業の競争優位性に直接的につながっている社会問題はそう多くない。そこで，戦略的CSRを実施するために，社会と企業を相互依存の関係にあると捉え，CSR活動を企業の事業内容に関連づけて一体化とする必要がある。そうすると，いかなる企業であれ，すべての社会問題に対応して莫大なコストをすべて引き受けることはできないので，自社が最も貢献できそうな社会問題，すなわち自社の競争優位に最もつながりそうな社会問題を見つける必要がある。その結果，大体，自社の事業内容と高い関連性を有する社会問題が優先的に選ばれることとなる。

選んだ社会問題は自社の事業内容との関連性が高いほど，企業内部に蓄積されている経営資源，人材，技術力などが役に立つ可能性が高いので，ほかの企業や慈善団体と比べて，その社会問題をより安く，より容易に解決することは可能で，社会的責任をより確実に果たすことができる。それと

図表 1 － 3　従来の CSR と戦略的 CSR との比較

	従来の CSR	戦略的 CSR
位置づけ	コスト	資産投資
機　能	守りの手段	攻めの手段
規　模	必要最小限	適切な規模
範　囲	ほぼ無制限	本業関連分野

出所：筆者作成。

同時に，その社会問題を解決するプロセスにおいて得られた経験と教訓を自社の事業内容に活かせば，自社事業の遂行過程がより改善されることになる。また，社会問題を解決した実績によって自社の事業分野での知名度が上がり，今後のビジネスチャンスも拡大されることになる。したがって，CSR 活動と本来の事業活動を一体化にするという戦略的 CSR のやり方では，CSR 活動にかかる費用は，設備購入や R&D 活動などと同様に，企業の競争優位性を構築するための戦略的な先行投資と見なされることができる。そして，本節の今までの説明をまとめてみると，従来型の CSR と戦略的 CSR の違いを図表 1 － 3 に示すことができる。

（4）戦略的 CSR の正当性と成果

戦略的 CSR は CSR 活動を自社事業と関連性の深い事業に限定していることに失望と不満を感じた人が多く，社会的責任の回避だと厳しく批判する意見もある。しかし，戦略的 CSR の正当性を考えるときに，企業，ソーシャル・ビジネス，NPO，政府という 4 種類組織の性格上の違いを忘れてはならない。簡単に言うと，

　1）株主の出資から成り立つ企業は，社会的責任の遂行を前提条件としながら，株主・経営者・従業員の所得増加を可能とする企業利益の追求を根本目標とする民間組織である。

　2）善意の出資者の出資から成り立つソーシャル・ビジネスは，元本の回収はあり得るものの，利益の配分を行わないという程度の利益獲得を前提条件と

しながら，社会的責任の遂行を根本目標とする民間組織である。

3）返還義務なしの善意の寄付金から成り立つNPOは，利益の獲得を前提条件とせず，社会的責任の遂行を根本目標とする民間組織である。

4）一般国民の税金から成り立つ政府は，利益の追求が禁止され，社会的責任の遂行を唯一の目標とする公共組織である。

戦略的CSR論者の見解として，異なる事業分野に広がる無数の企業組織はそれぞれ自社事業との関連性が強い社会問題だけに取り組めば，すべての社会問題のかなり広い部分をカバーすることができる。そのカバー範囲から外れた社会問題は，ソーシャル・ビジネスとNPOに重点的に取り組んでもらう。ソーシャル・ビジネスとNPOの力及ばない問題はもはや政府当局に委ねるしかない。

一方，社会ニーズを満たすという意味から，戦略的CSRは大きな成果を上げられると期待される。図表1－4に示されているように，社会ニーズを表す大きな円形（C＋A）は政府やNPOやソーシャル・ビジネスなどの事業領域であり，個別企業の市場ニーズを表す小さな円形（C＋B）は個別企業の事業領域である。2つの円形が重なる部分，すなわち社会ニーズと個別企業の市場ニーズが重なる部分（C）は個別企業の戦略的CSRの事業領域である。そして，戦略的CSR活動に取り組む企業が増えることにつれて，たくさんの小さな円形が描かれ，大きな円形と重なる部分も増え，すなわちより多くの社会的責任を担うことになる。

企業の本業はたしかに市場のニーズを満たすものであるが，その市場ニーズの一部（C）は社会ニーズの構成部分でもある。つまり，企業は本来の事業活動を通じて市場ニーズを満たして経済的利益を実現するとともに，社会ニーズを満たして社会的価値を創出することにもなる。ただし，これで企業が安心して本業に専念するだけで十分だというわけではなく，自社の市場ニーズの範囲を意識的に社会ニーズの方へ近づけたり（Bの部分を減らす），社会ニーズを自社の市場ニーズに転換したりして（Aの部分を減らす），社会ニーズと自社市場ニーズの重なる部分（C）を拡大していくように心懸けるべきである。その方

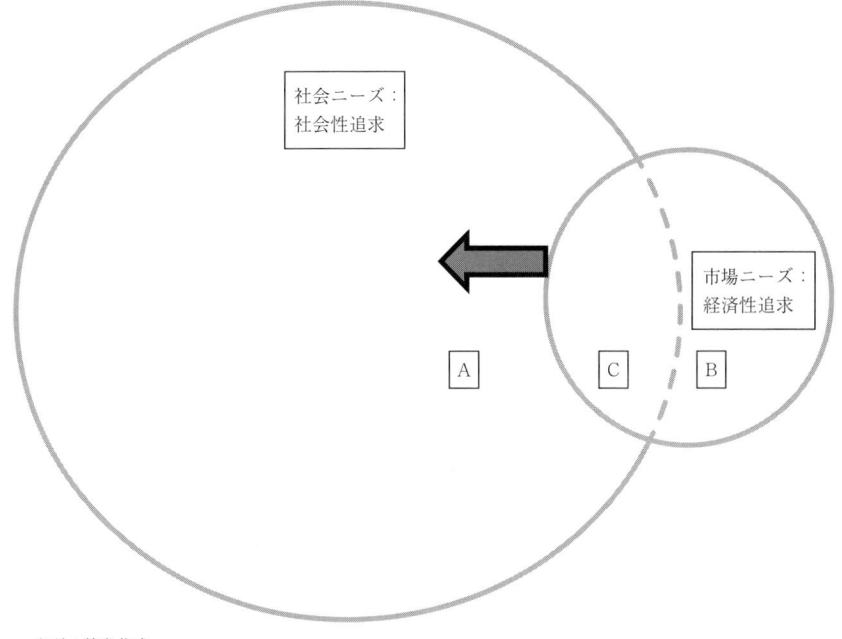

図表1－4　市場ニーズと社会ニーズとの両立可能性

社会ニーズ：
社会性追求

市場ニーズ：
経済性追求

A　　C　　B

出所：筆者作成。

向へ努力していけば，企業が果たす社会的責任（C）はますます大きくなる。

　他方では，経済性を前提とせず，社会性追求を目標とする政府やNPOやソーシャル・ビジネスなどにとって，まず営利企業と混在している事業領域（C）から撤退するかどうかを検討すべきである。営利企業が対応しない事業領域（A）だけを自分の事業領域に限定するのであれば，限られた資源を集中的に投入することができ，社会性追求の目標はより実現しやすくなる。しかも，企業側の戦略的CSRが進展することにつれて，企業が果たす社会的責任（C）はますます大きくなり，自分が対処せざるを得ない事業領域（A）は大きく縮小されていくので，これまでに解決困難な社会問題に専念することによってより大きな成果を上げることは可能となる。

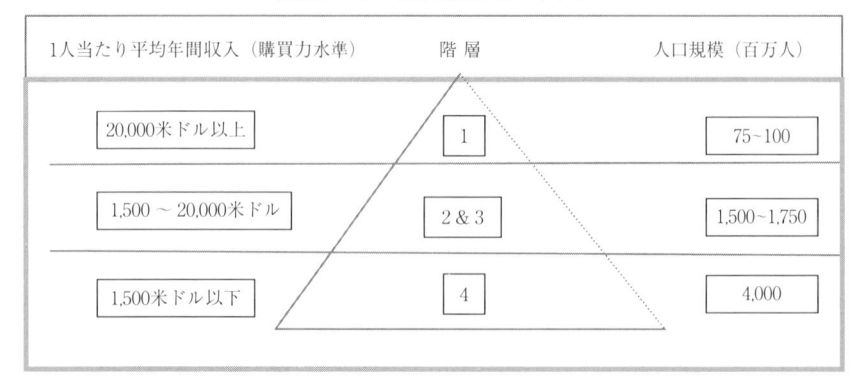

図表1―5　世界消費者ピラミッド

1人当たり平均年間収入（購買力水準）	階層	人口規模（百万人）
20,000米ドル以上	1	75~100
1,500 ~ 20,000米ドル	2 & 3	1,500~1,750
1,500米ドル以下	4	4,000

出所：Prahalad, C. K. & S. L. Hart (2002).

（5）BOPビジネス

CSR活動と事業活動を一体化する一例は途上国におけるBOPビジネスである。BOPとはBottom of Pyramid、あるいはBase of Pyramidの頭文字である。BottomやBaseなどの言葉に差別的響きが感じられるために、近年に国連関係の機構と団体はより積極的な理由から「包括的（inclusive）」という言葉を使っている。しかし、BOPという表現はすでに一般的に定着しているため、筆者はBOPを使うことにする。

経営戦略論の分野でコア・コンピタンス（core competence）という概念を最初に開発したインド出身の経営学者であるプラハラード（Coimbatore. K. Prahalad：1941~2010）は、一連の研究を通して、慈善事業として低所得層を救済するのではなく、普通のビジネスとして低所得層の消費ニーズを満たすような商品を開発・販売すべきだと強く主張しており、この種のBOP戦略の中身は、低価格・低利益率・大量販売という薄利多売のビジネスモデルである。

プラハラードらは、世界中の人々を購買力水準換算後の収入別ピラミッドに描いている（図表1―5）。1人当たり平均年収が2万ドルを超える先進国の中間層と途上国の一部の富裕層（7千5百万~1億人）はこのピラミッドの頂上（Tier 1）に位置し、最新型の商品を購入している。1人当たり平均年収が1千5百ドルから2万ドルまでの先進国の貧困層と途上国の中間層（15億~17.5

億人）はこのピラミッドの中間（Tier 2 & 3）に位置し，多国籍企業が提供するさまざまな商品の主要顧客となる。そして，1人当たり平均年収が1千5百ドル以下の途上国の貧困層（40億人以上）はこのピラミッドの底辺（Tier 4）に位置し，その購買力はきわめて低いものである。

従来の見方として，この第4階層は商品の購入を諦めたり，政府やNPOの救済に頼ったりする存在であり，一般企業にとっての消費者対象となっていなかった。しかし，プラハラードらの見解として，この第4階層の人々の可処分所得はきわめて少ないが，人口規模が極端に大きいので，潜在力の大きい重要な消費者となり得る。彼らの消費需要は食品，医薬品，衣類，住居にとどまらず，金融サービス，電話，インターネット，教育，娯楽などにも広がっている。この第4階層向けの商品を特別に開発して提供することは現代企業の社会的責任である。また，この大きなビジネスチャンスを確実に掴まえると，大きな利益が実現できる。しかも，上の階層の生活水準の向上，社会の安定，世界の平和などを維持していくためには，この第4階層の消費ニーズを積極的に充足させ，彼らの貧困状況を緩和していかなければならない。

第4階層を消費者対象とする商業インフラを構築するときに，購買力の創造（creating buying power），欲望の形成（shaping aspirations），解決策の現地化（tailoring local solutions），アクセスの改善（improving access）という4つの要素が最も重要で，互いに絡んでいるとプラハラードらが主張する。[28] しかも，資源，イノベーション能力，ネットワーク，移転手段などを豊富に保有する多国籍企業は牽引的な役割を果たさなければならない。しかし，世界経済を牛耳る大手多国籍企業のほとんどは先進国を本拠地としており，その経営者と商品開発スタッフは第1階層の消費ニーズを熟知するものの，第4階層のニーズへの認識は不明瞭である。そのため，第4階層の人々を対象とするビジネスを展開するときに，ほかの階層を対象とするこれまでの成功経験はそのまま通用しない可能性が大きく，特に低価格・低品質という先入観を捨てなければならない。

数多くの成功事例と失敗事例に対する分析結果として，以下2つの条件が満たされていれば，低価格・低利益率・大量販売という薄利多売のビジネスモデ

ルはうまく行くとシマニス (2012) は主張する。「第一に，より裕福な顧客のために使用している既存インフラを活用して，所得の低い消費者に製品・サービスを提供すること。第二に，その製品・サービスの購入・使用方法を消費者がすでに知っていることである[29]」。

既存の富裕層のインフラを利用するのは，貧困層専用の新しいインフラを建設するための費用を節約するだけでなく，場合によって既存のインフラの余剰能力を生かして富裕層のインフラ費用の平均負担を減らすこともあり得る。したがって，その第1の条件は富裕層と貧困層の両方にとって好都合のものである。しかし，商品知識を熟知しているという第2の条件は簡単に満たされるものではない。なぜならば，「BOP層の消費者は，製品を使用し試すことに慣れていないため，企業側の営業・マーケティングの取り組みとして，高い営業スキルと深い製品知識を備えた販売員を大々的に投入することが必要である。しかし，これを実施するには多額の費用が掛かる。しかも低所得地域では通常よりはるかに人材を見つけにくい[30]」。言い換えれば，食料品や日用品などの商品知識は簡単に BOP 層に伝わるので，BOP 層向けに開発した低価格帯商品の販売は比較的に順調であるが，携帯電話や浄水器などの商品知識は簡単に伝わらないため，BOP 層向けに開発した低価格帯商品は，コスト・パフォーマンスが非常に優れているのもかかわらず，その市場開拓は非常に困難である。

低価格を前提とする BOP ビジネスには，対象市場において，極端な大量販売すなわち極端に高い市場占有率を実現しなければ，損益分岐点に届かず，事業の採算性は取れない，という致命的な欠陥がある。そのため，若干の成功例があるものの，いったん開始した事業が長く続かず，途中で頓挫してしまうような事例は圧倒的に多い。薄利多売のビジネスモデルは成功しにくいという現状を踏まえ，高い利益率の実現は BOP ビジネスを成功させるカギであるとシマニス (2012) は主張する。つまり，低所得者市場での高い営業費をまかない，緩やかな成長と限られた販売量という量的制約に対処するためには，販売取引ごとの貢献利益を大きくしなければならない。そして，営業利益率を押し上げるために，次の3本柱が必要である[31]。

1）基本となる製品のローカライズ（現地化）とバンドル（異なる製品の抱き合わせ販売）：生産コストの削減と売上高の増大を目的とする。

2）実用支援サービスの提供：商品知識の伝授を目的とする。

3）顧客のピア・グループ（アイデンティティを共有する人々から成る，結びつきの強い集まり）の育成：商品影響力の拡大，ブランド力の向上，企業と消費者関係の強化などを目的とする。

　要するに，途上国に暮らす低所得層の生活を改善するために，新規事業を立ち上げようと望む企業は，慈善目的から出発するのはかまわないが，営利性というビジネスの根本原則を守らなければならない。理念とミッションがいくら立派なものであっても，実際のビジネス活動は非現実的な期待（たとえば極端に高い市場占有率の獲得など）を前提としていれば必ず失敗する。これは，BOP市場であっても先進国市場であっても同じである。したがって，商品知識が十分に浸透せず，企業側の熱心な営業活動を必要とする商品分野では，利幅（取引一回当たりの貢献利益）を大きく押し上げることは，BOPビジネスを持続可能なものにするための必要条件である。

〈注〉
(1) Post & Lawrence & Weber（1999），p.58. 松野ほか監訳（上），64～65頁。
(2) 水尾順一・田中宏司（2004），5頁。
(3) 山城章（1949）。
(4) 平沢克彦（2008）。
(5) Sheldon（1924）.
(6) 水尾順一・田中宏司（2004），2頁。
(7) Bowen（1953）.
(8) Drucker（1954）.
(9) Levitt（1955）.
(10) Friedman（1962 & 1970）.
(11) Jensen（2002）.
(12) Margolis & Walsh（2003）.
(13) 岡田正大（2012）。
(14) Freeman（1984）.
(15) Mitchell（2001）.
(16) Porter & Kramer（2006）.

(17) Schwartz & Carroll (2003).
(18) Rangan & Chase & Karim (2015).
(19) ランガンら (2015) のこの事業効率の改善を内容とする CSR 活動は, 後に説明するポーターとクラマー (2006) の戦略的 CSR の観点に一致するものである。
(20) Carroll (1979 & 1991 & 1993).
(21) Porter & Kramer (2006).
(22) Porter & Kramer (2011).
(23) CSV に対する懸念に関して, 岡田正大 (2015) が詳しい。
(24) Feldman & Soyka & Ameer (1997), Klassen & McLaughlin (1996), Dasgupta & Laplante & Mamingi (2001), 田虹 (2009)。
(25) Vermeulen (2010). 本木・山形訳, 287頁。
(26) 岡田正大 (2012)。
(27) Prahalad & Hammond (2002), Prahalad (2004).
(28) Prahalad & Hart (2002).
(29) Simanis (2012).
(30) *Ibid.*
(31) *Ibid.*

第2章
CSR活動の実務的展開

第1節　国際機関の取り組み

　第1章で検討したように，現代社会における企業の存在感が増大することにつれて，企業の果たすべき社会的責任の範囲も拡大している。経営学という学問の世界で多くの議論が戦われた結果として，良き企業市民としての企業は，安定株主だけでなく，個人投資家，従業員，消費者，取引相手，地域コミュニティ，政府当局といったステークホルダー全体の利益をはかるように，責任のある経営活動を行わなければならない，という考え方はかなり広い範囲で浸透している。しかも，CSR活動を本業のビジネスと一体化させ，企業防衛策から差別的な競争優位性を構築する攻めの手段へと転換させようとする戦略的CSRの理論も打ち出されている。

　近年には，CSR活動の急速な進展に伴い，労働問題をはじめとするCSR研究はすでに，経営学の分野にとどまらず，マクロ経済学，労働経済学，社会学，政治学，法学といった幅広い関連領域に広がり，学際的なテーマとなっている。そのため，CSR活動の実務的な内容に関して，当事者としての企業自身だけでなく，企業のステークホルダーとしての消費者団体，NGO組織，民間研究団体，業界組織，行政当局などはそれぞれ積極的に発言している。また，各利益団体の意見を統合するために，国連，ヨーロッパ連盟，世界銀行，国際労働機構（ILO），国際標準化機構（ISO）といった国際機関，そして各国政府はそれぞれ独自の範囲規定を公表している。たとえば国連は「世界人権宣言（1948）」や「人間環境宣言（1972）」や「環境開発リオ宣言（1992）」などを採択し，国

際労働機構は「労働における基本的原則及び権利に関するILO宣言（1998)」を制定している。アメリカ経済開発委員会は1971年にCSR活動の範囲を，1）経済成長と効率，2）教育，3）雇用と訓練，4）公民権と機会均等，5）都市改造と開発，6）汚染対策，7）資源保護と再生，8）文化と芸術，9）医療サービス，10）政府への支援，という10項目に規定している。また，世界中の企業で働く従業員の基本的人権の尊重や労働環境の改善などを目指すために，米国のCSR評価専門機関であるSAI（Social Accountability International）は1997年10月にSA8000という企業倫理分野での初めての国際規格を構築した。

　さらに，70か国の300人以上の専門家と有識者から構成されるワーキング・グループの共同作業の結果として，国際標準化機構(ISO：International Organization for Standardization) は2010年11月1日にISO26000というCSR専門の国際規格を正式に発効させた。従来のISO9000（製品品質基準）やISO14000（環境基準）と大きく異なる点として，ISO26000は認証を取得する必要がないのである。ISO9000やISO14000などは厳密に実施されなければならないマネジメント・システム規格であるのに対して，ISO26000は利用者の企業が自由に活用できるガイダンス書（手引き）である。ISO26000のなかにCSR活動に関わる普遍的な要素をほぼすべて網羅しており，そのすべてを最初から一斉に実施するのは不可能である。そのため，個々の企業は自社の判断でISO26000が要請している多くの項目のなかから自社にとって優先順位の高いものを自由に選んで実行していく，ということが期待されている。

　ISO26000の具体的な内容として，すべての企業組織が社会的責任を果たすために，次のような7つの中核課題に取り組む必要があると強調している。[1]

　1）組織統治（organizational Governance）：組織のガバナンス体制を樹立する。

　2）人権（Human Rights）：組織内の差別をなくし，労働者権利ならびに公民権などを保護する。

　3）労働慣行（Labor Practice）：労働契約，労働環境，健康対策，教育と訓練など。

4）環境（Environment）：汚染対策，資源の節約と再利用，自然環境の保護など。

5）公正な事業慣行（Fair Operating Practice）：汚職と腐敗の対策，政治参加，公平競争，知的財産権の尊重，取引相手との共存共栄など。

6）消費者課題（Consumer Issues）：公平取引（情報の透明性と完全性），消費者健康と安全の確保，消費者情報とプライバシーの保護，消費者意見に対する真摯な対応など。

7）コミュニティ参画と開発（Community Involvement and Development）：コミュニティ活動への参加，就業機会の創出，人間能力の向上，技術開発と取得，収入と富の創造，社会への投資など。

第2節　消費者団体の取り組み

　従来では，先進国の消費者は途上国の工場労働者の生存状況への関心は小さかった。劣悪な労働状況に同情的であったが，それが工場所在国政府の取り組むべき課題だと決めつけて目を瞑っていた。しかし，やがて先進国の消費者は良心的な限界に達したかのように，1990年代以降に，欧米諸国の消費者団体は労働組合と一緒になって完成品や部品を海外から調達する欧米大手企業に圧力をかけ始めた。アパレルと靴の業界はその最初のターゲットとなり，欧米諸国の主要マスコミもすぐに同調したため，労働搾取工場反対（anti-sweatshop）の運動はたちまち大々的に広がった。

　消費者運動の早期に最も有名な事例の一つは1992年のナイキ事件である。ナイキ（Nike）社の靴を契約生産するインドネシア工場で未成年労働者が低賃金で働き，ケガになっても適切な治療と所得補償を受けられないという問題がマスコミに大々的に報道された。ナイキ社のスニーカーの小売価格は＄80に対して，労働コストはわずか＄0.12に過ぎず，途上国の工場労働者はナイキ社に搾取されているというイメージができあがった。しかも，ナイキ社の最初の対応はまずかった。世界中に分散している契約工場（55か国に約900工場）で働く労

働者の実態に対して責任を負う義務がないと弁解しただけでなく，世界中の人々に約50万個の雇用機会を提供したと自社の貢献ばかりを強調した。ナイキ社のこの傲慢な弁明に状況改善の誠意がないと見られたため，消費者とマスコミが強く反発し，広範囲でのボイコット運動を起こした。その後のナイキ社は反省の意を公に表明し，いろいろな改善活動に取り組むことでブランド・イメージの回復をはかったが，かなり苦労して大きな代価を払った。

　実際，途上国工場での労働状況を改善するために，先進国の消費者は非常に大きな役割を果たすことができる。たとえば自国のブランド企業と流通業者に圧力をかければ，かなりの改善効果が期待できる。もちろん，CSR活動に費用が発生するので，その費用を途上国の工場経営者，先進国のブランド企業と流通業者，そして先進国の消費者という3者が共同負担することが要求されている。幸い，CSR費用の一部を負担してもよいという姿勢を示す消費者はすでに現われている。たとえば欧米先進国の消費市場でFair Tradeというマークを付けた商品がある。それはこの商品を生産した工場が社会的，倫理的，環境的な面でCSR関連の要求を満たしているという印である。またアメリカ市場ではProduct Redという商品標識がある。アルマーニ (Giorgio Armani)，ギャップ (Gap)，コンバース (Converse) などの専門店でAmerican Expressのクレジット・カードを使ってProduct Redのマークの付いた商品を買うと，代金の一部は自動的に寄付され，アフリカでのAIDS対策に使われる。

　言うまでもなく，企業イメージ，ブランド・イメージは消費者の購買行為に大きな影響を及ぼし，さらに商品を製造・販売する企業の収益性に大きな影響を及ぼすことになる。欧米諸国の消費者の積極的なスタンスは，今までCSR運動の進展を力強く牽引してきたし，今後にも大きな影響力を持ち続けることに違いない。一方，中国のような途上国の消費者もCSR運動に加わり始まっている。彼らは買い物をする際に，製造元の企業イメージやCSR水準などに関心を持ち始めている。ある調査の結果によると，中国の中流階層の知識人は，CSR水準の低い企業の製品に対しては，拒否したり，低価格を要求したりするが，CSR水準の高い企業の製品に対して，高い価格を支払ってもよいと考

えている。まだ現れたばかりの現象ではあるが、消費者が企業のCSR水準を重視しているということは大きな意味を持ち、やがて中国工場の労働状況の改善に大きく寄与するのではないかと期待したい。

なお、先進国の消費者団体は、さまざまな民間団体の活動を通じて、途上国工場のCSR活動に寄与している。たとえば中国では、労働者権利擁護をはじめとするCSR活動は、中国政府の後押しをある程度得ているが、国内外の各種のNGO団体の支援と指導は非常に大きく貢献しており、とりわけ海外NGOからの金銭的な援助は絶対に欠かせない。その資金の多くは、外国政府→外国NGO→中国NGOというルートを経由して中国国内の生産工場に入っている。この意味では、外国の消費者と納税人は中国のCSR活動に間接的に参加していると言える。

第3節　欧米企業の取り組み

さまざまな国際組織と消費者団体から外部圧力を受けているとともに、企業自身もCSR活動に積極的に取り組もうとしている。アメリカ国内において、CSR活動の一環として、1990年代前後に海外で商品あるいは資材を調達するための行動規範（Code of Conduct）を制定する企業は相次いで現れた。その目的は海外工場労働者の権利を擁護するだけでなく、自社商品の品質と安全性に対する消費者の不安を打ち消し、企業イメージを守り、法律訴訟に関するリスクを軽減するためでもある。

たとえば1991年にアパレル大手メーカーのリーバイス（Levi Strauss & Co.）は率先して海外調達に関する世界最初の企業行動規範となる「世界調達と操業に関する指針（Global Sourcing & Operating Guideline）」を制定した。その主旨は、「世界中のどこであっても、私たちの商品の製造に携わる人々は皆、安全で健康な労働環境のもとで、人間としての尊厳を侵されることなく、敬意を持って処遇されるべきである」。このガイドラインのなか、Empathy（相手の立場に配慮する）、Originality（独自性かつ革新性）、Integrity（誠実さ）、Courage（勇気

と度胸）という４つの企業独自の価値観を念頭に，国際労働組織（ILO）の諸原則に基づき，未成年労働，強制労働，性，人種，民族といったあらゆる差別を禁止すること，組織結成や団体交渉の権利を支援すること，また労働時間，賃金，福祉，健康，安全，環境などに関する細かい規定も数多く盛り込まれている。

　リーバイスの後，アメリカ流通大手のシアーズ・ローバック（Sears, Roebuck & Co.）は中国の刑務所で生産された製品を一切輸入しないと宣言した。また1992年にウォルマート（Wal-Mart）に製品を納入するバングラディシュ工場内で児童労働者使用の問題が明るみに出たことをきっかけに，ウォルマートは自社の行動規範を制定した。ほぼ同じ時期に，ナイキ（Nike），リーボック（Reebok），ギャップ（Gap），ディズニー（Disney）といったアメリカ大手ブランド各社もそれぞれ独自の行動規範を制定した。

　アメリカ国内の消費者意識が急速に高まるなか，1995年にニューヨーク市長のGeorge Patakiは労働搾取工場（sweatshop）で生産された商品の流通と販売を禁止する法令を出した。1997年に労働組合，消費者代表，NGO団体，小売業者，輸入商などによって構成されるAIP（Apparel Industry Partnership）は史上最初の多重ステークホルダー・コード（Multi-stakeholder Code）を制定した。そのなか，組合結成の権利と団体交渉権，消費者の知る権利などが含まれる。後にこのAIPはFLA（The Fair Labor Association）に名称変更され，監査規準の制定，監査スタッフの育成と認定，監査報告書の審査などの業務を展開している。その跡を追う形で，アパレル産業，玩具産業，電子産業のように，産業別の行動規範が多く作られた。たとえば150以上の大学の学生が加盟しているUSAS（United Students Against Sweatshops）という組織もあり，大学ロゴ入りの商品は世界のどの工場で生産されたか，その工場の労働環境と労働者権利はどんな状況かといった情報を収集し，商品を調達する企業に対して状況改善の圧力をかけている。[4]

　アメリカだけでなく，海外調達企業の行動規範作りの運動はヨーロッパにおいても活発に展開されている。ひとつの具体例を見ると，ドイツのスポーツ用

品大手のアディダス（Adidas）は世界中に11の自社直営工場を持つが，全製品の大部分は国外の他社工場に委託生産している。そのなかに中国は最重要な製造拠点として位置づけられており，2004年末時点にスポーツ・シューズの約5割，スポーツ・ウエアの約3割は中国国内の169の契約工場で製造されていた。生産コストの安さだけでなく，労働環境も重視しているというCSRの観点から，生産業者を選ぶ際に，アディダスが定めた契約基準（Standard of Engagement）の遵守を前提条件として要求している。さらに契約遵守の状況を生産工場側に任せるのではなく，自社の責任で生産業者に関する評価・報告システムを2000年から立ち上げ，エンジニア，衛生士，安全管理士，法律家，人材専門家からなるチームをその実施状況の監視に当たらせている。こうして，「できるだけ安く」ではなく，「許容範囲内でできるだけ安く」を目指した結果，2004年末に中国での169の生産工場で働く約20万人の従業員の平均賃金は月額約1,000元で，最低賃金を40～50％上回っているという。[5]つまり，アディダスの製品を生産する中国工場は，少なくとも基準以上の賃金を労働者に支払い，搾取工場ではないと言えよう。

　企業行動規範の制定を押し進めるもう一つの動力は，欧米先進国の相互影響と連携プレイである。その一例として，英国の人権団体であるCAFOD（Catholic Agency for Overseas Development）は，HP（Hewlett-Packard, ヒューレット・パッカード），IBM（International Business Machines），デル（Dell）という米国のコンピューター・メーカー大手3社のサプライ・チェーンにおける労働条件が国際基準を満たしていないことを理由に，2004年1月にマスコミとインターネットを通じて，消費者がこの3社に対して労働条件の改善を求めるように呼びかけた。これがきっかけとなり，2004年10月にHP，IBM，デルの3社は共同で電子業界のサプライ・チェーンにおける行動規範EICC（Electronic Industry Code of Conduct）を発表するに至った。後にマイクロソフト（Microsoft），インテル（Intel），シスコ（Cisco），ソニー（Sony）といった電子業界の有力企業各社も相次いでこのEICCに加わった。さらには，CSRの推進を目的とするアメリカの企業団体であるBSR（Business for Social Responsibility）はリーダーシッ

プを取り，このEICCを世界の電子産業界のサプライ・チェーンの共同の行動規範にしようと目指しており，ヨーロッパや日本を含む世界中の電子企業にこのEICCへの参加を求めている[6]。

　企業行動規範への関心が世界中で高まるなか，2000年7月26日に「企業行動原則」としての「国連グローバル・コンパクト（GC：The Global Compact）」が国連本部で承認された。この国連GCは，世界中の企業に対して，事業活動を通じて責任ある企業市民として行動することを求める企業行動の指南である。この行動指南はまた，グローバル化の時代を迎えるにあたり，より持続可能かつ包括的なグローバル経済体制の確立を狙うものである。最初のGCには人権2原則，労働4原則，環境3原則という9原則があり，2004年6月に腐敗防止に関する10番目の原則が追加され，その具体的な内容は以下である[7]。

・原則1：企業はその影響の及ぶ範囲内で人権の擁護を支持し，尊重する。
・原則2：人権侵害に加担しない。
・原則3：組合結成の自由と団体交渉権を実効あるものにする。
・原則4：あらゆる種類の強制労働を排除する。
・原則5：児童労働を実効的に廃止する。
・原則6：雇用と職業に関する差別を排除する。
・原則7：環境問題の予防的なアプローチを支持する。
・原則8：環境に対して一層の責任を担うためのイニシアティブを取る。
・原則9：環境を守るための技術の開発と普及を促進する。
・原則10：強要と賄賂を含むあらゆる形態の腐敗を防止するために取り組む。

　このGCに加入するためには，ISO26000への加入と同様に，何らかの形の申請と審査と認定などの手続きは一切必要なく，この企業行動指南の趣旨に賛同していてその方向に向かって努力していくという企業側の意思を表明するだけでよいので，世界中のすべての企業はいつでも自らの意思でこの国連GCへの加入を宣言することができる。現在，欧米企業を中心に数千社がすでに加入している。

第4節　日本企業の取り組み

　以上で説明したように，さまざまな政府機関と民間機構と消費者団体から要請と圧力を受け，CSR活動の範囲はもはや無制限に拡げられているという状況下で，当事者としての企業側はどんなに努力してもそのすべての要請に適切に答えることはできない。そのため，日本企業を含む先進国企業の多くは実際の事業活動のなか，無理をせず，CSR活動をおおざっぱに次のような範囲に限定している。

　1）社内でCSR専門の部署を設置し，環境や労働に関する国際基準の認証あるいは独自の行動規範の制定を行う。

　2）従業員福祉と労働者利益の保護。

　3）環境保護。

　4）監督官庁の腐敗に反対し，商業賄賂を禁止する。

　5）公益活動と慈善活動に積極的に参加する。

　6）産業別ないし産業横断的なCSR運動を推進し，共通したルール（行動規範，SA8000, ISO26000など）の作成と参加を目指す。

　CSR活動は多岐にわたっているので，その成果をはかる指標も多数ある。まず1つは東洋経済新報社による「CSR企業ランキング」である。この「CSR企業ランキング」は，東洋経済新報社110周年記念事業として2005年に開始した「東洋経済CSRプロジェクト」の関連事業のひとつである。やり方として，全上場企業と主要未上場企業を対象に「CSR調査表」を送付し，回答のあった企業のデータを取りまとめている。2007年に第1回CSR企業ランキングが発表され，2015年に第9回を迎える。図表2—1にまとめられている上位5社の変動状況を眺めてみると，家電産業（東芝，日立，キヤノン，シャープ，ソニー，パナソニック，NEC, 富士通）と自動車産業（トヨタ，デンソー，ホンダ，日産）の企業が多い。それ以外の産業では，NTTドコモと富士フィルムHDが常連であり，富士ゼロックスとリコーは1回だけ登場している。

第Ⅰ部　CSR活動の理論と実務

図表2—1　CSR企業ランキング上位5社の推移（2007～2015年）

	1位	2位	3位	4位	5位
第1回(2007年)	東　芝	日立製作所	キャノン	デンソー	シャープ
第2回(2008年)	デンソー	東　芝	ソニー＆シャープ		トヨタ自動車
第3回(2009年)	シャープ	トヨタ自動車	パナソニック	リコー	NEC
第4回(2010年)	パナソニック	トヨタ自動車	シャープ	富士フィルムHD	デンソー
第5回(2011年)	トヨタ自動車	ソニー	パナソニック	富士フィルムHD	ホンダ
第6回(2012年)	富士フィルムHD	トヨタ自動車	ソニー	富士通	シャープ
第7回(2013年)	トヨタ自動車	富士フィルムHD	NTTドコモ	ソニー	日産自動車
第8回(2014年)	NTTドコモ	富士フィルムHD	日産自動車	キャノン	トヨタ自動車
第9回(2015年)	富士フィルムHD	NTTドコモ	デンソー	富士ゼロックス	日産自動車

出所：以下のウェブサイトの情報に基づいて作成した。
　「東洋経済CSRオンライン」：http://www.toyokeizai.net/csr/index.html

　もうひとつは日経BP社による「環境ブランド指数ランキング」である。これは，日本の主要企業560社のブランド・イメージを表す環境評価ランキングである。日経BP社は2000年から毎年，一般消費者を調査対象とする「環境ブランド調査」を行っており，最近3年間の結果は図表2—2にまとめられている。そのなか，「水と生きる」のキャッチ・フレーズで生き物，森，水資源の保護に取り組み，大きな成果を上げているサントリーは5年連続で第1位に輝き，ハイブリッド車に続き，水素燃料電池車という「究極のエコカー」の開発に成功し，燃費の向上とともに地球温暖化問題に大きく貢献しているトヨタ自動車は5年連続で第2位を獲得している。全般的には，飲料，自動車，運送，家電などの企業が上位に出ている。また，この表に出ていないが，電力各社，石油会社，外資系自動車会社のランキング順位は比較的低い。

　現在，多くの大企業，とりわけほとんどの上場企業は毎年CSR報告書を公表している。しかし，その多くは単に企業イメージの維持と向上を目的とするものであり，企業が行ったさまざまなPR活動やメディア・キャンペーンや公益行為などを紹介する冊子となっている。この種の報告書を読むと，以下のような多くの問題点が浮かび上がる。

第2章 CSR活動の実務的展開

図表2－2　消費者による環境評価ランキング上位20社

順位	企業名		
	2015年	2014年	2013年
1	サントリー	サントリー	サントリー
2	トヨタ自動車	トヨタ自動車	トヨタ自動車
3	パナソニック	イオン	キリンビール
4	日産自動車	パナソニック	イオン
5	イオン	日産自動車	パナソニック
6	ホンダ	キリンビール	アサヒビール
7	キリンビール	日本コカ・コーラ	日本コカ・コーラ
8	アサヒビール	シャープ	日産自動車
9	シャープ	サッポロビール	シャープ
10	コスモ石油	東芝	サッポロビール
11	東芝	ホンダ	三菱電機
12	日本コカ・コーラ	アサヒビール	キリン・ビバレッジ
13	キリン・ビバレッジ	セブンイレブン・ジャパン	ホンダ
14	ブリヂストン	キリン・ビバレッジ	マツダ
15	日立製作所	日立製作所	花王
16	マツダ	キヤノン	東芝
17	アサヒ飲料	ヤマト運輸	日立製作所
18	ヤマト運輸	ブリヂストン	ブリヂストン
19	三菱電機	三菱電機	日本たばこ産業
20	サッポロビール	アサヒ飲料	ソニー

出所：『日経産業新聞』2013年7月3日記事，2014年7月8日記事，2015年7月7日記事。

1）言及している問題より言及していない問題のほうが多い。

2）CSR活動の内容と費用は書かれているが，その成果はあまり書かれていない。

3）将来の取り組みに関する目標は書かれているが，数年前のCSR報告書に書かれていた目標の達成度に関する記述はほとんど見当たらない。

4）戦略的CSRの観点が欠落しており，CSR活動の内容は企業自身の事業内容とほとんど無関係に選ばれ，企業の差別的な競争優位性の構築にまったく貢献していない。

とりわけ近年の日本企業のCSR活動に限定して見ると，企業不祥事の多発が目立っている。マスコミによって大きく取り上げられ，日本全国で広く知られている事例として，雪印の集団中毒事件（2000年），東京電力の原子力発電施

設の記録漏れ事件（2000年），日本ハムの牛肉偽装事件（2002年），三井物産の海外での贈賄事件（2002年），ソフトバンクの個人情報漏れ事件（2004年），三菱自動車の一連のリコール事件（2004年），関西電力の美浜発電所死亡事故（2004年），松下電器産業の石油温風機による死亡事故（2005年），日本航空の飛行機故障多発事件（2005年），カネボウの粉飾決算事件（2005年），JR西日本の福知山列車事件（2005年），ライブドアの証券取引法違反事件（2006年），ミートホープの牛肉偽装事件（2007年），石屋製菓の「白い恋人」の賞味期限改ざん事件（2007年），中国製冷凍餃子中毒事件（2008年），東京電力福島発電所の原発事故（2011年），カネボウ化粧品の白斑問題（2012年），JR北海道のレール異常放置問題（2013年），みずほ銀行の暴力団員融資問題（2013年），阪急阪神ホテルズの食材虚偽表示問題（2013年），タカタのエアバッグリコール問題（2014年），東洋ゴムの免震偽装事件（2015年）などがある。

日本企業の不祥事が多発している原因について，丸山恵也（2006）は次のように解説している。[8]

1）CSRへの認識が欠如している企業が多い。CSRの先進企業は少数存在しているが，全般的に企業のコンプライアンス体制の制度化は不十分である。

2）上場企業の約8割は何らかのCSR活動に取り組んでいるが，その多くは外圧または横並び意識によるものであり，自社の問題として主体的に取り組む企業が少ない。

3）日本の企業は企業主義的で秘密主義的な隠蔽体質を持っており，自社の不祥事に対して独りよがり的に，閉鎖的に対応することが多い。

4）日本企業には内部告発・通報を企業内部に受け止める仕組みや制度が未確立で，告発者を保護する仕組みは十分に機能していない。

5）労使協調主義を掲げる労働組合が多く，経営者に対するチェック機能を果たせない。

6）株主，取引先，消費者，行政当局といったステークホルダーは企業経営への介入に消極的で，経営者の独走を黙認している。

企業不祥事が多発している状況下で，CSRに対する日本の政府と企業の取

り組みは以前より多少熱心になっているが，欧米諸国と比べればその態度はかなり保守的なものである．また，近年CSR活動の一環として，投資において金銭的なリターンを求めるだけでなく，環境や人権や企業倫理などを重視するSRI（Social Responsible Investment，社会的責任投資）という運動も盛んになっているが，欧米諸国と比べると，日本国内でのSRIの規模も知名度も非常に小さい．[9]

　日本は昔から大企業が優先され，「企業社会」と呼ばれてきている．それは欧米社会と比べて，日本社会での消費者と市民の力が著しく弱く，企業の影響力が極めて強いからである．CSRとSRIは企業自身の利益に深く関わっている事柄であるので，中立公正の立場に立つ第三者の意見を聴取することをタテマエに，利益関係の当事者としての企業は，経団連などの企業団体を介して，制度推進の主体となってCSRとSRIの仕組みを構築している．今の段階では，日本産業界の主導で次の3つの対応方針となる基本原則はおおむね合意されている．

　1）CSRは競争力の源泉にも成り得て，企業価値の上昇に貢献できるので，CSR活動を積極的に推進すべきである．

　2）CSRは政府行為ではなく，民間企業が自主的に推進すべきである．つまり，CSRの取り組みを企業の自主性の枠内に限定し，外からの規制と誘導を拒否し，とりわけ強制力を伴う法制度化は実行すべきではない．

　3）CSR活動に関する日本と欧米諸国との格差を認識し，今後は時代の変化に対応できるように，企業の行動規範をはじめとするCSR活動の内容を随時再検討すべきである．

　以上で説明した日本企業の取り組み，問題点，原因，対応方針といった現状から，日本企業のCSR活動の優先順位をおおよそ次のように並べることができる．1）法律遵守，2）環境保護，3）個人情報保護，4）コーポレート・ガバナンス，5）安全生産，6）リスク管理，7）労働者利益，8）情報公開，9）コミュニティ貢献，10）消費者利益．優先順位はどうであれ，これら10項目の活動内容は，日本国内の親会社だけでなく，海外で事業活動を展開してい

る子会社にも適用されている。しかし，残念ながら，海外で部品を調達する納入業者には適用されず，行動規範の遵守や工場監査の実施などを要求していない。[10]

　実際，トヨタやキャノンのような日本を代表するトップ企業でさえ，自分に都合のいいことばかりを宣伝し，海外調達工場の労働者状況に関する多くの問題点についてまったく触れようとしない。また，協調路線を歩む企業内労働組合，組織化が遅れる消費者団体，異論を唱えることに躊躇いがちな国民性などの要因も働いているせいかもしれないが，日本国内の消費者は海外工場でのCSR活動に対して基本的に無関心である。そのため，多国籍企業の海外調達工場での不当な労働状況に対して，欧米では消費者と労働組合ならびに行政当局が労働搾取工場反対の運動を大々的に起こしているのに対して，日本ではそういう動きはほとんど見られない。この対応の違いについて，他人の問題に首を突っ込みたくないと日本の企業と消費者は弁明するかもしれないが，日本人は自分の利益を守るためにあえて声を出さないようにしているとほかの国で解釈される恐れがある。

第5節　SA8000規格

（1）労働基準の制定

　CSR活動はさまざまなステークホルダーの利益を考慮に入れ，企業内外のさまざまな活動分野をカバーしているが，その中心と原点は労働者の基本権利である。労働者の権利を擁護するために，各国政府がそれぞれ労働基準法を制定している。最も基本的な労働法規としての労働基準法の主な監督内容は労働者の報酬（給与と賞与），労働条件（勤務時間，安全生産措置），福祉（休日，医療保険，教育と訓練，生活待遇），ならびに公民権利（結社，集会，ストライキ，言論等の自由）などであるが，政治体制，経済発展段階，社会文化などの違いを反映したように，国によってその要求水準は大きく異なっている。労働者の普遍的人権を擁護するために，国際労働機構（ILO）は今までに数百の公約と提案

書を発表しており，その内容は基本的人権，就業，社会政策，労務管理，勤務条件，産業関係，社会保障，女性と未成年労働者，移民，部落出身者，出稼ぎ労働者などに及んでいる。また，国際的な労働基準の制定に関して，アメリカは常に強力なリーダーシップを取ってきている。たとえばGATT体制やWTO体制のなかに国際労働基準を持ち込もうと交渉してきたが，その努力はいまだに実っていない。

　国際労働基準の普及が簡単に進まない背景として，途上国の労働基準のレベルが低いので，人件費や安全設備投資費用や社会保障制度加入費用などの労働関連コストがそれなりに安くなり，国際貿易における価格優位性を獲得しやすい。この事実に対して，先進国の一部の人は途上国労働者権利の擁護を口実に，自国の産業を国際貿易から守ろうとしている。一方，途上国の一部の人は経済発展のレベルの違いを口実に，労働者の権利を先進国並みに保護することに反対している。

　国際労働機構やアメリカが主導した国際労働基準に対する世界各国の捉え方に大きな違いが見られているために，その内容を全面的に受け入れることは現時点では困難である。しかし，各国が共通して認める一部の内容を先に普及させようとする機運は高まっている。1996年12月にシンガポールで開かれたWTO第1回閣僚級会議において，労働者権利保護に関する最低限の基準となる「核心労働基準」が採択された。その内容は，強制労働の禁止，組織結成と集団交渉の自由，男女平等，あらゆる差別への反対，未成年労働の禁止などである。この「核心労働基準」の基本思想を反映した形で，SA8000やISO26000といった国際的な労働基準は先進国主導で数多く作られ，そのすべては労働者権利と労働環境の改善を中心内容としている。貿易保護に利用される側面も否定できないが，人類社会文明の進歩と普遍的な価値観の普及を表すものである。

　実際，労働者権利の保護は決して先進国に特有な発想ではなく，途上国を含めるすべての国々における現代企業の歴史的な使命でもある。たとえば「人本主義」の経営と「和諧社会」の建設を強調している今日の中国社会にとっては，労働者権利の側面での先進国との格差を早く縮めることによって，貧富の格差

や環境破壊などの問題を防ぎ，持続可能な企業競争力を築き上げ，社会全体のコスト・パフォーマンスを改善することになる。つまり，先進国か途上国かを問わず，労働基準の制定は必要である。

また，現代社会において，消費者と投資家は買物と投資を通じて企業を評価している。その際，商品品質やブランド・イメージや財務指標だけでなく，労働者権利をはじめとするCSR水準も1つの重要指標となっている。この意味から，労働状況は企業の市場競争力と経営収益性に大きな影響を与える要因となる。労働状況を改善するためには若干のコストがかかるので，企業のコスト優位性は短期的に弱まるが，長期的に見れば，労働状況の改善は労働生産性の向上ないし企業収益性の向上に寄与する。つまり，先進国か途上国かを問わず，労働基準の受け入れは可能である。

（2）SA8000規格の由来

CSR活動の内容は多岐に渡るが，その最も基本的な内容は労働者権利の擁護と言えよう。労働者権利を保護するために，世界各国の政府はそれぞれ労働基準法をはじめとする労働関連の法律と条例を作り，時代の変化とともに多くの修正と補充を加えてきている。それとともに，WTOやILOやISOなどの国際組織はそれぞれ労働基準に関する国際的な指針を公表しており，近年に最も注目されている1つはSA8000規格である。

SAとはSocial Accountability（ソーシャル・アカウンタビリティ）の略であり，社会への説明責任を意味する。SA8000とは，米国のCSR評価機関であるSAI（Social Accountability International）が1997年10月に構築した企業倫理分野での初めての国際規格であり，世界中の労働者の基本的人権の尊重や労働環境の改善などを目的とするものである。SA8000の法的根拠は，国際労働機構が定めた労働基準や基本人権条約，国連で採択された世界人権宣言や子ども権利条約や差別撤廃条約などである。

1997年には，米国のCEP（Council on Economic Priorities）[11]の下部組織として，CEPAA（Council on Economic Priorities Accreditation Agency）が設立された。

このCEPAAの第1回大会において「SA8000」が策定された。2001年にCEPは活動を終了し，CEPAAはSAIと改称された。それ以来，SAIの本部はニューヨークにある。2001年12月に第2版の「SA8000：2001」が発表され，2010年から第3版の「SA8000：2008」が適用され，最新版の「SA8000：2014」は2016年5月に発効する予定である。現在のSAIは非営利組織であり，そのアドバイザリー・ボード（理事会）には，労組，産業界，人権擁護団体，コンサルタントといった多様なステークホルダーの代表が集まっており，SA8000の継続的な改善に向けて議論を続けている。[12]

（3）SA8000の要求事項

SA8000は，国内と国際両方の労働法規を守る規格として，製品製造またはサービスを提供するすべての会社に雇用されている従業員，サプライヤーとサブサプライヤー，コントラクターとサブコントラクター，および家内労働者のすべてに対して，会社の管理と影響力の及ぶ範囲において保護し，正当な権利を与えるものである。具体的には，以下9項目の推進と継続的改善を要求している。[13]

1）児童労働（child labor）：15歳未満の児童労働に関与したり，それを支援したりしてはならない。

2）強制労働（forced labor）：懲罰という脅しを使った強制労働に関与したり，それを支援したりしてはならない（犯人労働と奴隷労働も禁止）。

3）健康と安全（health and safety）：すべての従業員に安全で衛生的な職場環境を提供しなければならない。

4）結社の自由と団体交渉権(freedom of association and right to collective bargaining)：労働者自身の選択による労働組合の結成，加入，運営，および従業員の代表として会社と団体交渉を行う権利を尊重しなければならない。

5）差別（discrimination）：人種，出身，社会階層，家系，民族，国籍，宗教，性別，年齢，障害，性的思考，婚姻の有無，家庭環境，政治的見解といった理由から，採用，報酬，研修機会，昇進，解雇，退職において差別的な対応をし

てはならない。

　6）懲罰（disciplinary practices）：精神的または肉体的な強制，体罰，および言葉による虐待を行ったり，それを容認したりしてはならない。

　7）労働時間（working hours）：正常勤務時間や残業時間などに関する法令および業界基準を遵守しなければならない。

　8）報酬（remuneration）：従業員が生活賃金を受領する権利を尊重し，従業員の基本的なニーズを満たし，いくらかの可処分所得を与えるのに十分な賃金を支払わなければならない。標準的な週間労働時間に対して支払われる賃金が，常に法令で定めるまたは業界が定める最低賃金以上でなければならない。また懲罰的な減給処分も禁止される。

　9）マネジメント・システム（management systems）：ソーシャル・アカウンタビリティ（社会説明責任）とそれを保証するための労働条件に関する企業・団体の方針を規定しなければならない。

（4）SA8000の認証

　SA8000規格は認証を必要とするものであり，その認証を受けるためには，SAIが認めた独立系の認証機関であるCBs（Certification Bodies：2007年9月時点で世界中に17法人，2015年現在は23法人）による審査を受けなければならない。[14]認証を取得する具体的な手順は，1）アプリケーション・パッケージの入手，2）社内チェックの実施，3）社内管理システムの構築，4）審査登録機関の決定，5）予備審査，6）本審査，という流れになっている。認証を一度受けると3年間有効となるが，この3年間に半年ごとに維持審査のチェックが入る。

　そして，SA8000の認証を受けるには，次の2つの方法がある。

　1）生産拠点を持つ企業は，SAIが認定ライセンスを与えた独立の第三者機関CBsの監査を受けることにより，事業所ごとにSA8000の認証を取得することができる。1998年に認証が本格的に開始されてからこれまでに認証を受けた事業所は，30か国の22業種に及ぶ（2003年4月時点）。事業所の監査システムはISOシリーズのそれと類似しているが，労働規範の遵守を確保するために，事

業所における教育・研修プログラムとマネジメント・システムの導入と改善に重点が置かれている。

2）販売活動を主業務とする企業，あるいは生産と販売の両方を行う企業は，CIP（SA8000 Corporate Involvement Program）に参加することができる。そのCIPは2段階に分かれる。まず第1段階はSupporting LevelとExplorer Levelの取り組みから始める。つまり，SA8000を調達基準として採用し，一部の取引先に対する試験的な監査を行う。第2段階ではSignatory Levelに進み，一部あるいはすべての取引先に対してSA8000を調達基準として継続的に用いる。そのうえ，SAIに承認された進捗状況レポートを公開に発行する。

（5）SA8000制定の背景

かつて世界中に衝撃を与えた一枚の写真があった。ガラス工場のなかでベトナムの子どもたちはサンダルを履いたまま，危険なワイヤーや割れたガラスが散らばる生産現場で働いていた。そのうえ，人身事故が起きやすい労働現場にもかかわらず，一旦事故に遭うと解雇されてしまうという補足説明があった。この一枚の写真は欧米諸国で多くの議論を呼び起こし，途上国工場の労働者人権擁護運動の進展につながった。

経済活動のグローバリゼーションが急速に進み，大半の部品と完成品を海外から調達してくる現状のなか，欧米先進国のブランド企業と多国籍企業にとって，自国内の工場ないし自社直営の海外工場で労働者の権利擁護に取り組むだけではもはや不十分で，自社に商品を納入する他社の海外工場における劣悪な労働状況の存在は大きなリスクとなっている。いざ問題が起きると，離職率と不良品率の増加，商品の品質と安全性への不安，消費者の不買運動，ブランド・イメージと経営収益性の悪化が危惧される。実際，ギャップ（GAP），ナイキ（Nike），リーボック（Reebok），チキータ・ブランド（Chiquita Brands International），シェル石油などの欧米大手企業はかつて世界中から社会的な非難を受けたことがあり，「傷ついたブランド（bitten brand）」または「防衛ブランド（defending brand）」と呼ばれたこともある。ブランド・イメージを回復するために，免罪

符的な心構えでCSR活動に取り組まざるを得なかったが，払った代償はあまりにも大きかった。

こうして，SA8000が制定された背景には，主に以下3点の原因がある。

1）多国籍企業の発展途上国における工場運営において，企業の社会的責任が問われるようになった。マスコミの影響力も消費者団体の圧力も強くなるなか，多国籍企業は企業のイメージ向上に努めて行かなくてはならない。

2）労働環境が国際化されることにつれて，多国籍企業は海外調達活動を通じて，途上国の工場労働者の生存状態を改善させる義務を負うべきだと社会的に要請されている。そのため，労働者の人権保護や正当な労働条件遵守などに関する国際的な労働規格が必要になった。

3）先進国が新しい貿易保護の手段として国際的労働規格を利用しようという下心も否定できない。たとえばかつて中国の労働者の人件費は日本の30分の1，米国の20分の1であった。その状況下では，SA8000のような労働規格は日米のような先進国の国内産業と就業機会を守る手段にもなり得るのである。

（6）SA8000の役割

世界中の企業が国際的に競争しているなか，さまざまな共通した国際標準が制定されている。たとえば国際標準化機構（ISO）は，1987年に世界共通の品質保証基準となるISO9000，1996年に環境マネジメントの国際規格となるISO14000を導入したことに続き，2010年11月にCSR専門の国際規格となるISO26000を発効させた。本章第1節で説明したように，CSRに関連するすべての活動をカバーするISO26000には，1）組織統治，2）人権，3）労働慣行，4）環境，5）公正な事業慣行，6）消費者課題，7）コミュニティ参画と開発，という7つの中核課題が含まれており，その範囲は非常に広い。一方，SA8000は労働環境に特化した国際規格であり，そのカバー範囲はISO26000の人権と労働慣行という2つの部分だけに限定している。また，ISO26000への参加は審査と認証を必要としないのに対して，SA8000への参加は審査と認証を必要としている。つまり，ISO26000に参加している企業は「ISO26000に取り

組んでいる」としか言えないが，SA8000に参加している企業は「SA8000の認証を獲得している」とより強くアピールすることができる。要するに，審査と認証を必要とするISO9000，ISO14000，そしてSA8000をそろって取得していれば，品質，環境，労働の観点から国際的な優良企業として認められることになる。

　SAIが民間団体なので，SA8000への参加を強要することは当然できない。興味のある企業は自主的にSA8000の規格認定に取り組み，SAIが承認する第三者機関からの審査を経て認証の証書（certification）が授与される。しかし，メーカーにしても，小売業などのサービス業にしても，グローバルな事業を展開している企業にとっては，労働に関する国際規格としてのSA8000は非常に重要なものである。たとえば児童労働は，日本国内でほとんど問題にならないが，開発途上国では10代前半の児童が就労するケースは珍しくない。教育を受けられないため，貧困の連鎖は児童労働から始まり，大人になってもその連鎖から抜け出すことはできない。そのため，児童労働に関する世界的基準を広げることは重要である。また，途上国の工場では，児童労働だけでなく，残業強要，低賃金，安全作業，労働組合結成，セクハラ，人種差別，体罰などの問題も起きやすい。実際，SA8000認証活動を通じて，企業内の人間意識が大きく変わるので，さまざまな労働問題が発生するリスクを大きく減らすことが期待できる。さらに，企業のコンプライアンス（法的遵守）が声高に叫ばれているなか，最も基本的なコンプライアンスは労働法令の遵守なので，SA8000認証を取得していれば，企業のコンプライアンスはある水準に達していると判断される。なお，SA8000認証は企業が労働問題に真摯に取り組んでいる証となるので，労働者が就職と転職時の選別基準や企業が取引する際の判断材料などにもなる。

　先進国の企業にとって，途上国工場のSA8000認証の取得によって，サプライ・チェーンへの安心感，商品リスクの軽減，消費者満足度の上昇，ブランド・イメージの向上，経営収益性の改善といったメリットが期待できる。自国内において消費者，労働組合，マスコミ，政治家などからの圧力をかわすことがで

きるとともに，進出先の途上国においても労働者，消費者，地域住民，地元政府などから好感を得られ，より良い条件でビジネスを展開することができる。

　他方，途上国の工場経営者にとって，SA8000の認証活動は労働環境の改善をもたらし，離職率と事故率の減少，生産性と品質の向上，世界一流企業から大口オーダーを獲得する機会の増大といったメリットがある。しかし，SA8000認証を取得するためには，賃金，残業，福祉，安全措置などに関する改善活動に投入する費用は相当大きく，そのうえ認証費用も別途かかり，これらの費用は，結局，生産コストに計上され，コスト競争力の低下につながる。つまり，途上国政府の立場から見ると，SA8000という国際規格は，外国大企業の独善的な暴走行為を防ぎ，自国労働者の正当な権利を守るというポジティブな役割を果たすと同時に，反ダンピング法やISO規格などと同様に，新しい貿易障壁となって自国の労働集約型製品の輸出を阻むネガティブな役割も果たし，いわば諸刃の剣である。

（7）SA8000認証の広がり状況

　SA8000の発効後に，まずアメリカ化粧品大手のエイボン・プロダクツ（Avon Products）が1998年5月に最初の認証を受けた。その後，速くもナイキ，GE，フォード，カルフール（Carrefour）などの欧米大企業に広がり，これらの大企業に商品を納入するサプライヤー工場もSA8000の規定を守らなければならなくなる。たとえば1992年に契約工場での労働条件が悪く，低賃金労働や児童労働なども存在するという理由で，多くの抗議がナイキに寄せられ，ナイキ商品に対する不買運動が起きた。その後，ナイキは絶え間ない改革と改善を行い，近年の労働環境の格付けではずっとA評価を得ている。

　SA8000認証の広がり状況について見てみると，2004年末時点のカバー範囲は45か国，52産業，710工場，436,623人であった。認証企業のなか，先進国の大企業だけでなく，途上国の中小企業も多い。また搾取工場の典型として批判されていたアパレルや繊維などの企業が数多く含まれている。具体的には，米国のエイボン，ドール・フード（Dole Food），トイザらス（Toys "R" Us），ティ

第2章　CSR活動の実務的展開

図表 2 — 3　SA8000認証上位 5 か国（2007年 6 月30日現在）

国　名	認証件数	比率（%）	労働者数	比率（%）	産業分野数
イタリア	626	45.59	114,908	16.89	58
インド	217	15.80	118,188	17.37	28
中　国	159	11.58	147,680	21.71	26
ブラジル	91	6.63	54,721	8.04	29
パキスタン	51	3.71	23,675	3.48	7
合　計	1,373	100.00	680,000	100.00	66

出所：SAI（2008），"10th Anniversary Report," p.24のデータに基づいて作成した。

ンバーランド（Timberland），ギャップ，イタリアのイタリア生協，スイスのネスレ（Nestlé）などの有名企業がある。そのなか，中国の認証企業（79社）はイタリア（167社）に次ぐ世界第 2 位であり，カバーしている従業員（64,522人）は世界第 1 位となっていた。また，2006年 6 月時点の認証件数は1,038件であり，国別ではイタリア（38.1%），インド（15.8%），中国（12.4%）の順となっている。

　SAIが2008年 2 月に公表した10年報告書によると，1998～2007年の間に，認証工場数の年間増加率は35%に達している。2007年 6 月末時点において，64か国の66の産業分野，1,373の工場に働く68万人の労働者はSA8000規格にカバーされている。認証が最も進んでいる上位 5 か国はイタリア，インド，中国，ブラジル，パキスタンであり，その詳しい中身は図表 2 — 3 にまとめられている。ちなみに，イタリアの認証件数がインドと中国を大きく上回った最大の理由は，トスカーナ（Toscana）州をはじめ，イタリアのいくつかの地方政府が，同認証を取得した企業を公共調達において優遇する規定を設けているためだとされる。

　さらに 2 年後の2009年 6 月30日時点で，64か国の2,010社がSA8000認証を受け，認証件数の順位はイタリア，インド，中国，ブラジル，パキスタン，ベトナムなどと大きく変わらない。世界範囲で考え，しかもISO9000とISO14000と比べれば，SA8000規格の認証は未だに広がっていないというのは事実である。しかし，審査と認証を必要としないISO26000と比べて，審査と認証を必

45

要とするSA8000はより強力な労働規格となっているため,その証拠能力を獲得するために,欧米先進国だけでなく,インドや中国やブラジルやベトナムなどの途上国においても,市民,メディア,NPOとNGOの後押しを受けながら,SA8000規格は徐々に普及している。

(8) 日本企業のSA8000認証状況

先進国の日本において,かなり前からCSR行動規範などは,もはや社会的な非難から会社を守るという消極的な戦略ではなく,企業イメージを高め,他社との差別化をはかり,競争優位性を確立するための積極的な戦略として使われてきている。そのため,新しい国際規格としてのSA8000に対する認知度は低いものの,CSRとSRIに関する取り組みはすでに長年にわたって続いてきており,またNPO活動も活発である。その結果,正規従業員の労働環境に関する深刻な問題はあまり発生していない。ただし,派遣労働者や外国人研修者をめぐる労働環境は相当悪いと頻繁に報道される。日本国内での労働環境は比較的よいにもかかわらず,SA8000認証の取得は企業評価の新しいモノサシとして今後の労働環境改善に役立つと考え,SA8000認証を取得する企業は少しずつ増えている。この流れのなか,流通大手のイオンのケースは最も注目されている。[18]

イオンは早くも2003年2月に取引行動規範としての「イオン・サプライヤーCoC（Code of Conduct）」を制定した。それは,SA8000などを参照しながら,イオン社の基本理念と社内ルールの考え方を盛り込んで独自に作成したものである。そのなかで,環境保全や企業倫理に関して,1）児童労働,2）強制労働,3）安全衛生および健康,4）結社の自由および団体交渉の権利,5）差別,6）懲罰,7）労働時間,8）賃金および福利厚生,9）経営責任,10）環境,11）商取引,12）認証・監査・監視,13）贈答,という13項目が含まれている。この取引規範の実施によって,イオンは,「トップバリュ」という自社ブランド商品（PB商品）を受託生産している工場（世界25か国の約400工場）とともに,生産製造のプロセスにおける諸問題に対して説明責任を果たす義務

を負うこととなる。製品の品質向上のみならず，生産活動における企業倫理や労働環境に関する法令遵守などを誠実に推進していくと表明した。

　その後のイオンは，社会から信頼される企業になるという強い決意を国内外に示すため，国連グローバル・コンパクト（GC）への参加を2004年9月1日に表明した。そして，2004年11月8日にイオンは日本の小売業最初のSA8000認証を取得した。この認証取得は，「トップバリュ」の名前を付けた多種多様なPB商品を生産するサプライヤーの生産過程においても，その商品の生産を委託しているイオン本社の業務においても，SA8000の要求事項が遵守されているかどうかをチェックし，SAIに指定された第3者認証機関の審査を受けることを意味する。こうして，イオンは継続的な労働環境の向上に取り組み，国際社会から信頼を得られる企業を目指そうとしている。結果的に，イオンの努力は市民社会で認められ，たとえば消費者による環境評価ランキングでは常に上位にランクインしている（図表2－2参照）。

　言うまでもなく，日本国内工場と比べて，海外の工場でSA8000認証を取得する重要性がはるかに大きい。残念ながら，2004年末時点で中国国内でSA8000認証を取得している日系会社はわずか5社程度である。実績が少ないなか，その貴重な一例は中国でポリエステル長繊維織物の製織や染色加工の事業を展開している南通帝人有限公司である。この南通帝人は日本の帝人株式会社（本社は大阪市中央区）の100％子会社で，所在地は中国江蘇省南通市，設立は1994年3月24日，操業開始は1995年9月18日，従業員数は1,525人である。南通帝人は，2000年5月のISO9002認証取得，2002年7月のISO14001認証取得に続き，2004年11月24日にフランス系の認証登録機関であるBVQI(Bureau Veritas Quality International）からSA8000の認証を取得した。[19]この3つの認証をもって品質・環境・労働という3つの側面にわたって高い審査基準をクリアしている証を手に入れ，ビジネスにおける国際的な信頼性が一段とレベルアップすると期待できる。特に当該社のビジネスにとって重要な顧客となる欧州企業は，企業モラルを重視する傾向が強いので，SA8000認証の取得は欧州ビジネスの規模拡大と信頼性向上につながると思われる。一方，近年の中国国内でも労働環境

の改善を進める動きが活発であり，南通帝人は現行の中国国内の労働法規を守っているにとどまらず，より高いレベルの国際労働基準を実現していると中国政府と中国社会に強くアピールすることができる。

（9）中国企業のSA8000認証状況

中国企業のCSR活動の範囲が急速に広がるなか，CSR関連の費用は大体，環境保護支出，労働者社会保障支出，納税額，労働者教育支出，公益性社会活動支出という順位となっている。[20]新しい枠組みとしてのSA8000に対する理解はいまだに広がっていないが，沿海地域にある外国ブランドの調達工場を中心に，SA8000の影響力は徐々に増大し，企業の競争力を左右する要素のひとつとなりつつある。たとえば聯志玩具礼品（東莞）有限公司は中国最初のSA8000認証を取得した企業の1つである。この会社は1997年にSA8000認証を取得してから，マクドナルドなどの外国企業から安定した納入業務を請け負い，順調な成長を遂げている。[21]逆の事例として，2002年に深圳市のある企業が運営していた玩具工場で未成年労働者使用，長い残業時間，低賃金，書類偽造などの問題が発見されたため，複数のアメリカ企業から注文を取り消された。その結果，4つの工場と8千人の従業員を擁するこの企業はたちまち倒産した。[22]

SAIはブランド大手各社と協力してSA8000の認証を主導的に広げている。たとえば中国広東省のある衣服工場で経営側の賛同を得たうえ，SA8000認証の実験を行い，実験に伴う全費用をSAIとブランド企業のティンバーランド（Timberland）が負担した。中国政府の警戒と懐疑を回避するために，労働組合の独立性や労働者人権などの言葉を避け，工場労働者委員会を設立した。労働者投票で選ばれた代表に対してSAIの教育訓練プログラムを提供し，賃金や福祉などについて経営側との団体交渉に当たらせた。この工場の労働者委員会の実績として，子ども教育手当の新設，年に一度の帰郷時の貸し切りバス，社内運動会，チャリティ募金，労働法・AIDS・コンドーム使用・消防設備・救急設備などに関する勉強会などがある。この実験を実施するプロセスにおいて，工場内の労働秩序は良くなり，トイレでの落書きと随所で見られていたタバコ

の吸殻もかなり減った。周辺の工場と比べて，残業時間が大幅に減り，労働者の離職率が大幅に下がり，労働生産性は大幅に上昇した。労働者権利が尊重されているという企業イメージがその地域に広がり，労働力不足の問題が深刻化した2005年にも十分な労働力を確保することができた。要するに，SA8000認証に関するこの実験は大いに成功したと言える。

しかし，SA8000の中国展開はとても順調とは言えない状況である。コストの増加を嫌う工場経営者から反発されるだけでなく，政府当局と学界研究者からの抵抗も強く，その主な理由は以下３点である。

１）アメリカや日本などの先進国と比べて，中国の労働関連法規はより厳しい内容となっており，労働時間，残業，休日などに関して，SA8000以上に厳しく規定されている。現在の中国政府は法律の執行と監督に力を入れていないので，外国企業は国際労働規格を制定して自分の力で何とか事態を改善しようとしている。しかし，生産コストの上昇をもたらす国際労働規格の導入に消極的に対応する工場経営者が多いため，中国の労働法規あるいは国際労働規格を満たす工場は非常に少ない。もし中国政府が労働関連法規を本気で実施しようとすれば，労働者の権利は確実に守られるので，SA8000のような国際基準を導入する必要性は特にないという意見が多い。

２）共産党一党支配の政治体制下で，SA8000が要求する労働組合結成権利と団体交渉権利はどのような影響を及ぼすか，官制労働組合の弱体化や民間政治団体の勢力増強や民主主義理念の影響拡大などをもたらさないか，と政府当局は大きな不安と疑念を抱いている。さらに，SA8000認証を押し進めるSAIが米国政府からの補助金を受けていることを理由に，その背後に資本主義国の敵対勢力が内政干渉や政権転覆などの政治陰謀を企んでいるのではないかという極端な見方も一部ある。

３）SA8000の実効性を疑い，中国工場の労働者権利が改善されない原因を外国企業の調達価格の安さに帰結し，外国企業に労働者権利侵害の連帯責任を負わせるべきだという研究者の意見もある[23]。その根拠として，外国企業からの委託生産を主業務とし，SA8000認証の工場監査を受けている珠江デルタや長

江デルタの工場と比べると，外国企業からの委託生産を主業務とせず，SA8000認証の工場監査を受けていない四川省の工場では，比較的に労働者の待遇もよく，人権も守られている，という調査結果がある。なぜこうなったかと原因を探ると，まず外国企業から委託生産のオーダーを獲得できるのは，通常，最も安い調達価格を受け入れる工場だけであり，受注工場側の利幅はもともと非常に薄い。外国企業は行動規範やSA8000や工場監査などを内容とする労働改善策を中国工場に要請するが，その分のコストを調達価格に上乗せすることに同意しない。労働改善策に関わるコストの大半ないし全部を中国工場側が負担することになるので，元々薄かった利幅はさらに縮まる。採算割れを避けるために，工場経営者はあの手この手のコスト削減策を探る状況のなか，賃金や福祉などの労働者権利関係の出費は必然的に極端に抑えられてしまう。

以上3点の理由により，中国政府は外国生まれのSA8000に対する態度を明確にしないまま，中国独自の労働基準を作ろうとしている。たとえば2005年5月に中央政府直属の部局であるCNTAC (The China National Textile and Apparel Council) はCSC9000T (China Social Compliance 9000 for the Textile and Apparel Industry) という紡績繊維産業における行動規範を作った。そのCSC9000Tの内容はSA8000とほぼ同じであるが，SA8000のような強制力がなく，工場監査も認証制度もない，という大きな違いがある。CSC9000Tを導入する目的は企業側に努力の方向性を示すためであると解釈され，2006年に中国国内の11工場，2007年に113工場でCSC9000Tが実験的に取り入れられたが，その効果は非常に限定的なものであった。

先の図表2—3で示されているように，認証数世界第3位という意味から中国におけるSA8000の進捗状況は比較的進んでいると言えるかもしれない。また，2009年3月末時点で216,930人の労働者が223のSA8000認証工場で働いており，2007年6月時点の147,680人と159工場と比べれば，たしかに若干の進展があった。しかし，最も多くの工場と労働者を擁し，最も多くの製品を世界中に輸出している中国として，認証数はイタリアとインドに及ばないという意味では，立ち遅れているとも言えよう。

〈注〉

(1) 小河光生（2010），80頁。劉蔵岩（2010），78～80頁。
(2) Harney（2008），p.186.
(3) 周祖城・張漪傑（2007）。
(4) Harney（2008），pp.191-192.
(5) 日本貿易振興機構（JETRO）海外調査部（2006），82頁。
(6) 藤井敏彦・海野みづえ（2006），64～66頁。
(7) 国連GCについて次の文献が詳しい。水尾順一（2005），26頁。
(8) 丸山恵也（2006）。
(9) SRIについて，谷本寛治（2006）が詳しい。
(10) 鐘宏武（2008）。
(11) 女性の証券アナリストだったAlice Tepper Marlinが1969年に創設した公共利益研究グループである。
(12) SAIのホームページ：http://www.sa-intl.org.
(13) 同上。
(14) SAI（2008），"10th Anniversary Report," p.21. http://www.sa-intl.org/_data/n_0001/resources/live/SAI_Tenth%20Anniversary%20Report_Low%20Res%202-08.pdf.
(15) 召来安（2005）。
(16) SAI（2008），"10th Anniversary Report," p.22.
(17) 劉蔵岩（2010），68頁。
(18) イオン社ホームページの「環境・社会貢献活動」：https://www.aeon.info/environment/social/sa8000.html.
(19) 『2005年　帝人グループCSR報告』，10頁。
  http://www.teijin.co.jp/csr/report/pdf/csr_05_all.pdf.
(20) 金碚・李剛（2006）。
(21) 李文臣（2005）。
(22) 陳迅・韓亜琴（2005）。
(23) 曹徳駿（2005）。

第Ⅱ部
中国企業におけるCSR活動の実態

第3章
欧米企業の中国工場監査

第1節　海外工場監査の背景

　これまで説明したように，近年には，CSR活動の急速な進展に伴い，労働問題をはじめとするCSR研究はすでに，経営学の分野にとどまらず，マクロ経済学，労働経済学，社会学，政治学，法学といった幅広い関連領域に広がり，学際的なテーマとなっている。そのため，CSR活動の実務的な内容に関して，当事者としての企業自身だけでなく，企業のステークホルダーとしての消費者団体，NGO組織，民間研究団体，業界組織，行政当局などはそれぞれ積極的に発言している。各利益団体の意見を統合するために，国連，ヨーロッパ連盟，世界銀行，国際労働機構（ILO），国際標準化機構（ISO）といった国際組織，そして各国政府はそれぞれ独自の範囲規定を公表している。この大きな流れのなか，個別企業・個別産業ないし産業横断的な行動規範，国連GC，ISO26000，SA8000などの一般的なルールが制定された。

　経済活動のグローバリゼーションが急速に進み，大半の部品と完成品を海外から調達してくる現状のなか，欧米先進国のブランド企業と多国籍企業にとって，自国内の工場ないし自社直営の海外工場で労働者の権利擁護に取り組むだけではもはや不十分で，自社に商品を納入する他社の海外工場における劣悪な労働状況の存在は大きなリスクとなっている。海外工場の労働環境を改善するのはもっぱら現地工場経営者と現地政府の責任であり，自社には無関係だという従来の姿勢を取っていると，カロールのCSRピラミッドのなかでの経済責任と法律責任という低次元の責任は果たしたと言えるかもしれないが，倫理責

任と博愛責任という高次元の責任は必ず問われ，社会的な非難と反発は避けられない。海外調達工場で何か大きな問題が起きると，離職率と不良品率の増加，商品の品質と安全性への不安，消費者の不買運動，従業員の士気低迷，ブランド・イメージと経営収益性の悪化という危機的な状況を招きかねない。海外調達活動を行う大手企業ならば，ギャップ，ナイキ，リーボック，チキータ・ブランド，シェル石油といった「傷ついたブランド（bitten brand）」の苦い経験から多くの教訓を得ているはずである。

一方，中国などの途上国では，工場経営者はCSR関連費用を嫌い，できるだけごまかそうとする。政府当局は経済成長を最優先にするとともに，先進国の押しつけを嫌い，労働関連法規の執行状況を厳しく監督しようとしない。その結果，途上国自身が作った法規であれ，外国企業が持ち込んだ国際労働規格であれ，形式として導入したものの，実効性はほとんどなく，労働現場に大きな改善をもたらしていない。たとえば2010年前半に中国深圳市にある鴻海社工場で発生した従業員十数人の連続飛び降り自殺事件では，その工場に商品の製造を発注しているアップル，ソニー，任天堂などの外国企業も激しく批判され，原因弁明と改善対策に大きな代価を払わざるを得なかった。

こうして，海外調達工場での問題発生を未然に防ぎ，自社のブランド・イメージを確実に守るために，海外調達工場に対する監査活動を現地工場の経営者に任せるのではなく，自社の責任で行うべきだという認識は国際ブランド大手の間に徐々に広がっている。たしかに，多国籍企業は海外調達活動に関する高潔な企業行動規範を作り，国連GCやISO26000などに参加すると宣言し，SA8000という厳しい国際労働規格が認証された以上，海外調達工場にもそれらの行動規範と労働規格を確実に守らせる必要はあると思われる。したがって，海外調達工場に対して立ち入り検査を実施するという工場監査（factory auditing, factory monitoring）の制度は1990年代以降に徐々に取り入れられた。

海外調達先に対する工場監査という取り組みは新しいものであるゆえに，その実施方法から実効性まで，試行錯誤的な部分は必然的に多かった。そのなか，ギャップ（Gap）の取り組みは比較的に先進的なものだと言われる。ギャップ

第Ⅱ部　中国企業におけるCSR活動の実態

はかなり早い時期から厳しい内容の行動規範を制定し，またSA8000も早い段階で導入し，1995年から第三者による外部監査制度を取り入れた。監査結果に基づき，違反工場に対して指導や勧告や取引中止などの異なる対応を取っている。たとえば2004年に発表した中国のサプライヤー236社に対する監査結果では，レベル1（緊急対応が必要）は49社，レベル2（改善が必要）は51社，レベル3（合格）は68社，レベル4（良好）は54社，レベル5（優秀）は14社であった。監査の結果を見て，ギャップ社は児童労働に対して特別に厳しく対処すると宣言し，レベル1の49社のうち，16歳未満の労働者が就労していた3社に対して，取引関係を中止するという厳しい措置を取った。[1]

ギャップは真剣に努力しているにもかかわらず，目指す目標と到達した実績の間に大きなギャップが存在し，「ギャップ社にはギャップがある（Gap in GAP）」と揶揄される。たとえば2007年10月にギャップのインド工場で児童労働だけでなく，最悪の児童奴隷労働が発覚した。ニュース報道によると，まだ10歳前後の児童労働者たちは，一日に16時間働き，蚊の飛びかう場所で飯を食べ，建物屋上の床で眠り，排泄物が溢れ返るトイレを使い，作業が遅れればゴム製のパイプで殴られ，泣き出せば油の染み込んだ布を口に詰め込まれたという。ギャップ北米支社のマーカ・ハンセン社長は，その状況は「完全に受け入れがたい」，会社として「迅速に手を打つ」と声明したが，消費者の間ではギャップへの信頼は大きく揺らいだ。[2]

「世界の工場（the World Workshop）」という異名がつけられた中国では，工場監査の大波は1990年代に上陸した。1993年にウォルマート，1996年にギャップ，1997年にリーボック，1999年にティンバーランドのように，海外大手ブランドは中国の契約工場に対する監査活動を始めた。2008年までに外国企業による工場監査を受けた中国工場は3万か所以上とされている。欧米各社による工場監査の導入背景と監査内容と実施方法などはそれぞれ異なり，厳しさも当然大きく異なるが，以下では主にウォルマートの監査事例について検討してみる。

第2節　ウォルマートの中国工場監査

　1962年にサム・ウォルトン（Samueal M. Walton：1918～1992）がアメリカのアーカンソー州でウォルマートの1号店を設立した。それ以来飛躍的な発展を遂げ，2005年現在全米で3,811店舗（2014年11月に5,000店以上）を擁し，米国人78,000人に1店舗の割合である。全米人口の半分以上がウォルマートの店舗から半径8キロ以内，車では10分程度という距離範囲に住んでいる。毎週米国民の3分の1がウォルマートで買い物をし，一世帯平均の年間消費額は2,060ドルに上っている。2006年度の売上高は3,511億米ドル，世界中の10か国で4,800店を展開し，190万人以上の従業員を雇用している。またウォルマートに商品供給の仕事に携わっている人はその数倍に上っているはずである。21世紀に入ってからのこの十数年間にウォルマートはFortune500社の売上高トップ3に常にランクインしている。

　毎日安売り（EDLP：Every Day, Low Price）を核心理念（core value）とするウォルマートは，圧倒的な販売能力を武器にして納入業者との交渉に臨み，製造と流通のあらゆる工程と商業慣習を洗い直し，商品の仕入れ価格を極限まで抑えることに成功した。そのうえ，利益マージンを極めて低い水準に抑えながら，薄利多売のビジネスモデルで巨額の売上高と利潤を上げ，世界で最も強靭で最も大きい影響力を持つ企業に成長している。たとえばウォルマートの商品価格は同業他社より約1割（食品15％，非食品5％）も安いので，後発組でありながら，ライバル店舗から顧客を次々と奪った。安値競争に耐えられずに撤退する同業者は後を絶たず，ウォルマートの一人勝ち状態が際立っている。かつて玩具の販売形態を一変させ，世界中の消費者に大いに好かれていたトイザラスさえもウォルマートに対抗できず，身売りせざるを得なかった。また次世代光ディスクの規格をめぐる競争のなか，東芝は2007年のクリスマス商戦に採算を度外視してHD DVDレコーダーを＄99で投入し，安価なハードウェアをもってソフトウェア業界の囲い込みを行おうとした。しかし，アメリカ国内の

DVDソフトの4割近くを販売しているウォルマートは2008年2月にライバル規格のBlue-Ray方式への支持を表明した。その直後に，東芝はHD DVDからの撤退を表明し，家電製造業に対するウォルマートの影響力を著しく印象づける結果となった。

　こうして，創業以来の約50年間に，米国のみならず世界範囲で，ウォルマートは産業界と地域コミュニティのビジネス活動や一般消費者の日常生活などに大小さまざまな変革を巻き起こし，計り知れないほどのインパクトを与えてきた。アメリカ社会では，ウォルマートのもたらす影響を「ウォルマート効果(Wal-Mart effect)」と呼び，その中身は当然，プラスとマイナスの両面に分かれている。しかし，マスコミと各種の社会団体と研究者のいずれも，消費者物価の抑制，国民生活の豊かさ向上，新規雇用の創出，政府税収の増加といったプラスの側面よりも，ウォルマート従業員の低賃金，国内関連産業の破壊と雇用減少，サプライヤーに対する容赦ない圧力，海外の搾取工場との取引，海外調達工場での労働者の劣悪な待遇，商品の品質と安全性に対する不安，安価商品の大量消費による資源浪費と環境破壊といったマイナスの側面に焦点を当てて批判の声を上げている。また2000年前後から全米各地でウォルマートに対する労働訴訟が多発し，低賃金，残業強要，サービス残業，不法移民就労などの問題点が法廷の場で取り上げられた。

　この背景下で，動機は能動的なものか，それとも受動的なものかを断言できないが，ウォルマートは企業イメージの改善に全面的に取り組むことになった。本家の米国では無論のことで，世界中の国々でもCSR運動と工場監査を率先して推し進めている。庶民に安い生活用品を提供するスーパーマーケットとして，ウォルマートは世界中の国々から商品を調達している。2004年時点で世界60か国，5,300の工場がウォルマートに製品を直接納入しており，間接的に納入している工場の数はその数倍以上にもなる。そのなかでも，ウォルマートの中国調達額はとても大きく，1997年の$60億から，2001年の$100億，2002年の$120億，2003年の$150億，2004年の$180億まで拡大した。そのため，ウォルマートは米中貿易赤字の10%をもたらしたと批判される。したがって，中国

での取り組みは特に注目されるべきである。

　ウォルマートは1996年に中国の深圳市に進出してから，2008年10月に全国の63都市で115店舗（2014年11月に401店舗）を持つ。中国に巨額の税金と数十万人の就業機会を提供するだけでなく，良き企業市民として，コンプライアンス遵守，納税，従業員待遇，人材教育，商品安全性，顧客サービス，取引パートナー関係といったCSR関連の課題に積極的に取り組んでいる。とくに慈善活動と公益活動への取り組みが活発で，高い評価を受けている。たとえば2008年5月の四川大地震の後，多額の物資を震災地に緊急支援し，マス・メディアに大々的に取り上げられた。ウォルマートの発表によると，1996年の中国進出以来，各種公益活動に5,800万元の資金と物資，16万時間の労務を提供したという。[7]ただし，中国トップ校の清華大学に100万米ドル以上を寄付したときに，その寄付金はウォルマートの正当利益から支出されたのではなく，労働者の人権侵害と所得減少によって実現されたものだとマスコミに批判されたこともある。

　常に消費者とマス・メディアの注目を浴びている巨大企業として，CSR活動に熱心に取り組み，消費者の信頼を勝ち取ることは客観的に求められている。そのため，ウォルマートは1992年に自社の行動規範を制定し，1993年から外部監査法人のPREL（Pacific Resources Export Limited）[8]と契約して中国工場の監査業務を開始した。1997年以降に自社独自の監査プログラムをエジプト，パキスタン，インド，ニカラグアなどの国にも拡大し，倫理基準事務所を上海，深圳，ドバイ，シンガポール，バンガロール，コロモ，ホンジュラスなどの世界各地に設置した。工場関係者の責任感を促し，工場労働者の権利を保護するために，ウォルマートは自社の行動規範を25か国語に翻訳してそれを壁に張り出すようにと海外調達工場に要求している。この流れのなか，中国での調達活動の拡大（2008年の買い付け先は約2万社）につれて，ウォルマートは2002年2月に中国深圳市に調達センターを設立し，商品調達工場への監査を強化するように動き出した。

　具体的には，ウォルマートは2002年から調達物資を直接調達と間接調達の2種類に分けて対応するようにした。社内の調達部門が直接購入した物資に対し

て，リスクが小さいと判断してウォルマートが自ら工場監査を行う。外部業者を経由して間接的に購入した物資に対して，リスクが高いと判断して外部の第三者監査法人に工場監査を依頼する。その工場監査に当たり，いわゆる労働搾取工場（Sweatshop）を排除するのが主な目的であり，主にウォルマートの倫理基準（Ethical Standard）に照らし合わせ，児童労働と強制労働，職業病，労働時間，最低賃金などの項目をチェックする。監査スタッフは労働の現場で給与関係書類，消防施設，救急箱などをチェックし，現場労働者へのインタビューも行う。ただし，ウォルマートの工場監査の大半は事前通告の形を取っており，2004年に行われた12,500件のうち，予告なしの抜き打ち監査はわずか8％であった。[9]

　ウォルマートの監査結果は数段階に色分けられている。Green は無違反あるいは軽度リスクの違反，Yellow は中度リスクの違反（賃金表の不備など），Orange は高度リスクの違反（法定最低賃金違反，残業時間超過，書類偽造など），Red は最も深刻な違反（未成年労働，強制労働など）である。たとえば Orange 評価の項目が2年間に4回以上となるとウォルマートとの取引は1年以上の停止となり，Red 評価となれば取引は永久停止となる。[10]この監査制度のもと，2004年には108の工場との取引を中止し，1,211の工場との取引を一時中止した（そのうち260の工場は後に改善が認められて取引を再開した）[11]。2006年にウォルマートは世界中の8,773の工場に対する監査を行い，直接調達の6,757の工場は社内監査，間接調達の2,116の工場は第三者監査であった。その結果，Green 評価はわずか5.4％であった。[12]

　現実問題として，ウォルマートは企業イメージを高め，消費者の信頼と支持を得たいが，EDLP という基本コンセプトは変えられない。そのため，労働状況の改善を調達工場の経営者に要求するが，改善するためのコストを一切負担しない。当然，調達工場はウォルマートのこの姿勢に反発し，工場監査に協力しないあるいは抵抗する。その結果，工場監査が形骸化し，労働状況の改善は進まない。たとえば1998〜2006年の間に，アメリカ国内の小売物価は平均で23.7％も上昇したにもかかわらず，靴類の平均小売価格は逆に3.5％下落した。[13]

この価格下落の背後にウォルマートの無慈悲な貪欲と中国工場労働者の哀れな犠牲と工場監査の形骸化があるとマスコミは批判した。

　中国では，ウォルマートが要求する納入価格と行動規範を同時に満たすような生産工場を見つけるのは非常に難しい。もし工場経営者が誠実に対応し，ウォルマートの行動規範を満たそうと努力すれば，その工場の生産コストが上昇し，ウォルマートの価格要求に応えられなくなる。しかし，ウォルマートの行動規範を満たすことができなければ，ウォルマートとの取引ができなくなる。このジレンマの結果，ウォルマートと契約する工場の多くは工場監査に非協力的で，都合の悪い情報を隠そうとする。たとえば賃金表やタイムカードなどの書類を偽造したり，工場監査の日に未成年労働者と新人労働者を隠したりする。また監査スタッフによるインタビューに対応するために，標準回答を労働者に事前に配布して嘘の説明をするように指示するケースも多い。さらに，工場側の偽装工作はこういう書類偽造にとどまらず，法的に登録されていないシャドウ工場（shadow factory）を立ち上げ，大量の生産業務を労働条件がより劣悪な裏工場に移すケースも多発している。[14] ウォルマートが納入価格の切り下げをこれだけ執拗に要求しているのだから，工場監査を本気でやらないだろうと工場経営者は自分勝手に解釈している。

　たしかに，ウォルマートにとっては，調達工場の法令遵守に関して，仮に表面的印象であっても安い納入価格が実現すれば，真相究明にこだわる必要は特にない。大体，経済利益最優先のウォルマートはより安い納入価格を求めて調達工場を頻繁に変更しており，工場を変更する度に監査活動を最初から行う必要がある。監査スタッフにとって，従来工場での監査指導は労力の無駄となり，新規契約工場への監査指導は新たな労力負担となる。他方では，監査を受ける側の工場経営者にとって，ウォルマートとの取引は一度きりかもしれないので，多大な金銭と時間と労力をかけてその監査要求に真摯に対応するのは得策ではなく，むしろ適当にごまかすほうが合理的である。しかし，「前科」のあるウォルマートに対して，アメリカ国内から監視の目が常に厳しく光っている。たとえば2004年2月にアメリカのNational Labor Committeeは報告書を発表し，

中国広東省東莞市と中山市にあるウォルマートの2つの委託生産工場は賃金と残業面での不正があり、労働基準法に違反していると批判した。[15]

　もう一つの問題として、抜き打ち監査の比率が低いことに加え、ウォルマートの監査スタッフは多忙を極め、一つの工場に2時間程度しか滞在できず、監査業務は形式的なものになりやすい。そのため、ウォルマートはさまざまな措置を取り、偽造とごまかしをなくそうと努力している。1）抜き打ち監査の比率を25％へ高めた。2）Orange評価の企業を対象に、「Orange School」と呼ばれる学習教室を定期的に開き、企業倫理や行動規範に関する教育訓練を強化している。3）3か月に一度のペースで納入業者と会い、現場の問題を解決するための方法に関する相談に乗るようにしている。4）直接調達または間接調達の生産工場に対する監査回数を増やし、その数は2005年だけでも7,200の工場を対象に13,600回にのぼっている。しかし、これらの措置を取り入れているにもかかわらず、当事者の工場側は工場監査の問題を重要視せず、誠実で責任のある対応をしてくれない。近年のCSR報告書を読んでいても、工場監査の目的はいまだに達成していないとウォルマート社自身も認めている。

第3節　中国工場監査の問題点

　ウォルマートの事例から分かるように、外国企業が主導する工場監査に対して、中国工場側は消極的、非協力的な態度を取り、場合によって書類偽造やシャドウ工場などの偽装工作を行っている。それと同時に、中国の行政当局は厳しい法規を制定しておきながら、それを厳格に執行する努力を怠り、意図的な不作為と疑われる場合も少なくない。その結果、外国企業が工場監査の制度を押し進めようとそれなりに努力しているにもかかわらず、労働者権利の擁護という本来の目的は一向に実現せず、工場監査制度の必要性も有効性も大きく問われている。この現状に鑑み、工場監査に関する問題点ならびにその原因を解明する必要がある。以下では、ウォルマートの工場監査に限らず、一般論として、欧米の多国籍企業が中国で行っている工場監査の問題点ならびにその原因につ

いて探ってみる。

　先進国のブランド企業または流通企業は自社が直接に行っている企業活動だけでなく，自社に商品を納入する途上国工場の企業活動に対しても連帯責任を負い，そこでの労働者人権状況に対する連帯責任を取るべきだという発想は1990年代前後に生まれたものであり，この発想を支えるための国際労働規格や工場監督体制などは2000年前後に始まった新しい試みである。先進国の多国籍企業が途上国の主権国家で自らリーダーシップをとって工場監査を行うにあたり，それまでに経験も専門家もほとんど存在していなかったために，試行錯誤的に進めていくしかなかった。その結果，当然のように，数多くの問題が起きている。

（1）監査要求の不統一

　通常では，1つの中国工場は複数の外国企業から製品生産の注文を受けている。しかし，それら外国企業の国籍，規模，産業分野，ブランド力などの企業属性の違いによって，各社の行動規範が要求する内容と水準は大きく異なっている。調達側各社の監査要求が統一しないので，多国籍企業の倫理観と工場監査の目的に対して，納入工場側の理解には混乱と誤解が生じやすい。また各社の監査要求の差異によって，納入工場側に不合理な対応負担が強いられるケースもある。

　まず要求する内容は共通であっても，要求するレベルが異なるという問題がある。たとえば人種と性別に関する差別の禁止，労働時間と残業時間の制限，法的最低賃金の支払い，未成年労働の禁止，基本安全設備の設置などは各社の行動規範に共通した内容であるが，各社の要求水準には大きなばらつきがある。残業を含む週間労働時間の上限を見ると，中国労働法が規定する60時間をそのまま自社の要求水準とする企業もあれば，それを超える80時間を自社の要求水準とする企業もある。

　また，要求水準ではなく，要求する内容そのものが大きく異なる場合もある。たとえば労働組合結成権と団体交渉権については，それを強く要請する会社も

あれば,逆にそれをかたくなに認めない会社もある。ウォルマートは米国内の自社組織でもこれらの権利を認めていないので,海外調達工場に対しても反対の姿勢を取っていた。むしろ中国政府の強い圧力に屈した形で労働組合の結成と団体交渉を認めることになった。また欧米諸国の企業はこれらの権利の保障を要求しているのに対して,アジア諸国の企業はほとんど要求しようとしない。

さらに細かい問題として,監査される項目も要求される対応方法も異なるので,納入工場側の対応は難しくなる場合も少なくない。たとえば避難用非常口の標識サインを赤色に要求する企業もあれば,青色に要求する企業もある。

監査される工場側の立場から見ると,海外企業の行動規範と監査要求はこんなに異なっていれば,それらの要求の根拠と合理性はわからなくなる。まじめに対応する必要性を感じられず,ごまかしや偽装などで対応しても罪悪感はほとんどない。

(2) 多い不条理な要求内容

外国大手企業と中国調達工場との間にもともと実力差が大きく,しかも買い手と売り手の関係でもある。当然の結果として,工場監査の実施においてさまざまな不条理な要求内容が外国企業から中国工場に押し付けられる。

1) 中国の納入業者に法令遵守と工場監査を求めるが,それに伴うコストを負担しない。現地政府が最低賃金を引き上げたにもかかわらず,賃金の上昇分を調達価格に上乗せすることを認めない。工場監査の本心と本気さが疑われ,独りよがりの道徳偽善だと批判されても仕方がない。たとえば靴の生産を発注したティンバーランドは拒み続けた後,ようやく納入業者との半々負担で妥協したが,調達価格の上昇分はわずか$0.12～0.15に対して,小売価格を$0.5引き上げて利益幅を拡大した。つまり,人件費の上昇分を生産コストに上乗せすることによって,工場側は利益の減少を回避しただけであるのに対して,ティンバーランド側は利益の増加を実現した。工場経営者の立場からすれば,これはとても不公平なことである。

2) 納入業者を選定するプロセスにおいて,多国籍企業の購買部門と監査部

門は緊密に連携すべきであるが，多数の企業はそうなっていない。監査部門は納入業者の給与支払いと労働時間の状況をチェックし，残業時間を制限しているが，購買部門は納入価格を極力切り下げ，厳しい納期を要求している。中国の納入工場にとって，納入価格が極端に安く抑えられているので，新規の設備投資と従業員雇用はできない。厳しい納期に間に合わせるためには，既存の生産設備と従業員をフルに使い，残業時間を増やすしかない。通常，多国籍企業の社内では，コスト・センター（cost center）としての監査部門と比べて，プロフィット・センター（profit center）としての購買部門の発言力と優先順位ははるかに強いので，工場監査の実施において，監査部門はこういう社内事情を配慮して残業時間超過や安全生産設備の不備などのような「軽微違反」に目を瞑ることが多い。中国工場側も外国企業側のこの内部事情を理解しており，購買部門と監査部門という2元的命令システムのもとでごまかしや形式的対応などの手段で責任の遂行を回避している。

3）人権侵害と強制労働などに対して，海外消費者の反発はきわめて強く，断じて許されない行為である。そのため，工場監査の実施において，外国企業は安全生産を要請しているので，それが実現するために工場側の労働規律の強化を認めるが，罰金や体罰などのペナルティ措置を認めない。しかし，中国の実情として，「素質の低い」労働者に対して，いくら口頭教育をしてもその効果はきわめて小さく，罰金以外の有効対策は見つからないと考える工場経営者は多い。そのなかで，工場側が自主的に定められる労働規則の内容に口を挟む外国企業に反感を持ち，独立企業の経営権限が不当に侵害されたと憤る工場経営者もいるほどである。そのため，工場側は形式的に対応するだけで，罰金をはじめとする各種の懲罰措置をやめようとしない。結果として，2005年前後の中国では，工場側による身分証明書の統一管理，退職時の賃金不払い，サービス残業，工場ゲートでの厳しい身体検査といった人権侵害と強制労働の性格が強い行為が一般的に発生している。また，タイムカードの記入ミス，無許可のトイレ使用，5分間を超えるトイレ使用，仕事中の私語，居眠り，残業拒否，上司命令の無視といった名目で罰金を科す企業も多い。さらに，それら各種名

目の罰金を生産コスト削減の手段として悪用する企業も若干存在している。[16]

4）外国大手企業が中国で工場監査を実施する本当の目的は自社のブランド・イメージを守ることだけであり，中国工場の労働者権利擁護に対する関心は表面上の理由に過ぎないと疑われる。その証拠として，現行の工場監査制度のもと，法令違反工場に取引中止というムチを見せることがあっても，法令遵守工場に取引拡大というアメを見せることはほとんどない。つまり，法令遵守に多くのコストが実際に発生しているにもかかわらず，その見返り報酬はまったく期待できない。当然の結果として，中国工場側に法令遵守の積極的なインセンティブが生まれない。

5）商品の品質と安全性に関する外国消費者の心配と不安を解消するために，中国工場に製品成分，製造方法，労働条件といった多くの情報の開示を要求し，細かい事項まで監督しようとするが，納入価格を極力抑える姿勢は一向に変わらない。中国工場側はシャドウ工場や書類偽造などによって真相を隠し，工場監査が形骸化してしまう。結果的に，中国工場が開示した情報に対する信頼性が小さく，海外消費者の心配と不安はますます高まる。

6）現行の監査システムには，「対立より協力を」という基本認識が欠けている。つまり，外国企業は中国工場の問題点を見つけて処罰を加えるだけで，問題解決の方法について一緒に考えようという姿勢が欠けている。工場監査中に問題を見つけるたびに，外国企業と監査法人と中国工場という三者間の関係が緊張し，強いストレスが生じる。そのため，中国工場，監査法人，外国企業のいずれも面倒なことを避けようという動機が働き，問題の先送りあるいは問題隠しに積極的あるいは消極的に協力し，問題の解決はまったく期待できない。

（3）文言表現の異なる解釈

外国企業の行動規範の中，文言表現が曖昧である場合は少なくない。たとえば労働者報酬に関して，「その国の慣行および条件に照らし，労働者と家族の基本的なニーズを充足するにふさわしい賃金，給付の改善，可能で適当である限りにおいて指示する」と規定するケースが多い。しかし，「その国の慣行お

よび条件」,「基本的なニーズ」,「ふさわしい」,「可能で適当である限り」といった文言表現はきわめて曖昧で，任意に解釈する余地を大きく残している。外国企業側の立場として，現地の事情に配慮する必要もあろうし，訴訟などの法的リスクを軽減する動機も働いているであろう。[17]

　一見明確な文言表現であっても，実際に異なるものに解釈することも可能である。たとえば「法令を遵守する」と表明しているが，中央政府の法令と地方政府の法令の要求レベルが一致しないケースもあるので，低いレベルの法令要求だけをクリアしていればよいと考え，逃げ道を事前に用意しておくことを企む企業もある。

　また，「管理職（manager）」に関する解釈も国によって異なる。欧米では課長クラスを含めず，課長クラスの管理職を一般従業員同様に時間外労働規制の対象とする（すなわち残業時間の制限もあれば残業代もある）のは普通である。これに対して，中国では原則として課長クラスを「管理職」として扱い，時間外労働規制の対象としていない。つまり，課長クラスは，いくら働いても，残業時間の制限もなければ残業代も支払われない。これが原因になって，一部の中国工場は課長クラスの職位をむやみに増やすことによって人件費を抑制している。しかし，欧米企業は現地国の制度に従うという名目で，中国工場での「管理職」制度の悪用を黙認している。

（4）異なる監査主体の混在

　工場監査の業務を遂行するときに，外国企業が，アンケート用紙を調達工場に送って監査業務を工場側に任せる方法，製品品質検査のスタッフに監査業務を依頼する方法，自社専属の監査スタッフを送り込む方法，外部の監査専門機関に依頼する方法などは実際に存在している。こうして，監査主体が異なれば，その監査方法も監査内容も要求レベルもすべて異なり，監査結果に対する信頼度も当然大きく異なる。

　最近の流れとして，監査の公正さをアピールするために，外部の監査専門機関に監査業務を委託する企業が増えている。たとえば米国のギャップ，ナイキ，

ウォルマート，ディズニー，英国のボディ・ショップなどの各社はすでにこの第三者による外部監査システムを取り入れている。早期の監査専門機関は米国のPwC（Price waterhouse Coopers），Ernst & Young，英国のKPMGといった会計監査法人を中心としていたが，近年には会計監査法人の優位性が弱まり，製品品質検査などを主要業務とした，工場の現場管理に関する専門知識を豊富に有する工場監査専門の会社は欧米諸国で台頭している。たとえばフランスのBV（Bureau Veritas）とSGS，米国のCSCC（California Safety Compliance Corporation），Global Social Compliance，Intertekなどがこの種の監査機関である。[18]

しかし，全体状況として，欧米大手の監査機関による外部監査はまだ少数派であり，自社専属の監査スタッフを工場視察に派遣し，書類検査と従業員インタビューを行うのは最も一般的なやり方である。複数の外国企業に製品を納入している中国工場の立場から見れば，異なる外国企業の要求が異なり，ばらばらな時期に工場に来る監査スタッフに個別的に対応するのは効率が悪い。すべての外国企業の異なる要求を工場所在国の労働法規あるいは国際労働規格のようなものに統一させた方が対応しやすい。そのうえ，権威のある監査機関による工場監査を年に一度だけ受け，その結果を海外各社が信用してくれるような監査システムの構築が望ましい。

（5）監査機関と監査スタッフの問題

監査機関と監査スタッフの力量と本気度は工場監査制度の実効性を大きく決定する重要な要素となるが，残念ながら，この点での問題は少なくない。

1）人数不足：工場監査は新しい産業分野として，人材の蓄積がなく，監査スタッフの絶対人数が足りない。一方，監査業務が多く，一人のスタッフが約2時間で一つの工場を見て回るだけでは，細かい監査は不可能である。

2）経験不足：新しい産業分野のゆえに，監査スタッフの経験が足りない。監査スタッフを採用する際に，多国籍企業の本部に英語のレポートを書く能力が重要視されているので，若い大卒者が多く採用される。しかし，彼らには工場管理に関する知識が乏しく，偽造書類を見破る力量はない。

3）モティベーション不足：工場監査のニーズが増えるにつれて，監査業務をめぐる市場競争も激しくなっている。独立系の監査法人は仕事を獲得するために，監査報酬を抑えざるを得ない。たとえば徹底的な監査を行うには約１万米ドルかかるにもかかわらず，３百米ドルで請け負う業者もいる。監査報酬が少なくなれば，監査業務を真剣に行うモティベーションは上がらず，監査業務の質もお粗末になりやすい。

4）生存動機：近年には，監査を受ける工場側が自ら監査業者を選定し，その監査報告書を外国企業に提出するケースが増えている。この場合，工場側は複数の監査法人に価格の見積りを問い合わせ，最も安価で，しかも都合の良い監査報告書を書いてくれる監査法人を選ぶことになる。他方の監査法人にとっては，大事な顧客に都合の悪い報告書を書くと，収入源となる仕事の依頼はもう二度と来ない。また，工場側が監査スタッフを賄賂で買収するという最悪の場合も少なくない。こうして，監査機関も監査スタッフも自分の生存を優先して工場側の偽装と隠ぺいを黙認し，工場監査の制度は完全に形骸化してしまう。

(6) 監査疲労の問題

中国工場の経営者にとって，新しい技術の採用，新しい生産設備の購入，新しい管理システムの導入，原材料の値上げ，労働者賃金の引き上げ，従業員離職率の高さ，電力供給不足，食堂の献立の充実，従業員宿舎の確保と設備改善，同業他社との激しい競争等々，悩みの種は元々尽きない。最近は工場監査関連の費用もその１つとして新たに加わった。特に海外大手企業の監査要求が厳しく，その監査費用も高額になる。たとえばウォルマートの年度検査を受けるには１万米ドル以上もかかるとされる。

2005年前後では，平均的に，監査費用の７〜８割を工場側が負担している。しかも，委託加工生産を主要業務とする中国工場にとって，複数の外国企業に製品を納入するのは普通である。たとえば（広東省に本社を置き，世界靴生産量の17％を占める）靴メーカーの宝成国際集団はナイキ，リーボック，アディダスといったブランド大手のために委託生産をしている。海外各社の監査内容と

監査水準が統一していないので，複数の海外顧客から生産注文を引き受ける中国工場にとって，それぞれの工場監査に別々に対応する必要がある。複数回の監査にかかる費用と時間と作業量は大きな経営負担となり，いわゆる監査疲労の問題が発生する。

この監査疲労の問題を解決するために，外国企業間の協力が始まっている[19]。たとえばリーバイス（Levi's）は17のブランドと協力し，世界中の100以上の工場で共同監査を開始している。ディズニーとマクドナルドは中国の10工場で共同監査を始めた。アメリカのウォルマートはフランスのカルフール（Carrefour），ドイツのメトロ（Metro AG），イギリスのテスコ（Tesco）といった流通業の巨大企業と協力し，統一の企業行動規範を作った。この種の共同監査制度が普及すれば，海外調達企業も中国生産工場も大きな負担軽減となり，監査疲労の問題は緩和されると期待される。

また，中国工場に関するデータベースの共同作成と共同利用が試みられている[20]。たとえばイギリスのリーボック（Reebok），アメリカのティンバーランド（Timberland），アメリカのアウトドア用品メーカーのL・L・ビーン（L. L. Bean），アメリカ大手アパレルメーカーのVF（VF Corporation）などの各社はThe Fair Factories Clearinghouseというデータベースを共同利用している。イギリス大手ブランドのバーバリー（Burberry），イギリス百貨店チェーンのジョン・ルイス（John Lewis），香港をベースにする国際輸出企業の利豊（Li & Fung），イギリス小売業者のマークス＆スペンサー（M&S：Marks & Spencer），イギリス化粧品メーカーのザ・ボディショップ（The Body Shop）などの各社はSedex（The Suppliers Ethical Date Exchange）というデータベースを共同利用している。同業各社が同じデータベースを共同に構築して利用すれば，質の高い情報をより迅速に入手できるし，書類偽造の問題もある程度予防できると思われる。

さらに，共同監査とデータベースの共同利用に加え，何らかの国際認証規格を導入しようという動きが活発で，今のところ，SA8000とISO26000がその有力候補である。製品品質のISO9000や環境対策のISO14000と同様に，労働者権利と労働環境に関するある種の国際規格の認証を取得して定期的に更新して

いけば，外国企業による個別監査の必要性がなくなり，監査疲労の問題を徹底的に解決することは可能となる。

(7) 相互信頼の問題

　工場監査の強化に伴い，外国企業と中国工場間の関係が緊張し，相互不信に陥りやすい。買い手となる巨大な外国企業を相手に，売り手となる弱小な中国工場は対等な交渉力を持たず，相手の要求を全面的に受け入れることは多いが，相手の言いなりになったことを悔しく思い，工場監査の実施過程において被害者意識と抵抗心理が強く働くことになる。工場経営者が非協力的な態度を取っている限り，チェック漏れ，問題隠し，書類偽造，シャドウ工場利用といったごまかし対策は絶対になくならない。その結果，監査報告書の信頼性が大きく損なわれる。

　この相互不信の状態を解消するために，工場監査に誠実に対応してくれた工場に経済的なインセンティブを提供し，長期的・安定的な取引関係を築くことは有効的であると思われる。たとえばアディダスは2004年に新しい実験を開始した。当社はアジア地域で長期パートナー候補としての納入業者100社を選んで評価し，高い評価が得られる業者に対してより多くの生産オーダーを与えると約束した。工場監査にあたり，アディダス本社の幹部たちは現地工場を直接訪れる。約２日間の滞在期間中に，現地工場の経営者との平等の対話を重視している。現場での問題の有無を確認することにとどまらず，問題発生の原因を工場側から聞き出し，その解決方法を一緒に考えるように努めている。[21]

(8) 実効性の問題

　中国工場に対する外部監査はすでに十年以上も続いてきた。しかし，チェック漏れ，問題隠し，書類偽造，シャドウ工場利用などによって適当にごまかされ，工場生産の実態は大きく変化しなかった。有害製品の生産，成分表示の不正，法定最低賃金未満，残業時間超過，残業の強要，残業代の不払い，未成年労働，人権侵害，化学薬品被害，職業病といった多くの問題は依然として深刻

であり，時々マスコミを賑わしている。

　もちろん，良い方向への変化も確かに観察されている。たとえば消防設備の設置が一般的となり，火災による人身事故は大幅に減ったと言われる。何よりも最も大きな変化は従業員の権利意識が高まったことである。一部の外国企業は，工場監査にあたり，自社の行動規範に則って，労働組合の結成と団体交渉の権利を認めるように強く要請している。この流れのなか，労働者権利を守る意味で既存の官製労働組合は頼りにならないので，民主主義的な選挙を経て，既存の労働組合から独立する組織となる，労働者工場委員会を結成する実験を外国企業あるいはNGO団体が主体となって指導するケースも見られている。

　この種の実験が成功すれば，中国工場の内部から労働者権利擁護運動の機運が一気に高まる可能性はある。工場経営者は，外部の監査機関をごまかすことができても，生産現場で働く労働者本人を騙すことはできない。したがって，労働者権利擁護という意味での実効性は格段に高くなるのではないかと期待される。ただし，この種の実験は，中国政府の絶対的な統治体制に不利な影響を及ぼす可能性があるため，各地の政府当局によって厳しく監視されており，あくまでも例外的なケースである。中国全体として，工場監査の実効性を高めるための強力な手立てはいまだに現れていない。

第4節　問題解決の方向性

　これまで説明してきたように，現在の欧米社会において，国際機関，政府，産業団体，企業，市民団体，一般消費者といった多くの利益主体はCSR運動に積極的に取り組んでおり，海外調達を行っているブランド大手と流通大手に対して，海外生産工場の労働環境を改善するように圧力をかけている。一方，海外調達を行う国際大手企業は，自らの行動規範を制定したり，ISO26000やSA8000のような国際労働規格に参加したりすることを通じて，企業イメージの改善とブランド力の向上を目指している。また，その行動規範と国際労働規格を確実に守らせるために，海外の契約生産工場に対する工場監査を実施している。

しかし，ウォルマートのケースで見られるように，中国工場側は消極的，非協力的な態度をとり，さまざまな偽装工作を行っている。それと同時に，中国の行政当局は労働関連法規を厳格に執行する努力を怠り，意図的な不作為と疑われる場合も少なくない。その結果，外国企業が工場監査の制度を押し進めようと努力しているにもかかわらず，労働者権利の擁護という本来の目的は一向に実現せず，工場監査制度の実効性は満足できるものではない。

中国における工場監査の問題点ならびにその原因についてより詳しく検討した結果，1）監査要求の不統一，2）多い不条理な要求内容，3）文言表現の異なる解釈，4）異なる監査主体の混在，5）監査機関と監査スタッフの問題，6）監査疲労の問題，7）相互信頼の問題，8）実効性の問題，といった8項目が浮き彫りになっている。言うまでもなく，これらの問題を早急に解決して工場監査の実効性を高め，中国工場で働く労働者の正当権利を擁護するとともに，メイド・イン・チャイナの商品の品質と安全性に関する不安を払拭し，世界中の消費者に安心感を与える必要がある。そのためには，当然，工場監査制度自体を改善しなければならない。また，本章のこれまでの検討から次のような改善策は自然に想起される。

・予告なしの抜き打ち監査の比率を高めること，
・信頼できる第三者監査の比率を高めること，
・工場経営者に知られないように，労働者インタビューを工場以外の場所で行うこと，
・労働環境改善と工場監査にかかる費用の分担比率を合理的に決めること，
・法令遵守の工場に取引拡大という経済的インセンティブを与えること，
・問題解決案を共同で模索して相互信頼関係と協力体制を強化すること，
・監査スタッフの人数と経験およびモティベーションを増強すること，
・労働者の啓発教育を行って工場内部での労働環境改善運動を促進すること，
・共同監査制度，共同データベース，共通した国際労働規格の利用を押し進めること，
・工場側の意識変革を促し，労働者権利の擁護は企業イメージと経営収益性

の改善につながるということを工場経営者に認識させること。

　しかし，何よりも一番重要なことは中国政府の積極的な努力である。元々自国民の労働者を守るのは自国政府の当然の責務なので，立派な法令を制定しておきながら，意図的な不作為姿勢を貫き，労働者権利侵害の責任を他国の企業に転嫁し，工場監査のリーダーシップをウォルマート，ギャップ，ナイキ，リーバイスといった外国企業に任せるのはまったく無責任の極みである。

　もちろん，中国政府は労働者保護の責任を放棄しているわけではない。中国におけるCSR運動の展開と中国政府のCSR取り組みの沿革ならびにそのプロセスにおける問題点などは本書第5章の主要内容となるので，ここでは詳しい説明を省くが，簡単に言うと，CSRに関する議論は1980年代半ば以降に中国国内で提起されたものであり，その背景には経済成長優先による環境破壊や利益優先による欠陥商品氾濫などの現実問題があった。1990年代半ばから，一部の多国籍企業が中国工場で企業行動規範や国際労働基準などを押し進め，CSR活動の先駆けとなったが，中国系企業のCSR取り組みは大幅に遅れている。一方の中央政府は，1994年7月に『労働法』，2004年に『労働保障監査条例』，2007年に『環境保護法』，2007年11月に『中国企業社会責任推薦標準和実施範例』，2008年4月に『中国工業企業及工業協会社会責任指南』，2008年に『労働契約法』，といった数多くのCSR関連法規を次々と制定した。[22]これらの法規のなか，児童労働，女性労働，差別，労働時間と休暇制度，賃金基準，社会保険，職業訓練，就業規則，労働契約，環境保護などに関する詳細な規定が盛り込まれている。

　しかし，中国政府の対応について，立派な法律だけを作っておきながら，それを実効性のあるものにする努力も足りず，違反企業を公正かつ厳正に取り締まる意志も弱いと常に批判されている。こういう批判を部分的な真実として，中国政府は謙虚に受け入れるべきであろう。一方，以下3点の理由から，中国政府の不作為と中国工場のごまかし対策に対して，欧米社会はある程度の寛容さを持つべきであると理解を求めたい。

1）経済発展段階の違いを考慮すべきである

 欧米諸国は資本主義市場経済と法制社会を数百年も営み，やっと少しのゆとりができて労働者権利保護と法令遵守の段階に到達した。それに対して，中国は市場経済体制を導入してからわずか数十年しか経っておらず，しかも一党独裁の体制が続いている。地方政府の役人が中央政府の法規を都合よく解釈して運用するのは日常茶飯事であり，国民大衆もさまざまな法律に対する理解が浅く，その権威性をあまり尊重していない。また，長年の貧困状態から脱出しようとする今の中国では，政府当局も国民個人も豊かになることを最優先にしており，経済発展に大きく貢献する企業活動において若干の労働問題や環境問題があっても悪質でない限り，厳しく責めずに目を瞑ることは多い。この歴史的経緯や社会情勢や国民認識などの違いを無視して欧米諸国と中国との差を一気に無くそうとするのは少し高圧的な論理である。

 事実として，一部の問題は経済の発展と社会の進歩につれて自然によい方向に向かうものである。たとえば筆者の2009年秋の現地調査では，シャドウ工場の存在はすでに大幅に減少していると聞いた。デジタル体温計を生産する会社社長の説明によると，地方政府がシャドウ工場を厳しく取り締まるように乗り出した最も重要な目的は，脱税行為の処罰ではなく，役人の首を守るためである。つまり，シャドウ工場は無許可操業なので，当然，税金を一切払っていないが，地方政府の役人にとっては痒くも痛くもないことであり，多少の賄賂を受け取って目を瞑るのは一般的であった。しかし，近年の社会情勢は大きく変化し，労働者権利と企業の社会的責任に対する社会的な関心度は急速に高まっている。シャドウ工場では安全作業条件が悪く，社会保障制度も加入していないので，重大な人身事故が発生する可能性も，法廷訴訟に発展する可能性も格段に高い。それが一旦マスコミあるいはネット社会で大きく取り上げられると，地方政府の監督責任が重く問われ，担当役人の首が飛ぶかもしれない。このため，地方政府の役人にとって，シャドウ工場はもはや許される存在ではなくなったとその社長が説明する。

2）欧米社会の利益犠牲を伴う協力姿勢が必要である

　欧米社会において，中国を含む海外工場の労働環境を本国工場並みに改善しようと本気で考えているのであれば，今まで以上の協力姿勢を示し，利益の犠牲を受け入れる覚悟が必要である。たとえば人件費をはじめとする労働環境対策費用の一部を納入価格に上乗せすることができるように，行動規範の遵守に必要なコストの一部を海外調達企業ないし海外消費者が自ら負担する，という積極的な協力姿勢を見せる必要がある。さもなければ，法令遵守の要求だけを中国工場に押し付けるのは無責任の偽善行為だと言われても弁解できないであろう。

3）企業行動規範を現地化する努力が必要である

　外国企業の行動規範は元々欧米社会の実態に合わせて制定されたものであり，中国工場の経営環境に適さない部分は少なくない。たとえば労働時間について考えると，出稼ぎ労働者の多くは普段の出勤日と残業時間を増やし，年末年始に長期休暇を取ろうと考えている。それとともに，中国の労働法は残業手当と休日労働を高い割り増し賃率に設定しているので，納期とかの特別な事情がない限り，経営者自身に残業時間と休日労働を抑える動機が強く働く。したがって，労働時間に関する制限を緩和すべきだという中国工場の経営者ならびに労働者の声に耳を傾ける必要もあろう。また，共産党一党独裁と官製の単一労働組合の中国では，労働者組織の結成権利と団体交渉権利の実効化に関する監査要求は現段階で少し無理かもしれない。そのほか，中国労働者の教育水準や倫理観や生活習慣などの実態を考慮して罰金措置を含める労働規則を認めるべきかもしれないし，文言表現の解釈を外国の事情ではなく中国現地の事情に合わせることも必要であろう。

　要するに，中国工場の経営者の積極的な協力姿勢と労働者の自助努力が期待できず，中国政府の取り組みが形式的なものに過ぎないという現状下で，先進国の企業行動規範や国際労働規格などの完全実施を中国工場に一気に強制するのは無理である。また，労働環境対策費用の一部を負担する姿勢を示したうえ，要求内容の一部を現地事情に合わせて調整する必要がある。さらに要求レベル

を徐々に引き上げながら，しかも監査の実効性を確認しながら，工場監査制度を着実に押し進め，労働者権利の向上を確実にはかっていくというやり方が望ましいであろう。

〈注〉
(1) Gap Inc. (2005), "Facing Challenges and Finding Opportunities : 2004 Social Responsibility Report," p.24. http://www.gapinc.com/content/attachments/sersite/2004_Social_Responsibility_Report.pdf.
(2) バーバラ・エーレンライク／中島由華訳（2009），127頁。
(3) チャールズ・フィッシュマン／中野雅司監訳（2007），8頁。
(4) 2008年度に14か国で7000店舗，2014年11月に27か国で11,202店舗を展開している。
(5) ウォルマートは2005年までナンバーワンの地位をキープしていたが，2006年以降に原油価格の高騰によってRoyal Dutch Shell社とExxon Mobil社に抜かれた。しかし，その後は首位に返り咲き，2012年の売上高は4,500億米ドルに達し，世界流通第2位のフランス系カルフール（Carrefour）社に3倍以上の差をつけた。
(6) $1の利益を出すためには$35の売り上げが必要だとされる。チャールズ・フィッシュマン／中野雅司監訳（2007），44頁。
(7) 王志楽ほか（2009），165〜175頁。
(8) 後の2002年にウォルマートはこのPREL社を買収して傘下に置いた。
(9) チャールズ・フィッシュマン／中野雅司監訳（2007），273頁。
(10) Harney (2008), pp.195-196.
(11) チャールズ・フィッシュマン／中野雅司監訳（2007），272頁。
(12) Harney (2008), pp.196-197.
(13) *Ibid.,* p.208.
(14) 書類偽造とシャドウ工場については第4章2節で詳しく説明する。
(15) 呉江（2007），188頁。
(16) 次の文献に多数の事例が紹介されている。許葉平（2007），256頁，286頁。
(17) 藤井敏彦・海野みづえ（2006），186頁。
(18) Harney (2008), pp.193-194.
(19) *Ibid.,* p.222.
(20) *Ibid.,* p.222.
(21) *Ibid.,* p.223.
(22) 温素杉・方苑（2008）。
(23) ただし，近年には，残業と休日に対する出稼ぎ労働者の見方は大きく変化し，残業手当より休暇時間を好む傾向が強くなっているという話はよく聞かれる。筆者が2010年春に行った工場調査では，今の若い世代の出稼ぎ労働者は十年前の労働者と大きく異なり，稼いだ金を貯めて数年後に故郷に戻ることを考えず，その金を自分自身に投資して都市部に残る道を探っていると聞いた。この新生代労働者は，割り増し賃率があっても，残業や休日出勤を嫌い，休暇時間をゲーム，ネットサーフィン，ウィンド・ショッピング，友人付き合い，読書，

技能学習といった個人的な目的に使いたいと声高に主張している。また，今の労働時間超過ケースの大半は労働者の意思に反する残業強要だという厳しい意見も聞いた。2010年前半に鴻海の深圳工場で飛び降り自殺事件が連続的に発生し，その一因は残業強要と勤務体系激化にあるとされる。これらの事実を踏まえ，労働時間制限の緩和はもはや経営者側だけの要望であって労働者側の要望ではなくなっているかもしれない。

第4章
チャイナ・プライス

　2005年前後の中国は「世界の工場 (the World Workshop)」として知られ,「チャイナ・プライス (the China Price)」という言葉は世界中の製造業企業に強い衝撃を与えていた。しかし,2008年の北京オリンピックを境目に,中国国内での人件費や原材料費が上昇し始め,税制面での優遇措置も打ち切られ,チャイナ・プライスという言葉も近年あまり聞かれなくなっている。本章は主として,2005年前後の中国工場の実態に基づき,チャイナ・プライスの意味,チャイナ・プライスが実現した原因,チャイナ・プライスがもたらした結果,チャイナ・プライスの持続可能性,チャイナ・プライスの仕組みという5点に絞って分析と議論を展開していく。

第1節　チャイナ・プライスとは何か

　1980年代半ばから2000年代半ばまでの約20年間に,中国の製造業は多くの製品分野でコスト競争の優位性を築き上げた。国際分業と比較優位といった伝統的な経済学の理論を裏付けるように,靴や玩具のようなローテク製品から,携帯電話や宇宙ロケットのようなハイテク製品まで,メイド・イン・チャイナの商品は圧倒的なコスト優位性を誇り,世界中に流れ込んでいる。それゆえに,チャイナ・プライス (China Price) という新しい言葉が生まれ,グローバリゼーション時代のキーワードとなっている。とくに新聞記者出身のアレクサンドラ・ハーニー (Alexandra Harney : 1975〜) が『チャイナ・プライス (The China Price)』をタイトルとする英語著作を出版してから(1),欧米諸国のマスコミも普通の国民もチャイナ・プライスという言葉を日常的に使用するようになった。

簡単に言えば，チャイナ・プライスは極安価格を意味する。日本の百円ショップとアメリカの99セントショップに溢れている「安かろう悪かろう」の商品だけでなく，イオンやウォルマートなどで販売される良質の衣類と白物家電と日用品，ユニクロやナイキの人気商品，等々とそのリストは無限に続く。チャイナ・プライスはあまりにも安いので，諸外国のメーカーにとって，自国工場でいくら頑張ってもコスト削減の効果は数パーセント程度にとどまり，チャイナ・プライスに対抗する効果を持たない。そのため，海外メーカーにとって，とりわけ労働力集約型産業のメーカーにとって，チャイナ・プライスと競争するほぼ唯一の方法は自ら中国に進出し，チャイナ・プライスの一員に加わることであった。

　チャイナ・プライスは一種のブランドとして認識されているが，そのブランド・イメージにはさまざまなものが混ざっており，置かれる立場によっては連想されるものが大きく異なる。たとえば米国の消費者にとっては巨大スーパーのウォルマート（Wal-Mart）に溢れる安い衣料品と家電用品，メキシコの労働者にとっては工場閉鎖と失業増加，中国の労働者にとっては劣悪な労働条件が連想される。また，チャイナ・プライスから人民元の過小評価，知的財産権の侵害，不当な安値によるダンピングなどを連想する人もいれば，貿易自由化の恩恵，一攫千金となる有望な投資先などを連想する人も少なくない。しかし，いずれにせよ，チャイナ・プライスの登場はそれまでの世界貿易と国際分業の構造を大きく揺るがした。

　チャイナ・プライスという言葉はもともと学術研究のなかで生まれた用語ではないので，それに関する厳密な概念規定は存在していない。一般的な使われ方を勘案したうえで，チャイナ・プライスとは，中国系メーカーと外資系メーカーの中国工場で生産された製品が海外に輸出されるときの納入価格であると筆者が定義する。また，この延長線上で，海外市場での小売価格を指す場合もある。もちろん，納品価格であれ，小売価格であれ，チャイナ・プライスという呼び方には，メイド・イン・チャイナ以外の製品の価格と比べて特別に安いというニュアンスが含まれている。

第4章　チャイナ・プライス

第2節　チャイナ・プライスはなぜ実現したか

（1）中国工場の低コスト体質

　よく知られているように，欧米先進国と比べれば，中国工場での人件費はかなり安い。2000年までの長い間に，中国工場労働者の賃金はアメリカの30分の1，日本の50分の1という極端に低い水準であった。2000年夏に日系オートバイ部品メーカーの広州工場で聞き取り調査を行うときに，「人件費より電気代のほうが高いよ」と不満と自慢が混じっている工場長の言葉は今でも鮮明に記憶している。また，広い国土面積と豊富な天然資源を誇る大国として，中国での土地代や原材料費なども非常に安い。さらに，「世界の工場」と呼ばれるほど無数の工場が中国の沿海地域に集中しており，ほぼあらゆる工業部品を中国現地で安く調達することができる。

　なお，政府側の全面協力姿勢も中国工場の運営コストを強く押し下げている。新規進出の外資系企業に対して，最初2年間の免税とその後3年間の半額減税，いわゆる「2免3減」の優遇税制を適用している。外資企業を集中誘致する開発区では，道路，電気，水道，ガス，電話，インターネットなどのインフラ施設が地元政府の全額負担で建設され，労働者募集の代行や宿舎の建設などを一部負担してくれる場合も少なくない。そのほか，一党独裁という中国の政治体制のもとで，労働組合はほとんど何の役割も果たさず，労働者個人もきわめて従順で，特別なことがなければ反抗することはない。労使紛争は稀に起きるが，大体，GDPの成長と就業機会の増加を最優先する地元政府の役人は企業経営者の肩を持ち，労働者側に妥協を求める。

　こうして，よく注目されている人件費の安さはチャイナ・プライスの決定要因の1つに過ぎない。実際，アフリカやアジアには，賃金等の諸費用が中国を下回る国は少なくない。しかし，人件費，土地代，原材料費，部品代といった目立つコスト要素のほか，労働者の素質，道路や通信や港湾施設の便利性，税制上の優遇，安定的な政治体制，政府当局の協力姿勢といった目立たないコス

ト要素も重要である。世界中の企業がこれらすべてのコスト要素を総合的に考慮した結果，中国の工場は最も低コスト体質を持ち，魅力的な投資先として選ばれたのである。

（2）大量生産による規模の経済性

1990年以降に多くの外国大手メーカー(GM，GE，マイクロソフト，トヨタ，ニッサン，ソニー，パナソニック，サムスン，ヒュンダイなど)は中国で大規模な生産工場を立ち上げてフルに稼働させた。また，多くの外国大手ブランド（ナイキ，ティンバーランド，アディダス，ディズニー，リーボック，ギャップ，ユニクロ）は中国の委託工場に大量の製品生産を依頼すると同時に，多くの外国流通業者(ウォルマート，ターゲット，JC Penney，Home Depot，IKEA，イオン，セブン-イレブン）は中国工場から巨額の物資調達を行っている。その結果，巨大な生産能力を持つ工場は中国に多く誕生した。たとえば広東省の格蘭仕は全世界の電子レンジの4割以上を生産し，広東省の宝成国際集団はナイキやアディダスなども含む全世界の靴の2割近くを生産している。

通常には，生産規模が拡大するにつれて，道具と工程の専門化と標準化，製造方法の改善，資源ミックスの改善，労働者熟練度の向上，原材料仕入れ価格の低下などが進む。生産設備のフル稼働によって減価償却費用が低下し，経験の共有や活動の共有化などによって価値連鎖（Value Chain）内部の連結関係がよくなる。経済学の概念を用いて解釈すると，累積生産量が増大することによって，（単位生産量あたりの直接労働投入量が逓減するという）学習効果(learning effect)や（単位生産量あたりの総コストが逓減するという）経験曲線効果（experience curve effect）が生まれる。つまり，中国工場は規模の経済性（economy of scale）というメリットを大いに享受することができるので，コスト競争の優位性を確実に築き上げている。

（3）OEM生産方式

チャイナ・プライスが実現されたもう一つの重要な理由はOEM（Original

Equipment Manufacture) 生産方式である。つまり，工場は委託契約に基づいて製品を生産するが，完成された製品には委託側企業の商品ブランドが使われ，製品の販売も委託側が行う。委託される側は生産設備と労働者を拠出するが，生産に必要な原材料と部品は委託する側が調達することは多い。このような委託契約を結ぶ際に，価格，品質，納期が最も重要な決定要素となる。

経済活動のグローバリゼーションの流れのなか，工業製品のモジュラリゼーション（modularization）とアウトソーシング（outsourcing）はかつてない規模まで拡大している。異なる部品は地理的に分散している工場で生産されるが，モジュラリゼーションのネットワークを支配しているのは大手の多国籍企業である。たとえばナイキは直営の工場をまったく持たず，すべての商品を世界中に分散している多くの契約工場に委託生産している。製品の生産工場を運営しない代わりに，ナイキ社は商品の開発，設計，マーケティング，および契約工場の選別と管理に専念しており，OEM 経営の成功例と言える。その一方，多くの中小企業は大手ブランド傘下のネットワークの一環となり，自力での脱出は難しくなっている。

中国工場の多くはすでに GVC（Global Value Chain）に組み入れられ，特に労働集約型製品の OEM 生産を分担し，次のような特徴を見せている。

1）OEM 生産方式は玩具，靴，服装から家電，IT，自動車までの多くの産業分野に広がり，多くの産業クラスターを形成している。生産製造に関する技術水準は高いが，イノベーション能力が弱く，製品の開発と設計を独自に行う能力が低い。

2）中国国内でのライバル企業は非常に多く，競争が激しい。ネットサービス大手のアリババ（Alibaba）のウェッブサイトで任意の製品種類を検索すると，数百以上の生産業者が出てくる。業界内で生産技術を相互にコピーすることは一般的で，利益率次第で産業分野の進出と撤退が頻繁に繰り返される。長期的な経営戦略は立てられず，資金繰りも自転車操業のようなものである。技術力に基づく差別的な優位性を持たないため，価格競争にならざるを得ない。

3）外国の大手バイヤーは買い手の交渉優位性をフルに利用し，仕入れ価格

の値下げを徹底的に要求する。いわば"The race to zero"の価格交渉となる。しかし，外国大手バイヤーとの取引が一旦成立すると，取引量が大きく，また長期取引の可能性もあるので，生産能力過剰の中国工場にとっては大きなメリットとなる。

4）製品生産のモジュラリゼーションが進展するにつれて，外国のブランド企業と流通業者は世界中のサプライヤーのなかから最も都合のいい工場を選ぶことができ，しかも納入先を自由に変更することもできる。バイヤーとサプライヤーとの間には，相互信頼を前提とする長期的取引関係は基本的に存在せず，毎回毎回の価格交渉が真剣勝負となる。その結果，最も安い納入価格を提示する工場だけが生き残る。利幅が小さくても，場合によって赤字になっても，工場側はOEM契約を受け入れざるを得ない。

これらの特徴から，発注側の外国企業と受注側の中国工場との間に交渉力の差が著しく大きく，ある種の「搾取」関係が見える。それでも，中国工場にとって，OEM生産方式には多くのメリットがある。

1）国際分業の生産体制に組み入れられ，グローバルな企業競争に参加する機会が得られ，産業近代化の道が開かれる。

2）労働コストの優位性が生かされ，労働集約型産業における国際的な競争優位性が確立される。

3）過剰の生産能力が消化され，設備投資の回収が早くなる。

4）海外先進国からの受注によって優れた商品デザインと製造技術を学習することができる。

5）複雑な構造を有する製品を多くの部品に分解することができるので，自分の技術力で生産できる部品だけを請け負うか，または自分で生産できない少数の部品を外部から購入すれば，技術力による障壁を乗り越えることができる。

しかし，すべての物事に両面性があるように，OEM生産方式にはデメリットも多く，特に以下数点は重要視されている。

1）下請工場（subcontractor）というポジションでは，R&Dなどのイノベーション活動が停滞し，核心技術の確立が難しくなる。たとえばMP3の場合，

納品価格（＄35）のうち，部品代（＄31）は88.57％，中国工場の生産コスト（＄1.5）は4.29％，中国工場の利潤（＄2.5）は7.14％となっている。その部品代（＄31）のうち，海外から輸入されるMCU（＄3.5），flash（＄12），Color LCD（＄9）は79％を占めている。つまり，最も大きな分け前を取っているのは独自の核心技術を有する外国企業である。また納入価格がわずか数十ドルのDVDプレイヤーの輸出にあたり，外国企業に1台あたりに約＄13の特許使用料を払わなければならないという法的裁定は数年前に出た。実際，TV，デジタルカメラ，空調，携帯電話などに関しても同様の問題がある。つまり，生産製造の核心技術を持たないのは大きな弱点である。

2）GVC（Global Value Chain）のなか，付加価値の最も少ない部品加工と組立の工程を担当し，独自ブランドを持たず，収益性の向上は難しい。メイド・イン・チャイナの外国ブランド商品が世界中に溢れ，かつての贅沢品だった携帯電話，DVDプレイヤー，薄型テレビ，デジタルカメラなどの生産コストが急激に下がり，世界中の消費者はチャイナ・プライスの恩恵を大いに享受している。しかし，有名な「スマイルカーブ（Smile Curve）」（詳しくは図表7－1参照）で示されるように，工業製品の大半の利益はバリュー・チェーンにおける上流のブランド業者と下流の流通業者に取られ，中間にいる中国工場ないし中国人労働者の取り分はきわめて少ない。たとえばバービー（Barbie）人形の場合，アメリカ市場での小売価格（＄9.99）から原材料費用（＄0.65）を引いた付加価値（＄9.34）のうち，中国工場の取り分（＄0.35）はわずか4％程度に過ぎない。つまり，独自の商品ブランドを持たないことは大きな弱点である。

3）個別企業のみならず，産業ないし国全体の長期的発展は制限される。国中の多くの企業が大手ブランドの下請工場として固定化され，生産製造の核心技術も独自の商品ブランドも持っていないために，「中国製造（Made in China）」の製品がいくら増えても，「中国創造（Created in China）」の商品が少ない。「世界の工場」と呼ばれているが，世界の下請工場としての役割を担う「製造大国」に過ぎず，「製造強国」ではない。

こうして，OEM生産方式はチャイナ・プライスの実現に大きく貢献してい

るが，中国工場にとっては諸刃の剣となっている。今後の発展方向として，中国工場は，まずOEM（Original Equipment Manufacture：製造だけを担い，設計，販売，ブランド管理をやらない）からODM（Original Design Manufacture：製造に製品設計を加える）へ，またDMS（Design Manufacture Service：製造と製品設計にサービスを加える）へ，さらにOBM（Original Brand Manufacture：自社ブランドを持ち，設計，製造，販売などをすべて自社責任）を目指していくであろう。実際，OEMからOBMまでの各種の生産方式を1つの企業の内部で同時に行うことも可能である。たとえば美的，格蘭仕，科龍，格力といった中国大手家電メーカーは他社ブランド商品のOEM生産を行うとともに，自社ブランド商品のOBM生産も行っている。

　他社ブランドのOEMにとどまるか，それとも自社ブランドのOBMを目指すか，これはきわめて重大な意思決定である。この選択をするときに，経営戦略論でよく使われるSWOPという分析枠組みに基づき，自社の置かれている経営環境（機会と脅威），社内に蓄積されている経営資源と中核能力（強みと弱み）などを総合的に考えなければならない。一般論として，OEMやODMなどの段階を経由しなければOBMに到達することは困難である。したがって，現段階では，OEM生産方式は依然として，独自ブランドと核心技術を持たない多くの中国企業の合理的な選択となり得る。

（4）産業クラスター効果

　1990年代以降に無数の外国企業が中国に進出し，中国各地でさまざまな製品を生産して輸出しているので，「世界の工場」という異名がつけられた。しかし，混沌とした状況のなかにある種の秩序があり，同じ業界の企業が同じ地域に集中的に進出し，いわゆる産業クラスター（Industrial Clusters）を形成している。たとえばライターは温州市に，日用品は義烏市に，家電は順徳市に，パソコン部品は東莞市に，電子部品は昆山市に，といったように，製品別の産業クラスターは中国国内で数多く形成されている。

　商品開発，資材調達，生産製造，設備修理などを含むすべての工程は狭い地

域範囲内に集約しているので，まず時間コストと輸送コストは大きく節約できる。また互いの内部事情まで知り尽くしているライバル業者が狭い地域範囲内に多く存在しているので，技術や価格などをめぐる競争が激しく，良質かつ安価な部品を調達することができる。つまり，産業クラスターの存在はチャイナ・プライスを支える重要要因の１つとなっている。

一方，外国の工場にとっては，個別の中国工場と競争するのではなく，その中国工場が所属する産業クラスターと競争することとなる。自社工場の周りに中国ほどの産業クラスターが形成されていなければ，チャイナ・プライスとの競争は難しくなる。

（5）社会保障制度の不備

中国工場では，法律上の義務として，雇い主側は賃金総額の20％相当額を，労働者側は賃金総額の８％相当額を拠出することによって，一般医療，人身事故，職業病，失業，退職年金などを含む社会保障制度に加入しなければならない。しかし，多くの雇い主だけでなく，一部の労働者も社会保障制度の加入に消極的である。労働者側にその理由を聞くと，たとえば年金受領は15年以上の加入を条件としているために，そんな遠い将来の約束を当てにすることはできない。また保険内容の一部は工場所在地の省内のみに適用され，出稼ぎ労働者の出身地の省での有効性がなく，保険料は掛け捨てになる。その結果として，従業員の一部だけが社会保障内容の一部のみに加入している。

農村出稼ぎ労働者（農民工）だけを対象とする統計データは公表されていないが，養老保険や医療保険や失業保険や傷害保険などに加入する農民工が大幅に増えているとされている。たとえば2007年末時点で，農民工の養老保険加入者は1,846万人（前年度比429万人増），医療保険加入者は3,131万人（前年度比764万人増），失業保険加入者は1,150万人（前年度比不明），事故傷害保険加入者は3,980万人（前年度比1,443万人増）である。[3]しかし，農民工を含む都市部全就業者の各種保険加入率（図表４－１）と比べると，農民工のそれが非常に低い水準にとどまっている。たとえば2007年の全就業者と農民工の各種保険加入率を

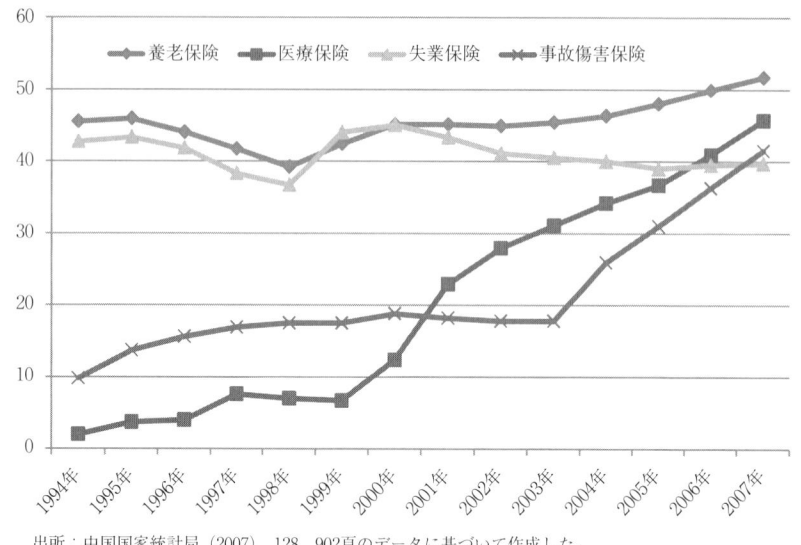

図表4―1　都市部全就業者の各種社会保障制度加入状況の推移（%）

出所：中国国家統計局（2007），128，902頁のデータに基づいて作成した。

見ると，養老保険は51.7%対13.5%，医療保険は45.7%対22.9%，失業保険は39.7%対8.4%，事故傷害保険は41.5%対29.1%，その大きな格差は歴然である（図表5―6参照）。

本来は，労働者の基本的権利を守るために，最低賃金水準，残業手当，住宅手当，医療，傷害，失業，養老などの各種保険，出産期間の給付金，安全生産設備，食堂と宿舎の改善といったいろいろな用途で費用がかかる。労働関係の諸法規を確実に守るために，労働者1人当たりに1か月間の諸費用の平均支出額は約$50～60とされている。労働者の平均月間賃金は$120～150なので，$50～60は大きな金額となる。当然，法律に従って各種の社会保障制度に加入している工場と比べると，そうではない工場の生産コストは大幅に安くなる。そのため，「悪貨が良貨を駆逐する（Bad money drives out good）」というグレシャムの法則（Gresham's Law）が自然に働き，企業倫理と社会的責任をないがしろにする企業が多く存在している。つまり，社会保障制度の不備がチャイナ・プライスの実現を可能にする要因の一つとなっている。

（6）書類の偽造

　中国工場では労働契約書，タイムカード，賃金表，帳簿といった書類の偽造は特別に深刻な問題であった。もちろん，書類の偽造は中国が最初でもなければ，中国だけでの問題でもない。昔のアメリカ工場で未成年労働に関する書類偽造はあったし，またベトナム，バングラデシュ，インドなどの国においては現在でもいろいろな書類偽造が行われているとされている。しかし，ほかの国と決定的に違うのは，中国での書類偽造の規模（scale）と技術（skill）は他国と比べられないほど大規模かつ高度なものとなっている。

　他社が偽造している以上，自社が偽造しなければ他社との競争に負ける。皆が偽造していて，政府による取り締まりも厳しくないのであれば，偽造をしても罪の意識はない。だから，経営者一人がこっそりと偽造するのではなく，社内組織を動員して偽造の作業をする。社内に偽造するための専属スタッフもいれば，社外に偽造を請け負う専門業者もいる。さらに偽造作業のテクニックを指導するコンサルタントもいる。結果的に，書類偽造に関する技術が高度に成熟し，書類偽造が中国工場のコスト競争優位性に貢献している。

　書類偽造は精巧に行われているために，外部からの工場監査が入ってもばれることはない。外国の輸入業者と消費者は一応の安心感を得られるが，製品の生産に関する労働状況，品質，原材料，使用された化学薬品と添加物の成分などについて正しく知らされていない。より入手しやすく，より値段の安い原材料と化学薬品に勝手に切り替える中国工場もあり，ときには安全と健康の面で大きな問題を引き起こす。たとえば2008年に起きた乳製品による大規模な健康被害問題はその一例である。

　書類の偽造が横行する背景には，中国の政府当局は関連法規を真剣に執行する意志がない，ということが最も重要な原因である。実際，中国の労働関連法規などは，欧米諸国の法律を参照して作られた新しいものであり，その内容はかなり詳細で厳しいものである。しかし，実際に取締業務を担うのは各地の地方政府である。地方政府にとって，地元経済の発展や雇用機会の増加などはより優先順位の高い課題であり，法規違反の企業を本気で取り締まることはでき

ない。また場合によって，違反企業の賄賂作戦も取り締まりの効果を大いに弱めることになる。

（7）シャドウ工場の存在

　一部の中国企業では，表で五つ星工場（Five-Star factory）と呼ばれる法令遵守の模範工場を運営していると同時に，裏でシャドウ工場（Shadow factory）やブラック工場（Black factory）と呼ばれる非合法的な工場を運営している。[4]五つ星工場では法律違反も書類偽造も一切ないが，そこがカバーできないほどの大量の業務をシャドウ工場に回していく。海外企業が中国工場にアウトソーシングすると同様に，五つ星工場が下請け業者としてのシャドウ工場にアウトソーシングしている。なぜこのようなごまかしをするかと経営者に聞くと，関連法規をまともに守る五つ星工場だけに頼っていると，生産コストが大きく上昇し，ライバル企業に負けてしまうのだという単純明快な答えが返ってくる。

　2005年前後の中国で，すべての企業がシャドウ工場を持っているというわけではないが，ほとんどの五つ星工場の背後にシャドウ工場が存在し，シャドウ工場の生産能力は法的に登録されているすべての工場の生産能力に匹敵すると言われる。しかし，このシャドウ工場は法律上は存在していないので，当然，政府当局や外国バイヤーの視線に入らず，検査されることもない。実際，シャドウ工場を設立した経営者でさえ，法的責任を回避するために，シャドウ工場の管理運営に立ち入らず，ほかの人に任せることが多い。

　法的に登録されていないシャドウ工場では，安全設備も各種社会保障制度も法的労働時間制限も納税義務も何もかもほとんどないので，生産コストは極端に安い。労働者の多くは「週に7日働き，毎日4時間残業」を望み，五つ星工場と比べて3割以上多い手取り収入を得ていると言われる。しかも給料は月払いではなく，週払いまたは日払いである。当然，生産コストが極端に安いシャドウ工場の存在は，チャイナ・プライスの実現に大きく貢献している。

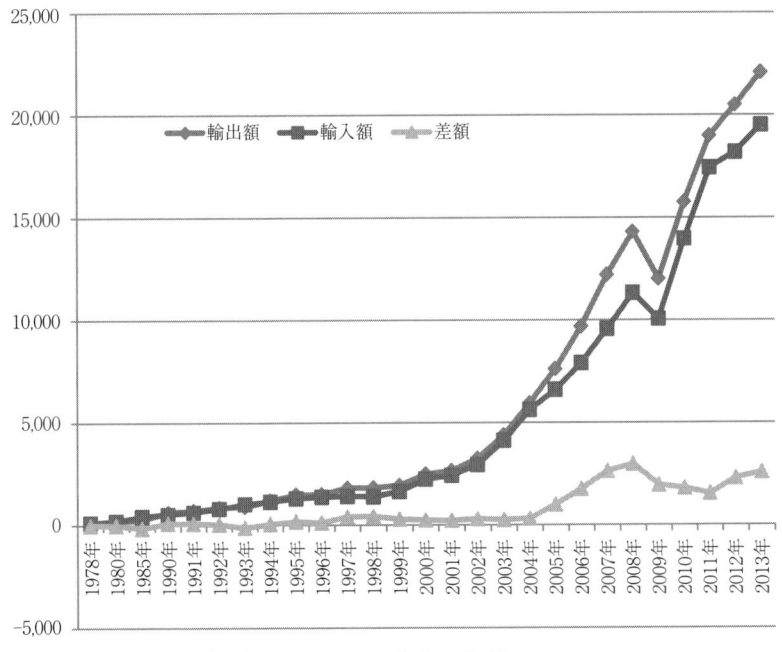

図表4－2　中国の輸出入総額の推移（億米ドル）

出所：中国国家統計局（2014），329頁のデータに基づいて作成した。

第3節　チャイナ・プライスは何をもたらしたか

（1）メイド・イン・チャイナ製品の広がり

　1978年に経済体制が改革・開放して以来の30数年間に，中国の対外貿易は急速に拡大してきている。図表4－2で示しているように，1978年から2013年までの35年間に，輸出額は227倍（97.5億米ドルから22,090.0億米ドルへ），輸入額は179倍（108.9億米ドルから19,499.9億米ドルへ）と拡大した。それとともに，対外貿易差額も最初の小幅赤字から大幅な黒字に転換し，122.2億米ドルの赤字を出した1993年以降は貿易黒字が続き，2008年度の黒字額は2,981.2億米ドルに達した。2008年にアメリカ発の金融危機が爆発してから，中国政府は経済成長の方針を輸出牽引から内需拡大に舵を切ったため，貿易黒字は一旦減少する方

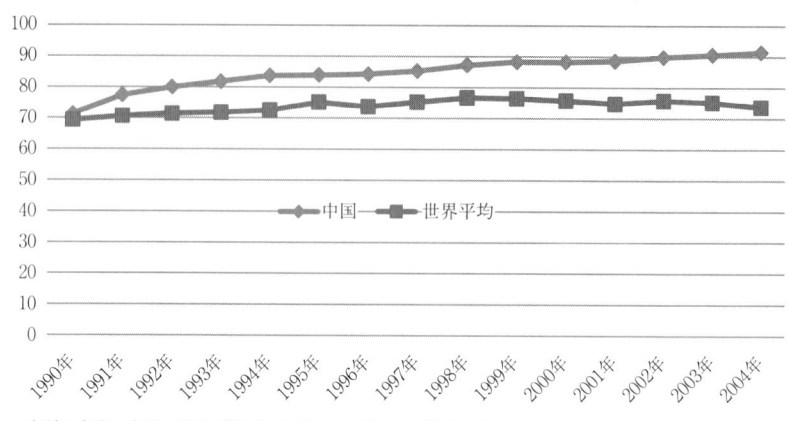

第Ⅱ部　中国企業における CSR 活動の実態

図表4－3　中国と世界平均の製造業製品輸出比率（％）

出所：金碚・李剛・陳志（2006）のデータに基づいて作成した。

向に向かい，2011年は1,549億米ドルまで下がった。しかし，2012年以降はまた増加に転じて，2013年の黒字額（2,590.1億米ドル）は2008年のピーク値に迫っているほどである。

輸出額のうち，工業製品は主役である。1990年代以降，中国工場で作られた製品は世界中に大量に輸出されている。世界平均の製造業輸出比率は70％台で安定しているのに対して，中国製造業の輸出比率は1990年の71.36％から2004年の91.42％へと持続的に高まっている（図表4－3）。

輸出拡大という流れのなかで，国際市場における中国製品の占有率は確実に伸びている。とりわけアメリカ，ヨーロッパ，日本という世界3大市場において，家庭用品，服装，紡績，OAと通信設備，機械と自動車などの産業分野で中国製品の市場浸透率はかなり高いレベルに達している（図表4－4）。また，国際貿易総額における中国製造業輸出総額の比率は1990年度の2.4％から2006年度の12.1％へ上昇し，2008年末に中国は日本，ドイツ，アメリカを抜いて世界最大の製造業製品輸出国になった。

（2）消費者と一部外国企業の利益拡大

2005年1～5月の間に，深圳税関から3.73億個の時計が輸出され，輸出総額

図表4－4　中国工業製品の市場浸透率（％）

	アメリカ輸入総額における比率			ヨーロッパ輸入総額における比率			日本輸入総額における比率		
	2000	2001	2004	2000	2001	2004	2000	2001	2004
工業製品全体	10.7	11.6	17.9	3.3	3.6	5.3	20.9	24.0	31.2
化学製品	2.6	2.7	3.5	1.0	1.0	1.1	6.1	6.7	8.7
半製品	10.1	11.6	16.2	2.6	2.9	4.0	18.2	21.1	27.6
機械&自動車	6.5	7.2	14.8	2.5	2.8	5.3	12.2	15.8	27.3
OA&通信	10.5	12.9	29.6	4.2	5.2	12.6	10.5	15.5	32.1
紡績品	12.2	12.9	22.3	3.5	4.0	5.8	41.2	44.9	49.6
服　装	13.3	14.0	19.0	10.3	10.6	13.2	74.7	77.1	80.9
家庭用品	42.4	—	54.0	10.2	—	13.2	44.1	—	53.2
その他	31.4	32.8	39.7	8.7	8.9	10.6	26.1	28.7	35.1

出所：金碚・李剛・陳志（2006）のデータに基づいて作成した。

は3.19億元であった。平均単価は＄1未満であるが，海外では大体＄10前後で販売される。こうして，中国工場は品質のよい製品を極端に安い価格で大量に供給しているので，世界中の消費者はその恩恵を享受しており，とりわけチャイナ・プライスの商品を取り扱うブランド大手と流通業者が莫大な利益を手にしている。

先進国か途上国かを問わず，チャイナ・プライスはすでに庶民の暮らしに浸透しており，アメリカ人の世帯平均では年間1千ドル以上の生活費節約効果があると言われる。たとえば2005年の1年間に中国製品を購入しないというアメリカの一家族の実験記録は『チャイナフリー──中国製品なしの1年間』の書名で出版され，アメリカ国民にとって中国製品なしの暮らしはきわめて難しいと結論づけられている。[5]また日本では，アメリカ以上に中国製品が浸透しており，『中国製品なしで生活できますか』というショッキングなタイトルの本は2002年というかなり早い時期にすでに出版されている。[6]筆者が2010年に行った熊本学園大学の日本人大学生を対象とする聞き取り調査でも，化粧品と医薬品と食料品を除けば身の回りの商品の大半が中国製であった。

ただし，チャイナ・プライスの実現によって，大量生産・大量消費・大量廃棄という産業体制も一段と加速しており，資源の有効利用や環境保護などの面から見れば，以前から存在していた問題はより深刻になっている。

（3）海外生産者の緊張感の高まり

チャイナ・プライスは海外諸国の生産者に大きな緊張感をもたらしている。たとえばスコットランドでは水産業界が経営不安に陥り，イタリアでは家具や靴の業界が戦々恐々で，スペインでは靴業界による暴力的なデモが発生した。これらの賃金の高い先進国だけでなく，賃金の安い途上国も安泰ではない。メキシコ，ポーランド，東南アジア諸国，アフリカ諸国の製造業も大きな打撃を受け，これらの途上国の持っていたコスト優位性は強力なチャイナ・プライスにまったく太刀打ちできないのである。

たしかに，チャイナ・プライスは海外生産者の事業経営を困難にし，労働者の雇用機会を減らすという一面がある。しかし，残念なことに，チャイナ・プライスは必要以上に世界中の国々で産業空洞化と大量失業への恐怖心を搔き立てている。たとえばアメリカ最大の労働組合であるAFL-CIOは，2004年に国会に提出した嘆願書のなかで，中国労働者の人権は侵害され，人件費は不当に低く抑えられているため，アメリカ国内で120万人の仕事が失われたと主張する。また2001年以降の5年間に米中貿易によって米国内で180万人の仕事が失われたというシンクタンクの分析結果がある。さらに人民元の過小評価によって米国内で300万人の仕事が失われたと主張する国会議員もいる。「有形の製品を作る能力を失ったら，国家経済の安定性は大丈夫か」という類の警告はマスコミにも数多く登場している。しかし，この「中国脅威論」大合唱のなか，感情的な議論が多く，合理的な根拠を持った冷静な議論が少ないと思われる。

（4）貿易摩擦の恐れ

中国の製造業はグローバル競争に勝ち抜き，支配的な競争優位性を手に入れた一方，チャイナ・プライスは国際貿易と国際政治のキーワードとなり，メイ

ド・イン・チャイナの製品を輸入する海外諸国であれ、それを輸出する中国であれ、チャイナ・プライスがもたらす影響が大きく、政治問題になりかねない。

アメリカ市場への輸出を経済発展戦略の中心に据えるというやり方は、中国が最初ではない。日本をはじめとして、東アジアのNIES (Newly Industrializing Economies) 諸国（シンガポール、韓国、台湾、香港）、東南アジアのASEAN諸国（タイ、フィリピン、マレーシア、インドネシア、ブルネイなど）も同じ戦略を取っていたし、あるいは依然として取っている。これらの国々が大体成功したために、中国もこの戦略を移植したのである。しかし、チャイナ・プライスの現れによって、従来の雁行型経済発展モデルは大きく変貌した。つまり、成熟した産業が経済発展レベルの異なる国家間で移動することから中国一国内の異なる地域間で移動することに変わり、全体としての中国は多くの産業分野を自国内に囲い込み、それらの産業の発展がもたらす利益を独り占めにして高度成長を遂げている。その傍ら、ほかの国々の産業は国際分業体制から離脱し、経済成長が阻まれることになる。

アメリカにとって、輸入増加が国内産業への影響に関する議論は新しい話題ではない。チャイナ・プライスの前に、ジャパン・プライス、ホンコン・プライス、タイワン・プライス、メキシコ・プライスなどを何度も経験した。今の中国は1980年代の日本と同じように、圧倒的なコスト優位性を武器にアメリカ企業を駆逐しているように見える。しかし、今の米中貿易と昔の米日貿易とは大きな違いがある。

米日貿易では打撃を受けたのは半導体や家電や自動車といった1980年代当時のアメリカの重要産業であった。米国企業は、付加価値の高い新商品を開発したり、貿易制裁を発動したりすることによって、対応しようとしていたが、大きな効果は上げられなかった。事態がどんどん深刻になっていき、産業構造を調整する以外に対応する方法はなくなった。さいわい、国内の産業構造を大きく調整した後、アメリカはITや金融や医薬などの産業分野で世界を大きくリードするようになり、世界の王者という地位をふたたび不動のものにした。

一方、2000年前後に現れたチャイナ・プライスの衝撃はかつてのジャパン・

ショックほどのものではない。価格の安さと商品分野の広さはかつて見られないほど驚異的なものであるが，幾度の貿易摩擦の難局を乗り越えて生き残った数少ない米国製造業企業に与える影響が小さく，アメリカ産業の根幹を動揺する心配はまったくないのである。そのため，自由貿易体制の枠組みの中で民間企業を主体とする企業間競争に任せていても問題がなく，米国政府が政治的に介入する必要性は特にないと思われる。しかも，かつての米日間の貿易摩擦と大きく異なる点として，中国製品の多くはアメリカ企業が中国での自社工場で生産されたものか，もしくはアメリカのブランド企業と流通業者が中国の工場に加工生産を委託したものである。貿易制裁を発動すれば，中国だけでなく，多くのアメリカ企業も大きな打撃を受けることになる。したがって，中国製品の輸入制限を主張する意見とそれに反対する意見の両方がアメリカ国内で共存しており，米国議会やマスコミの場で時々激しい論戦が繰り広げられるが，制裁措置が実際に発動されたことは稀であり，しかもそのほとんどは何の実効もなかった。

（5）労働者人権の侵害

チャイナ・プライスを支えているのは「農民工」と呼ばれる出稼ぎ労働者である。過去30年間に2億人以上の農業労働者が都市部に移動し，2006年の出稼ぎ労働者は約1.32億人で，広東省だけで約4千万人が働いている。地域や業界や経営方針などによって大きな違いもあるものの，典型的な農民工のイメージは次のようなものである。

- 平均年齢25歳未満の若い男女である。
- 工場が提供する宿舎に住み，一部屋に10人以上が2段ベッドで寝る。
- 1日に8～16時間働き，週に6～7日出勤する。
- 有給休暇制度がなく，日本やアメリカの数パーセント程度の低賃金を稼ぐ。
- 低賃金とサービス残業強要に加え，賃金支払いの遅延も多い。
- 医療，事故，失業，養老などの社会保険に加入しておらず，雇用と解雇は経営側に一方的に決定される。

・安全生産面の問題が多く，人身事故が多発している。
・就労規則が厳しく，行き過ぎた罰金規定が横行している。
・程度の差はあるものの，プライバシー侵害（恋愛禁止，随所での監視カメラ設置），言葉と肉体的な暴力（罵る，殴る，正座強要），人格侮辱（身体捜査ないし全裸捜査），人身自由制限（就労時に身分証明書の強制的保管，不法監禁）といった人権侵害の行為は多くの工場において観察されている。たとえばある有名大企業の工場では，約1,300人の女性労働者が働いているにもかかわらず，トイレの最大同時利用人数は10名しかない。しかもトイレの利用にはタイムカードを打つ必要があり，5分以上は罰金が取られる。

要するに，農民工の労働環境は劣悪で，人権侵害の状況は深刻である。

（6）残業超過の常態化

1994年に公表された『中華人民共和国労働法（1995年1月1日実施）』によれば，週休は1日以上，週間最多労働時間は44時間，月間最多残業時間は36時間，一日最多労働時間は8時間，一日最多残業時間は3時間である。つまり，残業込みでの月間労働時間は最大204時間となる。残業の強要は当然禁止されるほか，残業手当に関して，平日の残業代は基準給料の150％，休日は200％，日曜または国民休日は300％と法律で定められている。労働者の報酬を守る意味では，中国の労働法はアメリカや日本などの先進国よりもきびしく，労働者優遇のものとなっている。[7]

しかし，中国工場では，労働法の遵守，とりわけ残業に関する規定を遵守することはきわめて難しい。まず経営者の立場からすると，バイヤーが要求する納期に間に合わせるために，残業を大幅に増やすしかない。また労働者の立場から見ても，残業を制限するような現行法規は現実離れした無用の長物である。なぜならば，出稼ぎ労働者のほとんどは短期間に多くの現金を稼ぎたい。基本給が安いので，収入総額の3割前後を占める残業代が重要な収入源となっている。多くの労働者にとって，収入なしの休日より，収入ありの労働時間がうれしい。毎月何日間の休日をもらって体力を温存することよりも，休まずに働き，

年末にまとまった休日をもらって故郷でお正月をゆっくり過ごしたほうが望ましい。実際，残業の多い工場ほど労働者が集まり，残業が少なくなると労働者が辞めていくのである。したがって，労働時間超過は中国独自の問題ではないが，中国の製造業，とりわけ外国バイヤーの契約工場では残業時間は著しく長い。2005年前後の中国沿海部の工場では，毎日12〜13時間，休日なしというケースは一般的である。その残業時間は労働基準の月間36時間を大幅に超え，100時間を超える工場も少なくない。[8]

　残業時間が長ければ長いほど，労働者の肉体的疲労度が高まり，労働生産性が低下する。また，人身事故が起きる確率が大きくなり，それに伴う事故処理費用も増える。工場経営者も残業がもたらすこれらの悪い結果を認識しており，好んで残業を強要しているわけではない。実際，労働者の残業欲望ではなく，発注する外国バイヤーの理不尽な要求が長時間残業を余儀なくさせている主な原因の一つである。この点に関して簡単に説明すると，中国工場の生産現場では，納期が短いこと，デザインと規格が発注後に変動しても納期延長を認められないこと，原材料と部品の入荷が遅れること，停電や停水が起きること，といった問題はよく起きる。このような場合，残業強要や長時間残業などの問題は当然，起きやすい。しかし，納期の延長を外国バイヤーに依頼しても，「われわれは生産者利益よりも，消費者利益を優先する。消費者に best value を提供するのはわれわれの責任だ。われわれの取引注文に応えられなければ，工場側に拒否する権限と責任がある」と冷たく断られるのはほとんどの場合である。

　長時間残業をもたらすもう一つの原因は経営者の無謀さである。無数の同業者が激しく競争する環境のなかで生産注文の獲得に必死で，発注側がどんな厳しい条件（納期，加工賃，品質要求など）を出しても，「大丈夫，問題ない」と答えるのは通常である。オーダーを獲得してから従業員や生産設備などを追加するので，従業員の教育訓練や生産設備の調整などには当然時間がかかり，もともと短い納期がさらに厳しくなる。納期に間に合うためには，長時間残業を強要するほかに方法がない。

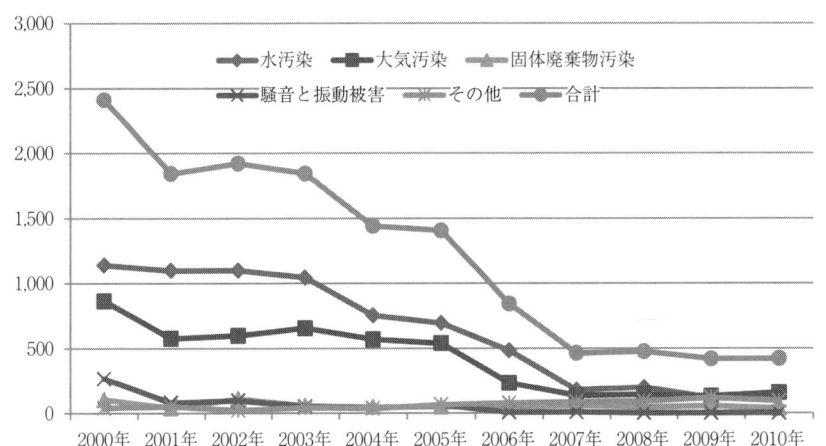

図表 4 — 5　中国の環境汚染事故の回数（回）

注：2012年から分類方法が変わり，時系列の比較ができなくなる。中国国家統計局（2012），446頁。
出所：中国国家統計局（2009），426頁，中国国家統計局（2010），450頁，中国国家統計局（2011），442頁のデータに基づいて作成した。

（7）労働者の健康被害

　チャイナ・プライスが実現された背後には，環境破壊と公害，労働者権利侵害，職業病，人身事故といった深刻な社会問題がある。政府公表の統計データを見る限り，水，大気，固体廃棄物，騒音と振動，その他といった各種の環境汚染事故のいずれも年々減少し，2010年の汚染事故件数合計（420件）は2000年（2,411件）の17.4％まで減っており，環境汚染の問題はいい方向に向かっているようである（図表 4 — 5 ）。しかし，中国の企業と地方政府は問題を隠す傾向が強く，統計漏れもごまかしも多く，事態の深刻さは中央政府公表の統計データに正確に現れていない。たとえば近年たびたび日本の上空を襲ってくる黄砂やPM2.5の問題はまったく統計データに反映されていない。

　職業病の問題だけについて考えると，粉塵濃度が高い現場や化学薬品使用の現場で労働者の呼吸器官と皮膚を守る措置が十分でなく，職業病にかかる人が大幅に増えている。1,600万社に働く 2 億人が職業病に脅かされていると言われ，不完全統計で年間100万件以上の職業病発病ケースが報告されている。「ガン患者村」や「寡婦村」が中国各地に散在し，また環境汚染によって奇形児が

多く生まれる地域も増えている。職業病による社会コストが高く，年間130億米ドルの直接損失をもたらす。塵肺病だけでも18億米ドルの直接損失をもたらす。また，発病までの潜伏期間と今までの労働環境の悪さを考えると，今後の発病率がますます高くなると予想される。

中国では，塵肺病（珪肺病）という肺部関係の病気が最も多く，職業病全体の9割を占めている。特に各種鉱山や石材加工業やトンネル工事などで働く労働者の発病率は高い。実際，塵肺病に関して，中国政府は早くもその危険性を認識し，1950年代から防塵設備や空気清浄設備と定期的な身体検査などの安全対策を取り入れた。その成果も顕著で，発病者の数が大幅に減るとともに，発病者の平均年齢は1950年代の35歳から1980年代の51歳まで大幅に改善された。しかし，80年代後半から，大量の民間企業が誕生し，政府の指導と監督はもはや行き届かなくなる。特に炭鉱や宝石加工業などでの塵肺病の発病率が急増し，年間10万件以上の塵肺病が報告され，そのうち，5千人以上が死亡する。また平均発病年齢も40歳まで悪化した。

各種健康被害患者のうち，約9割は出稼ぎ労働者である。出稼ぎ労働者の発病率が高い原因について，次のように説明することができる。

1）業務内容：危険，汚い，きついという3K仕事に従事しているのはほとんど出稼ぎ労働者である。本来ならば，こういう3K職場は安全生産関係の行政当局の最も重要な監督対象の職場となるはずであるが，実際にはまったく無視されてきている。現場労働者にとって，労働契約もなく，健康診断もない。必要な安全措置が十分でなく，事故と病気になりやすい。たとえば石炭採掘企業での人身事故は多発している。世界の35％の石炭を生産しているのに対して，事故死亡者の比率は80％となっており，2000年だけでも5千名以上の死者数が報告された。その後に政府の監督が強化され，さまざまな安全措置が取られているはずにもかかわらず，2007年に3,786名の死者が報告された。

2）知識不足：中学校程度の教育しか受けておらず，貧しい農村から出てきたばかりの若者にとって，工場生産業務に伴う危険性は認識できない。生産現場のマニュアルを守らず，マスク，手袋，メガネなどの着用義務を怠る人は少

なくない。結果的に、こういう労働者は職業病や生産事故の被害者になりやすい。

3）衛生予防策の不備：出稼ぎ労働者の大半は工場から提供される宿舎に入居している。一部屋に8人以上が2段ベッドで暮らし、トイレとシャワーは何十人の共同使用となる。出稼ぎ労働者の多くは公共衛生の重要性に対する認識がなく、生活区域の衛生管理に非協力的である。その結果、宿舎の衛生環境が非常に悪く、各種伝染病の温床になっている。

4）社会保障制度の不備：出稼ぎ労働者の多くは医療保険に加入していないので、病気になっても、正規の病院での治療を受ける費用を捻出できず、病状を放置してしまう。最初の病状は軽くても、やがて重くなる。中国政府は2004年に法規改正を行い、すべての企業において、職業病保険を含む社会保障への加入を義務づけた。さらに2006年から、危険な作業に携わる農村出稼ぎ労働者のために特別な人身障害保険を設立した。しかし、本章第2節の（5）にも説明したように、経営者側にも労働者側にも社会保障制度への加入に抵抗があり、従業員の一部だけが社会保障内容の一部のみに加入しているというのが2006年前後の実態であった。

もちろん、中国人労働者を守るのは中国政府の責任と義務である。また、塵肺病をはじめとする各種職業病は、外資系企業よりも、中国系企業の生産現場で多発しているというのも事実である。しかし、チャイナ・プライスを求めて中国で物資調達と製品生産を行っている限り、発注側の外資企業の社会的責任が問われるのは当然、避けられない。

(8) 被害問題の国際化

チャイナ・プライスは最初、外国同業者ないし外国政府だけを悩ませ、外国の消費者とりわけ低収入層にとっては、購買力向上に貢献する福音であった。しかし、近年の状況は大きく変わった。たとえば2006年に中国から輸入した風邪シロップによってパナマで死者が出た。2007年にメラミン（melamine）がペットフードに混入されてアメリカの犬が死亡する事件があり、また中国製冷凍餃

子による中毒事件が日本で起きた。2008年に中国製の乳製品はほぼ全般にわたってメラミン混入の恐れがあり，中国内外で大きな事件となった。そのほか，中国製の玩具でアメリカの子どもが怪我したとか，中国製の歯磨き粉でアメリカの消費者が中毒したなどの事件が相次いでマスコミによって取り上げられていた。問題となった商品は，玩具（ガンダム，積木，人形），家電（電気ヒーター，テレビ，扇風機），食器（まな板，土鍋，コップ），食品（ミルク，餃子，うなぎ蒲焼），ペットフード，医薬品，家具（幼児用電動ベッド，椅子），トレーニング・マシン，自動車タイヤ，日用品（歯磨き粉）といったさまざまな製品分野に広がり，中国製品＝欠陥商品という印象を持つ消費者も少なくない。

　また，一部の国の国民にとって，中国製品を購入しなければ品質不良による被害を回避することはできるが，地球温暖化や大気汚染などによる悪影響は回避できない。たとえば黄砂や光化学スモッグやPM2.5などは海を渡って韓国と日本を襲うのは毎年の恒例行事であり，アメリカ西海岸の大気汚染は中国工場に起因するという説もある。中国工場が地球環境にどの程度の悪影響を与えたかについて，より精密な科学的な検証は必要であろうが，間違いなく，中国の工場生産で石炭や石油などの化石燃料が大量に使用されていることは，地球温暖化や酸性雨などの地球環境問題を引き起こした原因の一つである。

　こうして，外国の消費者にとって，チャイナ・プライスによって購買力が向上して物的生活が豊かになるという大きなメリットがある。しかし，長期的に見ると，資源枯渇，大気汚染，環境破壊という大きな災難が待ち伏せている。また場合によって，欠陥商品の購入によって安全と健康に関わる不測の事態も起こり得る。要するに，チャイナ・プライスの実現には，中国人の健康と中国の自然環境だけが犠牲となるのではなく，この地球に住む多くの国々の人々がその対価を一緒に払うこととなる。

第4節　チャイナ・プライスは続けられるか

　1990年代以降に，より安いチャイナ・プライスを求めるために，巨額の外国

資本は洪水のように中国に流れ込み，無数の生産工場が設立され，中国は「世界の工場」と呼ばれるようになった。前節で説明したように，このチャイナ・プライスは世界中の消費者と経営者に利益と不安をもたらすだけでなく，中国政府と中国国民にも利益と不安をもたらしている。チャイナ・プライスの持続可能性について考えるときに，まずチャイナ・プライスを可能にした各種の原因について検討する必要がある。本章第2節で取り上げた諸要因のうち，社会保障制度の不備，書類の偽造，シャドウ工場の存在，といった非合法的な要因は徐々に消滅し，チャイナ・プライスに寄与する効果は弱まっていくと思われるが，低コスト体質，規模の経済性，OEM生産方式，産業クラスター効果，といった合法的な要因は今後も存続し，チャイナ・プライスの持続可能性に大きく寄与するであろう。

　本章第2節で検討した諸要因のほかにも，近年の中国では，チャイナ・プライスの上昇圧力となり得る次のようなさまざまな要因が顕在化し，チャイナ・プライスの持続可能性を脅かしている。

1）労働力供給量の減少と労働者賃金の上昇，
2）エネルギーや原材料や土地などの費用上昇，
3）新生代農民工の権利意識の台頭と労使紛争の増加，
4）搾取工場という悪名を払拭するための危機対策の強化，
5）安全生産基準と環境保護基準の遵守，
6）知的財産権を保護する措置の強化，
7）企業行動規範の制定，SA8000のような労働規格の導入，外国企業による工場監査の実施，
8）減税や免税などの税制度優遇措置の解消，
9）中国通貨の人民元の持続的な元高傾向。

これらの要因が絡み合っている結果，チャイナ・プライスの実現に最も大きく貢献した中国工場の経営コストは確実に上昇傾向にあり，製造だけに専念して薄い利幅を稼ぐという今までの経営スタイルはもはや行き詰っている。多くの中国工場にとって，M&Aなどによって企業規模を拡大して規模の経済性を

はかるか，生産コストがもっと安い中国内外のほかの地域に移転するか，独自商品開発と自社ブランド創出の道に進むか，もしくは戦いを諦めて廃業するか，という岐路に立たされている。

　チャイナ・プライスが上昇すれば，中国以外の国々に転出し，工場建設と物資調達を考える企業は当然増えていく。しかし，現在でも，港湾，道路，電気，水道，ガス，通信などを含むインフラ施設，労働力の質と供給規模，製造技術と生産能力，産業クラスター，労働組合の性質，現地政府の協力姿勢と統治能力，社会安定性といったさまざまな要素を総合的に考えると，中国工場の競争力は依然として高いものである。これに加えて，巨大な中国市場の存在は中国工場の競争優位性を強く押し上げている。

　昔は中国国民の所得水準が低く，購買力も弱かった。人件費，原材料費，土地代，優遇税制などの利用を目的とする外国企業は中国を「生産工場」として位置づけていた。そして中国工場で生産されたチャイナ・プライスの製品は大量に海外に輸出されていた。しかし，近年中国国民の所得水準は徐々に上昇し，購買力はかなり強くなっている。靴，洋服，玩具，白物家電，携帯電話，パソコン，ゲーム機，自動車などなど，昔から憧れていたさまざまな工業製品に手が届きそうになっている。そのため，外国企業は豊かになりつつある中国を「販売市場」として新たに位置づけるようになっている。中国人に商品を売ろうとすれば，当然，中国人好みの商品を開発し，中国現地の物流システムと流通システムを利用しなければならない。また輸入関税を節約するために中国国内で生産したほうがよい。何よりも，少しだけ豊かになった中国人は「質」より「量」を優先し，高額商品ではなく，低価格帯の商品を熱心に求めているのである。中国国内市場のニーズを満たすためには，中国工場は必死に努力し，チャイナ・プライスの威力を存続させなければならない。

　要するに，今の中国国内では，チャイナ・プライスに対して，プラス影響を与える要因とマイナス影響を与える要因の両方が同時に働き，チャイナ・プライスの威力は若干弱まるかもしれないが，巨大な中国市場のなかに存在していること自体が中国工場の大きな強みとなり，チャイナ・プライスの存続は必要

であり,可能である。近年アジアやアフリカや中南米などの地域に新興国が次々と現れているが,いまだに中国に取って代わるほどの国は見当たらない。したがって,大多数の外国企業にとって,中国に進出しないとか,あるいは中国から撤退するなどは得策ではなく,中国事業の存続を前提とするチャイナ・プラス・ワンが合理的な国際展開戦略となる。

 中国工場の総合的な魅力が失われない限り,チャイナ・プライスは存続するはずである。また,チャイナ・プライスは持続的に上昇していくとしても,その上昇は小刻みなものであり,海外消費者に与える影響は限定的なものであろう。さらに,中国工場での生産コストの上昇に伴い,中国国内の産業構造に変化が起きている。従来型の労働集約型産業の成長が減速し,資本集約型産業の成長が加速している。中国政府も一般分野の製品輸出に対して,これまでに与えていた税制優遇(輸出還付税など)の幅を減らしながら,高付加価値の製品輸出に対する税制優遇の幅を拡大している。その結果,玩具,家具,日用品,服装,家電といった従来からの製品分野に加え,多くの中国工場は機械設備,運送設備,インフラ施設といった高付加価値の製品分野を開拓しており,その輸出額も急激に増えている。この傾向が続くと,チャイナ・プライスは,新しい製品分野に広がるにつれて,今以上に世界中の人々に恩恵と影響を及ぼす可能性が大きい。

 現状では,知的財産権,良質な熟練労働者,企業家精神,イノベーションの伝統,金融市場の効率性,法制度執行の恣意性といった要素は確かに中国の産業構造の上方調整を阻んでいる。しかし,企業活動のグローバリゼーションと工業製品のモジュラリゼーションが進むなか,アップルの製品を大量に生産する鴻海のように,高付加価値製品の生産を担当する中国工場が増えれば,世界中の消費者はチャイナ・プライスからより多くの恩恵を享受することができる。ただし,チャイナ・プライスが世界中の人々に与える不安を最小限に抑えるために,中国政府と中国工場が労働関連法規を確実に実施することは欠かせない。またそれと同時に,世界中の消費者は商品価格が持続的に下落するという期待を捨て,中国工場労働者の待遇改善という意味から,少しの追加コストをチャ

イナ・プライスに上乗せすることに同意してもらう，ということは客観的に求められている。

第5節　チャイナ・プライスの仕組み

　本章で説明したように，チャイナ・プライスは外国のブランドと流通業者，海外消費者，中国工場経営者といった関係者たちに短期的な利益をもたらすが，中国工場の労働者は劣悪な労働環境下で働かされている。また欠陥商品，環境破壊，大気汚染などの問題は深刻化し，国境を越えて，地球上の人々に長期的な不利益をもたらすこととなっている。2005年以降に，チャイナ・プライスは欧米諸国で重大な関心事となっており，外国企業，外国消費者団体と国際機関，中国政府，中国工場，労働者といった多くの利益団体がこの問題に取り組んでいる。

・CSR活動の一環として，外国のブランド大手と流通大手は自社の行動規範を制定し，自社が発注した中国工場に対する外部監査を強化している。
・2000年に承認された「国連グローバル・コンパクト（The Global Compact）」の精神を反映した形で，海外消費者団体が主体となるSAIはSA8000という労働基準を推進し，国際標準化機構のISOはISO26000を制定した。
・中国政府当局も動き始め，労働契約法をはじめとする労働関連法規を次々と打ち出している。
・中国工場にとって，外国企業からの注文を継続的に獲得するために，CSR活動をますます重視していかなければならない。それと同時に，労働力の供給が減少し始めているマクロ的環境のなか，企業イメージを高めて賃金水準や作業環境などの労働条件を改善しなければ労働者募集が難しくなる。
・工場労働者として，比較的高い教育を受けた新生代の農民工の権利意識が高まり，金銭所得だけでなく，スキル向上とキャリア形成をも求めている。労働組合が積極的に動かない現状のなか，法廷訴訟，デモ，ストライキなどの形で労働者個人ないし団体が労働者の権利を主張している。

第4章　チャイナ・プライス

　以上これらの利益団体の取り組みはいずれもチャイナ・プライスに何らかの影響を与えるものであるが，その影響の大きさは長いスパンのなかで事実に基づいて細心に検証していかなければならない。最後に，本章の議論をまとめるにあたり，チャイナ・プライスというビジネス・モデルの仕組みと問題点を次のようなプロセスとして整理してみる。

　1）外国消費者は商品の継続的な値下げを当たり前のように期待するので，外国の大手ブランドと流通業者は消費者のこの種の期待を前提に，消費者の「希望購入価格」を「予定販売価格」として想定する。

　2）ブランドと流通業者は自分の取り分すなわち「期待利益」をあらかじめ決め，「予定販売価格」から「期待利益」を引いて「仕入れ価格」を算出する。

　3）この「仕入れ価格」を中国の複数の工場に提示し，それを受け入れる生産工場とOEM生産契約を結ぶ。

　4）選ばれた中国工場の労働現場では，海外から受注した仕事を厳しい納期期限までに極端に安い生産コストでこなすために，労働者の人権侵害，長期間残業，健康被害といった問題が深刻化した。つまり，労働者権利の犠牲を代価に，極端に安いチャイナ・プライスが実現されたのである。

　5）チャイナ・プライスの商品が世界中に溢れ，普通の消費者と一部の関係企業はその利益を享受しているが，外国の競争業者と労働者が悲鳴を上げている。また欠陥商品や環境破壊などの問題は国際的な注目を集め，チャイナ・プライスが政治問題化しつつある。

　6）外国のブランド企業と流通業者は自分自身の潔白さを証明するために，企業行動規範やSA8000のような国際労働規格を制定し，中国工場に対して実施を要請する。しかし，納入価格や納期などに関する交渉ではほとんど譲歩しない。

　7）中国工場は経営利益を確保するために，中国工場の低コスト体質，規模の経済性，産業クラスターといった正当な競争優位性のみならず，社会保障制度の不加入，タイムカードや賃金表などの書類の偽造，シャドウ工場の設立といった違法手段までも利用し，生産コストを極力抑える。一方，GDPの成長

を最優先する中国政府は，海外投資がもたらす雇用と税収に目が眩み，中国工場の国際的なコスト優位性を維持しようとするので，中国人労働者の権利保護に熱心ではない。

8）外国企業から派遣された監査スタッフは形式的な工場監査を行い，工場の真相を反映していない監査報告書を作成する。外国企業と外国消費者は監査報告書に疑念を持っていても，それを裏づける証拠がない限り，報告書の正当性を容認するしかない。あるいは監査報告書の内容を安心材料にしてチャイナ・プライスのメリットを気楽に享受する。

9）工場監査によってチャイナ・プライスの正当性と合理性は立証されたため，外国ブランドと流通業者，海外消費者，中国工場経営者，中国政府といった関係者は一応の安心感を得られたが，中国工場の労働者は劣悪な労働環境下で働きつづける。そのうち，職業病，有害商品，大気汚染，環境破壊などの問題は深刻化し，国境を越えて世界中の人々の暮らしに悪い影響を及ぼすこととなる。

10）近年の中国国内では，労働力供給量の減少と労働者賃金の上昇，エネルギーや原材料や土地などの費用上昇，新生代農民工の権利意識の台頭と労使紛争の増加，搾取工場という悪名を払拭するための危機対策の強化，安全生産基準と環境保護基準の遵守，知的財産権保護措置の強化，企業行動規範の制定，労働規格の導入，工場監査の実施，税制度優遇措置の解消，持続的な元高傾向といった現象が観察され，チャイナ・プライスの持続可能性は若干脅かされている。

11）しかし，低コスト体質，規模の経済性，産業クラスターといった中国工場の伝統的な競争優位性は依然として大きい。また，インフラ施設，労働力の質と供給規模，製造技術と生産能力，産業クラスター，労働組合の性質，現地政府の協力姿勢と統治能力，社会安定性といったさまざまな投資環境要因は依然として優れている。とりわけ巨大な中国市場の内部に立地していることはますます大きな魅力を形成していく。この観点から，中国工場の競争優位性もチャイナ・プライスも今後の長い間にわたって存続していくと思われる。

12) チャイナ・プライスは存続するものの,小刻みに持続的に上昇していく。中国工場労働者の待遇改善という見地から,少しの追加コストをチャイナ・プライスに上乗せすることに同意してもらうということは外国発注企業と世界中の消費者に求められている。しかも,中国の産業構造の変化に伴い,チャイナ・プライスはハイレベルの製品分野に広がり,世界中の企業と消費者に新たな影響と恩恵を及ぼす可能性がある。

〈注〉
(1) Harney(2008).
(2) 林民盾・蔡勇志(2005)。
(3) 陳蘭通(2008),5頁。
(4) Harney(2008),pp.33-55.
(5) Bongiorni(2007)/雨宮・今井訳(2008)。
(6) 王曙光(2002)。
(7) アメリカの場合,公正労働基準(Fair Labor Standard Act)の規定では,週の労働時間が40時間を超えると,150％以上の残業手当を要求する権利が保証されるが,残業時間の上限とか,週末または国民休日の残業に対する特別増額に関する規定はない。また,日本の労働基準法は1日8時間,週40時間以内と定め,それを超えて残業した場合の時間外手当の割増率は25％以上,休日労働の割増率は35％以上と定めている。ただし,週間労働時間が60時間,あるいは月間残業時間が80時間を超えると,超長時間労働と呼ばれ,法令遵守の義務を果たしていないとされる。
(8) 残業超過の実態に関するマクロ的な統計データは存在しないが,サンプル規模の小さい実証研究は多くある。たとえば朱玲(2009)の調査では,法定残業時間の限度を超えた残業は常態化しており,しかも長時間残業を含める労働者権利の保護に対して地方政府も労働組合も有効な監督機能を果たしていないと指摘されている。

第5章
農民工の労働権利

第1節　中国における CSR 活動の全般状況

　中国では，1978年の改革開放前には国有企業が多く，その国有企業は従業員およびその家族に対して，住宅，教育，医療，娯楽，養老などの福利厚生制度を提供していた。この意味では，当時の国有企業は企業の社会的責任を過大に背負っていたと言えるかもしれない。しかし，環境保護や製品品質などに対する配慮がほとんどなく，それが企業の果たすべき社会的責任だという認識さえもなかった。

　CSR に関する議論は1980年代半ば以降に提起されたものであり，その背景には経済成長優先による環境破壊や利益優先による欠陥商品氾濫などの現実問題があった。しかし，海外での CSR 活動を紹介する程度にとどまり，激しいコスト競争のなか，CSR 活動に真剣に取り組む中国企業はきわめて少なかった。1990年代半ばから，本国政府と労働組合と消費者団体からの圧力を受けた一部の多国籍企業（ナイキ，リーボック，ウォルマートなど）は中国工場で企業行動規範や国際労働基準などを押し進め，CSR 活動の先駆けとなった。しかし，中国系の企業は一応のタテマエとして CSR を掲げていたが，実質的な取り組みは大幅に遅れていた。やがて2000年以降に中国共産党中央委員会が「人本主義に基づき，全面，協調，持続可能な発展を目指し，科学的発展観を樹立し，和諧社会を全人民が共同に建設せよ」という大政方針を打ち出し，CSR 活動への注目度と真剣さは高まり始めた。そして，CSR 活動の推進に伴う次のようなメリットが期待されている。

・環境に悪い影響を及ぼすような企業の進出を防ぎ，すでに設立されている企業に注意を促す。
・職業病と人身事故を減らし，中国の社会保障システムの負担を軽減する。
・不公正貿易や労働者人権侵害などの批判を緩和し，外圧をかわす。
・国内産業構造の調整と向上を図る。
・貧富格差の拡大を防ぎ，社会の安定を維持する。

こうして，2005年以降，CSR活動に対する中央政府側の取り組みは一気に活発になった。『公司法』(2005年)，『中国紡績企業社会責任管理体系』(2005年)，『深圳証券交易所上市企業社会責任指引』(2007年4月)，『環境保護法』(2007年)，『中国企業社会責任推薦標準和実施範例』(2007年11月)，『関於中央企業履行社会責任的指導意見』(2008年1月)，『中国工業企業及工業協会社会責任指南』(2008年4月)，『労働契約法』(2008年)，といったCSR関連の政府法規が相次いで公表された。(1) もちろん，これら諸法規を作るだけでなく，公正かつ厳格に執行させなければならない。また違法企業からの陳情と賄賂に負けず，罰則規定を厳正に適用させなければならない。

一方，裏を返してみれば，CSR活動への政府側の重視姿勢は，実際の企業活動において多くの問題が深刻化していることを示している。実際，中国でのCSR活動は企業の内側から自発的に生まれたものではなく，政府法規の要請による政府主導型のものである。法制度という性格上，CSR活動の内容規定はかなり抽象的・限定的なものであり，要求水準も具体化されていない。たとえば『関於中央企業履行社会責任的指導意見』(2008年1月)によると，CSRの内容は次の8項目となっている。(2)

・法律に基づいて経営し，誠実に信用を守ること，
・持続的に収益力を高めること，
・製品・サービスの質と安全性の向上，
・資源節約と環境保護，
・自主創新と技術進歩の推進，
・安全生産の保障，

・従業員の合法的権益の擁護,

・社会貢献事業への参加。

　欧米諸国でのCSR活動は経済責任,法律責任,倫理責任,博愛責任という4つのレベルに分けられているが,中国では,経済責任と法律責任の段階にとどまっている企業が大多数である。熾烈な市場競争のなか,中国の多くの企業,特に中小企業にとって,利益の獲得は至上命題である。利益を獲得するために法律規定と行政規制の網をくぐるのは日常茶飯事であるのに対して,労働者権利,環境保護,社会貢献などのCSR活動は企業利益の獲得につながらないので,それらを考える余裕はほとんどないというのが現状である。

　また,欧米では,SRI (Socially Responsible Investment：社会的責任型投資) 活動が活発で,SRIの収益性も悪くない。CSR活動がもたらす影響のタイムラグを考慮に入れ,長期的なスパンで見てみると,Fortune100[3],DJSI[4],FTSE 4 Good Global Index[5],BiTC[6],といった主なSRI指数はだいたい高い水準を実現し,CSR活動は企業の経営業績に寄与できることを証明している。

　一方,中国では,上場会社でさえ,CSR関連の情報開示が少ない。統一した情報公開基準もなければ,また公表する義務もない。2007年以降にSRIへの取り組みは動き出した。たとえば2007年12月に中国最初のSRI投資指数となる「泰達環境保護指数」が深圳証券取引所に上場し,2008年3月に中国最初のSRIファンドとなる「興業基金」が発行されたが,投資規模が小さいゆえ[7]に,その効果もきわめて限定的である。一方,現段階の中国では,企業のCSR活動と経営業績との相関関係は見られないと結論づける研究成果が多く[8],また中国人民大学の2010年調査では,CSR活動が人件費の増大をもたらすと見ている企業経営者は全体の85.3％に達している[9]。

　こうして,中国では,CSR活動は経営利益につながらず,単なる企業の運営コストである,という見解は一般的である。しかも,経済的な利益に貢献できないゆえに,企業経営者はCSR活動を道義的な善行として捉え,法的規制の下で必要最小限の社会的責任しか引き受けない。

　この背景下で,企業不祥事は頻発しており,とりわけ2008年9月に約30万人

の幼児に結石病をもたらした三鹿粉ミルク事件は中国全土を震撼させた。河北省石家荘市に立地する三鹿集団は中国最大の粉ミルク生産企業であり，その製品に「中国知名商標」，「品質検査免除商品」などの栄誉が授与されていた。しかし，その粉ミルクにメラミン（melamine）が意図的に混入されており，同社製品を使用した乳幼児の多くは腎臓結石を発症した。メラミンは窒素を多く含む物質であり，食品に加えると通常の検査では，同じく窒素を含むたんぱく質の含有量が実際よりも多く表示される。そのため，三鹿集団の粉ミルク生産では，原料乳に水を加えて薄めると同時にメラミンを加えて品質検査をパスしようとした。事件後の2008年12月に三鹿集団が倒産し，その後の判決で関係者21名が起訴され，数人が死刑か無期懲役の重罪判決を受けた。

三鹿粉ミルク事件後に，CSRに対する中国社会全体の関心が一気に高まり，同年11月に胡錦涛国家主席がAPEC会議で中国企業の社会的責任を強調したほどであった。現在の中国は農業国から工業国への転換を目指しており，一人あたりGDPは5千米ドルを超えている。産業化と都市化の急速な進展につれて，企業の社会的責任に対する国民の関心度はかつてなく高まっている。企業は富を創出するだけでなく，環境保護と社会安定に対しても貢献しなければならないとこの新時代が要請している。中国のCSR活動はいまだに発展の初期段階にあるが，今後は経済発展とともに，CSR活動に取り組む企業は確実に増え，諸外国のCSRガイドラインを参考にして中国独自のCSRガイドラインも作成されるであろう。以下3つの研究報告書は近年のCSR活動の進捗状況を示すものである。

まず2008年に中国社会科学院は，「中国企業トップ500社」の上位100社を対象にCSR評価を行い，諸外国のCSR指数を参考にして「中国100強企業社会責任指数（CSR指数）」を作成した。このCSR評価は企業経営のほぼすべての側面を網羅しており，政府の指導と協力のもとで実施された。初めての試みであるために，評価の項目や方法などに問題は残るが，2008年度の1回目調査の主な結論は以下の通りである。

・民営企業，地方政府所轄の国有非金融企業，外資系企業，中央政府直轄企

業と国有金融企業という順序でCSR指数が上昇する。
- 企業規模とCSR指数との間に正の相関関係があり，大企業ほどCSR活動の状況がよい。
- 産業間の差が大きく，電力産業のCSR指数は突出して高い。
- 総じて中国企業のCSR指数は低いレベルにある。20％の企業がスタートしたばかりで，40％の企業は傍観しているだけである。

次に，2008年に設立された中国社会科学院経済学部CSR研究センターの2009年度報告書によると，中国企業のCSR活動は以下の特徴を示している[11]。
- 社会全体の参与：企業活動と何らかの関わりを持つ政府部門，一般大衆，マスメディア，従業員，社会団体，コミュニティ，投資者，研究機構等のCSR意識が目覚め，異なる角度から企業へCSR関連圧力をかけはじめている。その結果，いろいろな形のCSR活動が現れ，CSR活動への取り組みは企業生存の必須条件となっている。
- CSR活動の着実な進展：CSRの重要性や必要性はもはや議論する必要がなく，企業の関心はCSR関連問題の解決に移っている。2009年6月までに累計で400社以上がCSR報告書を発行し[12]，一部の企業はCSRの担当部署を設置し始めている。
- CSR活動の範囲拡大：まず産業分野での広がりとして，CSR活動はエネルギー，電力などの公益事業からスタートし，採掘，製造，貿易，流通，通信，金融，不動産などの営利産業へ拡大している。次に地域での広がりとして，CSR活動は北京，上海，広州などの大都会から始まり，中部，西部，東北などのように中国全土へ拡大している。

そして，中国社会科学院経済学部CSR研究センターの2010年度[13]と2011年度[14]の報告書では，次のような共通した結論が主張されている。
- 中国企業のCSR指数は全体として低く，大多数の企業（2010年度に72％，2011年度に68.3％）はCSR活動に無関心である。
- 電力，通信，銀行などの産業のCSR指数は比較的高い。
- 民営企業と外資企業と比べて，国有企業のCSR指数が高い。

・中国系企業と比べて，外資系企業でのCSRの取り組みが進んでいる。
・外資系のうち，台湾・韓国・アジア系の企業と比べて，欧・米・日系の企業のCSR指数が高い。

以上3つの研究報告書の内容に若干の差異も見られるが，共通して言えるのは中国におけるCSR活動は始まったばかりである。中国企業のCSR活動は経済責任レベルから法律責任レベルへ上昇している最中であり，倫理責任レベルないし博愛責任レベルに上昇するのはかなり遠い将来のことであろう。

第2節　農民工の全体像

前節で説明したように，中国におけるCSR活動の取り組みは立ち遅れており，改善すべき点は製品品質や環境保護などのさまざまな分野に広がっている。本章はもっぱら一般労働者とりわけ農民工に焦点を当て，農民工の労働権利保護という1点だけから中国におけるCSR活動の実態と問題点と解決策などを議論する。

（1）なぜ農民工か

まず中国におけるCSR活動を農民工の労働権利に絞り込む理由を説明しておかなければならない。CSR活動の範囲は職場環境の改善，適正な賃金の支払い，雇用の拡大，正しい納税，良質かつ安全な商品・サービスの提供，環境保護，地域貢献などの広い範囲に広がっているが，その原点は労働者権利の保護である。CSR活動内容に関するカロールの4段階説（図表1―2参照）が示しているように，労働者権利は低い次元となる経済責任と法律責任の対象である。しかし，この低い次元の問題を解決できなければ，倫理責任と博愛責任という高次元に上昇することはできない。言い換えれば，労働者権利という低次元の問題の解決を放棄したまま，地域社会貢献や慈善寄付などの高次元活動だけを積極的にアピールするのは人騙しの偽善行為である。したがって，経済発展段階の違いにより，欧米先進国企業はすでにCSR活動の重点を環境保護や

地域貢献といった対外的な活動に移したのに対して，中国企業の CSR 活動の重点は当面の間，労働者権利の保護に置かなければならない。

　中国が世界の工場に変身し，チャイナ・プライスの商品が世界中に溢れる現在，中国国内では，労働者権利を犠牲にしてまで経済の成長を求めるという今までのやり方に対する批判が噴出している。それとともに，米国をはじめとする欧米先進国では，経済産業界団体，労働組合，政治家，消費者団体といったさまざまな利益集団が中国工場の労働者権利保護の問題に大きな関心を示し，積極的に発言している。つまり，中国工場での労働者権利保護の問題はもはや中国政府の内政問題にとどまらず，世界全体の貿易問題，外交問題，政治問題となっている。

　中国には多くの工場があるものの，国際的に注目されているのは海外輸出商品を製造している工場である。そういう工場の多くは沿海地域に立地し，またそこで働く労働者の大多数は遠い内陸地域から移動してくる出稼ぎ労働者（migrant workers），いわゆる農民工である。したがって，本章は農民工の労働権利の保護を中国における CSR 活動の中心に置くことにする。

（2）農民工の概念

　農民工は中国独特な戸籍管理制度によって生まれた概念である。おおざっぱに言うと，中国の国民は都市戸籍と農村戸籍に分かれており，教育，就業，医療，養老といった多くの側面で都市戸籍は農村戸籍より優遇されている。農村戸籍保持者が都市部に移住して製造業やサービス業などに雇用されていても，農村戸籍から都市戸籍への転換は非常に困難であり，数年間の出稼ぎをした後，故郷に戻らざるを得ない。

　中国では，これらの農村戸籍を持ちながら，非農業労働に従事している労働者を「農民工」と呼んでいる。彼らは都市部で「工人」すなわち工場労働者として働いているが，社会的存在としての身分はあくまでも「農民」すなわち農業労働者である。伝統的な意味での都市住民と農民と比べると，その中間にある農民工の生存状態は非常にユニークなものである。都市住民の特徴をすでに

一部持つようになっているが，完全ではない，農民とはすでに大きく異なっているが，完全に抜け出していない（図表5−1）。

（3）農民工の規模

中国国家統計局の統計データによると，農民工の規模は年々拡大しており，そのうち，出身地を離れている出稼ぎ農民工は全体の6割強を占めている（図表5−2）。

（4）農民工の職業別状況

農民工の職業別状況について，明瞭な統計データは公表されていないが，以下のようなさまざまな調査結果がある。

・中華総工会の調査によると，2010年時点の農民工の8割強が第2次産業，2割弱が第3次産業に就業している。[15]
・2004年時点の農民工の就業先は，製造業30.3％，建設業22.9％，サービス業10.4％であった。[16]
・中華総工会の調査によると，2007年時点の各産業界の全就業者数に対する農民工の比率として，第2次産業全体では64.4％，第3次産業（サービス業）では33.7％である。そのうち，農民工が高い比率を占めている業界は，建築業（78.2％），旅館・レストラン（71.8％），鉱山採掘（65.7％），製造業（61.3％），卸売・小売業（47.3％），不動産（47.0％），電力・ガス・水道（39.4％），運送・倉庫・郵政（31.5％）などである。[17]
・行政，文化，教育などの分野に就業する農民工はきわめて少なく，農民工の93.6％は何らかの企業に就業している。その内訳として，農民工の58.7％が民間企業に，32.1％が国有系企業に就業している。[18] また民間企業就業者全体の74.7％，国有系企業就業者全体の約50％，民間と国有を合わせた就業者全体の64.4％が農民工である。[19]
・総数1.4億人の出稼ぎ農民工のうち，6割以上が製造業の輸出企業に勤めている。[20]

第Ⅱ部　中国企業におけるCSR活動の実態

図表 5 ― 1　都市住民と農民工と農民の基本的特徴

項　目	都市住民	農民工	農　民
就業産業	第二次（工業）と第三次産業（サービス業）		第一次産業（農業）
生活環境	競争圧力が強く，生活リズムが速い		ゆとり感がある
健康状態	精神健康と職業病の心配がある。		身体面以外の心配はない
仕事能力の要求	知識と教育	身体能力（単純な肉体労働）	
教育と訓練の機会	多　い	少ない	
自分自身の労働者権利を守る意識	強　い	弱　い	
社会的ステータス	高　い	低　い	
社会保障制度加入率	高　い	低　い	
医療費用	社会保険	私　費	
養老費用	社会保険	家　族	
失業保険	あ　り	な　し	
事故傷害	弁償あり	小額弁償あり	弁償なし
余暇活動	豊　富	貧　弱	ほとんどない
労働時間の長さ	固定（強制なし）	固定しない（強制あり）	自由（強制なし）
収入源	賃金報酬（支払い遅れなし，企業内福祉あり）	賃金報酬（支払い遅れあり，企業内福祉なし）	土地収穫（天候に左右され，福祉なし）
労働契約の有無	文書契約	口頭契約	契約なし
住　宅	分譲住宅，賃貸住宅	共同宿舎，賃貸住宅	戸建て住宅
消費支出	多　い	少ない	自給自足
職場上下関係のストレス	少ない	多　い	な　し

出所：劉渝琳・劉渝妍（2010），46頁の内容を参考にして筆者が作成した。

図表 5 ― 2　農民工の規模（万人，％）

	農民工総数	出稼ぎ農民工	比　率
2008年	22,542	14,041	62.3
2009年	22,978	14,533	63.2
2010年	24,223	15,333	63.3

出所：2008年は沈艶・姚洋（2010），50頁，2009年は蔡昉（2011），58頁，2010年は『新生代農民工動態』によるものである。

本節の説明からわかるように，紛れもなく，農民工はすでに中国の第2次産業，民間企業，とりわけ輸出製造業の主な担い手となっている。しかし，残念なことに，中国国内で政府当局はいまだに農民工を臨時雇

いの非正規労働者として捉え，農民工の労働権利，生存状態，社会的地位などに対して十分な注意を払っていない。その一方，中国が「世界の工場」になり，極端に安い「チャイナ・プライス」の商品が世界中の消費市場を席巻している状況のなか，中国工場で働く労働者の権利保護に対する国際的な関心が高まっている。したがって，中国におけるCSR活動を研究するにあたり，中国工場における労働者，とりわけ農民工の権利保護は必然的に最も重要な研究課題となる。

第3節　農民工の労働権利の侵害状況

中国では，工場労働者全体が弱い立場に置かれているなか，農民工の労働権利状況はさらに悪いものである。具体的には，次の問題点が挙げられる。

(1) 低賃金

経済改革以来，国民所得が大幅に増えているが，労働者の賃金増加倍率は公務員のそれの四分の一程度に過ぎなかった。図表5—3と図表5—4は異なる調査に基づくものであるため，数字は一致していないが，共通した結果として，農民工の賃金水準は，都市戸籍の従業員あるいは国有企業の従業員より大幅に低く，大体5割強程度であり，しかも，この格差はまったく縮まらず，むしろ拡大する傾向にある。また別の調査では，2004年時点に非農業就業者の年間平均賃金が16,024元であったのに対して，農民工のそれが6,471元で，全体平均の40.4％に過ぎなかった。そして，2001〜2005年の間に，都市戸籍従業員の年間賃金の年平均成長率は14％であったのに対し

図表5—3　農民工と非農民工の賃金格差（元／月）

年　度	農民工	都市部従業員	倍　率
2003	702	1,164	0.603
2004	780	1,327	0.588
2005	861	1,517	0.568
2006	946	1,738	0.544
2007	1,060	2,060	0.515
2008	1,340	2,408	0.556
2009	1,417	2,687	0.527

出所：蔡昉（2011），201頁の内容に基づいて作成した。

図表 5 — 4　農民工と非農民工の賃金格差（元／月）

年　度	A．農村戸籍従業員	B．都市戸籍従業員	C．国有企業従業員	A/B	A/C
2003	781	1,170	1,215	0.668	0.643
2004	802	1,335	1,399	0.601	0.573
2005	855	1,530	1,609	0.559	0.531
2006	953	1,750	1,843	0.545	0.517

出所：栄兆梓ほか（2010），347頁の内容に基づいて作成した。

図表 5 — 5　各大都市法定最低賃金の変化状況（元／月）

	2004	2005	2006	2007	2008	2009	2010
北京市	545	580	640	730	800	800	960
上海市	635	690	750	840	960	960	1,120
天津市	530	590	670	740	820	820	920
広州市	684	684	780	780	860	860	1,030
深圳市	610	690	810	850	1,000	1,000	1,100
珠江デルタ4都市	450	574	690	690	770	770	920

出所：遊川和郎（2011），168頁。

て，農村戸籍の出稼ぎ労働者のそれは6％に過ぎず，両者の年間賃金総額の倍率は2.0倍から2.8倍に拡大した。[22]

　農民工の賃金向上をはかるために，2004年から各地の地方政府は「最低賃金規定」を定め，とりわけ各大都市の法定最低賃金の水準をほぼ毎年二桁程度に引き上げている（図表 5 — 5）。ある調査によると，2006年から2008年までの 2 年間に，農民工の平均月給は921元から1,270元へ引き上げられた。[23] しかし，農民工の賃金が法定最低賃金に達していないケースはいまだに多い。たとえば広東省の珠江デルタ地域では，2006年時点の平均時給が法定最低賃金レベルを下回る農民工は全体の40.9％を占めている。[24] なお，北京市と上海市の大都市でさえ，2007年のその比率はそれぞれ22.7％と10.9％であった。[25]

（2）賃金未払い

　農民工にとって，賃金支払いの遅れは常に直面する問題であり，4 割程度の

農民工は被害経験がある。2003年10月以降に温家宝首相をはじめ，中央政府と地方政府はこの問題の解決に真剣に取り組んでおり，状況は改善する方向に向かっているが，次のような複数の調査結果が示しているように，いまだに根本的な解決に至っていない。

・中華全国総工会の統計によると，2004年末時点の未払い総額は約100億元に達し，従業員一人平均の未払い金額は約1.5か月分の1,000元以上となる。
・中華全国総工会の2007年全国調査では，賃金未払いの被害にあった（農民工を含む）従業員全体の平均値として，被害金額は3.9か月分の3,111元であった。
・珠江デルタで行われた調査結果によると，賃金支払い遅れの被害にあった農民工の比率は2006年に8.9％，2008年に5.6％，2009年に7.0％であり，一方的に減っているわけではない。
・劉林平らの2010年調査によると，珠江デルタの平均未払い額は1.94か月分の2,804元／人，長江デルタの平均未払い額は2.74か月分の5,042元である。つまり，政府が真剣に取り組んでいるにもかかわらず，事態は大きく好転していない。
・賃金未払いの問題は産業によって大きく異なっている。中華全国総工会の2007年全国調査では，賃金未払い被害者の比率はそれぞれ建設業（10.0％），鉱山採掘業（6.3％），製造業（4.9％），不動産業（4.4％），運送・倉庫・郵政（3.3％），卸売・小売（3.2％），旅館・飲食（2.4％），金融（1.0％）という順位となっており，建設業の未払い問題が特別に深刻である。

（3）高い労働強度

　労働時間が長く，残業が多く，休日はほとんど取れない，というのは農民工の普遍状態である。たとえば2008年に農民工の週間平均労働時間は56.2時間で，また34.9％の農民工は週間60時間以上働き，『労働法』第36条で決められた44時間を大きく上回っている。『労働法』第41条で月間最大残業時間を36時間と定めているが，実際，60時間を超えるケースは珍しくない。広東省の珠江デル

タ地域で行われた大規模調査の結果によると，2008年に84.0％の農民工の週間労働時間が44時間を超え，32.3％の農民工の一日残業時間が3時間を超えている[33]。

実際，納品期限に間に合わせるために，長時間の残業を要求する工場は非常に多い。そのなかで，無理矢理残業を強要されたことによって，重大な人身事故や自殺事件が引き起こされたケースもめずらしくない。一方，企業側からの強制ではなく，残業収入を目当てに，残業の要請を自らの意思で受け入れた労働者は比較的多数である。たとえば前述した珠江デルタ地域での調査結果によれば，2008年時点で農民工本人の意思で行われた残業は56.3％で，自分の意思に反して強要された残業は24.6％である。また残業の理由を収入増加とする農民工は全体の70.4％に達する[34]。

残業に絡んでいるもう1つの問題点は残業代の計算方法である。『労働法』では，残業時に標準賃金を上回る割増賃金の支払いが義務づけられており，平日残業の割増率は50％，休日は100％，法定休日は200％である。しかし，この規定を無視して割増分をまったく支払わない経営者が多く，法定の割増率で計算された残業手当を受け取っている農民工はむしろ少数派である。より悪質な問題として，残業賃金そのものをまったく支払われていないケースも少なくない。たとえば中華全国総工会の2007年全国調査では，残業代を法定基準でもらっている労働者は32.9％，法定基準以下の金額をもらっているのは33.0％，まったくもらえないのは18.7％，わからないのは15.4％であった[35]。また珠江デルタ地域での調査では，2008年に残業手当をまったく受け取っていない農民工は全体の25.1％にのぼっている[36]。

（4）生産事故と職業病の高い発生率

チャイナ・プライスがもたらす結果の1つは労働者の健康被害である。第4章第3節（7）の内容をここで繰り返さないが，中国工場では，環境破壊と公害，安全生産事故，職業病などの発生率は異常に高く，特に石炭産業で重大事故が頻発している。実際，かなり多くの生産事故が隠蔽され，政府当局に報告

されないが，政府公表の統計データだけでも2000～2005年の石炭産業の年間生産事故死者はそれぞれ6千名超であった[37]。国際的に見ると，2005年時点の中国の石炭生産量は世界の31％を占めるのに対して，死亡者数は世界の79％を占めている。中国石炭産業で100万トン生産量の死亡率が3人で，アメリカの0.03人，南アフリカの0.3人を大きく上回っている[38]。ただし，その後の状況は徐々に好転し，2011年の全産業死者は75,572人，そのうち石炭産業の年間死者ははじめて2千名以下に下がった[39]。

国家安全生産監督総局の統計によると，2006年に全国で発生した各種安全生産事故（計627,158件）による死者（計112,822人）のうち，その約9割が農民工であった[40]。危険職場に働く労働者の多くが農民工であるにもかかわらず，正社員と同等な労働保護措置を取られていない。たとえば新疆ウイグル族自治区にある炭鉱では，正社員はほぼ毎年定期の健康診断を受けているが，一部の農民工は勤務している15年間に健康診断を一度も受けたことがないという[41]。

塵肺病をはじめとするさまざまな職業病は多発し，年間100万件以上の職業病発病ケースが報告されている。2007年時点で農民工の最も多い広東省では，鉱山，金属，ペイント，玩具，靴，プラスチック，印刷，電子といった多くの産業において，職業病を引き起こすような問題工場が38,800か所で，有毒有害の条件下で作業する従業員は500万人に達している。そのうち，塵肺病患者は約1.2万人で，毎年の塵肺病死者が100人以上である[42]。

(5) 社会保障制度の低い参加率

チャイナ・プライスを実現させた原因の1つは社会保障制度の不備である。第4章第2節（5）の内容をここで繰り返さないが，2000年代半ばまでに出稼ぎ農民工の多くは社会保障制度に加入していなかった。その後，中央政府は各種の社会保障制度を積極的に広げた結果，2009年度の都市戸籍従業員の加入率はそれぞれ医療保険52.7％，養老保険57.0％，失業保険40.9％，労働事故保険47.9％，生育保険34.9％に達している[43]。しかし，高い保険費用や不透明な長期展望といった理由があるため，図表5－6からわかるように，都市戸籍従業員

図表5—6　中国全体の農民工の各種保険への加入率（％）

年　度	医療保険	養老保険	失業保険	労働事故保険
2006	17.9	10.7	不明	19.2
2007	22.9	13.5	8.4	29.1
2008a	30.4	17.2	11.0	35.2
2008b	17.4	9.0	8.0	23.1
2009a	19.0	12.0	不明	24.0
2009b	13.1	9.8	3.7	24.1
2010	12.9	7.6	4.1	21.8

出所：2006～2008aは蔡昉(2011)，213頁，2008bは李培林・李偉(2010)，2009aは韓長斌（2011），2009bは蔡昉（2011），253頁，2010は蔡昉（2011），12頁によるものである。

図表5—7　珠江デルタの農民工の各種保険への加入率（％）

年　度	医療保険	養老保険	失業保険	事故保険	生育保険
2006	30.3	19.7	7.5	38.5	4.5
2008	44.1	32.0	11.9	50.8	9.8
2009	50.0	34.9	17.4	52.1	13.9

出所：劉林平・孫中偉（2011），237頁の内容に基づいて作成した。

と比べて，農民工の各種保障制度への加入率はかなり低いレベルにとどまっている。

なお，『半月談』という中国大手雑誌の調査（2011年実施，有効サンプル数2,278人）によると，2011年時点で社会保障制度にまったく加入していない農民工は23％で，その一部分だけに加入している農民工は63.1％である[44]。ただし，地域によって保険制度加入率のばらつきがかなり大きく，たとえば珠江デルタで働く農民工の各種社会保障制度への加入率は全国平均よりかなり高水準になっている（図表5—7）。

（6）非正規の雇用関係

農民工を雇う際に，労働契約を結ばず，臨時雇いの形を取る企業が多い。また労働試用期間と契約期間を任意の長さに設定したり，それを繰り返したりす

る企業も多い。なぜかというと，正社員にならない限り，年金や医療などの各種社会保障制度への強制加入義務がなく，企業側が負担する保険費用が少額で済まされるからである。2004年時点の全国範囲での労働契約の平均締結率は57.1％で，農民工に限った場合，その率はわずか20％であった。2007年時点の農民工の契約期間を見ると，1年未満が58.2％，1～3年が22.9％，3年以上が9.7％，無期限が7.4％であった。

　新しい『労働契約法』が2008年1月から実施されたことによって，労働契約の締結と契約期間満了後の正社員採用が義務づけられているが，企業側の対応は消極的で，契約を結ばないケースがまだ多く見られている。たとえば2006年時点で，珠江デルタ地域の農民工の労働契約締結率は42.37％であったが，労働契約法が実施された1年後の2008年末時点でその労働契約締結率は44.3％に過ぎず，2010年になっても70％以下にとどまっている。そして，2011年時点の農民工の雇用形態の内訳は，正規雇用（正社員と長期契約を含む）39％，短期契約27％，臨時雇い17％，自由職業6％，個人企業主5％，その他6％である。

（7）劣悪な職場環境

　第4章第3節（5）では，チャイナ・プライスがもたらす結果の1つは労働者の人権侵害であると説明した。そこで述べた内容をここで繰り返さないが，企業側は労働関係の法規を無視して労働管理規約や懲罰条例などを一方的に制定した結果，農民工の職場環境が劣悪で，基本的人権が不当に侵害されている。

　たとえば2006年に広東省の珠江デルタ地域で行われた調査結果によると，農民工の不満は主に次の項目に集中している。

・身体健康に有害な職場環境（30.2％），
・食事を取る時間が短い（16.5％），
・身元ID（身分証，卒業証書，居住許可書，健康証明書，就労許可書など）が差し押さえられる（12.4％），
・勤務中のトイレ利用に許可が必要（5.7％），
・工場の出入りの際の厳しい持ち物検査と身体検査（3.8％）。

明らかに，これらの項目はいずれも労働者人権の侵害に該当する違法行為である。さらに同じ調査では，「管理者に殴打された（0.6％）」と「監禁された（0.4％）」という犯罪行為の比率は低いものの，珠江デルタで働く農民工総数は数千万人にのぼるので，この種の犯罪行為の被害者は数十万人規模にのぼると推定される。

　また，2009年に行われたある調査では，さまざまな労働者人権侵害行為がリストアップされている。各種の被害にあった農民工が農民工全体に占める比率を見ると，「健康に有害な作業環境」が21.7％，「強制労働」が5.5％，「危険作業」が3.2％，「土下座・立たせる・持ち物捜査」が2.4％，「殴られる・監禁」が0.4％である。[51]

（8）公共サービス不足

　差別的な戸籍管理制度などにより，都市部に暮らす農民工は「非市民待遇」を強いられ，住宅，子ども教育，医療などの公共サービスを都市住民と同等に受けることは認められていない。たとえば多くの農民工にとって，子女教育は最も重要な問題である。2010年時点で，出身地を離れている出稼ぎ農民工は約1.5億人にのぼり，故郷の親族に預けられている子どもは約5,800万人，都市部に連れてきている子どもは約1,400万人とされている。[52] しかし，中国の戸籍管理制度下では，両親が農村戸籍であれば，子どもが都市部で生まれても農村戸籍のままである。都市部の公立学校に入学させるために，「教育資源補償金」という名目で高額な特別入学金が要求され，簡単に捻出することはできない。たとえば，2008年の北京市で北京戸籍を有する子どもの年間授業料は4百元であったが，北京戸籍を有しない子どもに2万元以上を要求する学校もあった。[53]

　子女教育に次ぐ重要問題は住宅問題である。都市部住民の大半は元々勤務している企業の家族寮に住んでいたが，1990年代以降に家族寮の払い下げや市販の分譲住宅などに移行している。これに対して，農民工は企業の家族寮に入居する権利もなければ，分譲住宅を購入する財力もない。2009年に広東省の珠江デルタ地域で行われた調査結果によると，[54] 農民工の住居方式は，従業員共同宿

舎（47.2％），賃貸住宅（43.7％），自分の持ち家（3.5％），仕事現場（2.5％），親戚の家（2.4％），その他（0.8％）という順位となっている。実際，農民工が暮らす賃貸住宅では，専有の台所とトイレが備えているのは22.7％に過ぎない[55]。農民工の住居状況が非常に劣悪であるゆえに，衛生，教育，治安などの面で多くの問題が生み出されている。

第4節　農民工の権利侵害の社会的背景

以上で説明したように，現在の中国では，都市部の製造業やサービス業などに勤めている農民工は非常に悲惨な状況下に置かれている。農民工の労働権利がたやすく侵害されてしまう社会的な背景として，以下数点が重要である。

（1）労働力の大量供給

「人口ボーナス」の恩恵にあずかり，1993年から2007年の間に全国労働力資源の総量は8.15億人から10.46億人に増大し，労働力資源総量対総人口の比率は68.8％から79.2％へ上昇した[56]。労働力供給量の拡大に伴い，労働力市場での需要と供給の関係も大きく変化した。供給過剰の状況となれば，雇用側の選択余地が大きく，労働者側はほとんど交渉力を持たず，自分自身の正当な権利さえも主張できない。

近年の農民工が多くの面で大きく変貌し，珠江デルタと長江デルタを中心とする一部の地域では，単純な肉体労働を中心とする職場では求人難の現象が現れている。しかし，人口統計学的に見ると，出稼ぎ労働者の主力となる15～34歳の人口はピーク時の1995年の4.5億人（総人口の38％）から2010年の4.1億人（総人口の30％）に減少し，すなわち農村の余剰労働力は減少する傾向にあるものの，いまだに約1億人の農村余剰労働力が存在し，出稼ぎ労働者の大量供給状況は2020年まで続くと見られている[57]。

しかも，中国では，全社会労働者における農業労働者の比率（約40％）は先進国のその比率（約5％）を大幅に上回っており，近代的な産業の発展につれ

て，より多くの労働者が第1次産業から放出され，第2次と第3次産業に吸収されていくに違いない。この観点から言うと，全国規模では工場労働者を供給する能力は今後も非常に高いレベルを維持することができる。

（2）労働者組織の不在

都市戸籍の労働者はほぼ100％「工会」すなわち労働組合に加入しているのに対して，農民工の労働組合加入率は非常に低いレベルにある。かつての農民工は都市戸籍を持たないゆえに，勤務先と長期労働契約を結ぶことができず，労働組合に加入する資格すらなかった。2001年に『工会法』が修正され，勤務先の給料を主たる生活資金源とする農民工は「流動労働力」と定義され，労働組合に加入する権利は認められた。しかし，中国の官製労働組合は基本的に経営側の言いなりであり，労働者の権利を守る力量も願望もない。また，組合費（給料の2％）の支払いは組合加入の動機をさらに弱めている。

2005年末時点で，労働組合に加入している農民工は約2,100万人で，農民工全体の約17％を占めている[58]。その後，政府の強力な動員作戦により，農民工の労働組合加入率は高まり，2007年時点で30.0％に達したとされる[59]。また別の調査では2008年末時点の加入率は約30％であった[60]。

無論，地域によって労組加入率の違いも大きい。たとえば珠江デルタでは，2009年時点で労働組合が存在している企業に働く農民工は農民工全体の18.7％である。勤務先に労働組合が存在し，しかもその労働組合に加入している農民工は41％である。一方，全国平均として，農民工の労働組合加入率はわずか7.63％である[61]。

現段階では，農民工にとって，労働組合に期待する役割は主に企業内の教育と訓練，福祉施策などである。官製の労働組合よりも，就業機会や賃金水準などの重要情報を提供してくれる同郷会や農民工協会などの非政府系の組織団体はより頼もしい存在である。また，どうしても自分の権利を主張したい場合，「調停，仲裁，訴訟」という法的手段に訴える農民工が多い。

（3）実力不足

　農民工の人数が多いにもかかわらず，教育レベルが低いゆえに視野が狭く，1つの社会階層としての発言権は非常に弱い。たとえば農民工の人数は2億人以上となっているが，2008年3月に開かれた第11回全国人民代表大会の代表(任期5年) に選ばれた農民工代表はわずか3名であった。[62]少数の知識人と中国内外のNGOやNPOは農民工の状況に強い関心を持ち，人権侵害，賃金未払い，事故被害，職業病被害，子女教育，デモやストライキといった農民工が頻繁に絡む個別事件において，啓発教育，ニュース報道，法廷裁判などの援助活動を通じて尽力しているが，活動主体の数が少なく，カバーできる範囲はきわめて小さい。

　共産党一党支配という政治体制下で，元々現行の政治体制に異論を唱える声に対して非寛容な対応方法が取られてきた。この慣習は政治活動のみならず，経済活動や社会活動にも浸透している。経営側の代理人は議会，政府，マスメディア，学界といったあらゆるところで圧倒的な力を発揮し，経済を発展させなければ労働者の人権を論じる意味がないという「先発展・後人権」の観点を広げている。一般の都市住民も戸籍管理制度下の既得利益にしがみつき，目の前の農民工の苦境に目を瞑る。こうして，政府，企業，マスコミ，学界，都市住民などが既得利益で結託している状況下で，農民工の声がほぼ抹殺されている。

第5節　新生代農民工の姿

　昔の農民工のイメージは次のように表現できる。貧しい農村で育ち，中学校教育を完成していない。知識はないが，従順かつ勤勉で，小額の収入を得るために苦労も残業も厭わない。工場で数年間働いた後に田舎に戻るので，現金収入を稼いで貯めるのが一番大事なことで，各種社会保障制度と企業内福祉に対してほとんど興味を持たない。しかし，近年，中国の農民工は大きく変貌している。厳密な概念ではないが，2000年以降に労働市場に進入した農民工，ある

いは1980年代以降に生まれた農民工は「新生代農民工(new generation of migrate workers)」と呼ばれ，彼らの思考方式と行動様式は彼らの先輩たちのそれとは大きく異なっている。この変化は，当然，中国工場における労働者権利擁護とCSR活動に対して大きな影響を与えている。

（1）職業選択の多様化

新生代農民工の多くは大事に育てられ，汚い，危険，きついという3K職場[63]を敬遠し，高い賃金，少ない残業，おいしい食事，快適な作業条件，清潔な宿舎などを提供する職場を求めている。たとえば2009年の全国調査によると，新生代農民工の13.1％が一人っ子である。彼らの就業先（製造業44.4％，建設業9.8％）を見ると，前の世代（製造業31.5％，建設業27.8％）と比べて，明らかに3K職場の代表格である建設業を避けている。また，宿泊と飲食関係のサービス業に従事する新生代農民工の比率は前世代の5.9％から9.2％上昇している[64]。

また，新生代農民工は市場経済と自由競争のルールを自然に受け入れ，自分の運命は自分の競争能力によって決められると理解・納得している。彼らの多くは自分の職業人生を工場生産ラインの肉体労働者として終わらせるのが嫌だと思い，コンピュータや生産機械や外国語などに関する知識を積極的に勉強し，個人能力の向上に努力している。また人脈づくりも熱心で，いつも転職する機会を探している。

（2）教育水準と権利意識の向上

農民工の教育水準に関する公式な政府統計は見つからないが，次のような調査結果がある。
・2007年時点の農民工の学歴として，小学校以下7.0％，中学校43.9％，高校26.6％，専門学校12.9％，短大8.3％，大学1.3％であり，すなわち農民工全体の49.1％が高校以上の教育を受けた。また農民工全体平均の教育年数（10.43年）は，2002年（9.68年）と比べて0.75年増えた[65]。
・2009年時点で高校以上の教育を受けた農民工は全体の23.5％である[66]。

・広東省での調査で高卒以上の農民工の比率は2006年に30％，2008年に38.5％，2009年に45％である。[67]
・劉林平らの2010年調査では高卒者は全体の6割程度に達している。[68]

以上これらの調査結果の数値は互いに一致しないが，高校程度の教育を受けた新生代農民工が増えているのは確かである。

新生代農民工にとって，親世代の実体験から工場労働の厳しさと経営者の冷酷無情さが多く聞かれ，人身事故と職業病から自分自身を守る意識は高い。特に高校程度の教育を受けた新生代農民工は労働関連法規と労働者権利に関する知識をかなり持っており，自分の権利を擁護するために，個人の意見を言うことから，雇い主を法的に訴えることまであまり恐れていない。そのため，前世代の農民工と比べると，新生代農民工は労働契約締結，社会保障制度加入，労働組合結成，団体交渉，法的訴訟，デモ，ストライキなどの活動により積極的に参加し，労働者の権利をより強く主張している。

（3）都市部への帰属意識の強化

新生代農民工の大半は平等意識が強く，都市戸籍と農村戸籍による差別的な扱いに強い不満を持っている。農村部または都市部の学校を卒業してから，すぐに都市部の工場に入り，農業労働の経験はほとんどなく，田舎暮らしへの愛着もない。ある調査によると，新生代農民工のうち，親が働く都市部で育てられていたのは32.8％で，農業労働の経験を持つのはわずか10％である。[69]そのため，農村に戻るつもりがなく，自分の仕事，恋愛，結婚，育児，老後という全生涯を都市部で送ろうと考えている新生代農民工が増えている。新生代農民工の将来について，「都市部に定着する」と考えている人は全体の45.1％，「最終的に農村に戻る」のは33.4％，「わからない」のは21.5％である。[70]

一方，彼らの都市定住を妨げる障害として，「低収入」が67.2％，「住宅」が63.2％，「社会保障制度」が24％，「親の面倒」が20.1％，「子女教育」が16％，「都会人になりきれない」が13.5％，「（都会人との）地位不平等」が7.8％である。[71]明らかに，新生代農民工は現金収入だけでなく，各種の社会保障制度と都

図表5－8　2009年の出稼ぎ農民工の賃金収入状況

	賃金収入月額（元）	前年度比増加額（元）	前年度比増加率(%)
全　国	1,417	77	5.7
東　部	1,422	70	5.2
中　部	1,350	75	5.9
西　部	1,378	105	8.3

出所：韓長斌（2011）の内容に基づいて作成した。

市部の各種公共サービスを求めている。彼らを都市部に定住させるためには，住宅，学校，病院，治安，交通，電力，水道，ガスといったあらゆる社会資源を大幅に増やす必要があり，そのコスト負担は農民工自身と彼らの雇い主ないし都市部と農村部の地方政府に求められることとなる。

（4）出稼ぎ先選択の多様化

内陸部から沿海部に出稼ぎに行くというのは従来からのパターンであったが，近年中国政府の西部大開発戦略の展開や内陸部の産業発展などにつれて，内陸部の就業機会が大量に増えている。しかも，沿海部（東部）と内陸部（中部と西部）の賃金水準は若干の差があるものの，その差は着実に縮まっている（図表5－8）。遠い沿海部と故郷に近い内陸部での賃金水準が接近していることにつれて，交通移動コストや生活習慣や家庭事情などの要素を考慮に入れ，沿海部に行く農民工は大幅に減少している。2003年以降に沿海地域で「民工荒」という労働力不足の事態が現われたが，その原因のひとつは内陸部出身の農民工の出稼ぎ先が多様化したためである。

（5）労働訴訟の多発

2009年時点の全国の出稼ぎ農民工総数（14,533万人）のうち，新生代農民工（8,487万人）は全体の58.4％を占め，農民工の主体となっている[72]。農民工の世代交代に伴い，彼らの社会ニーズも思考方式も行動方式も大きく変化している。たとえば低賃金，長時間残業，各種社会保障制度の不備などは1990年代以降の

中国工場にコスト優位性をもたらし，チャイナ・プライスを実現させた重要な原因であった。しかし，近年の新生代農民工は労働者権利を強く主張し始め，雇用関係，賃金，残業，社会保障制度などをめぐる労使紛争が大幅に増え，労働者自殺，経営者襲撃，集団デモ，ストライキ，暴動などの大事件に発展するケースも少なくない。ある調査によると，2007年1月～2008年7月に何かの形の集団デモに参加した経験をもつ農民工の比率は1.5％であるのに対して，2008年8月～2009年7月のその比率は5.4％に上昇している[73]。また中国社会科学院の統計では，100～1,000人が参加する労使紛争は2007年に23件，2012年に209件となった[74]。香港系労働者権利擁護組織の記録では，2011年6月～2013年12月の間に1,171件の従業員抗議活動があり，2012～2013年の抗議活動のうち，警察が出動したのは150件で，逮捕者が出たのは69件である[75]。

　共産党一党支配の政治体制下で，既存の政府系労働組合と独立するような第２労働組合の結成は違法とされ，デモやストライキなどは社会の安定性を脅かすものとして政府当局に抑制されている。また，労働者であれ，社会活動家であれ，政府当局の迫害を恐れて，カリスマ性のある労働運動のリーダーは現れにくい。このような現状下で，勤務先に不満を抱える労働者の多くは，まず労働組合や婦女連合会や労働基準監督局といった政府系機関と相談する。しかし，相談しても問題の解決はほとんど期待できないので，現行の法律を武器にして雇い主を法廷で訴えるケースは近年大幅に増えている。

　中国では，労使紛争を解決する法的プロセスは，「協議」，「調停」，「仲裁」，「訴訟」という４つの段階に分かれている。しかし，「協議」と「調停」と「仲裁」の３段階で企業側は情報，時間，金銭などの面で絶対的な優位に立ち，労働者側の納得できる結果を引き出すことはほぼ不可能である。そのため，「訴訟」という最終段階まで争う件数は非常に多い。農民工は非農業就業者総数の４割程度であるにもかかわらず，1999～2005年の７年間に法廷訴訟に持ち込まれた労使紛争案件では，当事者の一方が農民工のケースは80％以上を占めており，農民工が法廷訴訟を積極的に利用している様子が窺える[76]。

　実際，政府と司法機関の支援を後押しに，労働者側の勝訴率は非常に高い。

図表 5 － 9　労働訴訟件数の推移状況

年　度	訴訟処理件数	会社側勝訴	労働者側勝訴	双方部分勝訴	労働者対会社の勝訴倍率
1997	70,792	11,488	40,063	19,241	3.49
1998	92,288	11,937	48,650	27,365	4.08
1999	121,289	15,674	63,030	37,459	4.02
2000	130,688	13,699	70,544	37,247	5.15
2001	150,279	31,544	71,739	46,996	2.27
2002	178,744	27,017	84,432	67,295	3.13
2003	223,503	34,272	109,556	79,475	3.20
2004	258,678	35,679	123,268	94,041	3.45
2005	306,027	39,401	145,352	121,274	3.69
2006	310,780	39,251	146,028	125,501	3.72
2007	340,030	49,211	156,955	133,864	3.19
2008	622,719	80,462	276,793	265,464	3.44
2009	689,714	95,470	255,119	339,125	2.67
2010	634,041	85,028	229,448	319,565	2.70
2011	592,823	74,189	195,680	322,954	2.64
2012	643,292	79,187	213,453	350,652	2.70
2013	669,062	82,519	217,551	368,992	2.64

出所：中国人力資源和社会保障部（2009），665頁。中国国家統計局（2014），783頁。

　たとえば1986～1990年の労働者対会社の勝訴倍率は0.4以下に対して，1997年度以降は大体3.0倍以上の水準で推移してきている（図表5－9）。さらに，労働者の権利擁護を目的とした『労働争議調停仲裁法』は2008年5月1日から実施され，さまざまな手続きがより労働者側に有利になるように設定された。たとえば「仲裁」を申し立てる費用が無料になり，「調停」と「仲裁」を飛び越え，「協議」した後，ただちに「訴訟」を申し立てることが認められ，労働者側の弁護費用は人民元10元（2008年時点の為替レートでは約130円）という破格な安値に設定されている。明らかに，政府と司法機関は，労働者側が「訴訟」という法的手段をとることを支援している。そのため，『労働争議調停仲裁法』が発効された2008年に訴訟件数は前年度の約34万件から一気に62万件余りに上昇し，労働者対会社の勝訴倍率も前年度の3.19倍から3.44倍へと大きく上昇した。しかし，2009年以降は訴訟件数が高止まりのままであるが，労働者対会社の勝訴倍率は2.70倍以下と大きく下がった。下がった原因は断言できないが，恐らく訴訟があまりにも容易になったため，元々勝算のなかった訴訟も無理し

て提起されたのではないかと推測される。

第6節　労働者権利保護に対する政府姿勢

どの国であれ，どんな政治体制であれ，程度の差はあるものの，その政府は自国の労働者を守らなければならず，今の中国政府も例外ではない。しかし，今までの議論からわかるように，中国における労働者の権利は大きく侵され，政府の責任が厳しく問われている。本節では，労働者権利擁護に対する中国政府の姿勢と取り組みについて説明する。

（1）共産党中国における労働者権利擁護の歴史

今の中国政府は1949年に樹立した共産党一党支配の政権である。この共産党政権下で，労働者権利とは主に賃金，疾病治療，事故補償，出産援助，作業環境改善，企業内福祉充実，年金といった経済的利益を受ける権利を意味し，賃金や労働時間などを内容とする団体交渉も，デモやストライキなどの対抗活動も長い間実質的に認められていなかった。しかし，近年労働者権利意識が大きく向上し，さまざまな形での労使紛争が多発している。現状を正確に把握するために，まず共産党中国における労働者権利擁護の歴史過程を以下のように整理しておく。

1）建国初期（1949～1978年）

毛沢東が率いる中国共産党は，1949年に中華人民共和国を建国してから，すぐに社会主義のイデオロギーに基づき，ソビエト政権の経済運営体制を取り入れ，一般労働者を企業の「主人公」と位置づけた。厳しい財政状況の制約下でありながら，労働者の地位向上，権利拡大，福祉改善などに真剣に取り組んでいた。1952年1月に『中華人民共和国労働保険条例』を実施し，従業員の養老，遺族扶養，事故傷害，疾病，出産などの項目を盛り込んだ。その後，条例の内容が若干修正されるとともに，適用範囲を国営企業から全国のほとんどの企業に拡大された。この時期の国営企業において，次のような特徴が見られていた。[77]

- 雇用形態：労働者階級は社会主義国家の主人公という大義名分のもと，終身雇用の正社員（「正式工」）は基本的な雇用形態である。期限付きの契約労働者（「合同工」）あるいは一時的な臨時雇い（「臨時工」）といった雇用形態は労働者階級の地位低下，労働の搾取などにつながると見なされていたため，その人数は非常に少なかった。中央国務院は1971年11月に『関於改革臨時工，輪換工制度的通知』を制定し，各地政府が臨時工などを正式工に編入するように促した。その後は，雇用形態はますます正社員へ単一化していく。
- 賃金：最初十数年のうちに労働者賃金は徐々に増えていたが，経済成長の速度には追いつかないものであった。1966～1976年という「文化大革命」の期間中に，昇進と昇給がすべて中止された。「労働に応じる分配」という大原則は形骸化し，生産高支払いの適用範囲はほぼ全滅し，悪しき絶対平均主義は蔓延していた。
- 社会保障：事故傷害，疾病，出産，育児，養老等の諸事項はすべて企業側が負担していたが，保障の内容は低いレベルにとどまっていた。「失業」は社会主義経済体制のなかで存在しないものとされるために，失業保険の制度が設けられず，従業員を解雇することは事実上不可能であった。
- 企業内福祉：労働者本人ならびにその家族に対して，企業側は診療所，託児所，学校，住宅，通勤バス，食堂，浴室，図書室等のサービスを提供し，その費用の大半を負担していた。いわゆる「揺りかごから墓場まで」の社会保障機能は企業によって担われていた。

総じて言うと，以上諸項目の内容は低いレベルでありながら，公務員，教師，軍人といった都市社会階層とほぼ同じ生活レベルにあり，農民よりゆとりのある暮らしをしているため，工場労働者は自分の権利状況と生活状況に基本的に満足していた。

2）経済改革期（1978～2005年）

1976年に毛沢東の死去をもって文化大革命が幕を落とし，間もなくして鄧小平が最高権力を握った。1978年から対外開放と経済改革の新政策を導入し，計

画経済から市場経済への転換が始まった。市場経済化，産業化，都市化の進展につれて，大量の農村人口が産業労働者に変わった。民営企業と外資企業の勢力が急速に増大し，国営企業の運営方式は根本的な変革に迫られた。労働者の雇用と報酬と解雇は企業側の経営自主権となり，契約労働者と臨時雇いの人数が急増した。1983年2月に中央労働人事部が『関於積極試行労働合同制的通知』を出し，労働契約制度を積極的に拡大することを要請した。

1986年に『国営企業実行労働合同制暫行規定』が実施され，労働契約制度を今後の雇用制度の中心に据えると定められた。1984年の契約労働者は209万人，就業者総数の1.8％であったのに対して，1987年末に873万人と6.6％を占めるように大きく増えた。[78] さらに，1992年2月に『関於拡大試行全員労働合同制的通知』が出され，労働契約の実施範囲は新規雇用の一般労働者から事務職，技術職，管理職の全範囲に拡大された。1997年末時点に労働契約を結んだ都市部就業者は10,728.1万人で，全体の97.5％を占めるようになった。[79]

市場競争の中で企業の淘汰が始まり，それまでの企業を主体とする社会保障制度が崩れはじめた。1985年に中央政府が「社会保障」という概念を打ち出し，社会保険，社会福祉，社会救助などの内容を社会保障制度に統一した。1986年の『国営企業実行労働合同制暫行規定』の実施によって，従業員本人と企業がそれぞれ養老保険費を社会養老基金に拠出することが義務づけられた。その後，社会保障制度は養老，医療，出産，事故傷害，失業などに拡大された。

1994年7月の『労働法』から2004年の『労働保障監査条例』までの10年間に，中央政府は労働関係の諸法規を整備し，労働契約制度と社会保障制度を押し進めた。しかし，これらの法規は現場労働者の権益改善につながらなかった。たとえば『労働法』第1条では労働法の基本目的を「従業員の合法的権益を守り，労働関係を規範し，社会主義市場経済体制にふさわしい労働機構を構築・維持する」と定めているが，『労働法』の細則を読めば，雇用側と労働側の権利は対等なものではないとわかる。雇用側はかなり自由に労働者を契約期間中に解雇することができる。また試用期間を任意に延長したり，繰り返したりすることもできる。それに対して，雇用側のよほどの過失がなければ，労働者側から

の契約期間中の辞職は認められず，あるいは高い弁償金が請求されることとなる。なお，同一企業で10年以上勤めると正社員に転換できると定められているが，経営側は10年満了前の労働者を簡単に解雇できるので，正社員への転換を促す政府意図の実現はきわめて困難である。そして，正社員だけを構成員とする官製労働組合は，契約労働者とりわけ農民工の権利擁護に協力せず，農民工の労働環境はますます悪化した。

　全般的に言うと，この経済改革期において，政府部門は経済発展を最優先したため，雇用主側の権利を強め，労働者権利の保護には消極的であった。市場経済への転換につれて，労働者の主人公地位が失われ，労働市場が生まれ，労働力は単純な商品になった。社会全体が徐々に豊かになり，都市部住民全体の生活水準が確実に向上したにもかかわらず，工場労働者の権利保護をめぐる状況は急速に悪化し，とりわけ都市戸籍を持たない農民工の労働権利侵害問題は深刻であった。さまざまな原因が絡みあった結果，農民工は，労働組合がない，医療や年金などの社会保障がない，住宅がない，子どもを通わせる学校がない，賃金と残業代を受け取れる保証さえもない，という悲惨な状況に陥った。

3）強盛大国期（2005年〜）

　改革開放以来の30年間に，中国のGDPが大きく成長し，中央政府の財政規模が急速に膨らみ，中国の国力は飛躍的に増強している。社会保障制度がカバーする内容と人数が拡大されつつ，国民の暮らしは着実に向上している。しかし，「世界の工場」へ成長するプロセスのなか，チャイナ・プライスが先進国の製造業を脅かし，中国工場の労働者人権に関する諸外国からの批判は一向に絶えず，中国国内のマスメディアもこの問題を大きく取り上げるようになった。確かに，グローバリゼーションの時代に外国直接投資は労働基準の厳しい先進国から緩い途上国に流れると言われる。また，安い労働力は中国工場の競争優位性の決定的な要因だと言われる。しかし，多くの実証研究はこの種の見解を明確に否定している[80]。つまり，途上国が低い労働基準をもって先進国からの直接投資の流入を誘導するという先進国側の批判も途上国側の期待もいずれも根拠のない話である。

労働基準をわざと低いレベルに抑える政府意図はなかったとはいえ，中国の労働基準のレベルは低いものであるという事実が存在する。「和平崛起」（平和的台頭）と「強盛大国建設」のスローガンを掲げる胡錦濤政権にとって，政治の安定，社会の進歩，経済の発展を目指すために，国内社会の各階層間の所得格差を縮め，一般労働者，とりわけ農民工の待遇改善を図る必要があった。この背景下で，中国共産党中央委員会が「人本主義に基づき，全面，協調，持続可能な発展を目指し，科学的発展観を樹立し，和諧社会を全人民が共同に建設せよ」という全体方針を打ち出した。共産党の施政方針に従い，中国政府は経済発展最優先の姿勢を改め，資本側の不満を排除した形で，労働者側の権利擁護に強硬に乗り出した。

その結果，『公司法』(2005年)，『中国紡績企業社会責任管理体系』(2005年)，『深圳証券交易所上市企業社会責任指引』(2007年4月)，『環境保護法』(2007年)，『中国企業社会責任推薦標準和実施範例』(2007年11月)，『関於中央企業履行社会責任的指導意見』(2008年1月)，『中国工業企業及工業協会社会責任指南』(2008年4月)，『労働契約法』(2008年)，といった労働者権利に関連する政府法規が相次いで公表された。これら一連の法規のなか，最も重要なものは『労働契約法』であり，それについては次項で説明する。

（2）労働契約法の制定

貧富格差の拡大，環境破壊，政治腐敗，社会動乱などの傾向に歯止めをかけ，「和諧社会」を建設するというキャンペンの一環として，中国政府は2006年3月に『労働契約法』の草案を公表した。この法律は労働者の権利を擁護し，協調かつ安定的な労働関係を構築することを目指すものである。

この草案は大きな反響を引き起こし，1か月以内に普通労働者，労働組合，およびあらゆる所有形態の企業経営者から191,849通の意見書が寄せられた。[81]そのなか，在中国アメリカ商会（USCBC：the US-China Business Council），在上海アメリカ商工会議所（AMCHAM Shanghai：American Chamber of Commerce, Shanghai），在中国ヨーロッパ商会（European Union Chamber of Commerce in

第Ⅱ部　中国企業における CSR 活動の実態

China）などの外国企業の団体も積極的に発言し，中国政府に陳情書と意見書を提出した。たとえばマクロソフト，コカ・コーラ，GM，ウォルマート，グーグル，GE などの米国大手企業も加盟している USCBC は，「（人件費の増加をもたらすため，）新しい労働契約法は中国労働者の雇用機会を減らし，海外直接投資の目的地としての中国の魅力ならびに中国の競争力を損なう可能性がある」と表明した。USCBC のこの意見表明は中国のマスメディアを大いに賑わし，多国籍企業は中国からの撤退を脅しの武器にしていると解釈された。またニューヨークタイムズやロンドンタイムズや日本経済新聞などの外国メディアもこの法案に関する特集を組んだ。国際社会の強い関心から，中国の労働契約法の制定は世界経済に重大な影響を及ぼすことが窺える。

　USCBC などが積極的に反応した理由の１つは，中国系企業と比べ，外資系企業の法的遵守に関するプレッシャーが格段に大きいからである。中国系企業は地元政府とのつながりが多く，工場監査を恐れていない。また書類偽造などで工場監査をごまかすこともできる。外資系企業はまじめに法令遵守に努めているので，それによって発生したコストは競争上の不利要因になる，と外資系企業は主張する。他方では，法律を執行する政府当局は外資系企業を優遇する動機が強く，外資系企業を厳しく監査することはあり得ない，と中国系企業が反論する。

　USCBC などの外国企業団体の拒否反応は中国内外から激しい批判を浴びた。1990年代以降，外国企業は中国内外で「搾取工場反対」の運動を呼びかけ，SA8000や ISO26000のような国際労働規格，多種多様な行動規範，および工場監査を推し進めてきた。しかし，いざ中国政府が労働者権利を擁護する法律を作ろうとするときに，外国企業がそれに反対する立場を取るのはおかしく，偽善にほかならないと厳しく批判された。北米最大の産業組合である全米鉄鋼労組（The United Steelworkers）は声明を発表し，AMCHAM が中国と米国の政府に対して，中国労働者の権利向上を妨害するロビー活動をしたと批判した。また，米国議会も中国の労働契約法を支持する態度を表明した。この背景下でUSCBC は2007年４月に声明を出し，自分の意図が誤解されたと弁解した。つ

まり，法案に反対するのではなく，ただ建設的な修正意見を提出しただけである。しかも，中国系やほかの外資系の工場で労働者の権利が著しく侵害されているのに対して，USCBCに加盟しているアメリカ企業が経営している中国工場のほとんどは法令遵守の模範工場である。したがって，アメリカ企業の工場運営のやり方に問題がなく，むしろ問題解決の方向性を示していると強く弁明した。

　こうして，さまざまな論争のなか，『労働契約法』となる『中華人民共和国労働合同法』は2007年6月29日に正式に承認され，2008年1月1日から実施された。労働者権利を擁護する内容として，この法案のなかに次のような重要な項目が設けられている。

- 雇用の際に，仕事の内容，条件，場所，リスク，安全生産状況，報酬などを説明しなければならない（第8条）。違反の場合，被害状況に応じて賠償しなければならない（第81条）。
- 労働雇用の契約を文書化しなければならない（第10条）。違反した場合それまでの期間の2倍の賃金を労働者に支払わなければならない（第82条）。
- 勤務10年以上か，または期限付き雇用契約を連続2回結んだかといった一定の条件を満たしている従業員を雇用期間の定まらない無期限雇用に切り替えなければならない（第14条）。違反した場合，無期限雇用になるはずの月から2倍の賃金を労働者に支払わなければならない（第82条）。
- 契約期間が3か月未満の場合，試用期を定めてはならない。契約期間が3か月以上1年以下の場合，試用期は1か月を超えてはならない。契約期間が1年以上3年未満の場合，試用期は2か月を超えてはならない。契約期間が3年以上または無期限の場合，試用期は6か月を超えてはならない。いずれにしても，試用期は1回限りとする（第19条）。試用期間中の賃金は試用期終了後の賃金の80％，または企業所在地域の最低賃金基準を下回ってはならない（第20条）。違反の場合，超過した期間から労働者に賠償金を支払わなければならない（第83条）。
- 20名以上あるいは10％以上の従業員を解雇する場合，30日前に労働組合あ

るいは全従業員に知らせ，その意見を聞く必要がある（第41条）。
- 職業病や事故に遭った従業員，妊娠あるいは哺乳期間中の従業員，連続勤務期間が15年以上かつ法定退職年齢まで5年以内の従業員を解雇することを禁止する（第42条）。
- 労働契約で決めた労働報酬を支払わなかった，地域の最低賃金を下回った，残業代を適切に払わなかったなどの場合，労働者に賠償金を支払わなければならない（第85条）。

さらに，この『労働契約法』の実施に合わせ，『労働契約法実施条例』（2008年9月18日公布・実施），『就業促進法』（2007年8月30日公布，2008年元日実施），『労働争議調解仲裁法』（2007年12月29日公布，2008年5月1日実施）などの労働関連法規が制定された。これら一連の法規によって，雇用，報酬，解雇，労働争議などの重要事項における労働者権利の擁護が図られている。

労働契約法の最も重要な目的は長期的な雇用関係の形成を促進すると言われる。企業側にとって，この法律の実施によって，正社員の数も社会保障の諸費用も増え，労働者の解雇に伴う補償費用と法律違反の罰金も増える。また，短期の労働契約を繰り返して結ぶこと，試用期を長くしたり繰り返したりすること，企業側の都合で従業員を解雇したり早期退職させたりすること，賃金や残業代を適切に払わないこと，といった悪徳行為は厳しく禁止されるようになった。当然，人件費の上昇は避けられず，中国工場の生産コストの上昇にもつながる。そのため，新しい労働契約法の導入に消極的に抵抗する企業も多数あり，2010年時点での労働契約の締結率は70％以下にとどまっていた。しかも，締結率低下の原因は労働者側の意志ではなく，企業側の意志にあるというケースは調査対象全体の約85％にのぼる。[83]

（3）中国政府の法律執行努力

言うまでもなく，いろいろな法律を新規に作るだけでなく，作った法律を公正かつ厳格に執行することが最も重要である。労働者権利を守るために，何よりも効果的な方法は政府機関が労働法規の執行と取り締まりを強化することで

ある。実際，中国政府は労働者保護の責任を放棄しているというわけではない。たとえば1994年の『労働法』と2004年の『労働保障監査条例』は労働者の権利保護を目的とする政府法規であり，そのなかに労働契約，児童労働，女性労働者，就業規則，労働時間，休暇制度，賃金基準，社会保険，職業訓練などに関する詳細な規定が盛り込まれている。また，各地域の労働当局の管轄下に労働保障監察チームを設け，専門知識の試験を合格した労働保障監査員は労働監査の業務を遂行し，違反を見つけた場合，処分命令と是正命令を下す権限を行使できると定められている。

この労働監査制度導入後に，実施された労働監査案件の件数は，1998年の78.1万件から2005年の118.5万件まで増え，年平均伸び率は6％であった。2006年に3,201か所の労働保障監察機構が全国各地に分布し，2.2万人の専任監査員が労働契約締結や賃金支給や社会保障制度加入などの監査業務に携わっている[84]。一方，この労働監査に関連する問題点も多く，特に次のような問題は早急に解決しなければならない。

- 人数不足：2006年時点で，全国の就業者総数は76,400万人に対して，専任の監査員は2.2万人，監査員1人あたりの労働者数は34,727人にのぼり，1人の監査員の年間監査企業数は55.5社に達する[85]。監査員の人数が絶対的に不足しているため，監査業務が形骸化しやすい。
- 経費不足：2005年に全国の労働監査機構2,419か所のうち，14％は全額財政予算を獲得できず，203か所は財政予算をまったく獲得できなかった[86]。経費不足のため，自動車，カメラ，録音機などの機材は購入できず，監査業務の質的向上が妨げられている。
- 権限不足：日本の労働基準監督官と違い，中国の労働監査員は，司法警察として刑事と民事の責任を追及する権限を持たず，また企業資産の差押えという強制的執行力を持たない[87]。強制力がないため，監査業務中にさまざまな抵抗と反発に遭い，業務遂行の実効性が大きく損なわれている。
- 対応措置の恣意性：企業側の同様な違反問題に対して，監査員の知識，経験，感情，人間関係などの違いによって，指導や懲罰や猶予期間などの対

応措置が大きく異なる。そのなかで,企業側の賄賂を受け取って違法行為を見逃すような悪質なケースもしばしば発生する。

政府当局と司法機関が労働関係諸法規を厳正に執行できない状況のなか,労働者権利侵害の問題は社会的な注目を集め,政府の責任は厳しく問われている。そのため,一部の地方政府は独自の取り組みを始めている。たとえば出稼ぎ労働者が最も集中している広東省では,省政府は2005年9月22日に省内の労働法規違反企業のなかの悪質20社のリストを公開し,さらに2006年6月21日に悪質30社のリストを公開し,状況の改善を強く促した[88]。しかし,この種の政府対応は「鶏を殺して猿を脅す」と揶揄され,監査網を無事にかいくぐった違反企業は無数にある。また,公開リストに含まれる企業の一部は倒産に追い込まれたが,企業主個人は何の責任も負わずに逃げ切り,場所を変えたり,企業名を書き換えたりするだけで従来と変わらぬ業務を継続することができる。

また広東省深圳市は2008年11月に「深圳経済特区和諧労働関係促進条例」を公布し,労働者権利保護大作戦を展開した。具体的には,労働契約締結率の向上,労働紛争の早期解決,失業者援助,賃金滞納企業への催促,被害労働者への一時金支払い,賃金滞納企業リストの公表,問題企業の銀行融資門前払いといった措置を取った[89]。しかし,政府の努力にもかかわらず,工場現場での労働状況は根本的な改善に至らず,その最も象徴的な一件は2010年年始から始まった鴻海の深圳工場での連続飛び降り自殺事件である。実際,鴻海工場では過去にも多くの労働問題が起きていた。深圳市政府と深圳市労働組合が直接介入し,2009年末に鴻海の労資双方が労働者待遇の改善案に合意し,労資関係改善の模範事例として宣伝されるようになった[90]。しかし,その後,経営側は合意案の内容を守らず,労働者側の反発は激しさを増した。2010年の前半に13名の従業員が工場ビルの屋上から飛び降り自殺を図り,世界中から注目される大事件となった。

要するに,中央政府も地方政府も労働法規の制定と執行状況の監査に注力しているにもかかわらず,多くの工場現場で何らかの改善が見られるものの,労働者権利保護に関する全般的な状況は大きく好転していない。

第7節　問題解決の方向性

　本章で検討したように，今の中国では，労働者の主力となるのは新生代農民工である。彼らには，職業選択の多様化，教育水準と権利意識の向上，都市部への帰属意識の強化，出稼ぎ先選択の多様化などの新たな特徴があり，法廷訴訟などの手段を利用するまで自分の労働者権利を守ろうとしている。一方，中国政府は労働者権利の擁護に真剣に取り組んでおり，労働関連法規を制定するとともに，執行状況の監査にも注力している。それにもかかわらず，労働力の大量供給，労働者組織の不在，実力不足という社会的背景下で，多くの工場現場で若干の改善が見られるものの，労働者権利保護に関する状況は根本的に好転していない。低賃金，賃金未払い，高い労働強度，生産事故と職業病の高い発生率，社会保障制度の低い参加率，非正規の雇用関係，劣悪な職場環境，公共サービス不足といった労働者権利侵害の問題は依然として多く存在している。

　労働者側と政府側の両方が努力しても問題が改善しないのであれば，恐らく最大の原因は経営者側にあると思われる。経営側の論理として，安い納品価格，短い納品期限，多種多様な政府徴収費用などの制約条件下で工場を運営しているなか，利益を出すために，あらゆるコストを抑制しなければならない。賃金，残業代，安全生産対策，生産事故や職業病の被害者対応，社会保障制度加入，地元政府または発注する外国企業による工場監査対策などのすべては生産コストの上昇につながるので，当然，これらに関わる費用を抑制しなければならない。また場合によっては，ごまかし，書類偽造，シャドウ工場，賄賂といった不法手段を使うまでCSR対策を取ることにする。

　明らかに，経営側のこの思考論理が変わらない限り，労働者権利擁護をはじめとするさまざまなCSR活動の実効性を高めることは困難であろう。しかし，経営側の思考論理を変えようとすれば，その方向性をどこへと定めるか。実際，労働者権利の問題は，CSR活動の対象になる遥か前に，すでに労務管理の対象であった。この意味から，アメリカ流の管理論は大いに参考になるはずであ

る。管理論の内容をここで詳しく説明することはせず，いくつかの要点だけを紹介する。[91]

　アメリカの場合，まず1910〜1930年代には，テイラーやフォードらの「経済人仮説」のもとで，賃金を唯一の賞罰手段で労働者を動かしていた。標準作業時間（ノルマ）や移動組立て法（ベルト・コンベア）が導入され，作業効率は飛躍的に上昇するとともに，労働者の収入も増えていた。しかし，「一流労働者」に合わせたノルマの決め方は労働者を苦しめ，標準化・専門化・単純化という3Sの進化は仕事を無味単調なものに変え，ベルト・コンベアは労働活動における人間の主体性を奪った。労働現場では，機械による人間の代替，人間の機械への隷従，人間性の疎外といった大きな問題が発生し，労使双方の対立は深まった。

　次に1930〜1950年代には，ホーソン実験を皮切りに，メイヨーの人間関係論，マスローの欲求階層理論，マグレガーのX理論・Y理論，ハーズバーグの動機づけ・衛生理論といった産業心理学者による一連の学説が生まれた。これらの学説の共通点は，テイラーやフォード流の管理論に対する批判と反省に基づき，労働者側の視点に立ち，労働者が持つ金銭以外の欲求を重視するところにある。金銭以外の欲求は何かという見解の違いによって，「社会人」や「自己実現人」などの仮説が提起された。そして，人間像はどうであれ，経営側は，労働者の欲求を知り，その欲求を提供して満たせば，厳しい監督統制を加えなくても，労働者が自発的，積極的に働いてくれる，とこれらの学説が主張する。

　そして，1950〜1970年代には，バーナードの組織論，サイモンの意思決定論，サイアートとマーチの企業行動論などの学説が生まれた。これらの学説は，経営者と労働者を対立する両極と見るのではなく，ともに自由な意思と判断力と選択力を持ち合わせている「全人」または「経営人」と見なし，組織という利益共同体のなかに共生している平等な構成員であると捉える。この視点から出発すれば，個人と個人間，個人と組織間の相互作用と統合が必然的に重視される。つまり，組織全体の共通目標に統合するという前提のもと，個人と組織の相互影響によって組織参加，モティベーション維持，組織脱退といったさまざ

まな意思決定が行われ，最高経営陣と一般従業員を含む複数の個人とグループの協働行為によって組織の行動様式が決められる。

一方，中国の労働現場を見ると，改革開放の初期段階となる1980〜2000年は，貧しい状況から脱出するのに必死で，金銭利益を最優先する経営者も労働者も圧倒的に多かった。つまり，その時代の経営者と労働者の動機と行動をテイラーやフォードらの「経済人仮説」で解釈することができる。経営者は利益獲得のために労働対策費用をできるだけ削減し，金銭以外の労働者権利が若干侵害されても労働者たちは激しく抵抗しなかった。

しかし，2000年以降に労働者の姿が大きく変貌し，新生代農民工の労働者権利意識は大きく高まっている。この変化を背景に，「民工荒」（労働者募集困難），「打官司熱」（労働訴訟の大幅増加），「富士康連跳」（鴻海社工場での連続飛び降り自殺），街頭デモ，ストライキといった新しいタイプの労働問題が次々と現れている。たとえば鴻海の工場は，賃金水準，残業収入，支払いの適時性，社内福祉，社会保障制度の加入率といった金銭利益の側面で，中国民営企業の最高レベルにあると言われている。それにもかかわらず，飛び降り自殺，デモ，ストライキなどの問題は近年多発している。しかも，鴻海工場のみならず，全国各地の工場で似たような労働問題が起きている。つまり，「経済人仮説」はすでに中国工場労働者の現状に合わなくなっている。

新生代農民工に当てはまる人間仮説は何か。経済人，社会人，自己実現人，全人，経営人，複雑人，観念人といったさまざまな人間像のうちのどれが比較的近いか。詳しい議論を省くが，新生代農民工は経済人から社会人へ脱皮しつつあると判断できる。そうであれば，さまざまな労働問題を解決するために，提案制度の導入，企業内福祉の充実，従業員に対する教育と訓練，職務拡大と職務充実，経営参加，目標管理，スキャンロン・プランといった昔のアメリカ企業で実際に行われ，しかもその有効性が証明された各種の労務管理施策を試みる価値があろう。

アメリカ管理論の経験を以上のように紹介してから，議論を経営側の思考論理のところに戻すが，労働者権利を保護するために，下記のような「悪い循環」

を断ち切り，「良い循環」に入るように，経営側の意識を根本的に変える必要がある。

- 「悪い循環」：労働者権利保護にかかる諸費用をコストとして考える→その費用の削減に走る→労働環境の悪化→勤労意欲の低下と離職率の上昇→労働生産性と製品品質の低下ならびに新しい労働者への教育訓練費用の増加→企業イメージの悪化→調達先に厳しいCSR基準を要求する大手企業から利益の大きい大口オーダーを受注できず，同業他社のやりたがらない利益の小さい小口オーダーしか受注できない→利益が出にくいので労働関連費用をいっそう減らそうとする……。
- 「良い循環」：労働者権利保護にかかる諸費用を人的投資として考える→その費用を惜しまない→労働環境の改善→勤労意欲の向上と離職率の低下→労働生産性と製品品質の向上ならびに新しい労働者への教育訓練費用の節約→企業イメージの向上→利益の大きい大口オーダーを受注する→利益が出やすいので労働関連費用を増やすことも可能になる……。

こうして，新しい学説となるポーターらの戦略的CSR理論（第1章5節参照）を引き出すまでもなく，経営者の思考論理を「悪い循環」から「良い循環」に誘導するだけで，労働者権利保護などのCSR活動費用は企業の営利能力の強化にもつながるので，経営側の対応姿勢が大きく変わる可能性はある。労働力供給不足，労働者変貌，政府法規強化，外国企業の要請といった外部圧力に加え，経営側自身の意識も大きく変化すれば，アメリカ管理論で提唱されたさまざまな労務管理施策を取り入れることが容易になり，労働者権利の改善を押し上げ，中国工場の労働問題を早期に解決することも可能であろう。一方，詳しい議論をここで展開しないが，国民所得，貧富格差，官僚制度，道徳倫理の社会通念，商取引慣行，企業文化，政治体制などの経営環境要因から判断すると，中国工場のCSR活動は，当分の長い間，経済責任と法律責任という低次元レベルにとどまり，倫理責任ないし博愛責任という高次元レベルに上昇するのは相当遠い将来になるのではないかと悲観的に思われる。

第5章　農民工の労働権利

〈注〉
(1) 温素杉・方苑 (2008)。
(2) 酒井正三郎 (2009), 91頁。
(3) 発表者は Fortune 誌, 対象は世界500強の上位100社である。
(4) DJSI は Dow Jones Sustainability Index の略称, 発表者は米国 Dow Jones 社とスイスの Sustainable Asset Management 社, 対象は24か国58産業の上位10%の企業である。
(5) 発表者はロンドン証券取引所, 対象は欧米大手約2,400社である。
(6) BiTC は Business in The Community の略称, 発表者は英国企業商会, 対象は FTSE と DJSJI に含まれる上位企業や英国企業商会のなかの上位企業約850社である。
(7) 張恩 (2009)。
(8) 石軍偉ほか (2009), 田虹 (2009)。
(9) 李智・崔校寧 (2011), 33頁。
(10) 黄群慧ほか (2009)。
(11) 陳佳貴ほか (2009), 1〜2頁。
(12) 中国最初の CSR 報告書は, 中国国家電網公司が2006年3月10日に発行したものである。
(13) 陳佳貴ほか (2010), 29〜34頁。
(14) 国務院発展研究中心 (2012), 570〜577頁。
(15) 「新生代農民工動態」『新浪網』2011年7月14日特集：http://news.sina.com.cn/c/sd/2011-07-14/101422812600.shtml.
(16) 栄兆梓ほか (2010), 192頁。
(17) 中華全国総工会研究室 (2010), 36頁, 40頁。
(18) 同上書, 843頁。
(19) 同上書, 184頁。
(20) 沈艶・姚洋 (2010), 50頁。
(21) 岳経綸 (2011), 251頁。
(22) 蔡禾・劉林平・万向東 (2009), 189頁。
(23) 李培林・李偉 (2010)。
(24) 蔡禾・劉林平・万向東 (2009), 45頁。
(25) 中華全国総工会研究室 (2010), 193頁。
(26) 「新生代農民工動態」。
(27) 沈艶・姚洋 (2010), 61頁。
(28) 中華全国総工会研究室 (2010), 109頁。
(29) 劉林平・孫中偉 (2011), 114頁。
(30) 劉林平ほか (2011)。
(31) 中華全国総工会研究室 (2010), 106頁。
(32) 李培林・李偉 (2010)。
(33) 劉林平・孫中偉 (2011), 70頁。
(34) 同上書, 71頁。
(35) 中華全国総工会研究室 (2010), 847頁。
(36) 劉林平・孫中偉 (2011), 71頁。
(37) 岳経綸 (2011), 356頁。

⑶⑻　沈艶・姚洋（2010），64頁。
⑶⑼　国務院発展研究中心（2012），129頁。
⑷⓪　劉蔵岩（2010），95頁。
⑷⑴　中華全国総工会研究室（2010），694頁。
⑷⑵　同上書，472頁。
⑷⑶　蔡昉（2011），253頁。
⑷⑷　「新生代農民工動態」。
⑷⑸　蔡禾・劉林平・万向東（2009），190頁。
⑷⑹　中華全国総工会研究室（2010），848頁。
⑷⑺　劉林平・孫中偉（2011），184頁。
⑷⑻　劉林平ほか（2011）。
⑷⑼　「新生代農民工動態」。
⑸⓪　蔡禾・劉林平・万向東（2009），53頁。
⑸⑴　劉林平・孫中偉（2011），116頁。
⑸⑵　「新生代農民工動態」。
⑸⑶　同上。
⑸⑷　劉林平・孫中偉（2011），86頁。
⑸⑸　「新生代農民工動態」。
⑸⑹　楊河清（2010），12頁。
⑸⑺　韓長斌（2011）。
⑸⑻　王小章（2010），107頁。
⑸⑼　中華全国総工会研究室（2010），842頁。
⑹⓪　王小章（2010），161頁。
⑹⑴　劉林平・孫中偉（2011），216頁。
⑹⑵　陳佳貴ほか（2009），189頁。
⑹⑶　英語では Dirty, Dangerous, Demanding という３D職場となる。
⑹⑷　蔡昉（2011），61頁，8頁。
⑹⑸　中華全国総工会研究室（2010），148頁，842頁。
⑹⑹　蔡昉（2011），6頁。
⑹⑺　劉林平・孫中偉（2011），89頁。
⑹⑻　劉林平ほか（2011）。
⑹⑼　蔡昉（2011），60頁，7頁。
⑺⓪　同上書，15頁。
⑺⑴　同上書，15〜16頁。
⑺⑵　同上書，2頁。
⑺⑶　劉林平・孫中偉（2011），141頁。
⑺⑷　米強「中国農民工的艱辛維権路」『FT中文網』2015年6月17日：http://www.ftchinese.com/story/001062563。
⑺⑸　同上。
⑺⑹　楊正喜（2008），73頁。
⑺⑺　陳佳貴ほか（2009），170-177頁。

⒄　黎建飛（2010），5頁。
⒆　同上書，8頁。
⒇　王暁栄（2006）。張新国・張蕾（2007）。
㉑　黎建飛（2010），10頁。
㉒　Harney（2008），p.259.
㉓　劉林平ほか（2011）。
㉔　岳経綸（2011），177頁。
㉕　同上書，177～178頁。
㉖　同上書，176頁。
㉗　小林昌之（2009）。
㉘　楊正喜（2008），125頁。
㉙　湯庭芬（2010），16頁，31頁。
㉚　同上書，19頁。
㉛　喬晋建（2011）が詳しい。

第Ⅲ部
鴻海にみる労働問題と経営戦略

第6章
中国企業の覇者となった鴻海

第1節　問題意識と研究方法

　1990年代以降の中国は「世界の工場」に変身し，ほぼあらゆる種類の工業製品を生産し，世界中の人々の暮らしを下支えている。そのなかで，グローバリゼーションの流れに乗って大きく成長した企業が非常に多く，その典型例のひとつは鴻海である。本章以降は，中国最大級の輸出企業に成長した鴻海科技集団（Hon Hai/Foxconn Technology Group）を研究対象と定め，その労務管理，経営戦略，シャープとの資本提携という3つの問題を中心に据え，実際状況を説明したうえ，議論と分析を行う。

　鴻海の名称について，漢字の鴻海または富士康，片仮名のホンハイまたはフォックスコン，英文字のFoxconnなどの表記が混在しているが，日本国内で「鴻海」という表記が最も一般的に使われているので（図表6－1Aと図表6－1B），本章ではすべて鴻海に統一している。ちなみに，FoxconnとはFoxとConnectorの合成語であり，創業初期の主力製品はさまざまな電子機器のコネクター（Connector）で，キツネ（Fox）のように賢いという願いを込めた名前である。富士康とは「聚才乃壮，富士則康」という中国語に由来するものであり，人材が集まれば組織が壮大になり，組織メンバーが豊かになれば組織が安泰するという意味を含んでいる。また鴻海とは，「鴻飛千里，海納百川」という中国語に由来するものであり，鴻（大きな雁）は千里を飛び，海は百の川を納めることを意味し，企業が大きく成長するという願いが込められている。

　自社ブランドを持たず，他社ブランドの製品を受託生産するというEMSス

第6章 中国企業の覇者となった鴻海

図表6－1A 「日経テレコン21」のキーワード検索のヒット件数

年　度	鴻　海	ホンハイ	富士康	フォックスコン	郭台銘	合　計[1]
2000	19	0	0	0	0	19
2001	5	1	0	0	1	5
2002	8	0	1	0	0	9
2003	15	0	1	0	2	16
2004	17	0	1	0	0	18
2005	16	0	1	1	2	17
2006	22	0	5	4	1	23
2007	21	0	4	4	3	24
2008	16	1	5	5	1	22
2009	27	2	3	10	2	31
2010	103	38	38	47	11	116
2011	99	36	21	22	16	105
2012	328	233	40	45	87	339
2013	200	162	19	23	34	202
2014	106	76	7	10	35	108
2015（09／30まで）	121	87	8	12	26	129
総　計[2]	1,123	636	154	183	221	1,183

注：1）この合計列の数字は同一記事の重複分を取り除いた正味件数である。
　　2）この総計列の数字は各年度数字の単純合計である。
出所：筆者作成。

タイルに徹しているため，一般消費者は鴻海の名をあまり知らないが，iPod，iPhone，iPadといったアップルの一連の人気製品をはじめとして，デル，HP，インテル，シスコ，モトローラ，アマゾン，ノキア，ソニー，シャープ，任天堂，日立，ソフトバンクなどの人気製品を数多く受託製造しており，世界最大手のEMSに成長した鴻海は電子機器産業での存在感は非常に大きい。しかし，中国国内では，従業員飛び降り自殺，長時間残業，未成年労働，厳しい罰則規定，大規模なストライキや暴力衝突などの労働問題が多発しているため，「搾取工場(sweatshop)」は鴻海の代名詞となっている。一方，日本国内では，シャープとの事業提携と企業買収に乗り出しているという関係で，2012年以降のマスコミに頻繁に登場するようになり，「下請工場成金」とか「黒船乗っ取り屋」

図表6－1B 「magazineplus」のキーワード検索のヒット件数

年　度	鴻　海	ホンハイ	富士康	フォックスコン	郭台銘	合　計[1]
2000	0	0	0	0	0	0
2001	0	0	0	0	0	0
2002	0	0	0	0	0	0
2003	0	1	0	0	0	1
2004	4	0	0	0	0	4
2005	1	0	0	0	0	1
2006	4	0	2	0	1	6
2007	3	2	0	0	1	4
2008	7	4	2	0	1	8
2009	1	1	0	0	0	1
2010	6	3	3	6	2	12
2011	14	3	2	2	3	17
2012	63	34	4	13	24	81
2013	27	20	2	4	9	34
2014	14	11	1	1	5	16
2015（09／30まで）	7	5	0	1	3	9
総　計[2]	151	84	16	27	49	194

注：1）この合計列の数字は同一論文の重複分を取り除いた正味件数である。
　　2）この総計列の数字は各年度数字の単純合計である。
出所：筆者作成。

などのイメージは相当に強い。

　経営学を研究する筆者にとって，「世界最大のEMS企業」，「最強の中国工場」，「搾取工場」，「下請工場成金」，「黒船乗っ取り屋」などのイメージが混在している鴻海はきわめて魅力的な研究対象となる。ざっと調べてみると，これまでの学術論文の大半は鴻海の労働問題に注目したものである。たしかに従業員飛び降り自殺の連続発生，長時間労働，未成年労働，大規模なストライキや暴力衝突などの事件が多発しており，世間の注目を浴びている。筆者も最初は鴻海の労働問題だけに注目し，その実態，原因，解決方向性などの究明を目指していた。一方，「搾取工場」や「乗っ取り屋」と罵倒・警戒されながら，鴻海は100万人以上の従業員を雇用し，世界第一級のブランド企業から委託生産

第6章　中国企業の覇者となった鴻海

の大口オーダーを取り付け，世界各地での事業拡大を着実に押し進め，売上高と利益を伸ばし続けている。

　鴻海が大きく成長した原因は何であろうか。戦略論的に考えると，きっと鴻海が採用している経営戦略は企業内外の経営環境にうまく適応しているはずである。そうであれば，鴻海がどんな経営戦略をとっているのかを自然に知りたくなる。さらに，鴻海とシャープの資本提携事業は大きな成長可能性を持ちながら，さまざまな困難にぶつかり，結局，失敗に終わった。しかし，この失敗から多くの貴重な経験と教訓を学べるはずである。こうして，筆者の今の主な関心は，鴻海の労働問題，経営戦略，シャープとの資本提携という3点に集中している。

　筆者は基本的に文献研究を方法論としているので，鴻海の経営管理のすべての側面にわたり，できるだけ多くの情報を収集するように努めている。しかし，一旦調べ始めると，情報収集の困難さに大変悩まされてしまう。鴻海ホームページからの情報は自社宣伝に偏っているだけでなく，企業理念や経営戦略に関する情報量は非常に少ない。鴻海に関連する新聞記事は多いが，工場建設などの新規事業関連の短い事実報道を除けば，労働問題に対する事実報道と倫理批判がほとんどである。市販されている中国語図書は数十点あるが(1)，それは鴻海の郭台銘会長を英雄視した個人伝記であるか，または労働問題の関連で鴻海を激しく批判するものである。客観的な視点に立ち，鴻海の経営戦略を取り上げた先行研究がまったく存在しなかったことは，本章の執筆に大変な苦労を強いられたが，やりがいを大いに感じさせられた。

　2010～2014年の数年間のうちに数度にわたり，鴻海の現地工場を訪問したり，鴻海工場幹部や鴻海取引先幹部や政府関連部局関係者などをインタビューしたりして，筆者なりの情報収集努力はしたものの，いつも秘密主義の壁にぶつかり，価値のある情報をあまり入手できなかった。結局，本書の執筆に先立ち，主に依存した情報源は以下2つのデータベースとなっている。特に新聞記事の場合，表面的な内容が多いという弱点はあるものの，情報の信憑性はある程度保証できるという安心感が得られる。

1）日経各紙の新聞記事を集めた「日経テレコン21」：日本経済新聞の朝刊と夕刊，日経産業新聞，日経MJ（流通新聞），日経金融新聞，日経地方経済面，日経プラスワン，日経マガジンという8種類を含む。

　2）日本国内各種雑誌の論文を集めた「magazineplus」：（学術専門誌，学会機関誌，大学紀要，協会誌，ビジネス週刊誌，一般雑誌などを含む）日本国内のほぼすべての雑誌を網羅した巨大なデータベースである。

　この2つのデータベースで，鴻海，ホンハイ，富士康，フォックスコン，郭台銘という5つの単語をキーワードにして「全文」で検索すると，各年度のヒット件数は図表6—1Aと図表6—1Bにまとめられる。全般的なイメージとして，2009年まではあまり登場していなかったが，2010年に中国工場での従業員飛び降り自殺事件の連続発生をきっかけにその露出度が一気に高まり，特に2012年にシャープとの事業提携などの関係で大々的に注目されるようになった。しかし，シャープとの事業提携が行き詰まり，鴻海の知名度もある程度定着し，新鮮な話題が少なくなったせいか，2014年以降のヒット件数は大幅に減少した。

　鴻海関連文章の中身を見てみると，日本国内のマスコミ各社，とりわけ経済関係の記事が中心となる日経各紙で鴻海の露出度はかなり高くなったのに対して，学界での注目度はいまだに異常に低い。「magazineplus」でのヒット件数は少なくないが，鴻海関連文章の雑誌源を眺めると，『週刊東洋経済』，『週刊ダイヤモンド』，『エコノミスト』，『日経ビジネス』，『日経エレクトロニクス』というビジネス週刊誌のヒット件数が最も多く，全体の8割以上を占めている。そのほかのヒット文章の出所は，『実業界』，『経済界』，『財界』，『型技術』，『素形材』，『ロボット』，『エルネオス』，『オール投資』，『資本と地域』，『近代セールス』，『ジェトロセンサー』のような業界団体誌，『国際金融』，『国際労働運動』，『台湾情報誌』，『中国経済』，『中国news』，『グローバリゼーション研究』，『交流』のような特定団体誌，『Area』，『Boss』，『Themis』，『Verdad』，『Facta』，『週刊現代』のような一般誌，*Business Week*, *The Wall Street Journal*, *Asia Market Review*, *Far Eastern Economic Review*, *Electronic Business* のような英字雑誌などに分散している。鴻海関連の学術論文の全体像と概略について，

第6章　中国企業の覇者となった鴻海

次節で詳しく総括するが，一言で言うと，学会誌と大学紀要で大学教員によって執筆された研究論文は非常に少なく，しかも『経済学年誌』（法政大学），『龍谷ビジネスレビュー』，『早稲田商学』，『産業経営研究』（熊本学園大学），『エコノミクス』（九州産業大学），『福岡大学大学院論集』，『21世紀社会デザイン研究』（立教大学），『愛知淑徳大学大学院現代社会研究科研究報告』といったメジャーではない学内誌に散見されている。また，書籍大手のアマゾンで調べると，鴻海（ホンハイ）や富士康（フォックスコン）をタイトルとする日本語書籍はほとんど存在せず，それがキーワードとなっている書籍は数冊しかない。[2]

第2節　先行文献のサーベイと総括

　前節でも説明したように，近年日本国内のマスコミ各社，とりわけ経済関係の記事が中心となる日経各紙で鴻海の露出度はかなり高くなったのに対して，学界での注目度はいまだに異常に低い。「magazineplus」という日本国内全雑誌をカバーするデータベースで調べると，学会誌と大学紀要で発表された鴻海関連の学術論文がきわめて少ないなか，以下のものがある。

　中京大学教授の塚本隆敏の2010年論文のタイトルは「中国外資企業における労務管理問題——台湾系華僑企業富士康（フォックスコン）を事例にして」である。[3] この論文のなかで，まず2010年に中国国内にストライキが多発し，中国に進出している大手日系企業の一部がストライキに巻き込まれているという状況を紹介し，都市・農村という二重構造の戸籍制度が農民工を差別的に扱っていること，官制労働組合が農民工を排除していること，労働争議の調停と仲裁にかかわる法規定が農民工の利益保護に変化していること，新世代農民工の精神状態が非健康的で，集団的抗議活動に加わりたがることをストライキが多発する原因として分析した。また，鴻海の従業員連続自殺事件から2人の個別ケースを取り上げ，事件に対する工場や地元政府やマスコミなどの対応ぶりを紹介したうえで，従業員を自殺に追い込んだ原因を低賃金，きつい業務内容，厳しい上下関係，軍隊式管理などに帰結した。論文全体の結論として，非正規労働

者としての農民工が主体となる大規模のストライキは今の中国に現れるべきものとして現れており，今後の中国における労働運動を考える１つの契機になる。また，鴻海での連続自殺事件から学ぶものとして，従業員に恐怖心を持たせ，上司が部下を一方的に支配するという軍隊式の労務管理は廃止すべきであると塚本氏は主張する。

　法政大学院生の時晨生の2011年論文のタイトルは「『世界の工場』の労働問題に関する一考察──富士康の事例を中心に」である。(4)この論文のなかで，まず中国経済はいかに発展してきたか，「世界の工場」に至るまでのプロセス，中国の対外貿易構造などを簡略に説明した。その次に，鴻海の連続飛び降り自殺事件を取り上げ，鴻海の創業者，歴史，企業規模などを紹介したうえで，鴻海内部に起きた一連の従業員自殺事件の事実と企業側の対応および社会的な反応などを説明した。そして，社会・企業・個人という３つの側面から，事件原因の分析に挑んでみた。つまり，１）全社会範囲で貧富の格差が急速に拡大し，経済成長に大きく貢献した一般労働者は正当な報酬を得ていないこと，２）企業内の労働環境は極めて厳しく，従業員の身体的疲労と精神的ストレスが限界まで到達し，絶望の淵に追い込まれていること，３）新生代農民工と言われる今の労働者は前の世代と異なり，生きる（金銭）だけではなく，生きがい（キャリア形成）を求めている。マズローの「５段階欲求階層説」を用いて表現すると，新世代農民工が（第３段階以上という）より高いレベルの欲求を求めているにもかかわらず，鴻海側は（第２段階以下という）低いレベルの欲求を満たすような労働管理制度しか用意していない。ちなみに，鴻海と正反対の事例として，ある日系企業の優れている労務管理制度を詳しく解説した。全体の結論として，「労働の人間化」を実現するために，賃上げや社内福祉充実といった従来型の対応策では問題の解決は不可能で，経営者の経営哲学や倫理観の転換，労使間の信頼関係の構築，労働者個人の欲求と感情に対する十分な配慮などを含む抜本的な対策が必要だと時氏は主張する。

　龍谷大学院生の金奉春は2011年に「中国における台湾 EMS 企業の急成長の要因分析と将来予想──鴻海集団（Foxconn）の発展経過の分析と事業展開力

第6章 中国企業の覇者となった鴻海

向の予測」という論文(5)を発表し，また，早稲田大学の黄雅雯は2013年に「EMS企業における活用と探索の検討――鴻海社の事例」という論文(6)を発表している。この2本の論文は，いずれも鴻海を事例に取り上げながら，EMSという企業業態の特徴を詳しく説明するものである。具体的には，EMSの概念と発展歴史，EMSに対する理論研究と分析するための枠組み，EMS企業のビジネス・モデル，電子産業におけるEMS企業の役割，鴻海はいかにEMSという道にたどり着いたか，それによってどんなメリットとデメリットがもたらされたか，といった点は詳しく説明されている。しかし，本章で取り上げようとしている鴻海の労働や経営戦略などの側面についてまったく触れていないので，この2本の論文の詳しい総括は省くこととする。

筆者は2012年に「中国におけるCSR活動――農民工の労働権利保護を中心に」という論文(7)を発表した。そのなかで，中国におけるCSR活動の全般的状況を紹介したうえで，工場労働者の主体となる新生代農民工の労働権利保護問題をCSR活動の視点から議論を提起した。具体的には，1）農民工の概念，規模，職業別状況を説明した。2）農民工の労働権利の侵害は低賃金，賃金未払い，高い労働強度，事故と職業病の高い発生率，社会保障制度の低い参加率，非正規の雇用関係，劣悪な職場環境，公共サービスの不足などの現象として表れている。3）労働力の大量供給，自己防衛手段の不足，実力低下などは農民工権利侵害につながった社会的な背景である。4）「新生代」農民工には，職業選択，教育水準と権利意識，都会への帰属意識，出稼ぎ先の選択などの側面で大きな変化が起きており，労働訴訟が多発している。そして，事例研究として鴻海を取り上げ，従業員連続飛び降り自殺事件の概略と事件後の企業側対応を簡潔に紹介したうえで，鴻海には，1）多い残業，2）高い離職率，3）単調な反復作業，4）厳格な軍隊式管理，5）極端に細かい賞罰規定，6）希薄な人間関係，7）士気の低下，8）貧弱な余暇生活，といった労働問題があり，労働者の正当な権利が著しく損なわれていると指摘した。最後の提言として，国際社会で急速な進展を見せているCSR運動を中国で効果的に推進していくために，まず農民工の労働権利の保護からスタートしなければならないと主張

した。

　一橋大学や東京大学や早稲田大学などで教授を務めた著名な経済学者である野口悠紀雄は2012年著書『日本式モノづくりの敗戦――なぜ米中企業に勝てなくなったのか』のなかで，日本企業の戦略的失敗を批判するために，EMSで成功した鴻海を比較の対象にしている。垂直分業体制を好む日本企業は日本国内で守りの戦いを強いられ，世界規模の競争から脱退しているのに対して，鴻海のような企業は一流ブランド企業との国際的な水平分業体制の中で確実に利益を上げ，存在感と交渉力を強めていると日本企業への警鐘を鳴らした。

　九州産業大学教授の朝元照雄（台湾研究者）が2012年に発表した「鴻海（ホンハイ）グループの企業戦略――シャープの筆頭株主になったEMS企業の成長過程」はおそらく鴻海の企業戦略に注目した最初の論文である。この論文は大きく2つの部分から構成されている。まず1つは，鴻海創業者の郭台銘氏の生い立ち，鴻海創業以来の歴史，成長する各段階での主な成功を示す指標と事例を紹介するものである。具体的には，鴻海の沿革を，1）プラスチック部品を主要製品とする草創期（1974～1980年），2）コネクターを主要製品とする成長期（1981～1990年），3）パソコンの筐体などを主要製品とする飛躍期（1991～2000年），4）さまざまな電子製品の製造を手掛けて世界最大のEMS企業に成長したハイテク構築期（2001年～現在），という4段階に分けて紹介した。もう一つは，鴻海の企業戦略上の特徴を説明するものである。具体的には，鴻海の成功要因を，1）顧客獲得，速度，品質，原価，サービス，納期などを重視するビジネス・モデル，2）スマイル曲線に基づく新事業の展開，3）特許などの知的財産権の重視，という3点に帰結した。

　福岡大学大学院生の李少燕は2013年に「中国における企業の社会的責任――富士康事件を踏まえて」をタイトルとする論文を発表したが，主にCSR（企業の社会的責任）を中心とするものである。まずCSRの概念，範囲，意義を紹介したうえで，現代社会における企業の存在意義と責任，企業にとってのCSR活動の必要性を説明した。そして，中国におけるCSR活動の背景と推進状況の説明に努め，そのついでに鴻海の連続自殺事件を取り上げた。自殺発生の原

因を新生代農民工の精神的な脆さ，企業内労働環境の悪さ，農民工を取り巻く社会保障システムの不備などに帰結している。最後には，鴻海の自殺事件のような労働問題を解決するために，政府・関連機関・企業・国民が一体になってCSR活動を効果的に押し進める必要があると主張する。

立教大学院生の菰田雄士は2013年に「多国籍企業における社会的責任に関する考察——台湾企業フォックスコン社工場における連鎖的自殺発生を事柄に」という論文[11]を発表した。そのなかで，大手通信社の記事や監査組織の報告書などに依拠して，一連の飛び降り自殺事件の事実，関係者の対応と労働環境の実態，自殺事件背後の社会的背景といった問題の究明を試みた。しかし，その説明も分析も表面的なものであり，事件の原因と解決策の究明は不十分である。

筆者は2014年に「鴻海社の経営戦略」という論文[12]を発表した。そのなかで，鴻海の企業概況を簡単に紹介したうえで，鴻海の経営戦略上の特徴を，1）生産規模の拡大，2）積極的なM&A推進，3）生産工場の立地分散，4）柔軟な雇用調整，5）ものづくりへのこだわり，6）委託先との戦略的パートナーシップ関係の構築，7）自社ブランド構築への模索，8）事業経営の多角化，という8点にまとめてみた。また，鴻海の経営戦略上の特徴を分析するにあたり，筆者はポーターのコスト・リーダーシップ戦略とポジショニング戦略，バーニーの資源ベース戦略，コトラーのブランド経営戦略とポジショニング戦略，アンゾフの多角化戦略，BCGの資源配分戦略といった経営戦略論の既存の理論的な枠組を利用してみた。分析の結果として，事業経営の多角化を除けば，鴻海の経営戦略上の諸特徴はいずれも鴻海の競争優位性を高めるものである。一方，事業経営の多角化とりわけ家電小売業への多角化は何度も挫折し，鴻海にとっての多角化は時期尚早かもしれないと指摘した。

早稲田大学の黄雅雯は2014年に「台湾系EMS企業の研究開発における探索の範囲と機動性——鴻海社を事例として」という論文[13]を発表した。この論文は，主に鴻海の特許取得のデータに基づき，鴻海の技術関心の範囲，技術人材の育成，技術獲得の方法などを論じるものである。その内容はきわめて詳細なものであり，ものづくりに対する鴻海の執念さをよく説明している。

九州産業大学教授の朝元照雄は2014年著書『台湾の企業戦略』の第3章を「鴻海の企業戦略」と題したが[14]，その内容は同じ著者の2012年論文とほぼ同じである。つまり，1）プラスチック部品を主要製品とする草創期（1974～1980年）に金具の製造を重視していたこと，2）コネクターを主要製品とする成長期（1981～1990年）に中国大陸に進出し，米国一流ブランド企業から生産オーダーを獲得し始めたこと，3）パソコンの筐体などを主要製品とする飛躍期（1991～2000年）に中国事業を急激に拡大させ，中国以外にも進出し始め，台湾のトップ・クラスの企業に成長したこと，4）さまざまな電子製品の製造を手掛けて世界最大のEMS企業に成長したハイテク構築期（2001年～現在）に工場ないし企業の新規設立やM&Aなどを積極的に展開し，電子製品分野の中で比較的ハイテクな製品分野に軸足を移していること，という鴻海の沿革史を説明した。さらに，鴻海の企業戦略上の特徴を，速度，品質，原価，サービス，出荷期などを重視するビジネス・モデルとスマイル曲線に基づく新事業の展開という2点に集約した。

日本で有名な台湾人評論家である黄文雄が監修した『郭台銘＝テリー・ゴウの熱中経営塾』は2014年に出版され，郭台銘の経営哲学と鴻海の成長歴史を紹介する一冊である[15]。しかし，この書物は，中国人が書いた中国語図書からの翻訳であり，しかも学術的な書物ではないので，その内容に関する説明は省略する。

立命館アジア太平洋大学教授の中田行彦は2014年に「グローバル戦略的提携における組織間関係——シャープ，鴻海，サムスン，アップルの四つ巴提携の事例」を発表し，シャープをネットワークの中心に据え，鴻海，サムスン，アップルとの組織間関係を構築するプロセス，特徴，問題点などを議論した[16]。シャープに長年勤めた元技術者としての見識はあるが，シャープと鴻海との資本提携事例に関する説明は表面的な記述にとどまっている。

愛知淑徳大学の加藤辰也は2015年3月に「台湾IT企業の創業者の経営理念の比較——奇美電子の許文龍，台積電の張忠謀，宏碁の施振榮，そして鴻海の郭台銘」というタイトルの論文を発表した[17]。その内容はタイトルの通り，台湾

第6章　中国企業の覇者となった鴻海

IT産業の有名企業の発展史を紹介したうえで，その創業者の生い立ちと経営理念を紹介するものである。しかし，鴻海と郭台銘関係の内容は比較的少ない。しかも，既存の中国語図書から若干の内容を紹介することにとどまり，著者なりの分析などはほとんど行われていない。

　筆者が2015年3月に発表した「敵か味方か——鴻海社とシャープ社の資本提携事例」という論文(18)は，鴻海とシャープの資本提携事業の背景，展開，始末といった一連のプロセスを整理・説明した。さらにそのプロセスから得られる経験と教訓を論じてみた。収益性の低迷に悩まされていた鴻海は，シャープの最先端の技術を入手できれば，収益性の大幅な向上が期待できる。また，鴻海とシャープの「日台連合」を実現すれば，宿敵のサムスン電子を撃破する可能性が一気に高まる。しかし，鴻海とシャープの資本提携事業は難航し，両社はともに自力成長の道を探ることにした。シャープは，経営体制の刷新，海外工場の売却，商品開発と市場開拓などによって，小幅の業績回復を実現した。しかし，主力の液晶事業の収益性が依然として低迷しており，テレビや携帯電話端末や太陽光発電などの分野も苦戦を強いられている。とりわけ危険水域にある自己資本比率を早急に引き上げなければならない。一方の鴻海は，日本人技術者の中途採用と韓国企業との資本提携によって「打倒サムスン」の新戦術を控えめに展開するとともに，アップルの発注減少をカバーするために新規顧客と新規事業分野の開拓に大きな力を入れ，経営業績の大きな改善を実現している。両社の資本提携事業は失敗したが，そのプロセスを検討すると，1）部品メーカー大連合の構想が正しかった，2）相互尊重を事業提携の前提にせよ，3）意思決定体制のスタイルを重視せよ，4）「自国主義・自前主義」に固執するな，5）オンリーワン技術の流出を恐れるな，といった経験と教訓が浮かび上がる。

　北九州市立大学教授の王幼平は2015年3月に「華人系企業の経営構造に対する一考察——EMSフォックスコンの事例研究を通して」を発表した(19)。著者の主要視点は同族経営や意思決定といった鴻海の経営体制にあるものの，同社の高度なものづくり能力やBtoBのビジネス・モデルなどに関する説明もあり，

特にシャープとの資本提携に関する論評は興味深い。たとえばシャープ側の「一流ブランドの自尊心が提携の壁」になっていること,「意思決定の仕組みの違い,スピードの差,リーダーシップの違い,リスク姿勢の違い」などが障害をもたらしたこと,サムスン電子と手を組んだシャープの行動は裏切りで,「信頼関係の再構築を困難にした」といった指摘は正しいと頷く。

　以上の先行研究に対する総括説明でわかるように,鴻海に興味を示すのは主に中国系研究者である。研究テーマは最初に労働問題に集中しているものの,EMSというビジネス・モデルや企業間連携や経営体制などにも徐々に広がりを見せている。筆者は鴻海の労働問題,経営戦略,そしてシャープとの資本提携という3つの問題を取り上げ,経営学的な立場から議論と分析を提起する。言うまでもなく,今までの数少ない先行研究を踏まえ,筆者がかつて発表した内容を量的にも質的にも充実させていかなければならない。

　残念なことに,鴻海は秘密主義で特別有名な企業でもある。筆者の工場調査では幹部と従業員へのインタビューを何回も試みたが,いつも厳しく制限され,自由な見学と会話ができず,表層的なものに終ってしまった。その結果,筆者の主な情報源は正式な新聞記事という間接的な情報に頼らざるを得なくなっている。そういう間接的・表面的な情報に基づいて分析と議論を展開しているため,本書は学術図書のレベルにとうてい到達できないものである。また,巨大企業の鴻海の経営管理の分野は多岐にわたり,その多くが筆者の能力範囲を大きく超越している。したがって,本書の対象分野も分析内容もまったく不完全なものに過ぎず,まさに「群盲,象を評す」というレベルのものである。しかし,マイナス・イメージが先行する鴻海の知られざる側面,すなわちその労働問題背後の原因と解決方向性,経営戦略上の諸特徴,シャープとの資本提携事業から学べる教訓などを初めて提示することは,「レンガを投げて玉を引き寄せる」という意味で,大いに有意義ではないかと信じたい。

第6章 中国企業の覇者となった鴻海

第3節 鴻海の概略

（1）企業概況

　鴻海創業者の郭台銘は1974年2月に台湾北部の台北県土城郷（現新北市土城区）で「鴻海塑膠企業有限公司」という従業員十数名の町工場を立ち上げた。創設初期の業務内容はテレビのプラスチック部品の製造であったが，1981年からコンピュータとゲーム機のコネクターなどの製品分野に拡大した。1982年に社名を「鴻海精密工業株式会社（Hon Hai Precision Industry Company Ltd）」に変更し，1991年に台湾証券取引所への上場を果たした。

　1988年に中国大陸（広東省深圳市龍華鎮）に進出してから，主に富士康科技集団という会社名称で事業を展開している。2013年時点の鴻海は，中国国内だけでも珠江デルタ（深圳，東莞，仏山，中山），長江デルタ（昆山，杭州，嘉善，寧波，南京，淮安，常熟），環渤海湾（北京，天津，廊坊，秦皇島，煙台，営口，瀋陽），および中西部地域（南寧，重慶，成都，武漢，鄭州，太原，晋城など）で約30の工場と事業所を持ち，総数約130万人の従業員を雇用している。そのうち，最大規模の深圳工場の従業員数は約40万人で，鄭州，煙台，太原，成都，重慶などの工場も5～20万人と大規模である。深圳工場の単体にしても，鴻海グループ全体にしても，その従業員規模はまさに「世界の工場（the World Workshop）」と呼ばれる中国のなかでの「世界最大の工場」である。一方，中国大陸以外では，本拠地の台湾をはじめとして，ベトナム，インドネシア，インド，トルコ，スロバキア，チェコ，ポーランド，メキシコ，ブラジル，アメリカなどの国々にも製造工場や研究開発組織などを持っている。

　今の鴻海グループは，鴻海科技集団＝富士康科技集団(Hon Hai/Foxconn Technology Group，フォックスコン・テクノロジー)，鴻海精密工業 (Hon Hai Precision Industry)[21]，鴻準精密工業 (Foxconn Technology & Services)[22]，富士康國際控股集団 (Foxconn International Holdings，フォックスコン・インターナショナル)[23]，奇美電子 (Chimei Innolux)[24]＝群創光電 (Innolux)，広宇科技 (Pan-International)[25]，建

漢科技（CyberTan Technology）[26]，台揚科技（Microelectronics Technology）[27]，國碁電子（Ambit Microsystems）[28]，賽博数碼（Cybermart，サイバーマート）[29]などの大企業から構成される。そのほか，新翼国際（New Wing International），乙盛精密（Eson Precision Engineering），樺漢科技（Ennoconn Technology），天鈺科技（Fitipower Integrated Technology），栄創能源科技（Advanced Optoelectronic Technology）などの中小規模の企業を傘下に置く。

　このうち，中国大陸で30以上の工場を持ち，約130万人の従業員を雇用している鴻海科技集団＝富士康科技集団はグループ内の最大の企業であり，鴻海の中国における実部隊である。中国国内で操業している鴻海の工場は富士康科技集団の名称を使用しているために，富士康という名前をよく知っているにもかかわらず，鴻海という名前を知らない中国人は多い。一方，シャープとの事業提携の相手は鴻海本社であるため，鴻海という名前を知っていても富士康という名前を知らない日本人が多い。ちなみに，台湾にある鴻海本社は創業時の新北市土城区にあるが，実部隊の鴻海科技集団の中国本社ビル（地上21階，地下4階）は2012年5月10日に上海市浦東新区に着工し，2014年末の完成を目指すと報道されたが，その進捗状況は不明である。

（2）企業規模

　鴻海の企業業態はEMSと呼ばれるものである。EMSとはElectronics Manufacturing Serviceの略称で，電子機器の受託製造サービスと訳され，自社ブランドを持たず，他社の委託を受けて他社ブランドの製品を一貫生産するということを意味する。OEM（Original Equipment Manufacturing）などの従来からの受託生産の概念と区別するために，より正式に定義すると，製品を発注するブランド企業に代わり，製品の設計，試作，部品調達，製造，発送，補修などを一括して担うビジネス・モデルをEMSと呼ぶ。EMSという言葉が登場したのは1990年代後半で，その草分けは米国カリフォルニア州に本社を構えるソレクトロン（Solectron）という会社である。1988年に米IBMの製造部門出身の日系人コウイチ・ニシムラ氏が最高執行責任者（COO）に就任して以来，

第**6**章　中国企業の覇者となった鴻海

コンピュータ関連部品の受託生産を拡大し，EMSのビジネス・モデルを確立したと言われる。

　鴻海は1999年にEMS業界に参入してから，圧倒的なコスト競争力を武器にして次々と大手多国籍企業から大口の注文を取り付けた。2004年の売上高はシンガポールのフレクストロニクス（Flextronics）を抜き，世界最大のEMS企業となった。2007年10月に当時EMS世界第2位のシンガポールのフレクストロニクスはEMS世界第3位のソレクトロンを買収したが，第1位の鴻海に及ばなかった。2012年のEMSの世界市場規模は前年比12％増の6,120億ドル（約60兆円）である。2013年時点で，鴻海（ホンハイ），広達（クアンタ），和碩（ペガトロン）という台湾系3社はEMSの世界上位3社となっている。[30]企業成長速度の速さと顧客獲得範囲の広さから，EMSの経営スタイルをもって飛躍的に成長した鴻海は電子業界のチンギス・ハンと呼ばれている。

　鴻海の主な取引先はアップル（Apple），デル（Dell），ヒューレット・パッカード（HP），インテル（Intel），シスコ（Cisco），モトローラー（Motorola），アマゾン（Amazon），マイクロソフト（Microsoft），ノキア（Nokia），ソニー（Sony），松下電器（Panasonic），シャープ（Sharp），東芝（Toshiba），キャノン（Canon），任天堂（Nintendo），KDDI（au），聯想（Lenovo），サムスン（Samsung），華為（Huawei）といった国際大手企業である。主な業務内容はパソコン（HP，Dell），プリンター（Canon），携帯電話（iPhone，Motorola，Nokia，Huawei），音響機器（アップルのiPod，ソニーのウォークマン），携帯端末（アップルのiPad，アマゾンのKindle Fire），ゲーム機（ソニーのPlayStation，任天堂のWii），デジカメ（Sony），テレビ（Sony，Sharp，Toshiba），DVDレコーダー，液晶パネルなどの電子製品の製造と組立である。

　鴻海は急速な成長を遂げ，2001年から台湾最大民営メーカー，2005年から世界最大の携帯電話メーカー，2006年に世界最大のデジカメメーカーとなる。2010年の液晶テレビ受託生産台数（850万台）は世界第2位である。[31]また，2002年から中国輸出企業の首位を独占し続け（鴻海の輸出額は43.8億米ドルで，中国輸出全体の1.35％を占める），2008年の輸出額は556億米ドル（中国輸出全体の3.89％），

2009年に572億米ドル（同4.76％），2010年に823億米ドル（同5.22％），2011年に1,117億米ドル（同5.88％），2012年に1,295億米ドル（同6.32％），中国経済全体における存在感はますます大きくなっている。

2010年の連結売上高は，一連の飛び降り自殺事件の悪影響があったにもかかわらず，前年比53％増の29,981億台湾ドルを稼ぎ出した。1台湾ドルは約2.8円という当時の為替レートで計算すると約8兆4,500億円となる。この数字はソニーを上回り，パナソニックとほぼ同じ規模であった。2011年度の連結売上高は前年度同期比15％増の34,526億台湾ドル（約9.7兆円）で，パナソニック（7.8462兆円），ソニー（6.4932兆円），東芝（6.1002兆円）などの日本企業を大きく超え，最大ライバルのサムスンの12兆円に迫る存在になった。2012～2014年度の連結売上高はそれぞれ39,054億台湾ドル（13％増），39,523億台湾ドル（1.21％増），42,131億台湾ドル（7.0％増）である。「Fortune 500」の企業売上高の世界順位では，2003年に第478位でランクインしてから，2005年に第371位，2006年に第206位，2007年に第154位，2008年に第132位，2009年に第109位，2010年に第112位，2011年第60位，2012年第43位，2013年第30位，2014年第32位，というように，世界の電子機器メーカーとして，売上高首位のサムスン電子(22兆円) に及ばないが，鴻海（17兆円）の順位は年々確実に，躍進的に向上している。

シャープ買収に正式に動き出した2012年3月末時点の鴻海の株価時価総額は389億米ドルで，業界最大手のサムスン（1,857億米ドル）に遠く及ばないが，パナソニック（229億米ドル），ソニー（211億米ドル），LG電子（123億米ドル），シャープ（66億米ドル）などの名門企業を大きく上回っている。ちなみに，株式の大半を家族が所有しており，12.54％の株式（時価約4,300億円）を保有する郭台銘個人は台湾の指折りの大富豪である。

（3）創業者プロファイル

鴻海グループの会長である郭台銘（Terry Gou，テリー・ゴウ）は1950年10月8日に台湾の板橋市で生まれた。両親は内戦で敗れた国民党軍隊とともに中国

第6章 中国企業の覇者となった鴻海

大陸から台湾に逃げた「外省人」である。父親（郭齢瑞，本籍山西省晋城市）は普通の警察官で，郭台銘は兄弟3男1女の長男である。中学校卒業後に16歳の郭台銘は「中国海事専科学校」という専門学校で3年間勉強した。1971年から「台湾復興航運公司」という大手の海運会社の職員を務め，また兵役も服した。軍隊退役後の1974年に林淑如（Serena Lin）と結婚し，林氏との間に息子1人と娘1人が生まれた。2005年3月に林氏が乳がんで亡くなった後，何人かの有名女優との噂もあったが，2008年7月に58歳の郭台銘は24歳年下のダンス家庭教師の曾馨瑩（Delia Tseng，日本人の血を引いているとされる）と再婚し，その後また息子1人と娘1人を産んだ。

1974年2月に24歳の郭台銘は母親（郭初永真，本籍山東省煙台市）からもらった結婚資金と妻の嫁入り持参金の一部を使い，台北県土城郷で「鴻海塑膠企業有限公司」という従業員十数名のプラスチック製品工場を立ち上げた。会社資本金30万台湾ドルのうち，10万ドルを拠出した24歳の郭台銘は事実上の運営責任者であった。最初の製品はテレビチャンネル選びの回転つまみで，25坪ほどの狭い建屋を工場にしていた。しかし，わずか1年後に会社の経営が行き詰まり，一緒に出資した友人たちが工場の解散を要求した。郭台銘は妻の実家から70万台湾ドルを借金して友人たちの持分を買い取り，会社名称を「鴻海工業有限公司」に変更したうえ自分だけが所有する会社の運営を始めた。1976年に工場を台北市に近い板橋市に引っ越し，テレビをはじめとする家電用のプラスチック部品を生産し始めた。1977年に会社の経営が軌道に乗り，妻の実家からの借金を返済できただけでなく，会社資本金を200万台湾ドルまで増資した。1982年に社名を「鴻海精密工業株式会社（Hon Hai Precision Industry Company Ltd）」に変更した。1988年に中国大陸（広東省深圳市龍華鎮）に進出してから，主に富士康（Foxconn，フォックスコン）という会社名称で業務を展開してきた。

大陸から逃げ込んできた「外省人」の子ども，父親が普通の警察官，専門学校しか卒業していない，という郭台銘の出身背景はあまりにも平凡すぎ，中国人社会で重要視される血縁，地縁，学閥のいずれの面も恵まれていなかった。仕方なく，郭台銘は「ゴキブリのような生存能力」に頼らざるを得なかった。

その結果，少年時代から負けず嫌いの性格が鮮明で，どんな難局でも自力で切り開くことに慣れていた。会社を立ち上げてからも何十年にわたり，一日平均15時間も働き，会社経営に全身全霊の努力を捧げてきた。本人の言葉で表現すると，「ゴキブリのように，どんな劣悪の環境のなかでも生き残りを図っていかなければならない」。実際，マスメディアへの露出を極力避けているにもかかわらず，郭台銘は180センチの長身から大物のオーラーが感じられるほどのカリスマ的な企業家である。

　『フォーブス（Forbes）』誌の「世界億万長者」番付において，郭台銘は2001年に第198位として初登場した。その後，2005〜2007年に第183位，第77位，第78位，2010年に第136位，2013年に第239位と順位が大きく上下に変動しながら，ずっとランクインしている。2013年に48億米ドルの資産を有して台湾第4位の大富豪である。

　郭台銘は慈善活動に熱心ではないとしばしば中国のマスメディアに批判されるが，四川地震で6,000万元，雲南地震で3,000万元の寄付金を出し，上海世界博覧会で台湾館の建設費用の大半を負担した。2008年7月に曾馨瑩と再婚するときに，将来に個人財産の9割を公益事業に寄付すると表明し，2013年に寄付の公証手続きを取った。2012年2月に台湾の何人かの大富豪と手を組み，総額3千億台湾ドル（約1兆円）を社会に寄付すると発表した。また，アメリカの著名投資家ウォーレン・バフェット（Warren E. Buffett）の富裕層優遇税制に対する批判に共感した形で，郭台銘は2012年6月6日に台北市で記者会見を開き，台湾の上位300名の大富豪に資産額などに応じて課税するという「分配正義税」の創設を提唱した。この独自課税の構想について，良心の発見か人気取りの姿勢か，実現可能か思いつきか，とさまざまな議論を引き起こした。前妻と実弟がガンで亡くなったため，2013年に4.55億米ドルを拠出して台湾でガン治療センター（2018年完成予定）とガン研究所（2014年完成予定）を設立した。

　2013年1月に郭台銘の長男となる郭守正（37歳）が鴻海グループ入りし，台北市と共同開発する大型複合商業施設の開発・運営会社「三創数位」の会長に就任した。郭守正は2005年3月に病死した前妻との間の子息であり，父親に似

図表6－2A　鴻海創業者郭台銘の写真　　図表6－2B　鴻海後継者と見なされる郭守正の写真

出所：ウィキペディア「郭台銘」：http://zh.wikipedia.org/wiki/File：Terry_Gou.jpg

出所：百度百科「郭守正」：http://baike.baidu.com/view/2102068.htm

ず，芸術家肌で穏やかな性格で知られている。カリフォルニア大学バークレー校の工学部を卒業してから，父親の跡を継ぐのを嫌がり，自らパソコン動画やゲーム・ソフトなどのデジタル・コンテンツの製作会社（山水公司）を設立・経営しているが，今回の鴻海入りは鴻海グループの後継者が正式に決まったという見方が一気に広がった[34]。

ところが，65歳になったら会社経営から引退するとたびたび言明してきたにもかかわらず，63歳になった郭台銘は引退する気がまったくなく，「今後10年は現役で行ける」と2014年2月に表明している。また，2014年7月7日の『中国財経』の報道によると，郭台銘は近い将来に引退するが，会社経営権を長男に渡さないと明言した[35]。また，同じ時期に，鴻海全体を12のグループに分け，12人のリーダーによる集団経営体制を作るとも述べている。結局，家族企業のワンマン社長の本心を掴むのは難しいが，遅かれ早かれ，鴻海グループの後継者問題は必ず浮上することになる。

第Ⅲ部　鴻海にみる労働問題と経営戦略

〈注〉
(1) 鴻海関連の中国語図書の一部は本書の参考文献4にリストアップしている。
(2) 鴻海との関連性が比較的に高い書籍は以下数点である。朝元照雄(2014)，福島香織(2013)，増田辰弘・馬場隆 (2013)。
(3) 塚本隆敏 (2010)。
(4) 時晨生 (2011)。
(5) 金奉春 (2011)。
(6) 黄雅雯 (2013)。
(7) 喬晋建 (2012)。
(8) 野口悠紀雄 (2012)。
(9) 朝元照雄 (2012)。
(10) 李少燕 (2013)。
(11) 菰田雄士 (2013)。
(12) 喬晋建 (2014)。
(13) 黄雅雯 (2014)。
(14) 朝元照雄 (2014)。
(15) 黄文雄監修／張殿文著／薛格芳訳 (2014)。
(16) 中田行彦 (2014)。
(17) 加藤辰也 (2015)。
(18) 喬晋建 (2015)。
(19) 王幼平 (2015)。
(20) 鴻海／富士康科技集団（Foxconn Technology Group）とは台湾証券取引所に上場した際に登録した名称である。
(21) 鴻海精密工業は鴻海／富士康科技集団の実体である。
(22) 台湾証券取引所の上場企業である。
(23) 香港証券取引所の上場企業である。富士康科技集団の子会社のひとつで，携帯電話の組立生産を専業とする。2013年5月末に富智康集団（FIHモバイル）に名称変更された。
(24) 台湾証券取引所の上場企業である。2012年12月19日に群創光電（Innolux）に名称変更された。
(25) 台湾証券取引所の上場企業である。
(26) 台湾証券取引所の上場企業である。
(27) 台湾証券取引所の上場企業である。
(28) 1991年に設立された電気機器メーカーである。台湾大手電子企業「宏碁」(Acer, エイサー) の子会社であったが，2003年11月に鴻海グループに吸収合併された。
(29) 鴻海グループの家電小売店である。
(30) EMSの歴史やビジネス・モデルや役割などに関しては，金奉春 (2011) と黄雅雯 (2013) が詳しい。
(31) 第1位は台湾冠捷科技（TPV）の1,500万台である。またこの順位は他社ブランドテレビを受託生産した台数の順位であり，自社ブランドテレビを生産しているサムスン電子，LG電子，シャープなどを含まない。
(32) 「台湾首富郭台銘成長秘辛」『華夏経緯網』2013年9月30日記事：http://big5.huaxia.com

/tslj/zjts/2013/09/3555031_3.html.
⑶　台湾富豪の第1位は食品産業の「旺旺集団」の蔡衍明（資産額106億米ドル），第2位は金融業の「富邦金控」の蔡万才（81億米ドル），第3位は食品産業の「康師傅」の魏氏兄弟（67億米ドル），第4位は「鴻海集団」の郭台銘（48億米ドル），第5位はタイヤメーカーの羅結（46億米ドル）である。『財経中国網』2013年6月2日記事：http://finance.china.com.cn/roll/20130602/1519507.shtml.
⑶　「郭台銘長子加盟鴻海，疑為接班做準備」『中国財経』2013年1月18日記事：http://tech.china.com.cn/it/20130118/3102.shtml.
⑶　「富士康総裁郭台銘称将退休，不将集団交給長子」『中国財経』2014年7月7日記事：http://finance.china.com.cn/money/fuhao/20140707/2519123.shtml.

第7章
鴻海の労働問題

　本書の第1章と第2章で説明したように，グローバリゼーションの進展とともに，CRS活動は地球範囲で非常に活発になっている。CRS活動の範囲は職場環境の改善，適正な賃金の支払い，雇用の拡大，正しい納税，良質かつ安全な商品・サービスの提供，環境保護，地域貢献などに広がっているが，その原点は労働者権利の保護である。また，経済発展段階の違いにより，欧米先進国でのCSR活動はすでに環境保護や地域貢献といった企業組織の外部的な活動に重点を移したのに対して，中国でのCSR活動の重点はいまだに企業組織内の労働者権利の保護にとどまっている。

　中国には多くの工場があるものの，国際的に注目されているのは海外輸出商品を製造している工場である。鴻海の工場は，まさに「世界の工場」となった中国での最大級の工場であり，中国輸出工場の代表格でもある。本章は，鴻海工場で起きた一連の労働問題を中心に据え，それら労働問題の事実を示したうえで，原因と解決方法を探っていきたい。

第1節　連続飛び降り自殺事件

（1）事件の概略

　賃金水準が高く，残業代が正当に支給され，賃金支給の遅滞がなく，宿舎と食堂が低料金，企業知名度が高い，といったさまざまなメリットを持ち合わせている鴻海は，出稼ぎ労働者にとってきわめて魅力的な勤務先である。一方，数十万人が働く工場として，労災などの事故や事件などが起きても不思議ではない。長時間残業や高い労働強度などの鴻海の労働問題は2006年前後に欧米主

要メディアにも登場し,「搾取工場」のイメージができ上がっていた。そして,2010年に鴻海の深圳工場で発生した連続飛び降り自殺事件は中国内外を震撼させ,「搾取工場」のイメージを徹底的に定着させた。

　鴻海工場での自殺事件の件数は正式に公表されていないが,マスコミの報道に基づく不完全統計として,2007年に2件,2008年に1件,2009年に2件があり,それらを合わせても,2010年までの数年間は10件以下だと見られている。[1] しかし,2010年1月23日から5月27日にかけての125日間に,計13名の従業員が広東省深圳市龍華区にある本社工場（従業員30万人）の建物や社員寮の屋上から飛び降り自殺を図り,死者10人,重傷3人の惨事となった。この連続13回の飛び降り自殺事件は中国国内で大きな話題となり（中国語では「富士康13連跳」と報道される),世界的にも注目される大事件となった。[2]

　1) 1月23日早朝4時,19歳湖南省出身男性の馬向前が宿舎から飛び降りて死亡した。馬さんは2009年11月12日に入社し,一般作業員として働いていた。自殺前の連続3日間に通常勤務をしたものの,残業を拒否したとされる。身体に見える傷口などから馬さんの親族らは自殺前に暴力的な虐待を受けたと疑い,2度目の死体検定を要求したが,虐待の事実は認められなかった。

　2) 3月11日午後9時30分,20代男性の李さんが宿舎5階から飛び降りて死亡した。自殺の動機については,持病によって恋人が見つからないので人生に絶望したと言われる。

　3) 3月17日午前8時,17歳湖北省出身女性の田玉（勤務37日）が宿舎4階から飛び降りて重傷を負った。普段の仕事では,ペースが遅く,不良品率が高く,上司によく叱られていた。同じ宿舎に住む人との交流が少なく,孤独感が強まっていた。初回の給料が出る前に生活費が切れ,労働者としての人生に絶望し,自殺動機を「生きるのに疲れた」と述べている。鴻海は医療費を全額支払ったうえ,18万元の補償金を支払った。後に下半身不随のまま湖北省の故郷で暮らしているが,手製の布靴などをネット販売して生計を立てている。

　4) 3月29日午前3時,23歳湖南省出身大卒男性の劉志軍が宿舎14階から飛び降りて死亡した。自殺動機に関する説明報道はない。

5）4月6日午後3時頃，18歳江西省出身女性の饒楽琴が宿舎7階から飛び降り，重傷を負った。彼氏とけんかした直後に飛び降りたため，恋愛問題が自殺の動機と見られる。

6）4月7日午後5時30分，18歳雲南省出身女性の寧さんが宿舎から飛び降りて死亡した。自殺動機に関する説明報道はない。

7）5月6日午前4時30分，24歳湖南省出身大卒男性の盧新（勤務9か月）が招待所6階から飛び降りて死亡した。彼は歌手や公務員になるという夢を持っており，鴻海での仕事は「お金を稼ぐことはできるが，すべては青春と人生の浪費だ」とブログに書き残し，自殺の道を選んだ。

8）5月11日午後7時，24歳河南省出身女性の祝晨明が宿舎9階から飛び降りて死亡した。人口流産の手術を受けた後の出来事なので，男女感情のもつれが自殺の動機と見られる。

9）5月14日夜，21歳安徽省出身男性の梁超が宿舎7階から飛び降りて死亡した。自殺動機に関する説明報道はない。

10）5月21日午前4時50分，21歳湖北省出身男性の南鋼が飛び降りて死亡した。恋愛中の彼女が突然別の男性と結婚したのが自殺の引き金だとされる。

11）5月25日午前6時30分，19歳湖南省出身男性の李海（勤務42日）が飛び降りて死亡した。遺書に「現実と理想のギャップに悩み，生きていく自信がなくなった」と書かれている。

12）5月26日午後11時，23歳甘粛省出身男性の賀さん（勤務11か月）が飛び降りて死亡した。自殺動機に関する説明報道はない。

13）5月27日午前4時，25歳湖南省出身男性の陳さん（勤務2か月）が宿舎で手首を切って自殺をはかり，重傷を負った。自殺動機に関する説明報道はない。

（2）事件の影響

飛び降り自殺事件が連続的に起きている最中に，社会的な批判に答える形で，鴻海会長の郭台銘は5月26日に深圳市で記者会見を開き，マスコミを通じて「社会や従業員の家族にお詫びする」と社会公衆に陳謝した。しかし，「論理的，

科学的に見る限り，私には原因がわからない。どんなに説明を要求されても，私は答えを持ち合わせていない」，「自殺原因の一部は従業員の恋愛問題」，「従業員には良好な生活環境や教育を提供している」，「企業の役割には限界がある」などを述べ，過酷な労働条件が自殺を招いている原因ではないと自社の責任を否定しようとした。しかし，記者会見後の当日夜と翌日朝に従業員の飛び降り自殺事件がまた2件発生し，鴻海に対する批判がマスコミやインターネットなどから噴出した。一連の自殺事件は世界各国のメディアにも取り上げられ，国際的に注目される事件にまで発展した。

　自殺の動機と真相は完全に解明できなかったため，企業側への不満が自殺の主要原因であるとは断言できない。しかし，働いている企業の敷地内で自殺するということは，企業側に対する抗議の意味合いが強いと見られる。また，企業の社会的責任という意味では，企業側に大きな過ちがあったことは否定できない。当事者の鴻海にとって，この一連の飛び降り自殺事件がもたらす悪影響も計り知れないほど深刻なものであった。

　まず株主が動揺し，台湾株式市場で鴻海の株価は5月27日に10.8％も下落した。深圳市政府と北京の中央政府は自殺事件の調査に直接介入し，鴻海に強い圧力をかけた。鴻海従業員がインターネットで匿名の告発文を多数載せ，会社に対する不満を表明した。従業員の離職率は一時的に急上昇し，士気と勤労意欲は大きく損なわれた。国内外のマスコミが鴻海を「搾取工場」として批判しているなか，鴻海のさまざまな問題点が暴かれ，世界最大のEMS企業という桂冠が地に堕ち，従業員の募集が困難となり，取引先との関係維持も難しくなった。たとえば鴻海に製品の生産を委託する大口顧客のアップル，デル，HPなどの米国企業は率先して企業行動規範に照らし合わせ，真相の究明と問題の改善を鴻海に申し入れた。ゲーム機，液晶テレビ，デジカメなどを鴻海に委託生産している任天堂やソニーなどの日本企業もサプライヤー向けの行動規範を遵守するようにと改めて要請した。しかし，委託企業のこの種の要請は本気ではなく，公衆向けのパフォーマンスだけだという批判もある。たとえば労働環境の再点検を要請したソニーは，「現在，鴻海の対応を評価中」としながら，「鴻

海とは長い付き合い」だから，仮に違反があっても「即取引停止」にはならないと態度を表明した。[4]

　鴻海の取引先のなかで，iPodやiPadやiPhoneなどの主力商品のほぼ全量を鴻海に依存しているアップルの対応は最も注目されるが，スティーブ・ジョブズ（Steven P. Jobs：1955～2011）CEOは6月1日にアメリカで「大きな問題だが，環境は劣悪とは言えない」と述べたことに対して，[5]世界中から不満の声が上がった。アップルが翌2011年2月に公表した2010年版の全世界取引企業監査報告書によると，取引先37拠点で重大な行動規範違反があり，繰り返して違反する悪質な3施設との取引を中止すると発表した。そのうち，鴻海に関して，独立した第三者調査チームが従業員1,000人以上を対象にメンタルヘルスや労働環境などの聞き取り調査を実施した結果，問題の実態を言明しないまま，両社共同努力によって24時間体制のカウンセラー相談室となる「員工関愛中心」の設置に取り組むと述べている。

　その後，鴻海での労働問題に対するアップルの取り組みに問題があるという世論が強まり，2012年1月に一部の米国メディアは「アップルの成功は中国人労働者の犠牲の上に成り立っている」と批判を強め，[6] 2月に人権団体が米国内でアップル製品の不買運動を展開した。慌てたアップルの依頼を受け，NGOとなるFLA（Fair Labor Association：アメリカ公正労働協会）は2012年2月に鴻海の3工場で立ち入り調査を行ない，延べ35,000名の従業員にインタビューした。その結果，鴻海の工場には（月間残業36時間以内という労働法規定を超える）長時間労働，（0～29分は0分に，31～59分は30分にカウントされるという）30分刻みの残業時間の計算方法の不適切さによる賃金の一部未払い，安全措置の不備などの違反行為が見つかったものの，賃金水準や社会保障制度の加入率などでの問題はない。「労働環境と雇用条件などは中国のほかの工場をはるかに上回り，第一流の工場である」。したがって，決して「搾取工場」ではないとFLA総裁のヒーアデン（Auret van Heerden）が結論づけた。[7]

　FLA調査の直後，アップルは鴻海と協議し，労働状況の改善に努力するように要請して合意した。しかし，「アップルの加工代金の少なさと納期要求の[8]

厳しさが中国工場の労働問題を引き起こす本質的な原因だ」という長年の批判と売上高利益率におけるアップルと鴻海の大きな格差（28% vs. 2.4%）について，アップルはいつものように，市場競争のメカニズムを盾にして自社の責任を否認している。

　事件発生の直後に，搾取工場のイメージを払拭して従業員を引き付けるために，鴻海は大幅な賃上げに踏み切った。まず2010年6月2日に労働者の基本給を深圳市の法定最低賃金額同額の900元から1,200元へ引き上げた（賃上げ率33%）。基本給の引き上げと同時に，一日最大の残業時間を3時間以内と制限を加えると発表した。またわずか数日後の6月7日に2回目の賃上げ計画を発表し，2010年10月1日から基本給を1,200元から2,000元へ引き上げる（賃上げ率67%）と予告した[9]。2010年6月8日に台湾で開かれた株主総会では，郭台銘会長は「中国の低賃金を頼ることはもうできない」と述べ，一連の賃上げによるコスト増加を工場の自動化などで吸収する方針が示された[10]。

　なお，事件後に鴻海側は精神医学関係のコンサルティング活動を強化するとともに，従業員宿舎の4階以上の窓とバルコニーに飛び降り自殺防止の防護網を取り付けることにした[11]。深圳市政府も積極的に関与しはじめ，音楽やスポーツなどの文化活動を支援するだけでなく，2010年8月18日に鴻海の深圳工場で労働組合主催の集会を開き，従業員2万人を前に生命の尊さ，自殺事件の再発防止などを呼びかけた。

　こうして，連続飛び降り自殺事件の発生によって，マスコミと一般公衆，監督官庁，取引先，従業員，株主といったあらゆるステークホルダーが鴻海の労働問題に強い関心を持つようになった。企業イメージの悪化，従業員士気の低下，受注減少の恐れ，政府監督の強化，人件費の高騰，株価の下落といった悪影響が重なり，鴻海の経営に大きなダメージを与えた。

第2節　ほかの労働事件

2010年前半に飛び降り自殺事件が深圳（龍華）工場で集中的に発生した後，

第Ⅲ部　鴻海にみる労働問題と経営戦略

鴻海はさまざまな再発防止策を取り，少なくとも飛び降り自殺というタイプの事件は減り，ある程度の改善効果があったと思われる。しかし，約30の工場で100万人以上の労働者が働いているため，いろいろな労働事件が絶えず起きている。筆者個人が新聞記事から入手した部分的な情報を以下で時間順に掲示するが，より多くの事件が報道されなかった，あるいは筆者の目に入っていなかったことは言うまでもない。

1）2010年7月，広東省の仏山工場で従業員1名が飛び降りて死亡した。

2）2010年7月26日に，(携帯電話部品を生産する)鴻海グループ企業のコンペティション・テクノロジー・チームのインド工場(インド南部のタミルナド州)で有毒ガス漏れ事故が発生し，従業員約250人が病院に搬送された。症状の軽い人が多く，同日夜に病院にとどまったのは28人である。事故原因について，殺虫剤が漏れたのではないかと鴻海は見ている。

3）2010年8月4日，江蘇省の昆山工場で23歳女性従業員が宿舎3階から飛び降りて死亡した。

4）2010年8月，河北省の廊坊工場で女性従業員の飛び降り自殺未遂事件があった。

5）2010年11月5日，深圳工場で23歳男性従業員が飛び降りて死亡した。

6）2010年11月15日，賃上げ対象の決め方に抗議するために，仏山工場で1,000人以上の従業員がストライキに突入した。このストライキは数日間続いた。

7）2010年12月10日，深圳工場に勤務する湖南省出身の男性従業員李さんが町のホテルで飛び降りて死亡した。

8）2011年1月15日，四川省成都工場で2,000人以上の従業員が春節前の一時金の支給を求め，ストライキを行った。20数名の従業員が警察に連行され，翌日に生産を再開した。ちなみに，その春節前の一時金は1月25日に支給された。

9）2011年3月2日，深圳工場から成都工場への配置転換を命令された200人以上の従業員が工場の食堂を占拠して経営者との対話を要求した。

10）2011年5月20日夜に，成都工場で死者4人，負傷者18人を出す大規模な

爆発があった。2010年10月に稼動し始めたこの新工場はiPad生産の主力工場で，約2万人の従業員が働いている。操業停止2日後の23日に生産を再開し，大きな被害がなかったようである。爆発の原因について，製品を研磨した際に生じた粉末に引火した説や空調設備が爆発した説などが報じられたが，明確な結論は公表されなかった。

11) 2011年5月26日早朝1時頃，成都工場で20歳の男性従業員が宿舎5階から飛び降りて死亡した。

12) 2011年7月18日早朝3時，深圳（龍華）工場で21歳の男性従業員が6階から飛び降りて死亡した。

13) 2011年11月23日朝7時頃，山西省太原工場で21歳の女性従業員李容英が工場建物の屋上から飛び降りて死亡した。失恋が自殺の原因だと報道された。

14) 2012年1月1日早朝6時，山東省煙台工場で男性従業員賈さん（勤務2か月未満）が工場建物の4階から落ちて死亡した。自殺か事故かの死因は不明である。

15) 2012年1月3日午前，湖北省武漢工場で約150名の従業員が工場建物の屋上を占拠して賃金の増加と他工場への配置転換命令の撤回を要求した。事件の発端となったのは，マイクロソフトのゲーム機が生産停止となり，それに伴う配置転換であった。飛び降り自殺を恐れた工場側が譲歩したため，当日夜に従業員が現場を離れた。その後，デモに参加した従業員150名のうち，45名が辞め，105名が配置移転に同意したそうである。

16) 2012年4月13日朝8時，太原工場の約2,000名の従業員が賃金に対する不満が原因で，ストライキに突入した。警官隊が介入したうえ，工場側が譲歩したため，ストライキは当日午後に終結した。

17) 2012年6月4日夜，成都工場の従業員宿舎で騒乱が起きた。当日夜に近くの飲食店で何らかのトラブルが発生し，宿舎を管理する保安員が事実調査のために従業員の部屋に立ち入った。その際の小競り合いが引き金となり，まわりの従業員ら約500人が暴動的な騒乱に加わり，宿舎の設備などを破壊した。警察当局は10人以上を拘束し，事態を鎮圧した。

18) 2012年6月13日午後4時，成都工場の従業員宿舎の19階の屋上から従業員の謝さんが飛び降りて死亡した。同月4日の従業員暴動の直後に起きた事件なので，マスコミで大きく取り上げられた。

19) 鴻海の設備調達などを担当する部門（SMT技術委員会）の責任者1人（鄧志賢）が2012年9月に深圳市の公安当局に逮捕された。長期間にわたって納入業者から総額1億5千万台湾ドル（約5億2500万円）の賄賂を受け取っていたことを取引業者が2012年8月に鴻海に告発し，鴻海が内部調査したうえで，公安当局に通報し，逮捕につながったという。この事件に関与した鴻海幹部は（勤務15年の本社副社長の廖万城を含む）10人程度となるが，生産業務に影響はない模様である。2013年年初に鄧志賢は中国大陸の警察当局で不起訴となって釈放されたが，鴻海は納得せず，2013年年末に台北市で廖万城，鄧志賢，陳志釧などの関係者を告訴し，廖氏と鄧氏と陳氏の元幹部3人は2014年1月22日に背任などの疑いで台湾の検査当局に拘束され，2014年5月に1.62億台湾ドルを収賄した罪で正式に起訴された。[12]

20) 2012年9月12日朝8時，深圳（観瀾）工場で黒龍江省出身の22歳男性従業員楊さんが手首を切ってから宿舎9階から飛び降りて死亡した。

21) 2012年9月23日夜，約8万人が働く太原工場の従業員宿舎で大規模な従業員暴動が起きた。事件の発端は社員証のチェックをめぐる警備員と労働者との喧嘩であった。この宿舎に住んでいる従業員3人が訪ねに来た友人1人を連れて宿舎に入ろうとしたときに，「部外者立ち入り禁止」のルールに違反すると警備員がそれを許さなかった。口論から喧嘩にエスカレートし，約20人の警備員が「殴るならばお前ら河南省の人間だ」と叫びながら，山東省出身者と河南省出身者の労働者4人を袋叩きにした。[13] このことを知り，山東省出身者と河南省出身者を中心とする大勢の労働者が警備員を襲撃した。2,000人以上の従業員は「俺たちをばかにするな」と叫び，暴動に加わった。1,500人規模の保安警備隊は対抗せずに逃げ，逃げ切れなかった警備員は殴られたり，蹴られたりし，死亡者も出たという。夜10時から早朝3時まで続いた暴動中に宿舎の設備，近隣の商店，通勤用バスなどが次々と破壊されたが，工場自体に被害が及

ばなかった。5,000人規模の公安警察と武装警察が出動し、24日未明に暴動を抑え込んだ。死者5～8名、病院で治療を受けた負傷者40名以上と事件直後に報道されたが、死者は出ていないと後に工場側が説明し、真相は不明のままである。事件後の数日間に渡り、1,000人規模の武装警察が工場に配置され、厳戒態勢が敷かれていた。通常24時間稼動の工場は丸一日の操業停止となったが、数日前に新発売されたiPhone 5の生産ラインに与える影響は小さかったようである。

22) 2012年10月5日、18～20万人が働く河南省鄭州工場で従業員のストライキが起きた。9月21日に発売した黒色のiPhone 5について、塗装の一部が剥がれているという問題が発生したため、アップルは直ちに鴻海に対策を求めた。鄭州工場は10月1日から塗装作業の品質検査基準を大幅に引き上げ、不良品比率が一気に跳ね上がり、「10個のうち8個が不良品だった」[14]という場合もあった。品質検査員から何度も注意を受けた従業員の一部が5日に不満を表明し、品質検査員と口論のうえ、殴り合いの喧嘩まで発展した。衝突はすぐに収まったが、同製造ラインの約3,000人の従業員は業務の継続を拒否してストライキを起こした。品質検査での不良品が増えたため給料が減らされたこと、休日が一方的に減らされたこと[15]、労働時間が長いこと（24時間稼動の工場は12時間勤務の2班体制）、などを会社側に訴えた。会社と地元政府が機敏に対応したため、このストライキはすぐに収まり、翌6日に製造ラインの操業は再開した。この事件は世界各国のメディアに報道されたが、8日に鴻海は声明を発表し、従業員とのトラブルがあったものの、「スト発生の事実がない」と弁明した[16]。

23) 2012年9～10月に江蘇省の淮安工場、山東省の煙台工場、山西省の太原工場などで（14歳を含む）16歳以下の学生多数が「実習生」として働いているという話題がインターネットで注目を集めた。鴻海は10月16日に声明を発表し、煙台工場での未成年労働の事実を認め、当事者の学生ならびに社会全体に対してお詫びをした。しかし、16歳以下の未成年労働は煙台工場だけで、ほかの工場では見つからなかったという鴻海側の説明に対して、社会的な不信感が強まった。

24）2012年10月，ブラジル東南部のJundiai市にある鴻海工場で従業員数千人規模のデモ集会が開かれ，食事に対する不満がきっかけだと報道されている。

25）2012年11月9日，20～30万人が働く深圳工場で従業員の暴動が起きた。従業員の賭博を取り締まる警備員の行き過ぎた行動が引き金となり，従業員の不満が噴出して暴動まで発展した。警官隊がすぐに出動したため，施設破壊の程度が軽く，「生産には支障がない」ようである。約5,000人が暴動に加わったと香港のメディアが報道したが，鴻海は「約200人が集まっただけですぐに解決した」と述べている。[17]

26）2013年1月11日朝8時，約8,000人が働く（鴻海の系列工場となる）江西省豊城工場の約1,000人の従業員が町に出て街頭デモを行い，月額基本給（1,600～2,200元）の引き上げ，食事代（1食9元）と宿舎代（月額80元）の従業員自己負担の撤廃，昇給審査基準の透明化などを要求した。数百人規模の警官隊が出動し，放水噴射による鎮圧もあった。労働者数名は警察に一時的に拘束され，デモは当日中に収まった。

27）2013年1月17日朝8時40分，鄭州工場の通勤バス2台が衝突し，7人死亡，十数人がけがをしたようである。単なる交通事故であったが，通勤バスの台数増加を求める従業員の声が上がり，工場内の雰囲気は騒然となっていた。

28）2013年1月22日，ノキア向けの携帯電話などの電子機器を製造する北京（大興区）工場（従業員約1.5万人）で従業員1,000人程度が集まり，春節前の一時金の増額と山東省工場への配置転換の撤回を求めた。警官隊が介入して翌23日に事態が収まった。

29）深圳（龍華）工場に勤務する27歳の従業員張さんは不眠症と診断されたが，2013年4月2日に医師の処方に従わず睡眠薬を多めに服用して意識朦朧になった。ルームメートの1人が会社に通報して張さんは病院に搬送された。自殺を図ったのではないかと疑う会社側は翌日に「会社を恐喝して正常な管理秩序を乱した」ことを理由に張さんを解雇した。張さんは不当解雇だと主張し，地位の回復を求めた。マスコミはこの1件を大きく取り上げ，鴻海の非情さを痛烈に批判した。[18]

30) 鄭州工場では，2013年4月24日夜に入社3日目の24歳男性従業員の姚さんが宿舎6階から飛び降りて死亡し，同月27日午後6時に23歳女性従業員の金さん（勤務約半年）が宿舎6階から飛び降りて死亡した。

31) 2013年5月11日，重慶工場で男性従業員1名が13階から飛び降りて死亡したそうである。しかし，有無を含めてこの事件の真実性は確認できていない。

32) 2013年7月23日朝9時から午後3時まで，深圳（龍華）工場で200名以上のホワイトカラー職員が賃上げと報奨金を求めて工場本部前でデモを行なった。午後3時にデモが終了し，デモ参加者はそれぞれの職場に戻った。

33) 鴻海の江蘇省昆山工場からの排水が太湖流域の河川を金属汚染していると2013年7月に報道された。8月2日に開かれた記者会見の場で，鴻海昆山工場側は中国の環境保護法に違反することはなく，国の基準を満たしていると説明した。[19]

34) 2013年9月中旬に，鴻海の女性労働者の多くは売春婦を兼業しており，男性労働者の多くはこれら女工の性的サービスを利用しているという週刊誌の報道[20]をきっかけにし，鴻海従業員の生活状態と倫理観に関する批判的な報道が多発した。鴻海はマスコミの報道に激しく反発し，法的訴訟も辞さないと強硬策を取ったが，いつものように，後に知られぬ形で静かに収まった。

35) 2013年9月19日は中国の「中秋節」であるが，煙台工場で大規模な従業員喧嘩事件が発生した。若い従業員同士の喧嘩という些細な出来事がきっかけとなり，双方の出身地（貴州省と山東省）の従業員を巻き込み，数百人規模の乱闘まで発展した。鉄パイプ，棍棒，刀などが使われ，多数の負傷者が出たほか，宿舎，食堂，ネット・カフェなどの施設が激しく破壊された。武装警察の部隊が駆け込み，事態を沈静させたが，2日後の21日午前中に乱闘が再び起きた。死傷者の状況について，ネット上でさまざまな数字があるが，工場側の説明では，死亡者も重傷者もなく，入院治療の軽傷者は11名であるという。

36) 2014年9月に中国のマスコミが鴻海工場の化学汚染問題を取り上げていた。報道によると，深圳工場に働く若い従業員13名が2010年8月以降に白血病と診断され，すでに5人が死亡していた。発病の原因は生産現場で使われる化

学物質だと疑われるが，患者たちは発病後にすぐ解雇され，医療費用の補助や賠償などを受けていないという。

37）2014年9月30日に，広東省出身の24歳男性従業員の許立志が深圳龍華工場の17階から飛び降りて自殺した。許さんは2011年年初から龍華工場に入り，3年間のうちに作業員，倉庫管理人，ライン長などを務めていた。3年契約が満期となった2014年年初に辞職したが，自殺した4日前に新たに3年間の労働契約を結んで龍華工場に復帰した。自殺の原因は人生への失望とされる。生前に詩を多数発表したことがあり，「出稼ぎ労働者詩人」と呼ばれていた。「詩人の自殺」という興味を引く事件なので，しばらく沈静化した鴻海の労働問題は再びマスコミの注目を集めた。

38）2014年10月8日と14日に，重慶工場で数百人規模の従業員デモが2回も発生し，HPのノートパソコンの発注が減ったため，残業時間（残業代）が大幅に減り，生活が苦しくなったことがデモの原因だといわれる。

39）2015年8月4日に，（2010年10月から勤務する）28歳の男性従業員が鄭州工場の建物から飛び降りて死亡した。

　以上一連の事実が示しているように，2010年前半に深圳工場で起きた13件の連続飛び降り自殺事件の後，各地工場での飛び降り自殺事件は断続的に発生し，少なくとも以上で挙げた各種の事件のなかでは飛び降り自殺は16件（死者15名，未遂者1名）にのぼる。しかも，自殺事件のほか，安全事故，未成年労働，不当解雇，労働者と警備員の対立，労働者と品質検査員との対立，賃上げなどを求めるデモやストライキ，従業員の乱闘と暴動といったさまざまな労働事件が多発している。成都工場，太原工場，鄭州工場，深圳工場で起きた従業員暴動はいずれも偶発事件のように見えるが，日頃の不満が貯まり，何かのきっかけで一気に噴出し，当事者少数の揉め事が一挙にして数千人ないし数万人規模に拡大してしまうという共通の特徴が見られている。太原工場の暴動事件後に郭台銘会長はすぐに現地入りして陣頭指揮を執ったが，鄭州工場のストライキについては，「トラブルはすぐに解決したので現地には行かなかった」。しかし，「打倒サムスン」を掲げ，「今後も売上高で毎年15％の成長を維持する」[21]と豪語

する郭会長にとって，成長性の源は30か所の工場と120万人の従業員である。成長目標を実現するためには，労働問題の解決は喫緊の課題となっている。

第3節　各種労働事件の原因

　ここまで述べたように，鴻海ではさまざまな労働事件が多発している。その背後の原因を探ると，鴻海の「やり方は貧しい農村から出てきて身を粉にして働く出稼ぎ労働者がいた時代の遺物」と労働問題の専門家が指摘する。確かに，ひとつ前の世代の農民工は，家族の生活を最優先にして実家に仕送りするために連日の残業を望むが，「新生代農民工」と呼ばれる若い世代の労働者は自分の生活を最優先して仕送りもせず，残業を嫌がる。この根本的な違いから，さまざまな労務問題が多発している。「新生代農民工」は賃金や残業代やボーナスなどの金銭的報酬だけでなく，娯楽や余暇などの非金銭的報酬も強く求めている。鴻海工場の管理規則の厳しさ，休日の少なさ，残業時間の長さ，仕事内容の単調さ，労働者の人間的尊厳を踏みにじるような保安警備体制，上司と部下間の大きな収入格差や上下関係の厳しさなどに対する強い不満はデモや暴動などの重大事件が発生する温床となっている。また鄭州工場のストライキ事件で見られるように，アップルの厳しい品質要求も原因のひとつとなっている。各種の労働事件が発生する原因をより具体的に検討すると，鴻海の労働管理体制には次のような問題点が観察されている。

（1）多い残業

　全国各地にある鴻海の工場では，平日残業の時給は1.5倍，土日残業は2倍，法定休日残業は3倍という労働法の規定は基本的に守られている。賃率割り増しの残業代を得るために，残業を積極的にやろうとする労働者は非常に多いと言われている。しかし，残業関連の問題は数多く発生している。

　まずは工場労働者の基本給が安く，残業収入がなければ生活できないほどである。深圳工場の従業員Ｂ氏の2009年11月の給料明細を見ると，基本給900元，

残業135.5時間のうち，平日残業60.5時間の報酬469元，土日残業75時間の報酬776元，合計2149.5元。つまり，残業代は給料総額の6割を占めている[23]。また，杭州工場の従業員Ｗ氏の2010年7月の給料明細では，基本給1,250元，（103.36時間の）残業代1,123元，各種手当44元，合計2,417元である。つまり，2010年後半に基本給の引き上げと残業時間の抑制が実施された後でも残業代の割合は若干下がったものの，46.5％を占めている[24]。

次には，残業時間が長すぎ，労働法違反になる。中国の『労働法』第41条で月間最大残業時間を36時間と定めているのに対して，上のＢ氏とＷ氏はともに100時間を超え，鴻海全体で残業時間が80時間を超える労働者は過半数であるとされる。2010年に行われた大規模調査の結果によると，鴻海の深圳工場は朝8時〜夜8時，そして夜8時〜朝8時の2シフト制度を実行していた。75％の労働者の月間平均休日が4日，月間平均残業時間が83.2時間であった[25]。深圳工場に勤めた従業員Ｔ氏が提供した給与明細によると，2008年8月に129時間，11月に117時間，12月に123時間，2009年4月に127.5時間，6月に138.5時間，月間残業100時間以上の状態が続いている[26]。

鴻海での長時間残業はほぼ強要されたものに近い。形式上では，鴻海の労働者には「残業志望協議書」が毎月配られ，月単位で残業するかどうかを選ぶことができる。残業することを選べばその月は毎日残業しなければならない。逆に残業をしないと選ぶと，その月は1日も残業することができない。もしこの「残業志望協議書」が日単位であれば，残業をしないと選択する従業員が増えるはずであるが，月単位の場合，労働者は金銭収入を重視するので，残業しないことを選ぶ人はほとんどいない。その結果，1日12時間働き，2週間に1日休むのは普通である[27]。

もう1つの問題点は残業代の支払い不足である。たとえば残業には割り増し賃率が適用されるはずであるが，私的理由で休みを取る場合に（単価の安い）平日時給ではなく，貯まった（単価の高い）残業時給から賃金を引くケースは多数ある。また，残業時間は30分刻みと規定されているが，運営上では残業時間0〜29分を0分に，30〜59分を30分に切り下げて計算され，その本質は賃金

の一部未払いである。一部の工場では，労働法の規定を守る名目で，一定の上限を超えた残業代を払わず，サービス残業を強要する事態も起きている。たとえば深圳工場の張さんは2012年10月に86時間残業したが，60時間しか申告できなかったという。なお，鴻海の工場では，基本的に作業開始前に30分程度の会議があり，作業終了後に10分程度の清掃がある。つまり，従業員は毎日40分の時間を無償で拠出している。

　飛び降り自殺事件が連続発生した2010年以降に，鴻海の工場労働者の基本給は900元から1,200元へ，さらに2,000元へ引き上げられた。また，従業員人数を増やして1日2シフト制から3シフト制への転換を徐々に進めているので，従業員の平均残業時間は約80時間から約60時間へと大幅に減少し，すなわち残業手当は大幅に減った。基本給の増加と残業代の減少を合わせた結果，労働者の手取り収入は少ししか増えなかった。皮肉な事実として，残業希望者が多いので，残業させないことを労働者への懲罰措置として使うケースが多発している。こうして，労働法を守り，残業時間を減らすことは正しい措置であるが，収入が増えないことに対する労働者の新たな不満が強まっている。

（2）高い離職率

　2009年時点の鴻海深圳工場では，従業員45万人のうち，勤務期間5年以上の人は約2万人に対して，半年以下の人は22万人である。年間辞職率は約35％で，3年間に全員を入れ替えるという計算となる。ほかの資料では，月間離職率5％というより高い数字もある。このため，毎日数百人ないし千人規模の従業員が入れ替わる。

　言うまでもなく，高い離職率は企業への忠誠心，従業員の仲間意識と連帯感，労働技能の学習などに悪い影響を及ぼすことになる。たとえば2013年9月に発売されたiPhone 5の生産過程において，良品率80％以下，返品500万台，損失額10億元（約150億円）という非常事態が発生した。良品率が悪化した原因はいろいろあるが，新人労働者が多すぎることは最重要因の一つとして挙げられた。

高い離職率はさまざまなマイナス効果を生むために，鴻海はさまざまな対策を模索していた。そのひとつは長期雇用制度の導入であり，正社員になる必須要件を連続勤務10年から8年に短縮した。一方，2008年1月に発効された新しい『労働契約法』では正社員になる条件を連続勤務5年と規定されており，この意味では鴻海の取り組みは不十分である。もうひとつは学歴や身体特徴（身長，視力，刺青の有無）などに対する条件を緩和し，転職困難な労働者を増やすことである。たとえば昔は高校卒の学歴が要求されていたが，2010年からは学歴を不問にした。それにしても，つらい労働に耐えられぬ辞職志望者が多い。現場では，工場管理側はわざと辞職の手続きを困難にしている。たとえば1か月前の申請とライン長，副組長，組長，課長，経理の同意サインが必要とされる。その同意サインが簡単にもらえないうえ，毎月の給料は翌月の12日に支給されるので，「自発離職」を選ぶと当月の給料は得られず，最小でも12日間分の給料が失われてしまう。[31]

　2013年10月にインドネシアのバリ島で行われたAPEC関連会議の席上で郭台銘本人が述べたように，「中国の若い世代は工場のなかで働くのを好まず，サービス業やIT産業などで働きたい，あるいはもっと楽な仕事をしたい。製造業において，労働者の供給は需要に満たしていない」[32]。鴻海の従業員の大半は工場の生産ラインで単純労働に従事しているという状況は簡単に変えられないとともに，「新生代」の労働者はこの種の仕事を敬遠する傾向がますます強まっている。したがって，離職率の高止まりは今後も長く続くと思われる。

（3）高い労働強度

　電子機器分野の商品開発は大体「垂直立ち上げ生産体制」を取っているので，当然，納期がきつく，残業が多くなる。特に新商品発売の場合では，労働強度が一気に高くなる。たとえば2010年4月初めにアップル従業員が深圳工場近くのバーで飲酒した後，発売前の4G iPhoneのサンプル機1台をなくした。[33]コピー商品対策を取ったアップル本社は外観の設計変更を臨時的に加えた。そのため，鴻海工場は加工済みの製品をもう一度加工せざるを得なくなり，生産現

場の雰囲気も労働強度も大変厳しいものになった。アップルの設計変更による労働強度の上昇は飛び降り自殺事件の連発を誘発する要因の１つになったと言われる。

IE（Industrial Engineering）を最重視する鴻海工場は，テイラーの科学的管理法を最も実現したフォード工場を理想のモデルとしている。そのため，唯一最善の作業方法（one best way）の存在を前提に，標準作業時間の決定，移動組立法（ベルトコンベア）の採用，機械（ロボット）による人間労働の代替，といったフォード・システムの要素を取り入れている。当然，その必然の結果として，作業能率が大幅に向上すると同時に，人間労働の機械化と奴隷化，人間性の疎外と喪失といったフォード・システムの欠陥も現れている。

たしかに，ベルトコンベアによる流れ作業方式は，生産効率の向上と製造コストの低減をもたらす。しかし，従業員にとっては，完成品を見ることはなく，仕事からの達成感は湧かない。ロボット同様に同じ動作を１日数千回も繰り返して行い，肉体的の疲労と精神的疲労が重なり，人間性の疎外という問題が起こりやすい。実際，丸１か月間に一語も喋っていないことが原因で一時的に失語症状になった女性従業員もいると報道された。[34]

分業を徹底的に行っている組立生産ラインでは，従業員の作業内容はきわめて単純に分解されていて単調・退屈なものとなっている。連続12時間の作業中に２時間ごとに10分間の休憩が入るものの，直立姿勢の作業で肉体的な疲労が酷い。トイレに行くのは１シフトに２回と制限されており，しかもピンク色の帽子をかぶっている「万能工」が自分の持ち場を交代してくれるまではトイレも行けない。

肉体的な疲労に加え，さらに精神的な疲労をもたらす「静音模式（私語禁止生産方式）」が2013年前後に導入された。「静音模式」とは，仕事と無関係の話は禁止すること，仕事と関係のある話であっても第三者に聞こえない程度声を抑えること，３人以上の談話はライン長の事務区域で行うことなどであり，それまでにもあった私語禁止令をより強化した形のものである。やや極端に言うと，従業員の人間性を完全に無視し，仕事に専念してロボットのように黙々と

働くことを従業員に要求しているやり方である。この「静音模式」を2013年4月に鄭州工場などで導入した直後，従業員が作業中に倒れる件数が増え，離職率も高まったと報道された。同月下旬に飛び降り自殺が鄭州工場で2件発生したため，その実施は一時的に中止された。しかし，その後また一部の工場で復活したとされている。

（4）厳格な軍事化管理

「民主主義は最も効率の悪い管理方式である」，「民主より紀律がもっと重要である」とは郭台銘会長の名言で，「独裁為公（組織のために独裁する）」は企業のコア・コンピタンス（中核競争力）の1つとして位置づけられている[35]。確かに，鴻海のように数十万人を超える規模の組織になると，上層部から現場労働者にいたるまで，一元的な命令システムがなければ組織の動きが鈍くなる恐れがある。そのため，郭台銘は鴻海の組織構造を軍隊のように，階層数の多いライン型組織，すなわち普工，全技工，ライン長，組長，課長，専理，副理，経理，協理，副総経理，総経理，副総裁，総裁という13階層のピラミッドを作り上げている。

鴻海の内部では，上司と部下の等級関係が明確で，命令に伴う説明責任がなく，部下の絶対的な服従が要求される。郭氏自身の企業観を語る『郭台銘会長語録集』を従業員全員に配り，鴻海独自の企業文化を作り上げようとしている。たとえばその語録集のなかには，「どんな組織においても，一番重要なのは経営者であって管理者ではない。経営者は全体利益のために独裁者的な決断力を持たなければならない」と上司の絶対的権威を強調している。『郭台銘会長語録集』の内容を宗教の教典のように暗記したり，郭台銘会長個人に対する忠実と崇拝を誓ったりすることは半ば強要されており，社内運動会や新年パーティなどの場で，「郭お爺，ご苦労様でした」などの賛辞を従業員一同で大声で叫ぶシーンはよく見られる。

従業員が入社すると，現場勤務に着く前に，「軍訓」と呼ばれる軍事化訓練を受けなければならない。工場現場でも等級序列化が徹底的に図られ，一目で

分かるように，制服の色とデザインが別々に用意されている。たとえば男性労働者はブルーのTシャツ，女性労働者は赤のTシャツ，管理層と技術者は白のTシャツ，現場管理者は白いTシャツの上に緑色のベストを着用している。工場内では，現場管理者は一般従業員を厳しく監督し，罰金，体罰，言葉の暴力などは日常茶飯事である。職位と所得がほぼ同じレベルの一般従業員といっても，品質検査員，作業員，作業補佐員，保安警備員などのグループに分かれている。これらのグループ間の対立が強まっているにもかかわらず，その対立を解消する努力をまったくせず，むしろその対立を利用して相互監視の強化を図っている。特に保安警備員は高圧的な態度を取り，暴力的な行為を振舞うことが多い。ある大規模調査では，27.9％の労働者が管理者あるいは警備員から暴力的な扱いを受けた経験があると答えている。[36]

中国のすべての工場に警備の部署があるものの，鴻海の警備組織は特別に巨大で強力なものである。1つの工場で千人以上の警備員がおり，昼も夜も工場区域を厳しく監視している。工場生産の秘密と安全を守るという目的もあり，従業員が工場ゲートをくぐるときに，カメラ，カメラ付きの携帯電話，USB，金属製品などの持込が禁止される。身体チェックをめぐって警備員と労働者が激しく対立し，大規模の騒乱を引き起こすケースも増えているため，保安警備の一部業務を外部の警備会社に委託する工場が増えている。

筆者が見学した太原工場では，保安警備の業務は「内警（内部警備員）」と「外警（外部警備員）」という2つの組織に分担されている。「内警」の仕事内容は主に宿舎を含む工場区域内での巡回と監視で，盗難や喧嘩や事故処理などの業務を担当する。「外警」の仕事は12時間交代制度で，工場ゲートで労働者の持ち物検査，工場区域での交通整理，作業場出入りの身元チェックなどが主な業務である。現場労働者ほどの労働強度はないが，基本給と残業代を合わせた収入は2,000元台で，現場労働者の3,000元台を大幅に下回る。「外警」の仕事自身も「内警」と監視カメラに多重にチェックされており，居眠り，携帯電話いじり，持ち物の検査漏れなどはすべて罰金対象となる。逆に違反物品とりわけ盗品を見つけた場合，奨励金が支給される。ある「外警」は「せめて制服代の

210元を取り戻そうと思って細心に持ち物検査に励んでいる」と述べた。収入と利益関係の違いによって,「外警」と労働者との対立関係は解消できない。2012年9月23日の大規模暴動が起きる前に,「外警」が労働者に暴力を振るうことは多かったようである。暴動中に「外警」が大勢の労働者に追われ,逃げ切れなかった「外警」数人はさんざん殴られた。暴動後の警備員教育において,「叩かれても手を挙げず,罵られても反論せず」,高圧的な振る舞いを改めるように求められた。

(5) 従業員団体の無力化

共産党一党支配の中国では,独立系労働組合が認められず,すべての企業内での労働組合はACFTU（All-China Federation of Trade Unions：中華全国総工会）の管轄下にある。ACFTUは中国国内で唯一合法的な労働組合であり,1.34億人の組合員を擁する世界最大級の労働者組織である。しかし,中国共産党の指導に従って行動するという地位規定のもとでは,労働者の権利擁護という役割は基本的に発揮できない。各企業の労働組合リーダーは企業内の共産党支部に指名・任命され,共産党の方針政策を労働者へ宣伝・教育することを重要な役割とされる。労働者の大半は労働組合を信頼せず,その活動に興味を持たない。実際,従業員の社内福祉施策に多少なりに貢献している以外,労働組合は基本的に形骸化している。また,労働組合は従来から正社員だけの組織であり,出稼ぎ労働者の加入は認められていなかった。2003年以降に出稼ぎ労働者の加入は認められるようになったが,組合費を支払うだけの価値がないと思われ,加入しない従業員は少なくない。一方,法律上では,企業側は労働者賃金総額の2％相当を労働組合活動費として支払わなければならないので,多くの企業,とりわけ外資系企業は労働組合の設立も,その活動も,組合活動費の支払いも好まない。

2000年以降には,中国系か外資系かを問わずに従業員25名以上の企業には労働組合の結成が義務づけられている。中国政府は外資系企業に対する圧力を強め,労働組合の設立を迫っていた。たとえば2004年10月にACFTUは労働組

合の設立に消極的だったウォルマート，マクドナルド，サムスン電子，コダックなどの外国大手企業を名指しで批判した。サムスン電子とコダックはすぐに労働組合の結成を承諾したが，ウォルマートとマクドナルドは企業文化の独自性と伝統を理由に抵抗した。しかし，その抵抗は長く続かず，2006年からウォルマートとマクドナルドの中国各店舗に労働組合が徐々に結成された。それにしても，2006年7月時点で，中国全土の151,783社の外資系企業のなかで，労働組合が存在しているのは39,350社，全体の25.9％を占め，労働組合加入者は428.9万人である。(37)また別の調査では，外資系企業で働く従業員の4割近くが労働組合に加入していない。2007年3月時点で広東省に進出する世界500強企業は330社あり，そのうち労働組合がないのは約70社である。(38)

　アメリカ系のウォルマートやマクドナルドと同様に，台湾系の鴻海も労働組合の結成を極力避けようとしていた。しかし，労働者の団結と組織を嫌い，労働組合の結成を妨害していることを理由に，2004年秋に深圳市政府が改善勧告を鴻海に出した。その後も改善効果があまり見られなかったために，2007年1月に深圳市労働組合総本部が労働組合の強行結成の支援に乗り出した。鴻海の工場近くに労働組合事務所を開設し，労働者の権利を紹介する資料を配ったり，労組主催のイベントを開いたりして，工場労働者に労働組合メンバーへの勧誘を始めた。そして，2007年3月に第1回労働組合大会が開かれ，鴻海広報室「専理」(「課長」より一階級上の管理職)の陳鵬は労働組合の会長として選ばれ，それ以降何回も再選されている。(39)

　鴻海労働組合の活動方向や陳鵬会長の経営陣寄りの姿勢などに対する批判がやまないなか，労働組合の組織規模は順調に拡大されているようである。鴻海側の2010年資料によれば，労組が結成された2007年以降に深圳工場内で労働組合の末端組織はすべての職場をカバーし，従業員の労組加入率は54％に達している。しかし，会社側が公表しているこの数字をこのまま鵜呑みすることはできない。中国大陸，香港，台湾の20の大学の研究者グループが2010年に行った大規模な聞き取り調査（サンプル数1,731名）の結果によると，鴻海の深圳工場では組合の有無を知らない労働者は調査対象の32.6％を占め，組合に加入して

いる労働者はわずか10.3％である。また上海工場と南京工場では組合の有無を知らない労働者は調査対象の48.4％に達している。[40]

労働組合の結成とほぼ同じ時期に，2007年4月に鴻海の社内で共産党傘下の青年組織である「共産主義青年団」の支部が結成され，初期メンバーの328人は社内の各部門でさらに組織の拡大を展開するという。鴻海の従業員の大半は20代の若者なので，労働組合の結成に続き，「共青団」支部の設立によって従業員の団結と動員がより容易になると期待される。そのほか，鴻海内部に共産党の支部も存在しているが，表での活動は目立っていないという。

実際，労働組合も共青団も共産党も，2010年の飛び降り自殺事件の前後にはほとんど何の役にも立たず，むしろ経営側の弁護に加担していたため，社会的な批判を厳しく受けた。しかも，その後の様子もほとんど変わらず，労働問題の改善に貢献する意欲も能力も持ち得ていない。外部批判が強まるなか，鴻海は新たな一手を打ち出し，若い従業員の経営参加を呼びかけるために，5年に一度となる2013年の労働組合代表大会には，差額淘汰制や立候補者自己PRなどの方法を導入し，アメリカのNGO組織である公正労働協会（FLA）の監督下で，約120万人の従業員から約18,000人の代表そして執行委員20名と主席1名を従業員の無記名投票で選出すると公表した。中国国内で最大規模の民主選挙として注目されていたが，理由を明らかにしないまま，その選挙は実施されなかった。

仮に鴻海で労働組合の役員を選挙で選ぶことが実現されたとしても，その労働組合の存在は労働者権利の保護に直結するかどうかについて，大きな疑問が残っている。北京大学，武漢大学，香港大学といった6大学の研究者グループが2013年3～4月に深圳工場と武漢工場で行ったサンプル数685人の調査結果によると，[41]自分が労働組合に加入していると認識している労働者は全体の24.6％，労働組合の会員証を所有している労働者は16.9％，鴻海経営陣が公表した86.3％の労働組合加入率には遠く及ばない。さらに自分の所属している労働組合支部の責任者がだれか，工場全体の労働組合の責任者がだれか，組合の一般会員が組合幹部の選挙権と被選挙権を有することを知らない労働者の比率

はそれぞれ82.5％，64.3％，44.5％である。労働組合の存在感が小さく，役割範囲が狭く，経営側が労働組合幹部の人選を指名しているという現状から考えると，労働組合の幹部を従業員選挙で選ぶことになっても，経営側の勢力浸透と実効支配という仕組みは変えられない。短期間のうちに労働組合に対する労働者側の関心と期待が高まり，経営側の重視と配慮が高まるとは期待できないであろう。

（6）安全生産への怠慢

確かに，鴻海従業員のほぼ全員が政府が定めた社会保障制度に加入しており，労災事故の被害者に対する治療費と後遺症補償金もおおむね労働関連の法規に従って支払われていると言える。しかし，事故を未然に防ぐ努力は足りないと言わざるを得ない。たとえば鴻海の工場には，高温や騒音だけでなく，粉塵や有害化学物質などを放出する工程がある。空調設備や消防設備などは一応そろっているが，費用節約のために運転を止めたり，定時交換を怠ったりすることも少なくない。帽子，マスク，防護服などの配布はしているものの，それの使用を義務づけていない。高温環境のなか，マスクの使用に呼吸困難を感じるので，それを使用しない従業員は少なくない。結果として，火事や爆発の事件も時々起き，粉塵関係の職業病にかかる従業員も多数存在している。また，長時間残業が原因となり，疲労を極めた労働者は注意力を集中できず，しばしば重大な人身事故を引き起こすことになる。なお，職業病にかかりやすい特定職種の労働者に義務づけられている定期的な健康診断を提供しなかったこともあり，『労働法』第54条と『職業病防治法』第32条の規定に違反することになる。

より深刻な問題として，あらゆるタイプの安全事故について，現場責任者をはじめとする各レベルの工場管理者は，自分の監督責任を回避するために，事故として申告せずに内々に処理する傾向は極めて強い。鴻海の制度として，現場労働者に重大な人身事故が起きると，ライン長，組長，課長，部門経理，事業部総経理といった所属部門の一連の上司たちの責任が問われ，ボーナス・カットなどのペナルティが課される。その金額が非常に大きいので，管理層は

私費を出すまで事故隠しに懸命である。しかし，労災事故として報告しない限り，せっかく強制加入させられた社会保障制度の保険金を申請することはできない。その結果，事故被害者は短い休暇とわずかの医療費用しかもらえず，長期にわたる医療費や後遺症などによる2次被害，3次被害を受けることになりかねない。言うまでもなく，事故報告をしないことは『工傷保険条例』に対する重大違反である。

さらにひどいこととして，2010年の連続飛び降り自殺事件以降に，鴻海は自殺行為を試みる従業員を解雇できるという内容を雇用時の労働契約書に盛り込み，実際に自殺兆候のある従業員を即時に解雇するという極端に無責任な態度を取り始めた。たとえば2012年11月19日に深圳（観瀾）工場に勤務する黒竜江省出身の25歳男性従業員は妻とのトラブルで毒薬を飲んで自殺を図った。ネットで購入した毒薬は偽物であるために死ななかったが，3日後の退院時に解雇が宣告された。本人が再三に嘆願して再自殺をしないことを誓い，解雇が撤回された。(42)また前節で紹介した事例のひとつとして，深圳（龍華）工場に勤務する27歳の従業員張さんは，不眠症と診断されたため，2013年4月2日に睡眠薬を多めに服用した。意識朦朧になって病院に搬送された。自殺を図ったのではないかと疑う会社側は翌日に「会社を恐喝して正常な管理秩序を乱した」ことを理由に張さんを解雇した。張さんは不当解雇だと主張し，地位の回復を求めたが，その後の進展は不明である。事故の発生につながりそうな従業員を事前に解雇するという鴻海のやり方では，明らかに，会社のイメージ維持と事故処理費用の節約だけが重視されており，労働者の権利と利益に対する配慮はまったくないと言わざるを得ない。

（7）厳格な労働規則

郭台銘は常に「執行力」を強調している。その「執行力」に対する彼の解釈として，「実験室から一歩出れば，もはやハイテクなどがなく，執行の規律のみである」(43)。つまり，さまざまなアイデアを自由に言い出して議論できるのは研究実験の段階のみで，それ以外の生産業務と組織運営の現場では，アイデア

も議論も異論もすべて不要・禁止で,黙って従うだけでよい。

　この「執行力」を貫くために,鴻海は「規律重視・細部重視」を企業管理の中心に据え,極端に細部にわたる賞罰規定を定めている。『富士康科技集団員工手冊』のなかには,懲罰規定だけで127項目があり,勤務中にトイレに行く回数と時間までも具体的に定められている。懲罰方法はボーナス・カットのほか,昇給の延期,始末書提出,郭台銘会長語録の書き写し,トイレ掃除などがある。たとえば杭州工場に勤める従業員の一人は携帯電話のネジ1つを付け忘れたため,郭会長語録300回を書くように命じられた。

　労働規則は作業現場だけでなく,私生活の空間となる従業員宿舎にも充満している。たとえば(親族も含む)外部者訪問と外泊の禁止,喫煙や飲酒やマージャンの禁止などが定められている。また水道代を節約するために(深圳龍華工場だけで年間3,000万元の水道代が節約できるという),下着以外の洗濯物を社内の洗濯サービス部門に出さなければならず,違反者には3～7日の公共空間の掃除というペナルティが課される。洗濯は無料であるが,きれいに洗えないとか,生地を痛めるとか,服が破れるなどの不満の声が多い。また皮膚病や伝染病などが広がる不安もある。

　そして,臨時規定を追加する場合もあり,その一例として,2010年に飛び降り自殺事件が連続的に発生し始めたときに,鴻海は自殺しないことを内容とする「珍愛生命承諾書」を作成し,従業員全員に署名を求めていた。その内容には,自殺死亡の場合,「親族は法律規定(1人10万元)を超える要求はせず,会社の名誉を傷つけることはしない」と記載されている。後にこの承諾書は社会的な批判を受け,撤廃されたが,同社の労働規則が如何に非人道主義的なものかを示すことができる。

(8) 貧弱な余暇生活

　鴻海は基本的に地方政府の協力を得て町から外れた農村部で巨大工場を新規建設するので,生産工場の近隣に従業員宿舎を建て,また商業店舗向けの空間を作ってテナントを募集するようにしている。たとえば30数万人が働く深圳(龍

華) 工場は2.3平方キロメートルの巨大な町になっており，工場区域に工場と宿舎のほか，あらゆるタイプの商店やレストランに加え，銀行，郵便局，消防隊，学校，（有料と無料の）運動施設などが立ち並ぶ。太原工場では，囲まれている工場敷地のなかで従業員6万人が暮らしており，（夜の野外映画劇場を兼ねる）運動場，カラオケ・クラブ，ネット・カフェ，レストラン，商店などの施設がある。ただし，ビールを含むすべてのアルコール類飲料は提供されていない。20万人が働く鄭州工場の200万平方メートルの敷地面積のなか，飲食店，刺青ショップ，ディスコ，カラオケ・クラブ，サーカス劇場，フィギュアスケートのショーチーム，ラブホテル，麻雀クラブといった営利的な娯楽施設は大いに繁盛している。

　鴻海の一般労働者にとって，残業時間が長いので，町に出る機会が少なく，活動範囲は基本的に工場区域に限定されている。確かに，どの工場も広大な敷地面積を持ち，あらゆる種類の店を一応そろえている。重労働の後に疲れきった体を癒すために，お酒，カラオケ，ダンス，スポーツ，ネット・サーフィンなどは若干の効果を持っているかもしれない。しかし，従業員の多くは出稼ぎ労働者なので，彼らはできるだけ出費を抑えて蓄えと仕送りを増やそうと節約志向が高い。そのため，勤務外の時間帯に外で遊ばず，宿舎に閉じこもって携帯電話をもてあそぶ従業員は少なくない。肉体労働のつらさ，仕事内容の単調さ，キャリアアップへの絶望，故郷と家族を離れたことによる孤独感，金銭的な困窮さといった要素に貧弱な余暇生活が加わり，健全な精神状態を保つのは容易ではない。

　宿舎から外出しない従業員は比較的精神的なストレスを抱えやすいことを裏づける形で，2010年の連続飛び降り自殺事件の大半は宿舎区域で起きたものである。その後，鴻海は宿舎の提供と管理を不動産管理会社に外部委託するようになった。そうすれば，宿舎区域で新たな事件が起きても，責任を取るのは不動産会社となり，鴻海の企業イメージに対する悪影響は軽くて済む。しかも，工場を熱心に誘致する地元政府は宿舎の建設と運営にかかるコストの一部を負担してくれるので，鴻海の宿舎運営コストを大幅に節約することができる。

(9) 士気の低下

　鴻海の組織構造は普工，全技工，ライン長，組長，課長，専理，副理，経理，協理，副総経理，総経理，副総裁，総裁という13階層のピラミッドとなっており，各職位の間に待遇の格差が明白である。たとえば深圳工場では「普工」の基本給が1,200元であるのに対して，「課長」の基本給は10,000元である。手当やボーナスなどを加えると，このピラミッドの各段階間の所得格差はさらに大きくなる。一般従業員の昇進は，普工，全技工，ライン長，組長，課長まで可能であるが，（現場労働者でもある）ライン長止まりの人は最も多い（約30名の部下を管理するライン長になるまで大体2～3年かかる）。課長以上の職位に就くのは大卒のエリートでなければ非常に難しいとされる。

　100万人以上の従業員を管理する約15,000人のライン長以上の幹部は「台幹」と呼ばれる台湾出身の幹部と「内幹」と呼ばれる大陸内地出身の幹部という2つのグループに分かれている。「台幹」の重用と昇進が優先されるので，約3,700人の「台幹」の多くは「副理」からスタートし，2～3年で「経理」に昇進する。一方，「内幹」の場合，「普工」から課長までになるのは約8～10年かかり，「副理」になるのはおおよそ15～20年かかる。「協理」ないし「副総経理」までの昇進は可能であるが，実際全社では「協理」以上の「内幹」は10名以下である。また，同じ職位であっても，「台幹」の平均給与は「内幹」の約5倍高い。ボーナスと自社株を入れると，その格差はさらに大きくなる。たとえば2004年に鴻海に入社した大卒者の月給は，「台幹」22,000元，「内幹」2,200元，その差は10倍ほどであると当事者が述べている。[46]

　鴻海の工場では，上司が部下に適切な指導をせず，一方的に叱ったり，罵ったりすることが常態である。部下となる一般労働者は，昇進する機会が少なく，技能スキルを身につける機会も少ない。しかも，「80後」や「90後」と呼ばれる1980年代または1990年代に生まれた若い従業員のうち，家庭内で甘やかされて育った一人っ子が多い。仕事をする一番の理由は「家族を養うため」ではなく，「成功機会を得るため（42％）」である。[47] また数多くの大卒者は自分の希望と家族の期待を背負って世界的な大企業である鴻海に入社してくるが，入社し

てからは日々単純な仕事を繰り返しており，やりがいを感じられず，仕事へのモティベーションを失っている。

　こうして，一般労働者であれ，大卒の幹部候補生であれ，鴻海にどんなに長く勤めていても昇進する機会が少なく，上下格差や「台幹」と「内幹」の格差を縮めることはできないと悟ると，彼らの士気の低下は避けられない。上昇志向が強く，忍耐力が弱いという新生代労働者に対するステレオ型の社会的見方は必ずしも正しいとは限らないが，ひとつ前の世代の労働者と比べた場合，無断欠勤，自己都合辞職，報復，自殺といった非理性的な行動をとる従業員が増えているのは確かである。

(10) 希薄な人間関係

　鴻海の職場では，上司と部下の関係が緊張で，同僚間の交流が少なく，組織連帯感や同僚間の信頼関係などを築き上げるのは困難である。企業内のコンピュータ管理システムは従業員のEメールの内容をすべてチェックしており，勤務時間内の私的利用を禁止する目的だけでなく，企業情報の漏れ出し，人材の流出，不満と苦情の広がりなどを防ぐ目的にも利用されている。

　また，EMS企業としての鴻海は発注企業の製品秘密の厳守を重視するせいか，その工場区域は塀やフェンスによって囲まれ，ゲートに保安警備員が配置され，出入りの度に身分証明書と持ち物が厳重にチェックされる。工場内でも監視カメラが多く取り付けられ，異なる部署への進入は禁止される。同じ工場に数万人ないし数十万人が働いているため，家族や同郷の友人であっても，部署が異なればなかなか会えない。実際，中国のほかの工場と大きく異なる点として，鴻海工場では，盗み，ズル休み，賃金情報交換，ストライキなどを未然に防ぐために，わざわざ家族と同郷を異なる職場と異なる宿舎部屋に配置し，同じ職場の同僚を異なる宿舎部屋に配置するように計らっている。まわりに親しい人がいなければ，従業員はロボットのように黙々と作業に取りかかり，宿舎部屋に戻っても不満不平や情報交換を口にしないだろうと会社側が考えているようである。

そのほか，作業中の雑談禁止，違う作業場への立ち入り禁止，外部者の宿舎訪問禁止，作業場の秘密厳守などの規定もある。また，長時間残業，シフト生産体制がもたらす休暇時間帯の違い，異なる出身地がもたらす生活習慣と言葉の違いなどの要素も加わり，結果的に，労働者同士の交流と友人づくりは非常に難しくなる。人間関係が異常に希薄である状況下で，精神不安定になる従業員も少なくない。

　「たとえば農村から来た若者のなかには，便器の使い方さえ知らない者がおり，同室の仲間に笑われて屈辱に苛まれる。新入社員が環境に適応するには半年から一年かかる」と鴻海工場の保健部長の芮新明が語った。連続飛び降り自殺事件の1人目となる馬向前の死後調査では，同じ宿舎に住んでいた蒙景迪（23歳）は，「同じ部屋に7か月住んでいるが，ほかの9人の名前すら知らない」と述べている。同じ工場に勤務する姉の馬麗群は，「現場労働者は機械同様に働き，ロボットに変身してしまう。管理者は労働者の人格と尊厳にまったく配慮せず，あたり前のように罵倒する」と説明している。また自殺事件3人目となる17歳女性の田玉の場合，同じ部屋に住む8人のうち，2人の呼び名だけを知り，誰一人の電話番号を知らない。違う生産ラインに勤務し，会うことも話すことも少ないという。

　2010年の飛び降り自殺事件後にアップルと鴻海の共同出資で24時間体制のカウンセラー相談室となる「員工関愛中心」が設置され，「第三者通報」のホットラインも開通した。しかし，その「員工関愛中心」には，従業員の問題を解決する能力がなく，相談内容を関連の管理部門に連絡することが多い。それによって，相談者のプライバシー侵害や精神的ストレスの増幅などの問題が新たに起きている。また，「第三者通報」の目的はもともと問題の解決ではなく，問題の未然防止にあり，通報された従業員は「問題児」として見なされ，辞職を迫られるケースが多発しているようである。実際，従業員間のトラブルでこの「第三者通報」が悪用される場合もあるので，まわりの人間に「第三者通報」されないためには，自分の悩みや個人事情を一切口に出せず，個人が抱える悩みとストレスがどんどん増幅していってしまう。

（11）外部要因による連鎖反応

　鴻海工場での自殺事件の件数は正式に公表されていないが，マスコミの報道に基づく不完全統計として，2007年に２件，2008年に１件，2009年に２件がある。そのなかで，最も注目されたのは孫丹勇の１件である。煙台工場の技術者である孫丹勇（25歳男性，中国名門のハルビン工業大学の卒業生）は iPhone N90の試作機16台をアップルに郵送したが，到着したのは15台であった。鴻海の保安警備員から事情聴取を受ける際に，不法捜査，不法監禁，不法暴力などがあったため，耐えられなくなった孫氏は2009年７月16日早朝３時に工場建物の12階から飛び降りて自殺した。鴻海は遺族に36万元の死亡弁償金と毎年３万間の生活費を支払うことに合意し，「心痛む」と同情の声明を発表して何とか穏便に済ませた[51]。

　それまでにもさまざまな原因とさまざまな手段による自殺事件は起きていたが，大きな話題にならなかった。しかし，孫丹勇の飛び降り自殺事件の後，マスコミは大きく取り上げ，鴻海は謝罪し，遺族は巨額の弁償金を手にした。その後，2010年１月23日から５月27日にかけての125日間に，計13名の従業員が深圳（龍華）工場の建物や社員寮の屋上から飛び降り自殺を図り（死者10人，重傷３人），世界的な注目を集めた。自殺事件が連続的に発生し，しかも飛び降りという特定の方法を選んだ背景には，マスコミの集中報道と高額弁償金という２つの外部要因による連鎖反応があると思われる。

　まず一つは，工場側に不満があれば飛び降り自殺をもって正義を求めるという行為を正当化するマスコミの報道姿勢は大いに問題がある。自殺者に対する同情が溢れる報道内容はある種の「師範効果」と「連鎖反応」を生み出し，事件の連続発生を事実上煽ったことになる。2010年の13連続飛び降り自殺事件のうち，個人的な悩みを抱えている若者がマスコミの集中報道に影響され，「模倣自殺症候群」として飛び降り自殺の道に進んだケースもあると専門家が指摘している[52]。

　もう一つは，自殺者の遺族に払われる死亡弁償金も自殺事件の引き金となっていた。会社側の大きな過ちが認定されたため，36万元の死亡弁償金と毎年３

万元の生活費が孫丹勇の遺族に払われた。また，2010年前半の連続飛び降り自殺事件の従業員の遺族に対して，最初のうちは10万元（約135万円）を超える弁償金が支払われていた。その10万元は残業代込み月給2,000元の4〜5年分に相当する大金となるので，つらい仕事に長く耐えていくより，自殺して弁償金を家族に残した方がいいと考える人もいたようである。実際，この10万元の弁償金を狙って上司を脅したケースが多発したのである。たとえばある従業員は，「会社から自分に10万元を払え，さもなければ自分が自殺し，自分の家族が10万元をもらうだけでなく，会社の名誉はさらに傷つくだろう」という。別の従業員は「持ち場を変えてくれなければ自殺する。さもなければ10万元を出せ」という。またある従業員は「両親を養うためにカネがいる。30万元を出さなければ自殺する」と要求し，数日後に要求額を108万元にエスカレートさせた。[53] 飛び降り自殺が一つの社会現象となり，中国著名な映画監督の賈樟柯は2013年作品『天注定』のなかには，鴻海工場の事件を背景に，飛び降り自殺の道を選んだ若い労働者を描くストーリーがある。この異常な雰囲気が広がらないようにするために，鴻海は2010年6月10日に遺族弁償金制度を廃止した。

一連の飛び降り自殺事件のうち，個々の従業員の自殺動機はすべて解明されたわけではないが，新聞報道によると，工場業務のストレスや厳しい管理方式に耐えられないという工場側の責任もありそうなケースもあれば，人生の夢の幻滅，恋愛問題，家庭内問題，（賭博による借金を含む）金銭問題といった工場側の責任がなさそうなケースもある。たとえば2013年4月24日夜に鄭州工場の宿舎6階から飛び降りて死亡した24歳男性従業員の姚さんは3日前の21日に入社したばかりで，実際の勤務はまだ始まっていなかった。自殺の原因はわからないが，この事件の責任を工場側に追及するのはやや行き過ぎであろう。

実際，鴻海側も自殺事件多発の原因をこれら外部要因の影響に帰結しようとしている。「(若い世代の農民工は) 問題をどう処理するかという判断力が弱い。恋愛などの私生活の問題に直面した時に，自殺という方法を選んでしまった。私たちは哀れに思い，多額のお金を遺族に渡した。その結果，皮肉にも自殺願望を持つ若者をわが社に呼び寄せてしまった」と2014年6月に郭台銘会長は述

べている。もし本当に自殺の主な原因が従業員の精神的な脆さにあるとすれば，作業条件や管理体制を改善するよりも，精神的なケアを強化した方がずっと効果的であろう。そのため，アップルと鴻海の共同出資で設立された24時間オープンのカウンセラー相談室（「員工関愛中心」）は大いに役に立つはずである。

第4節　労働関係の諸課題

　実際，かなり前から，鴻海の従業員管理に関わるさまざまな問題点がマスコミによってたびたび批判され，少なくとも2005年以降には「搾取工場」のイメージが定着していた。「搾取工場」から製品（iPodなど）が作られているという批判をかわすために，アップルは2006年に鴻海工場に対する立ち入り調査を行った。しかし，残業時間が法定基準を超えているという事実が確認されたものの，残業の強要や残業代の不払いや法定最低賃金未満などの事実は確認できなかったという。また，鴻海工場で多くの労働問題が起きているために，深圳市政府と深圳市労働組合が直接介入することとなっていた。2009年末に鴻海の労資双方が労働者待遇の改善案に合意し，労資関係改善の模範事例として宣伝されるようになった。しかし，その後経営側は合意案の内容を守らず，労働者側の反発は激しさを増した。

　2010年前半に飛び降り自殺事件が深圳工場で連続的に発生する直前に，鴻海のほかの工場ですでに似たような問題が発生していた。たとえば3万人が働くという比較的規模の小さい河北省廊坊工場では，2010年1月8日に19歳従業員の栄波が飛び降りて死亡した。2010年2月22日に16歳女性従業員の王凌艶が宿舎のベッドで死亡し，自殺の疑いが強かった。2010年3月23日に23歳男性従業員李偉が帰省中に飛び降りて重傷を負った。この3件はいずれも工場と被害者家族との協議で収まり，マスコミの注目を引かなかった。もし廊坊工場での従業員3人連続死亡事件にもっと注意を払い，もっと適切な対処方法を考案できれば，深圳工場での13人連続飛び降り自殺事件を未然に防ぐ可能性があったかもしれない。

客観的に言うと、賃金、残業代、社会保障制度加入、宿舎、食堂、安全生産、社内教育、娯楽施設といった多くの従業員が非常に重視する側面において、中国国内の他社工場と比較すれば、鴻海の労働環境の実態はかなり良い方である。しかし、労働強度が高く、従業員管理が厳しいということも事実である。飛び降り自殺事件をはじめとして、安全事故、未成年労働、不当解雇、デモ、ストライキ、乱闘、暴動といったさまざまな事件が鴻海工場で発生しているため、中国内外のマスコミに厳しく批判されるのは当然である。「搾取工場」の汚名を払拭し、優秀な従業員を確保してそのモティベーションを高めていくために、さまざまな労働問題対策を新たに打ち出さなければならない。多い残業、高い離職率、高い労働強度、厳格な軍事化管理、従業員団体の無力化、安全生産への怠慢、厳格な労働規則、貧弱な余暇生活、士気の低下、希薄な人間関係、外部要因による連鎖反応という前節で検討した11項目の問題点を踏まえながら、とりあえず当面の鴻海が取り組むべき労働関係の課題として、以下の数点は重要であると思われる。

（1）企業イメージの改善

かつての鴻海は労働条件の良い工場として知られていた。たとえば深圳工場では、2010年時点で一般労働者の基本給は900元、平日残業代は6元／時間、土日残業代は8元／時間、祭日残業代は12元／時間である。工場近くの宿舎（8人〜12人部屋が多い）は無料で、月曜から金曜まで工場内の食堂は完全無料である。2010年6月の基本給の引き上げ後に、宿舎代毎月110元、食事代毎日11元（標準食のみの代金、追加分は別料金）を徴収することに変更された。社会保障制度はほぼ完全に加入しており、給料支払いの遅れはほとんどない。

生活費はあまりかからないので、新人労働者でも多額の現金収入（2008年時点で月額約1,800元）が得られる。周辺の他社工場と比べて生活条件も収入もよいという評判が広がり、鴻海の求人にいつも労働者が大勢殺到していた。中国の就職情報サイト「チャイナHR」が2004年に発表した就職人気企業ランキング50社にも名を連ね、鴻海の人気の高さが窺える。特に2008年のリーマンショッ

ク後に，海外からのオーダーが大幅に減ったため，中国各地で従業員の大量解雇に踏み切る工場は多かった。しかし，世界中の有名大手企業から製品の生産を受託する鴻海の状況は比較的安定しており，残業代を稼ぐことのできる数少ない工場として，出稼ぎ労働者の間の人気は非常に高かった。

しかし，2010年の連続飛び降り自殺事件発生後に，賃上げなどの対策を取っているにもかかわらず，「搾取工場」としてのイメージがしっかり定着したため，労働者の募集はかつてほど容易ではなくなっている。このままでは，アップルをはじめとして，欧米諸国の大手企業から生産を受託することにも支障が出るかもしれない。企業イメージの回復と向上を図るために，鴻海はさまざまな対策を打ち出しており，たとえば以下のものがある。

- 慣例だった優秀従業員表彰大会の毎年開催（2011年度に選ばれた200名の従業員には5,000元の奨励金と最新型のiPhone 4が与えられた）に加え，2012年から会社の費用で優秀な従業員を台湾旅行に招待するという「富士康之星：優秀員工台湾行」を年に2度実施する。旅行の様子はテレビで放送され，大きな話題となった。
- 鴻海の女性労働者の多くは売春婦を兼業しており，男性労働者の多くはこれら女工の性的サービスを利用しているという2013年9月中旬の週刊誌に対して，鴻海は激しく反発し，自社従業員の名誉を断固守ろうという姿勢は従業員と一般市民の好感を得た。
- 労働組合役員選挙に差額淘汰制や立候補者自己PRなどの方法を導入し，若い従業員の経営参加を呼びかける。この民主主義的な選挙は結局行われなかったが，鴻海経営側のこの姿勢を従業員と中国社会が高く評価している。

大幅な賃上げと同時に，これらの対策を取り入れた結果，2013年から鴻海の人気が復活し，従業員の定着率が大幅に向上しているようである。

（2）労働力不足の対策

EMS業態の鴻海では，人海戦術による組立作業が基本なので，大量の労働

第7章　鴻海の労働問題

者が必要不可欠である。幸い，世界一の人口大国として，中国の労働力供給はかつて「無尽蔵」と表現されており，鴻海の発展に絶好のチャンスを提供した。しかし，この状況は近年大きく変貌している。2008年のリーマンショックの後，国際市場からの委託加工のオーダーが大幅に減ったため，中国沿海部の輸出工場は労働者の大量解雇に踏み切った。2009年後半から海外からのオーダーが増え始めたが，内陸部の故郷に戻った労働者はもとのまま沿海部工場に戻らなかった。たとえば深圳市に隣接する東莞市では，2009年7月，8月，9月の求人倍率はそれぞれ1.38倍，1.55倍，1.64倍と徐々に上昇し，求人難の問題は明白に現れた。[57]

　飛び降り自殺事件が起きていた2010年頃に，中国沿海地域の工場に「民工荒」と呼ばれる労働力不足の深刻事態が起きていた。広東省の一部地域の企業では，有給休暇制度，運動場，インターネット・カフェ，高温手当または冷房付き宿舎，図書室といった措置を整備するまで，労働者確保に力を入れている。企業側が努力しているにもかかわらず，離職率は30％ほどの高止まりを見せていた。高い人気を誇っていた鴻海でさえ，労働者集めに苦労するようになった。深圳工場は自社従業員に対して同郷や友人を斡旋するようにと働きかけた。故郷から深圳工場までの旅費を会社が負担するだけでなく，1人あたり200元の斡旋報奨金も支給していた。それにしても，労働者約5万人が足りず，一部の生産ラインが稼動できないという深刻な状況に陥った。

　労働力不足の状況はその後も続いた。2012年の基本給は2,200元で5年前の約4倍となったにもかかわらず，労働者は集まらない。新聞報道によると，2012年12月初旬に深圳工場南門にある従業員募集窓口に並んでいたのは30人程度，警備員は「2，3年前には300人以上いたのに」と首をひねる。人事担当者は中国各地を回り，地方政府や専門学校で採用活動を続けているが，「いつも人手不足だ」と工場幹部は打ち明ける。[58]人手不足になってから，募集条件も大幅に緩和された。昔は高卒程度の学歴，良好な健康状態，たしかな身元証明などが要求されていたが，2012年には中卒程度あるいは学歴不問，健康診断書不要，刺青があっても身分証明証のごまかしがあっても入社できるようになっている

とされる。

　労働力不足の原因として，一人っ子政策の影響がよく挙げられている。統計データとして，０～14歳という労働予備軍が総人口に対する割合は1982年に33.6％であったが，2009年に18.5％まで低下し，15～64歳の現役労働者世代は2015年前後に減少に転じ，いわゆる「人口ボーナス」が使い切られると予測されている。このマクロ的な統計データは間違っていないが，労働力不足の問題は早くも2010年前後の沿海地域で起きることを説明できない。なぜならば，2011年の農民工総数は2.53億人で，2008年よりむしろ３千万人弱増えており，労働力不足の原因を労働総人口の減少だけに求めるのは筋が通らないはずである。

　労働総人口の変化と比べて，むしろ内陸部の経済発展が軌道に乗り，就業機会を大量に作り出していることがより重要な原因である。中国の経済改革は沿海地域から始まったため，沿海部と内陸部の経済発展段階が異なり，賃金水準や就業機会などの格差は大きい。しかし，2008年の北京オリンピックの前後に，中央政府は和諧社会の建設という目標を打ち出し，都会と農村の格差，沿海部と内陸部の格差，異なる職業間の格差という３大格差を縮めようと積極的に取り組むようになった。その結果，内陸部のインフラ施設の建設が一気に展開され，就業機会も賃金水準も大幅に増えた。それまで遠い沿海部に出稼ぎに行かざるを得なかった農民工の多くは，故郷に近い内陸都市で働くことができるようになった。重慶市や成都市や武漢市などの政府当局はかつて農民工の送り出しを支援していたが，2011年から地元産業に引き止める方針に切り換え，鉄道駅前広場で労働者募集のブースを設置するなどの対策を取るようになった。たとえば鴻海の深圳工場に出向く予定の30代女性は，内陸部の工場でも沿海部とほぼ変わらぬ約2,000元の収入が得られるうえ，両親と子どもの面倒を見ることもできるという理由で，地元の重慶市に残った[59]。

　もうひとつの原因は農民工の意識の変化である。清華大学の調査によると[60]，1960～1970年代生まれの農民工の１社での平均勤務期間は4.2年間，1980年代生まれの「80後」は1.5年間，1990年代生まれの「90後」は0.9年間で，つまり，世代が若いほどきつい労働に我慢できず，離職率が高くなる。言い換えれば，

前の世代の農民工は所得を最も重視していたため、労働規律の厳しい鴻海の仕事も耐えられていたが、「80後」または「90後」と呼ばれる新生代農民工は所得より余暇を重視し、鴻海のような労働強度の高い仕事に耐えられず、鴻海に就業を希望する人が大幅に減り、就業しても短期間のうちに辞職する人が著しく増えている。

　労働力不足対策のひとつとして、鴻海は、中国の沿海地域の工場規模を縮小し、中国の内陸地域や中国以外の地域に工場を建設するようになった（第8章第3節参照）。2010年以降に重慶、鄭州、成都、太原、貴陽、淮安などの中国内陸都市で大規模な工場を新規に建設し、地元出身者を大量に雇用している。この内陸移転対策が奏功し、中国国内従業員総数は2012年に約150万人に増えた。また、2013年に入ってから、中国工場での生産能力を維持しつつ、台湾、ブラジル、アメリカ、インドネシア、インドといった地域で工場の新設と拡大を開始し、海外生産能力を拡大する方針を実施し始めた。これらの海外生産拡大の計画はいずれも進行中であるが、実現できるとすれば中国国内での労働力不足の問題は大幅に緩和されるはずである。

　そのなかの規模の大きいものとして、台湾で研究開発者を中心に1.5万人を採用し、台湾域内の従業員数を現時点より3割強多い約6.2万人に増やすという計画が2014年3月に打ち出された[61]。しかし、その後の進展が鈍く、ようやく2014年11月20日に子会社の群創光電との共同出資で、スマートフォン向けの中小型液晶パネルを生産する新工場を高雄市に建設すると発表した。「投資総額800〜1,000億台湾ドル、数千人の雇用が生まれる」と郭台銘会長が述べているが、工場本体による雇用者数は数百人程度と見なされる[62]。

　また、インド西部のグジャラート州でハイテク工業団地を造成し、従業員数十万人を雇用するという計画が2015年6月に打ち出されている。確かに、人口が多く、賃金が安く、消費市場が急激に拡大しているインドでの生産拡大事業は最も有望であろう。しかし、強い労働組合、民主主義の政治、自国民と自国企業に対する政府の保護姿勢などは中国と対照的に違い、中国工場の運営体制をそのままインドに移植することは無理であり、鴻海のインド事業を楽観視で

きない。

　2014年3月時点の鴻海従業員総数は約100万人で，2012年のピーク時の150万人と比べて規模はかなり縮小したと言える。しかし，「労働集約型のハイテクメーカー」というポジショニング方針は今後も変わらず，中国工場の従業員数は100万人規模で維持していくと郭台銘が2014年4月に表明した。実際，中国工場での従業員数を抑制すると発表した後，iPhoneの次期新機種（iPhone 5 s，iPhone 5 c）の生産受注が決まり，それに対応するために，2013年9月から深圳，武漢，太原，鄭州といった中国各地の生産工場は大規模な従業員募集を行った。また，2014年秋のiPhon 6の新発売に向け，鴻海は2014年6月に10万人程度の工場従業員を新規に募集し始めた。

　労働力の募集が困難になり，人件費も大幅に上昇したため，もう1つの労働力不足対策はロボットの導入による生産自動化である。実際，早くも従業員飛び降り自殺事件が連続に発生した2010年6月に，郭台銘会長は「2013年までに100万台のロボットを導入する」という方針を打ち出した。2011年7月に「100万台のロボットを導入する」という方針に変化はないと郭台銘会長は公言した。そして，2012年に若干の修正を行い，「2014年までの3年間に産業用ロボット100万台を導入して自動化工場へ転換し，5～10年後に100万人分の労働力を代替させたい」と郭台銘会長が新たに表明した。この100万台のなかには，高性能な多関節ロボットだけでなく，山西省晋城市にある鴻海工場が製造する簡単な自動化装置も多く含まれる。その一環として，2010年から山西省の晋城工場で6系列15品目のロボット（Foxbot）の生産を開始した。中国工場の安い人件費をフルに活用してきた鴻海にとって，労働環境の大きな変化を意味する。つまり，豊富な労働力を主要武器とする「世界の工場」に省力化の大波が迫ってきたのである。

　ところが，100万台のロボットを導入するという数値目標は達成できなかった。正確な数字は不明であるが，2013年夏時点に導入されたロボットの数は10万台前後とされる。ただし，人口ボーナスの減少や労働契約法の導入などによって，労働力の不足が顕在化し，労働者の賃金も解雇費用も急激に上昇している。

この背景下では，労働者の代わりにロボットを使用するというやり方の現実可能性は確実に高まっている。たとえば昆山工場では，年間人件費約5万元の一般労働者と比べて，市場価格約12万元の標準ロボットの方が割安である。そのため，工場側はロボットの数を積極的に増やし，従業員数を2013年の11万人から2015年5月の6万人に減らしている。この傾向が続くと，ロボットの導入や自動化生産が加速的に進むかもしれない。

（3）「教育実習」制度の是正

労働力不足対策の1つとして，鴻海工場の多くは「教育実習」という制度を取り入れている。この実習制度は一定の緩和効果を上げているものの，大きなマイナス効果を持ち，制度の大幅な是正と改善が必要である。

鴻海工場が立地する地域をはじめとして，中国各地の地方政府の多くは鴻海と労働者募集支援の協定を結び，地元出身の一般労働者を斡旋するだけでなく，職業専門学校の学生や下級公務員などを「教育実習」の名目で鴻海の工場に半強制的に送り込んでいる。たとえば2010年の夏休み期間中に，深圳工場では約10万人の在校生が実習に参加し，昆山工場は約1万人，重慶工場では119校が実習に参加した。ほかには，具体的な人数は不明であるが，成都工場，鄭州工場，煙台工場，太原工場，武漢工場なども学生実習制度を取り入れている。実習期間が2～3か月のものもあれば，6か月や1年のものもある。労働者全体における実習生の比率は決して小さくはなく，深圳工場の一部の生産ラインで約50％，武漢工場では約17％，昆山工場では約16.7％という調査結果がある。仮に「実習生の人数は全従業員数（約120万人）の2.7％程度で，実習期間は1～6か月である」という鴻海側の説明に従って計算しても，3万2千人以上の在校生が鴻海の工場で一番安い賃金で働いていることになる。

教育実習生の利用には，低賃金（新人労働者と同額），社会保障制度加入の義務なし，若さ，まとまった数の一括採用，短期間採用などの特徴があり，工場側にとっては，都合のいい労働力供給源となる。本来，専門学校生徒の実習制度について，法定年齢（18歳）以上に達する最終年次（3年次）での実施，学校

で学ぶ専門分野に関連する業務への従事，一日最大 8 時間労働，残業禁止と夜間勤務禁止，といった前提条件を中央政府の教育部が定めている。また，各地の地方政府も「学生実習」の名義で在校生を労働者として大量に使用することを禁止している。たとえば『広東省高等学校学生実習見習条例』第22条は「学生実習の週間労働時間は40時間以内でなければならない」と定めている。しかし，広東省内の各工場では実習生の週間労働時間は大体60時間を超えており，省政府の条例は実効性を持っていない。そのなか，中央政府の条例を無視する地方政府もある。たとえば河南省新郷市政府は，「1 日 8 時間以内，残業禁止と夜間勤務禁止」という国家教育部の規定を無視し，「1 日の残業を 3 時間以内，週に 1 日以上休む」と定めたのである。

　実態として，18歳以下を含む 1 年次ないし入学前の学生も実習に参加しており，学校で学ぶ専門分野とまったく関係のない単純労働に従事している。また一般労働者とまったく同様に取り扱われ，1 日 3 時間以上の残業をしたり，夜間勤務をしたりする学生は非常に多い。この実習制度の運営に不満を持つ学生が多く，無断欠勤や退学などのレベルを超え，さまざまな重大事件もしばしば発生している。

- 2010年 7 月17日，鴻海の太原工場に送られた太原鉄道技術学校の約300名の実習生は実習の初日に警備員数名を殴ったり蹴ったりするような騒乱を起こして実習を余儀なく中止させられた。
- 2010年夏，江蘇省淮安市の一部学校は，全専門分野の最終学年の学生全員を鴻海の工場に送り込み，2 か月間の実習をさせた。この実習に参加しなければ卒業証を交付されないので，学生は過酷な工場労働に耐えていかざるを得なかった。
- 2012年10月中旬，煙台工場で14歳を含む16歳以下の学生多数が「実習生」として働いていることが発覚した。鴻海は「児童労働」の事実を認め，当事者の学生ならびに社会全体にお詫びをした。また，この「児童労働」の件は任天堂製品 Wii の生産に関わっているため，任天堂は事件直後に声明を出し，自社の『企業の社会的責任に関する調達活動ガイドライン（Cor-

porate Social Responsity Procurement Guideline)』の厳格な遵守を鴻海に求めた。しかし，問題の改善は見られないという社会的批判が強まったため，1年後の2013年10月に任天堂社は自ら乗り出し，鴻海との共同調査を行うと表明した。
・2013年夏，陝西省の西安工業大学北方信息工程学院は1人あたり100元の実習生紹介費を受け取り，計1,000人以上の1年生と2年生を実習生として山東省煙台市にある鴻海工場に送り込んだ。大学での専攻分野は財務経理であれ，コンピュータであれ，みんな同じ作業ラインに立ち，ソニーのPlayStation 4の組立作業に従事している。1日11時間の重労働に耐えられず，作業中に倒れる学生も数名出た。2か月間の実習を中断すると，必修の6単位が取得できず，卒業資格は自動的に失われるので，学生たちは耐えていくしかなかった。実習生の一部がマスコミの取材に実習の実態を伝え，社会的な援助を求めたため，外部からの批判が殺到した[71]。その後，鴻海側は長時間残業について謝罪し，大学側は鴻海との実習制度を中止させた。

こうして，在校生の実習制度の実施において，さまざまな問題が起き，社会的批判を浴びている。しかし，安い労働力を大量に，適時に確保できるというメリットがあるので，鴻海はこの実習制度を大きく変えようとしない。また，学生を送り出す学校側には，1人あたり50〜150元の紹介費をもらえるという金銭的なインセンティブが働いているため，必修科目や卒業資格などの条件を設けて学生の実習参加を強要している。ある意味では，この在校生の実習制度は若年労働者の人身売買の現代版とも言えよう[72]。要するに，年齢，職種，勤務時間，労働契約，社会保障制度，賃金といった側面の事実から言うと，鴻海の実習生利用制度は道義的な妥当性と正当性に問題があるだけでなく，違法性も高く，学生実習制度を悪用しているものである。搾取工場の汚名を懸命に払拭したい鴻海にとって，労働力不足問題への緩和効果ばかりに注目するのではなく，中央政府と地方政府の教育実習関連の法規を厳格に守り，実習生の待遇改善と権利擁護を図り，教育実習制度の大幅な是正に取り組まなければならない。

（4）公共資源乱用の中止

　先の（3）においても説明したように，鴻海工場が立地するほとんどの地域で，地元政府はインフラ建設をはじめとして，さまざまな支援に乗り出している。その一環として，政府の下部組織に労働者募集のノルマを割り当て，地元出身の一般労働者や「教育実習生」などを鴻海の工場に送り込んでいる。しかし，私企業1社の従業員募集に政府当局が自ら動き出すのは公共資源の乱用に該当するという批判が上がっている。この種の批判の妥当性を論じる前に，まずいくつかの事例を紹介する。

1）太原工場の事例[73]

　鴻海会長の郭台銘は，1999年に父親の故郷である山西省晋城市に工場を建設したことに続き，2004年に省都の太原市の郊外で富士康（太原）科技工業園を建設した。そして，2011年に太原工場でiPhoneなどを製造する本格的な生産ラインを新規に追加し，今の従業員数は約8万人である。太原工場の2013年の輸出額は190.42億元で山西省ナンバーワンを誇り，工業生産高は397.39億元で太原市工業生産高総額の15％を占めている。雇用，税収，輸出などの面で山西省の経済発展に大きく貢献しているので，地方政府から全面的な支援を得ている。太原工場を2004年に建設する前に，郭台銘は山西省と太原市の指導者たちに直接陳情し，工場用地の整備とインフラの建設を支援するように要請した。その後，山西省と太原市のトップリーダーたちはそろって工事現場に足を運び，各行政部門の協力体制づくりと建設労働者の激励を行った。その結果，普通18か月以上かかる工事期間を6か月に短縮することができた。

　筆者が調査した2013年8月時点に，従業員募集時に以下のような条件が提示されている。

- ・賃金構成は基本給1,800元＋各種手当て＋残業代＋各種奨励金，新人の名目賃金は2,500～3,500元程度となる。
- ・労働者全員と労働契約を結び，（養老，医療，失業，妊娠生産，重病などをカバーする）各種社会保険に全員加入する。
- ・無料の宿舎と食事を提供する。宿舎は8～10人共同で，寝具と生活用品を

提供しない。
・旧正月とメーデーの2回に分けて一時奨励金を支給する。
・作業服2セットを支給し，洗濯サービスを無料に提供する。
・勤務時間は1日8時間，週休2日，週間勤務は40時間とする。平日残業の賃率は150％，土日残業の賃率は200％，国民祭日の残業賃率は300％とする。
・工場内診療所は無料の医療サービスを提供し，重病の際に指定された公立病院で治療費の80％を企業側が負担する。
・社内でさまざまな教育プログラムを提供し，技術の習得と学歴の取得を支援する。

一方，求職者に対する採用要求として，18～35歳の男女，犯罪歴なし，身分証明書ありという3点だけである。昔は高卒程度の学歴，良好な健康状態，刺青なし，たしかな身元証明などが要求されていたが，iPhoneの生産に追いつかないという人手不足の状況下では，学歴も健康診断書も刺青も問わないようになっている。

毎朝7：30～9：00の間に応募者の申請を受け付け，実際の就職試験は面接，身体検査，筆記試験の3部構成となる。面接はそれまでの仕事経験，厳しい工場紀律を守れるかを聞き，わずか1分間程度で終了する。身体検査は上半身を裸にして5回ほどしゃがんだり，腕を伸ばしたりしてから，採血検査と胸部レントゲン検査を受けて終わる。場合によっては，何らかの伝染病の予防注射も行われる。筆記試験の内容は常識，算数，英語などの広範囲にわたるが，0点でも採用の障害にはならないそうである。当日の夕方に採用試験の結果が交付され，合格者に宿舎の部屋が割り当てられる。翌日から新人訓練が始まり，2日間にわたって労働紀律を学習し，とりわけ懲罰制度の対象行為が詳しく説明される。新人訓練を終了するときに渡される3年間の労働契約書にサインすれば，正式の従業員になる。しかし，職場と職種を個人の希望で選択することはできず，工場側のニーズに従って配置されることになる。

太原工場において，ほかの地域と同様に，地元政府が支援に乗り出し，一般

労働者や「教育実習生」を鴻海の工場に送り込んでいるが,その規模は大きくないようである。約300名の実習生が警備員数名を殴ったり蹴ったりするような騒乱を起こしたこと（2010年7月17日）もあれば,死者数名が出た大規模な従業員暴動（2012年9月23日）もあるが,鴻海と地元政府と警察との連携プレイで事態が早期に鎮静化したようである。

2) 鄭州工場の事例[74]

　内陸部の河南省の総人口数は1億人を上回り,中国第一位の人口大省である。従来から産業発展が立ち遅れ,出稼ぎ労働者を多く送り出している。飛び降り自殺事件後に鴻海は沿海部の工場を内陸部に移転する方針を打ち出したことを受け,GDP成長,雇用増加,外資導入,外貨獲得などを目指す河南省政府は鴻海工場の誘致に積極的に動き出し,インフラ整備や税金免除といった外部経営環境に関わる通常の優遇策を提供するだけでなく,従業員宿舎の建設と管理,保安警備対策,従業員募集,労使紛争時の対応策といった内部経営環境に関わる支援策も約束した。その誘致活動は成功し,鄭州工場は2010年に建設が決定され,2011年に本格稼動を開始した。24時間稼動の工場は2シフト体制（朝晩の8時に交代する）の12時間勤務となる。一般労働者の基本給は1,350元であるが,残業代や地元政府からの特別手当（月額200元）などを入れると,約3,000元の収入が得られる。収入は他社より約2割程度多いが,仕事がきついため,若年層は鴻海工場での勤務を好まず,労働力不足の問題が表面化した。

　2010年9月に河南省政府は「河南省扶貧弁関於富士康科技集団在我省貧困地区招聘培訓員工工作的通知」という通達を出し,貧困救助の大義名分で鴻海工場への労働者供給のノルマを省内各地の地方政府に割り当てた。9～10の2か月間に2万人を集めるために総額1,600万元の財政補助金を出した。正規労働者を採用するほか,各種の職業専門学校の在校生の実習プログラムや下級公務員の教育訓練プログラムの利用対象としても指定された。各地の労働者斡旋機構に対して,鴻海工場を優先的に紹介するように指示し,1人あたり200元の奨励金を従業員個人に支給する。また,鴻海入社時に600元の一時金を政府から支給される。省政府の圧力下で,各地の政府は労働者集めにさまざまな手段

を動員した。たとえば新郷市政府は専門学校の実習制度について,「1日8時間以内,残業禁止と夜間勤務禁止」という国家教育部の規定を無視し,「1日の残業を3時間以内,週に1日以上休む」と定めている。

　鄭州工場の生産規模拡大に備えて,2012年8月の河南省幹部会議では,2012年度末に20万人の労働力を鄭州工場に供給することが承認された。省政府は下級組織となる市,県,町,村の行政機関に通達を出し,従業員供給のノルマを課している。そのため,各地政府はそれぞれの方法を使ってアメとムチで人集めに必死に奔走している。たとえばある村に対して,ノルマを上回れば1人あたり150元の報奨金を支給し,達成できなければ1人あたり200元の罰金を科すという仕組みが導入された。河南省政府の支援策が功を奏し,従業員募集が比較的順調のようである。2012年9月時点には,200万平方メートルという広大な工場敷地内で約19万人の従業員が働き,iPhone 5を1日20万台生産する世界最大級のスマートフォン工場となっている。2013年度中に鄭州工場の輸出入金額は354.9億米ドルで,河南省全体の59.2％を占めている(75)。

3）成都工場の事例(76)

　四川省成都市の郊外にある成都工場では,東京ディズニーランド4個分に当たる330万平方メートルの広大な敷地に30以上の工場棟が立ち並ぶ。2010年10月に稼動を開始し,2011年度のiPad生産量は4,000万台規模に達し,全世界販売台数の大半を担う。2013年度中に液晶パネルを生産する工場の新規増設も決まっている。

　成都工場に10数万人の従業員が働き,100台以上の通勤用バスがいつも満員状態である。工場は24時間稼動であるが,従業員は2シフト体制で12時間勤務である（朝晩の8時に交代する）。一般労働者の基本給1,550元に平均1日4時間の残業代を加えると,約2,500元の収入となり,周辺工場より3～5割も高い。6人部屋の宿舎代110元,工場食堂での1日2回の食事代300元などを差し引かれ,手取り収入は2,000元弱である。ある24歳男性従業員は「可処分所得は地元農村の1.5倍に増えた」と述べる。しかし,労働時間が長いうえ,ノルマが厳しく,ストレスがたまりやすい。そのため,従業員が絡む事故,自殺,デモ,

暴動といった各種の事件が多発している。

　成都工場では，鴻海の出資は工場内に設置した製造設備などに限られ，工場敷地，建物，従業員宿舎，通勤バスなどのほとんどはすべて地元政府が無償で提供していると噂されている。さらには，地元政府は従業員の確保にも責任を負い，町村政府の公務員業績評価に鴻海向け労働者の斡旋人数の項目が設けられている。ノルマを上回れば1人あたり600元の報奨金を支給し，達成できなければ1人あたり500元の罰金を科すと言われる。労働者募集が難しい時期に，下級公務員を大量に鴻海の工場に出向させ，2週間の短期勤務を強要するという制度も作られている。

　四川省は中国4番目の人口大省で，8,050万の人口を擁するが，労働者の確保は簡単ではない。「成都工場は常に新しい人を採用している。それでも生産が追いつかない。1日に3～5千人の従業員が入ってくることもざらだ」。「鴻海は必要な人数を伝えるだけで，後は省政府が各地で労働者を募り，送り込んでくる」。鴻海の人事責任者は「政府はわれわれに従業員の確保を約束した。その約束が守られないなら撤退するまでだ」と強気である。[78]

　その結果，四川省各地の地方政府は日々鴻海の求人業務に追われている。たとえば広元市旺蒼県の労働保障局長は，人員確保のため2011年まで6回も隣の陝西省まで足を延ばしたと言う。さらに，鴻海の求人業務を通常の公共サービスと「抱き合わせ」にする地方政府もある。たとえば宜賓市豊岩村に住むある村民は「親族に富士康で働いている者がいない場合，10,000元の危険家屋修繕補助金から1,000元を差し引くと政府から告げられた」と言う。なお，地方政府は労働者を鴻海へ安全に送り届けるために，護衛隊を組織することすらある。たとえば達州市渠県は，経験豊富で責任感の強い幹部役人を選んで労働者移送の全行程に同行させ，異常事態の対応に備えている。また広元市は成都工場までの道中を警察のパトカーに先導させ，救急車まで手配している。[79]

4）公共資源乱用の自粛

　鴻海はGDPと雇用機会と外資導入と輸出額などを大量に創出しているので，当然，中国各地の政府は鴻海の工場を熱心に誘致し，全面的にサポートしてい

る。また，中国の政府当局は強い行政管理権限を持ち，企業の経営環境に強力な影響を与えることができる。したがって，鴻海は全国各地へ工場を建てる際に，法人所得税の減免や土地の安価取得といった通常の優遇政策を享受できるだけでなく，工場建設に先立ち，道路，港湾，電力，通信，水道，ガスといったインフラの建設に地元政府の支援を求めるのは自然なことである。しかし，以上で紹介した太原工場，鄭州工場，成都工場の事例では，程度の差はあるものの，以下数点は共通している。

- 鴻海の出資は主に工場内の製造設備などに限られ，工場敷地，建物，従業員宿舎，通勤バスなどのかなりの部分は地元政府の財政支援によって賄われている。
- 各地の地方政府当局は工場労働者の募集に財政補助金（1人あたり100〜600元の労働者紹介報奨金）を拠出するだけでなく，職業専門学校の学生と下級公務員を工場実習と教育訓練の名目で半強制的に工場に送り込み，低賃金の労働者として不当に働かせている。
- 労働関連の部局だけでなく，地方政府の組織全体が鴻海の労働者動員に関わり，役人の業績評価も住民へのサービス提供も鴻海への労働者提供の実績と連動させている。

鴻海という1つの私企業に対する政府支援がこのレベルになると，公共資源の乱用と言わざるを得ない。同業他社に対しては不公平競争に該当し，鴻海と直接の関係を持たない地域住民にとっては税金の不正使用に該当する。このような事態が続くと，いずれ社会的な反発が起き，企業の社会的責任が問われ，鴻海が苦境に立たれることになる。世界最大のEMS企業に成長を遂げた鴻海として，可能な限り自助努力をし，地域社会に迷惑をかけず，せめて行政組織と税金などの公共資源を私的に利用しないように心かけるべきである。

（5）賃金上昇への対応

連続飛び降り自殺事件が発生した直後に，搾取工場のイメージを払拭して従業員を引き付けるために，鴻海は大幅な賃上げに踏み切った。まず2010年6月

2日に労働者の基本給を深圳市の法定最低賃金額同額の900元から1,200元へ引き上げた（賃上げ率33％）。基本給の引き上げと同時に，一日最大の残業時間を3時間以内と制限を加えると発表した。またわずか数日後の6月7日に2回目の賃上げ計画を発表し，2010年10月1日から基本給を1,200元から2,000元へ引き上げる（賃上げ率67％）と予告した。これで，鴻海の賃金水準は地域最高レベルとなり，人件費は大幅に上昇した。2010年6月8日に台湾で開かれた株主総会では，郭台銘会長は「中国の低賃金を頼ることはもうできない」と述べ，一連の賃上げによるコスト増加を工場の自動化などで吸収する方針が示された。[80] 間もなくして100万台のロボットを導入するという3か年計画が打ち出された。

　一方，鴻海だけでなく，他社の工場も大幅な賃上げを実施せざるを得なかった。なぜならば，2011年に入ってから，全国各地の地方政府が法定最低賃金を年々大幅に引き上げるようになったからである。そのうち，全国最高レベルの深圳市での最低月間賃金は2011年3月から1,320元（20％増）へ，2015年3月から2,030元（12.3％増）へと引き上げられた。賃金引き上げの背景に経済格差を縮めようとする政府当局の意図もあれば，沿海地域から内陸地域まで拡大した労働力不足の問題もある。

　中国では，農民工が春節（旧正月）帰省の期間中に全国各地で働く同郷の間で情報交換を行い，春節後に条件の良いところに出稼ぎに行く，というのは一般的である。そのため，春節後の離職率が最も高く，操業不能に追い込まれる工場も少なくない。出稼ぎ労働者の春節帰郷後の職場復帰を促すために，どの企業も何らかの引き止め対策を取っている。たとえば鴻海傘下の武漢工場（従業員数2万人）は2011年春節明けからの基本月給を2,200元（前年度同時期の1.8倍）に引き上げると春節前に発表した。2011年春節後に鴻海の深圳工場は2万人以上の労働者が不足し，1日4千人規模の労働者募集を行わざるを得なかった。2012年2月の春節後に鴻海の深圳工場では基本月給が1,800～2,200元となり，飛び降り自殺事件直後の2010年6月7日に約束した引き上げ額を16か月遅れてやっと実現した。しかし，同じ時期に中国各地の工場で労働者の基本給は平均16～25％引き上げられているため，鴻海の賃金水準が特別に高いというわ

けではない。

　労働者人件費の安さは元々，中国が「世界の工場」になった重要な原因の一つであったが，近年人件費が大きく上昇している。香港上海銀行（HSBC）の試算では，米ドルベースで計算した2002～2012年の11年間の中国華南地域工場の労働者賃金は350％上昇し，アジアの国々では最上位の増加率となる。また，日本貿易振興機構（ジェトロ）の調査結果によると，深圳市の工場労働者の2012年度の人件費（社会保障費などを含む）は一人平均6,563米ドルで（約64万円）で，2008年と比べて7割以上増大した。一方，同じ2012年度の工場労働者の人件費として，インドネシアの首都ジャカルタは4,780米ドル，ベトナムの首都ハノイは2,533米ドルである。バングラディッシュやミャンマーやラオスなどの国々の人件費はさらに安く，中国工場の人件費優位性は確実に失われつつある。人件費の上昇を理由に工場を中国から撤退する事例も少なくない。有名な事例として，2009年にナイキは江蘇省太倉市にある中国唯一の靴工場を閉鎖した。また2012年10月にアディダスは中国唯一の直営工場となる江蘇省蘇州工場を閉鎖して生産設備をミャンマーに移転した。移転の理由について，アディダスは「世界的なリソースの再整備」と説明しているが，アナリストは中国とミャンマーの人件費の格差が主な原因だと指摘する。

　以上で説明した中国内外のマクロ的な経済環境のなか，鴻海は次の3つの賃金上昇対策を取っている。

1）「脱・中国生産」

　鴻海は1988年に広東省深圳市に進出してから，より安い人件費を求めて工場立地を徐々に内陸部へと移し，中国「最貧」の貴州省にも5万人規模工場の建設を2013年7月から開始した。その次となる一手は「脱・中国生産」である。中国工場の賃金水準が継続的に上昇するなか，郭台銘会長は中国工場での雇用を抑え，世界各地で工場と雇用を増やすと大きな方向変更に動き出している。

　しかし，鴻海が進出する国々にも最低賃金法があり，その水準が中国を上回る国が多い。たとえばブラジル工場での最低月額賃金は約48,000円で，中国工場の約26,000円を大きく上回る。また，バングラディッシュ，ベトナム，イン

ドネシア，カンボジア，ミャンマーなどの国々の賃金水準は中国を下回っているが，工業生産のためのインフラ施設は整備されておらず，原材料や部品などの供給を保障する産業クラスターも形成されていない。鴻海は台湾での雇用を増やすとここ数年ずっと表明してきたが，ようやく2014年11月20日に子会社の群創光電との共同出資で，スマートフォン向けの中小型液晶パネルを生産する新工場を高雄市に建設すると発表した。「投資総額800～1,000億台湾ドル，数千人の雇用が生まれる」と郭台銘会長が述べているが，工場本体による雇用者数は数百人程度と見なされる。人口が多く，賃金が安く，消費市場が急拡大しているインドでの生産拡大は最も有望であると見なされるが，強い労働組合，民主主義の政治，自国民と自国企業に対する政府の保護姿勢などは中国と対照的に違い，中国工場の運営体制をそのままインドに移植することは無理であろう。

　中国大陸の従業員数100万人以上に対して，本拠地の台湾をはじめとして，ベトナム，インドネシア，インド，トルコ，スロバキア，チェコ，ポーランド，メキシコ，ブラジル，アメリカなどの国々で鴻海は製造工場や研究開発組織などを持っているが，1万人以上の工場は1か所もなく，中国以外の合計は数万人程度である。中国以外の国々で工場を運営している主要目的は人件費の節約や中国一極集中リスクの分散などではなく，むしろ現地市場の開拓と関税障壁の克服にあると思われる。したがって，当面の間に，人件費の安さだけを求めて中国大陸を離れることはできず，中国工場の生産能力を維持しながら海外の国々で生産拠点を徐々に新規開拓していくしかない。

2）機械による人間の代替

　本節の（2）の部分においても説明したように，労働力の募集が困難となり，人件費が大幅に上昇したため，鴻海はロボットを導入して生産自動化を加速している。早くも2010年6月に郭台銘会長は2013年までに100万台の産業用ロボットを導入する方針を打ち出した。2012年6月にロボット100万台の目標を2014年までの3年間と設定しなおし，5～10年後に100万人分の労働力を代替させると郭台銘会長が新たに表明した。中国工場の安い人件費をフルに活用してき

た鴻海にとっては，労働環境の大きな変化を意味する。

　しかし，100万台のロボットを導入する計画は実現できなかった。正確な数字は不明であるが，2013年夏時点の導入台数は10万台前後である。近年賃金の急上昇とロボットの価格低下が相まって，労働者の代わりにロボットを使用する現実可能性は確実に高まっている。たとえば昆山工場では，年間人件費約5万元の一般労働者と比べて，市場価格約12万元の標準ロボットの方が割安である。そのため，工場側はロボットの数を積極的に増やし，従業員数を2013年の11万人から2015年5月の6万人に減らしている。また2015年6月に，日本通信大手のソフトバンク，中国ネットサービス最大手のアリババ，EMS世界最大手の鴻海の3社がヒト型ロボットを生産する合弁会社の設立に合意し，「日中台大連合」でヒト型ロボットの開発・製造・販売・サービス提供の一貫体制を作り上げた。ソフトバンクが開発したヒト型ロボットを大量に生産することによって，鴻海のロボット製造能力は間違いなく格段に上がり，ロボット100万台の導入をもって従業員100万人を代替させるという野心的な目標が達成される現実可能性は大きく上昇したと思われる。

3）発注企業への賃金上昇分担の要請

　中国政府の最低賃金の引き上げに合わせた形で工場労働者の賃金を引き上げたことに対して，CSRや労働者の権利擁護などを標榜し，企業行動規範や国際労働基準などの遵守を中国工場に要請している海外大手企業は十分に理解できるであろう。それならば，鴻海に製品の生産を委託するアップルをはじめとする海外大手企業に対して，工場労働者賃金上昇分の一定割合の分担を求めることは理にかなっているはずである。しかし，海外大手企業は鴻海に法令遵守やCSRの履行を求めるが，それに伴うコストを分担しようとせず，独りよがりの道徳偽善者に見える。

　米国の市場調査機構であるアイサプライ（iSupply）の2011年調査によると，iPadの市販価格は＄499であるが，鴻海の組立加工費はわずか＄11.2である。また，市販価格＄549のiPhoneのうち，アップルの取り分は58.5％，部品メーカーのコストは21.9％，部品メーカーと流通業者の利益は14.5％，中国工場の

管理費は3.5％，中国労働者の人件費は1.8％である。また，米国の調査会社のHISによると，2014年9月に発売したiPhone6では，受託生産している鴻海と和碩（Pegatron，ペガトロン）の2社が得る組立加工賃は＄4で，本体販売価格＄649の0.6％に過ぎない。加工賃や部品代を含めた総生産コストは約＄200で，販売価格からこれを差し引いた残りの＄440以上の多くはアップルの収入になる。明らかに，アップル製品の市販価格と比べて，生産者としての鴻海の取り分は非常に少ない。

　発注企業の論理として，自由競争を基本原理とする市場経済のなか，発注企業と受注企業は平等である。加工賃や納期などの受注条件が悪ければ，受注しないという選択肢がある。しかし，生産能力過剰と物余りの時代にブランド大手企業と組立生産企業との取引において，交渉力の格差は大きく，立場は対等ではないことは歴然としており，発注企業側の自由競争云々の論理はまったく強引で誠意のないものである。

　ところが，発注企業と受注企業の収益性の格差は別に新しい問題ではなく，台湾パソコンメーカー大手の宏碁（Acer，エイサー）の創業者，施振栄（スタン・シー：1944～）が1993年前後に唱えたスマイルカーブ理論は早くもこの現象を説明している。そのスマイルカーブ理論とは，製品の開発からアフターサービスに至る流れを横軸に，付加価値を縦軸にして線を描くと，真ん中の加工組立事業の付加価値が一番低いという形の曲線になる。この曲線は笑顔の口線に似ているからスマイルカーブ（smile curve）と名づけられた（図表7―1）。つまり，商品の開発と販売と比べて，生産製造とりわけ組立加工を担う企業の収益性が低いのは産業構造的な問題なので，個別企業の努力でなんとか変えられる問題ではない。現実問題として，発注企業を批判するだけでは問題はまったく解決できないので，粘り強く説得していくしかない。相手が納得して分担の要請を受け入れるまで，賃金上昇分の全額を鴻海内部で消化するしかない。

4）賃金上昇対策の難しさ

　こうして，上記3つの賃金上昇対策はいずれも容易に実現できるものではなく，長時間を要するものである。このため，少なくとも今後10年以上にわたっ

第7章　鴻海の労働問題

図表7-1　スマイルカーブ

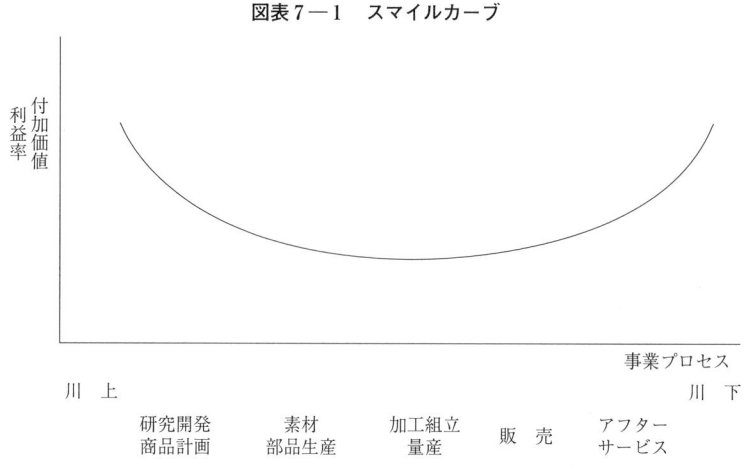

付加価値
利益率

川上　　　　　　　　　　　　　　　　　　　　　　川下
　　　　研究開発　　素材　　加工組立　　　　　アフター
　　　　商品計画　　部品生産　量産　　販　売　サービス
　　　　　　　　　　　　　　　　　　　　　　　事業プロセス

出所：マーケティングwiki　スマイルカーブ：http://www.jma2-jp.org/wiki/wikiimg/smilecurve.gif.

て中国国内工場で100万人規模の従業員を維持していく必要がある。実際，中国工場での従業員数を抑制すると発表した後，iPhoneの次期新機種（iPhone 5 s と iPhone 5 c）の生産受注が決まり，それに対応するために，2013年9月から深圳，武漢，太原，鄭州といった中国各地の生産工場は大規模な従業員募集を行った。また，2014年秋のiPhon 6 の新発売に向け，2014年6月に鴻海は10万人程度の工場従業員を新規に募集し始めた。2014年3月時点の鴻海は中国国内で約30の大型工場を運営しており，そのうち，最大規模の深圳工場の従業員数は約30万人で，鄭州，煙台，太原，成都，重慶などの主力工場は5～20万人規模である。2014年3月時の従業員総数は約100万人，2012年のピーク時の150万人と比べて規模はかなり縮小したと言えるが，中国工場の従業員数を100万人規模で維持していくと郭台銘会長が2014年4月に表明した。

　言うまでもなく，賃金水準の上昇は生産コストを大幅に押し上げ，EMS企業としての競争優位性を大きく損なう。しかし，今現在に妙案がなく，人件費の上昇分を社内で消化するしかない。その結果，売上高が年々に上昇していて業界首位のサムスンに迫る勢いであるが（2014年度は15.6兆円対22.3兆円），売上

高利益率は一向に低迷していてサムスンに遠く及ばない（2014年度は3.1％対12.1％）。この状況を何とかして変えなければならないが，即効薬が見つからず，鴻海の賃金上昇対策は非常に難しいようである。

（6）人材の現地化

鴻海の従業員数は100万人規模に達しているが，生産ラインで単純作業に携わる人が最も多い。また，出稼ぎ労働者が多く，教育レベルが低く，離職率が高いのは否認できない事実である。この状況下で，従業員の教育と訓練をどんな形で行ない，どのレベルまで目指し，どれだけの費用を投入するかは重要な経営課題となる。試行錯誤のなかで，鴻海は多額の費用をかけて次のような教育システムを構築した。[86]

1）学歴教育：2001年1月に深圳市で「富士康先進製造生産力教育学院」を設立した。清華大学，中国科技大学，西安交通大学，華南理工大学などの中国一流大学の教授による集中講義を提供し，学士号の授与も可能である。

2）オンライン教育：「富士康先進製造生産力教育学院」の科目をはじめとして，さまざまな科目をインターネット上で提供する。鴻海の世界中の従業員が自分のニーズに合わせて受講することができる。

3）語学教育：英語，スペイン語，日本語といった語学教育が中心である。

4）技術訓練：工程管理，品質管理，生産管理，経営管理という4つのコースに分け，従業員の業務スキルの向上を支援している。

5）リーダー育成：大学新卒者と現場管理者を対象に「新幹班」を開設し，幹部予備軍の育成に力を入れている。

これらの学習プログラムに対して，従業員の全員参加が原則となっており，中間管理層と技術者に年間288時間以上の参加，一般従業員に年間36時間以上の参加が定められている。また，修士コース約4万元，学部コース約2万元，短大コース約1.2万元の教育費用を鴻海が負担し，各種教育プログラムに投入される費用は年間2億元以上となっている。この意味では，鴻海の社内教育制度はかなり充実していると言える。

しかし，本章第3節（9）の部分で説明したように，100万人以上の従業員を擁する鴻海の組織構造は，普工，全技工，ライン長，組長，課長，専理，副理，経理，協理，副総経理，総経理，副総裁，総裁という13階層のピラミッドとなっている。ライン長以上の幹部職は15,000人ほどであるが，台湾出身の「台幹」と大陸出身の「内幹」という2つのグループに分かれている。「台幹」が重用されるので，約3,700人の「台幹」の多くは「副理」からスタートし，2〜3年で「経理」に昇進する。一方，「内幹」の場合，一般労働者の昇進はライン長止まりあるいは組長止まり，課長以上の職位はほぼ大卒者に限定される。「普工」から課長になるのは約8〜10年かかり，「副理」になるのは約15〜20年かかる。「協理」ないし「副総経理」までの昇進は建前で可能であるが，「協理」以上の「内幹」は10名以下，副総経理以上の「内幹」は海外留学経験を持つ1名だけである。

たしかに，「台幹」の大多数は大学卒の優秀な若者であり，勤務態度も勤勉であると言われる。そのため，採用と昇進時に「台幹」を優先するのは一理ある。しかし，同じ企業組織のなかで勤務するすべてのメンバーを平等・公正に扱い，実績を根拠とする能力主義的な人事評価をしなければならない。しかし，「台幹」が優先的に昇進され，トップ管理職をほぼ完全に独占しているという現状では，大陸出身の優秀な人材は当然，大きな不満を持ち，転職する機会を常に探している。鴻海で多くのことを学んだ優秀な人材がライバル企業に転職することとなれば，鴻海にとっては二重の損失となるので，人材の流失を避けなければならない。

実際，海外で大きく成功してから中国に進出する多くの先進国企業と大きく異なり，鴻海は中国大陸に進出する前は台湾の無名な中小企業に過ぎず，中国進出後に飛躍的な成長を遂げた新興企業である。鴻海が成長・成功するプロセスのなか，中国大陸出身の従業員は多大な貢献を捧げてきているのである。したがって，営業と生産だけでなく，技術と管理を含むすべての面において，人材の現地化を早急に推進していく必要があると思われる。

（7）情報の公開

　鴻海は従来から，広報活動を軽視するというより，秘密主義を重視してきた。台湾最大の上場企業であるにもかかわらず，情報開示が極端に少ない。株主総会を除けば，会社経営の方針や業績などを説明することは一切なく，重大な意思決定は郭台銘の独断で突然のように行われる。「インタビューを受けず，講演せず，写真を撮らせず」という3点は郭台銘会長の原則だと言われる。「顧客の情報を漏らしたくない」ことを理由に，鴻海の経営幹部は従来からマスメディアでの登場を意図的に避け，マスコミや研究者などの部外者の工場訪問と幹部インタビューも基本的に断っている。また，従業員の新規雇用にあたり，「企業情報を一切外部に漏らしてはならず，違反した場合は金銭的ないし刑事的責任を追及される」という内容を盛り込んだ「秘密保守協定」の締結を強要している。

　ここまで徹底した秘密主義に走った理由はいろいろ考えられる。まずアップルをはじめとする大手ブランドの最新型の製品を生産するだけでなく，デルやHPのパソコン，任天堂やソニーのゲーム機というように，ライバル会社の商品を同時に生産しているので，発注企業の秘密を守る義務と責任はきわめて重大である。実際，鴻海は黒衣役に徹しており，アップルのような一部の著名企業を除いて，顧客企業の名称，加工製品の品種，受注生産量，加工賃や納期などの受注条件といった内容を一切公表せず，秘密にしている。工場内の棟ごとや階ごとに違う製品が製造され，従業員や中間管理職がよその作業場に入ることは許されない。また，家族所有・個人経営という企業性質から株主などの関係者に情報を公開する必要性は比較的小さい。そして，自社ブランドを持たないEMS企業として，一般消費者に対するPR活動を積極的に行う必要性は小さい。

　一方，不正報道だという理由で，新聞社と記者を法廷に訴えて損害賠償を求めることは何回もあった。たとえば台湾『工商時報』2004年4月29日の報道内容に事実の歪曲があるとして，2004年12月に記者の曠文琪に対して3000万台湾ドルの賠償金を求めた。台湾内外のマスコミが反発したため，法廷外の和解が

成立した。また，中国上海の有力経済新聞社『第一財経日報』が2006年6月に鴻海系列の深圳工場で強制残業や過重労働などがあり，現代版の「搾取工場」だと報道したため，鴻海はすぐに新聞社と記者を相手取って名誉毀損で訴え，記者と編集委員に対して合計3,000万元の巨額賠償を求めた。中国のマスコミ各社は鴻海のこの高圧的な姿勢を厳しく批判したため，その後は記事内容の正誤が問われないままで双方が和解し，鴻海は訴えを取り下げた。

　今でも鴻海とマスコミとの関係は緊張しており，法廷沙汰に発展しそうなケースは何回もある。たとえば鴻海の女性労働者の多くは売春婦を兼業しており，男性労働者の多くはこれら女工の性的サービスを利用していると『財経天下週刊』が2013年9月13日に報道したことを受け，鴻海は激しく反発し，法的訴訟も辞さないと表明した。また，鴻海の工場で残業の強要が横行していると中国国営のメディア最大手の新華通信社が「中華総工会」の幹部（郭軍）のコメントを2015年2月2日に報道した3日後に，鴻海は声明を発表し，法定時間以上の残業はあると認めたものの，強要はしていないと報道内容の不当を指摘した。

　言うまでもなく，100万人以上の従業員を雇用し，多種多様な電子製品を世界中に輸出する世界最大級企業として，消費者と社会全体に向けて情報を可能な限り公開して理解を求めるという姿勢は必要である。2012年以降にシャープとの資本事業提携が難航していた一時期に，メディアの影響力を利用しようという思惑が働いたせいか，メディア嫌いで知られた郭台銘会長はテレビ番組の出演や新聞記事のインタビューを自ら依頼するケースが一気に増えた。しかし，メディアを自分の都合に合わせて利用しているだけというやり方は情報受信者の反感さえ呼び起こし，より洗練されたメディア利用法が求められている。

　本書の作成にあたり，筆者は鴻海のホームページを数年にわたって何度も開いてみたが，いつもその内容の少なさに失望している。また，筆者の現地工場調査では幹部と従業員へのインタビューを何回も試みたが，いつも厳しく制限され，自由な見学と会話ができず，表層的なものに終ってしまった。情報開示をこれほど厳重に制限しているのであれば，きっと何か都合の悪い情報が隠蔽

されているだろうと容易に連想されてしまう。企業のイメージの改善と向上や社会公衆の理解と信頼などを本気で目指すのであれば，もっと情報を公開し，「開かれた鴻海」という新しいイメージを作り出す必要があると思われる。

(8) CSR活動の重視と企業行動規範の作成

本章で検討したように，確かに鴻海の労務管理に多くの問題点があった。それらを全般的に整理してみると，道義的な妥当性に問題があるだけでなく，次のような違法性の問題も見られる。

・長時間残業は『労働法』に違反する。
・新人労働者の試用期間の6か月間に社会保険を加入させないのは『労働法』と『工傷保険条例』に違反する。
・「サービス残業」の強要は『労働法』に違反する。
・安全生産への怠慢と労災事故の不申告は『安全生産法』と『工傷保険条例』に違反する。
・特定職種の労働者の定期的な健康検査を怠ったことは『労働法』と『職業病防治法』に違反する。
・年齢，職種，勤務時間，労働契約，社会保障制度，賃金といった側面から見ると，「教育実習」の名義で在校生を労働者として大量に使用することは『学生実習条例』と『労働契約法』に違反する。

鴻海に対する批判が噴出するなか，鴻海を弁護する声も少数あり，その主な内容は次のようなものである。

・中国人の平均自殺率は約10万分の16に対して，2010年に従業員80万人を雇用する鴻海の自殺者は18名である。その平均自殺率は10万分の2程度なので，高いとは言えない。しかも，自殺者のうち，恋愛や借金や精神的疾患などが主要動機となるケースが多く，工場に抗議するために自殺を図った人が少ない。
・従業員を厳しく管理して細かい罰則規定を制定している組織体制は鴻海だけでなく，ほかの外資系企業や中国系民営企業や国有企業などもほぼ同様

である。
・発注側の海外大手企業が加工代金と納期を厳しく要求している限り，受注側の鴻海工場は労働問題を根本的に改善することはできない。
・図書室，運動施設，娯楽施設，宿舎，食堂，インターネット・サービス，ランドリー・サービスなどは無料あるいは格安料金で提供され，従業員福祉の面では中国製造業のトップ・クラスとなっている。
・賃金水準が高く，賃金支払いの遅れはほとんどない。残業は多いが，強制されたものではない。社会保障制度に関する企業負担金を支払い，従業員の加入率が高い。労働契約の締結率が高く，従業員を不当解雇するケースは稀である。カウンセラーが常駐する労働者相談室を設置し，心の病に注意を払っている。

　第1章第4節で説明したように，カロールは企業の社会的責任を，経済責任，法律責任，倫理責任，博愛責任，という4段階に分けている（図表1－2参照）。低次元の経済責任と法律責任を果たしていない企業は社会からのペナルティを受けなければならないが，高次元の倫理責任と博愛責任を果たしていなくても責められるべきではない。つまり，経済責任と法律責任だけを果たし，倫理責任と博愛責任を果たしていない企業は発展途中の状態として問題視されない。一方，低次元の経済責任と法律責任を果たしていないにもかかわらず，高次元の倫理責任と博愛責任を果たそうとする企業は偽善者として疑われる。

　本章で明らかにした諸事実に照らし合わせると，現在の鴻海は，まず株式配当，従業員報酬，各種税金などの経済責任をおおよそ果たしている。次に税法，商法，独占禁止法，環境保護法などの法規への違反を指摘されたことはないものの，労働法，労働契約法，工傷保険条例，職業病防治法，安全生産法，学生実習条例などへの違反があり，法律責任を十分に果たしていない。さらに未成年労働，不当解雇，長時間労働，高い労働強度，安全生産への怠慢，厳しい罰則規定，貧弱な余暇生活，「教育実習」制度の悪用，公共資源の乱用，差別的な人材登用，贈収賄などの問題あり，違法性ぎりぎりの労務管理を行っている。つまり，倫理責任を基本的に果たしていない。そして，郭台銘会長本人名義で

台湾ならびに中国大陸で多種多様な慈善活動に参加しているが（第6章第3節（3）参照），鴻海という会社名義で消費者利益の保護，地域社会への貢献，芸術・文化・スポーツ活動への支援，弱者への救済，地球環境の保護といった活動への参加は熱心ではないと言われる。つまり，鴻海は博愛責任を果たそうとしていない。要するに，世界最大級の従業員規模を擁する鴻海は最低次元の経済責任をおおよそ果たしているものの，そのうえの法律責任を部分的にしか果たしていない。より高次元の倫理責任の遂行に多くの違反問題があり，最高次元の博愛責任は基本的に着手していない。

中国国内でのCSR活動は全般的に進んでいないので，鴻海の現状は決して特別に立ち遅れているわけではない。しかし，世界中のブランド大手から生産業務を受注する鴻海にとって，CSR活動を積極的に取り組み，率先して上の段階を目指していくことは客観的に求められている。また，現在の鴻海は経済責任と法律責任という低次元のCSR活動だけに取り組み，リスクを回避するための「守りのCSR」の姿勢を取っているに過ぎない。CSR理論の観点からすると，CSR活動にかかる費用をコストとしてではなく，企業イメージとブランド力の向上やより良い取引条件と人材の獲得などに効果的に寄与し，将来の利益を生み出すための戦略的投資として捉え，「攻めのCSR」を戦略的に展開すべきである。

「攻めのCSR」を展開するにあたり，まず鴻海独自の企業行動規範を制定しなければならない。EMS最大手の鴻海はアップルをはじめとして，世界中の数多くの大手ブランドの製品を受注生産しているが，自社の行動規範を作っていないことは大きな欠陥である。鴻海工場では，アップルの製品を生産するときにアップルの行動規範を遵守し，任天堂の製品を生産するときに任天堂の行動規範を遵守するようにしている。たとえば2010年の深圳工場での連続自殺事件後に，深圳工場に製品の生産を発注しているアップル，デル，HP，任天堂，ソニーなどの各社はそれぞれ鴻海に対して，自社の企業行動規範に違反しないことを要請した。また，煙台工場で未成年労働の問題が2012年に表面化したときに，煙台工場にゲーム機（Wii）の生産を発注している任天堂は自社の行動

規範に違反がないかと独自調査を実施したが，パソコン（VAIO）やゲーム機（PlayStation）などの生産を発注しているソニーは特別な対応を求めなかった。この状況下で，部門と時期の違いによって対応する基準が異なり，組織の混乱と対応コストの増大が発生している。

CSR 理論の観点からすると，鴻海は発注企業の行動規範を受動的・消極的に遵守するだけでなく，自らの意志で自社の行動規範を能動的・積極的に制定すべきである。レベルの高い独自の行動規範を制定しておけば，多数の発注企業の要求を共通して満たすことは可能となる。発注企業それぞれの行動規範の異なる要求にバラバラに対応する混乱が減り，その分の対応コストも節約される。また，鴻海の現状に鑑み，未成年労働・強制労働・長時間労働の禁止，民族や地域や性別などによる差別の禁止，労働者組織結成権利と団体交渉権利の承認と支援，従業員の精神的健康への重視，情報の公開といった重点内容を鴻海の企業行動規範に盛り込むべきである。

本章の説明と議論はかなり長くなっているが，その主要内容を次のようにまとめられる。

まず鴻海は従来から長時間残業や高い労働強度などで知られ，2006年前後に欧米主要メディアに登場することによって「搾取工場」の代表格とされていた。2010年1月から5月までの間に深圳工場で起きた13件の連続飛び降り自殺事件の後，鴻海は大幅な賃上げやカウンセラー相談室の開設や自殺防止防護網の取り付けなどの対策を取ったにもかかわらず，飛び降り自殺事件は後を絶たず，2010年7月から2015年8月までの間に少なくとも16件（死者15名，未遂者1名）が全国各地の工場で起きている。自殺事件のほか，安全事故，未成年労働，不当解雇，労働者と警備員の対立，労働者と品質検査員との対立，抗議デモとストライキ，乱闘と暴動といった従業員が絡んださまざまな労働事件が多発している。

次には，各種の労働事件が発生する原因を検討した結果として，鴻海の従業員管理体制には，多い残業，高い離職率，高い労働強度，厳格な軍事化管理，

従業員団体の無力化,安全生産への怠慢,厳格な労働規則,貧弱な余暇生活,士気の低下,希薄な人間関係,外部要因による連鎖反応という11項目の問題点が存在していると指摘した。要するに,チャップリンの名作映画『モダン・タイムズ』で描かれたように,人間の機械への隷従,労働者の人間的欲求に対する管理側の無関心,過度の単調労働と過度の疲労,労働者の無力感とキャリアアップへの絶望という現実生存状態下で労働者の精神状況が侵され,人間性の疎外という問題が発生し,その極めつけは飛び降り自殺である。

さらに,鴻海工場の実態を踏まえながら,鴻海の労働関係の重要課題を詳しく検討した結果として,さまざまな労働事件の再発を事前に防ぐために,当面の鴻海はとりあえず,企業イメージの改善,労働力不足の対策,「教育実習」制度の是正,公共資源乱用の中止,賃金上昇への対応,人材の現地化,情報の公開,CSR活動の重視と企業行動規範の作成という8項目の課題に取り組むべきであるというのは筆者の提言である。

本章の主要内容は以上のように整理されているが,もう少し議論を加えると,「世界の工場」の代表格として,鴻海の労働問題は非常に興味深いものである。確かに,多い残業,高い離職率,高い労働強度,厳格な軍事化管理,従業員団体の無力化,安全生産への怠慢,厳格な労働規則,貧弱な余暇生活,士気の低下,希薄な人間関係,外部要因による連鎖反応などの要因が絡み合った結果,一部の従業員は過大なストレスを抱え込んでしまい,そのストレスが飛び降り自殺,安全事故,デモとストライキ,従業員の乱闘と暴動といったさまざまな労働事件を引き起こしている。一方,従業員賃金の額,残業代の計算方法,支払い時期,社会保障システムへの参加率,安全生産施設の整備,従業員福祉の内容といった側面から見ると,鴻海は若干の問題を抱えながら,中国国内のほかの外資系や中国系の工場と比べれば,決して遜色がなく,むしろトップ・レベルに達しているとも言える。この意味では,鴻海工場を「搾取工場」と断罪するのは安易すぎる。しかも,近年の鴻海は労働問題に多大な資源を投入しているため,賃金,労働時間,作業環境,宿舎管理などの面での改善があり,労働事件の発生数は大幅に減っているようである。情報の隠ぺいがあるかもしれ

ないが，2013年後半以降に鴻海の労働問題に関する新しい報道はきわめて少なくなっている。少なくとも，飛び降り自殺のような隠せない重大事件は2013年までに毎年数件起きていたが，2014年と2015年（8月まで）は1件ずつとなっており，その発生は確実に減っていると言えよう。

　実際，鴻海が抱える諸問題は鴻海だけのものではなく，中国の製造業ないし社会全体が抱えているものである。また，ほかの企業と比べて鴻海の問題が特別に深刻であるというわけでもなく，鴻海は中国の労働関係の法規を大まかに遵守しているとも言える。そうなると，鴻海の労働問題は鴻海1社だけの努力では解決できない。経営者，従業員，発注企業，消費者，NGO，マスコミ，地方政府などを含む関係者一同の協力体制づくりが必要となり，とりわけ地方政府と経営者の役割と責任は重大である。

　まず地方政府の役割は特別に重大である。なぜならば，元々市場競争の原理が働けば，作業効率と生産コストを高めるために従業員の健康と尊厳が犠牲にされやすい。この種の「市場の失敗」を防ぐために，各種の法規を整備して企業の暴走を阻止するのは政府の責任と義務である。しかし，中央政府は数多くの労働関連法規を作っておきながら，GDP成長率，輸出額，雇用機会，税収などをもたらす鴻海のような大企業に対して，地方政府は監督と取り締まりの権限を行使しようとしない。地方政府のこの態度は鴻海で見られるさまざまな労働問題を引き起こした一因である。

　また，鴻海経営者，特に郭台銘会長個人の責任は重大である。創業者個人が経営する新興企業として，鴻海はさまざまな問題を抱えている。企業の成長が続く限り，問題は抑えられて顕在化しないかもしれないが，成長が止まれば問題は必ず一気に噴出する。問題の爆発を事前に防ぐために，創業者を絶対視する経営体制とトップ・ダウンの意思決定方式を改め，現場従業員の意志と欲求を尊重する労務管理と分権主義的な組織運営を取り入れるのは望ましいと思われる。郭台銘会長は「失敗者は問題発生の理由を探し，成功者は問題解決の方法を見つけ出す」という言葉が大好きな名人経営者なので，ぜひとも鴻海の労働問題の解決法を見つけ出してほしい。

第Ⅲ部　鴻海にみる労働問題と経営戦略

〈注〉
⑴　『南方週末』2013年10月1日記事。
⑵　いずれの死因も高所転落死であるが，インターネットでの書き込みによると，そのなかの数人は自殺ではなく，保安警備やほかの従業員にひどく殴られた後に落とされたという。しかし，他殺説は公に認められていないため，本書はすべて自殺とみなす。
⑶　『日本経済新聞』2010年5月27日朝刊記事。
⑷　『日経産業新聞』2010年6月24日記事。
⑸　『日経産業新聞』2010年6月3日記事。
⑹　『日本経済新聞』2012年3月30日夕刊記事。
⑺　「FLA：苹果中国代工場条件遠高于標準」『網易科技報道』2012年2月16日記事：http://tech.163.com/12/0216/01/7QBM73OH000915BD.html.
⑻　『日本経済新聞』2012年3月31日朝刊記事。
⑼　この新賃金体系は16か月遅れて2012年2月にやっと導入した。しかし，新しい基本給は，勤務期間6か月ないし9か月以上の労働者しか適用されず，しかも労働技能や勤務態度などに対する人事評価で合格した労働者だけに適用される。その結果，「実習生」が多く，離職率が高く，人事評価が厳しい鴻海の工場では，新しい基本給を手にした現場労働者は半数未満とされている。それに加えて，残業時間が大幅に減らされるので，手取り収入がまったく増えないと現場労働者が悲鳴を上げた。
⑽　『日本経済新聞』2010年6月9日朝刊記事。
⑾　この自殺防止網はマイナス・イメージが強すぎるため，まもなく撤去されたが，後に金属柵の形で復活された。
⑿　厳密に言うと，贈収賄は労働問題ではないが，CSRの対象となるので，一応，ここで取り上げる。
⒀　『第一財経日報』2012年9月24日記事。
⒁　『日経産業新聞』2012年10月11日記事。
⒂　本来，10月1日の国慶節前後に一週間程度の休日は法的に定められているが，iPhone 5を生産する太原工場の暴動事件が9月23日に起きたため，同じiPhone 5を生産する鄭州工場の生産負担が重くのしかかり，休日は1日だけと強制的に減らされた。
⒃　『日経産業新聞』2012年10月10日記事。
⒄　『日本経済新聞』2012年11月13日朝刊記事。
⒅　『網易科技』2013年4月6日記事：http://tech.163.com/13/0406/02/8ROA4ITA00094MOK.html.
⒆　厳密に言うと，環境汚染は労働問題ではないが，CSRの対象となるので，一応，ここで紹介する。
⒇　「富士康的夜生活」『財経天下週刊』2013年9月13日号：http://business.sohu.com/20130913/n386501681.shtml.
(21)　『日経産業新聞』2012年10月11日記事。
(22)　同上。
(23)　魏昕・廖小東（2010），10頁。
(24)　「富士康調研総報告系列2：富士康生産体制」『中国網』2010年10月10日記事：http://view.news.qq.com/a/20101010/000004.htm.

⑳　同上。
㉖　「終於找到富士康跳楼事件的根本原因了！」『猫撲網（mop.com.）』2010年5月27日：http://dzh.mop.com/whbm/20100527/0/S8O7zOIb23bd08ll.shtml.
㉗　2013年5月から一部工場で週単位に変更され、状況が改善されているようである。
㉘　「五大問題！両岸三地高校調研組富士康報告」『優米網』2012年3月31日記事：http://chuangye.umiwi.com/2012/0331/66383.shtml.
㉙　魏昕・廖小東（2010）、11頁。
㉚　『華夏経緯網』2013年10月21日記事：http://www.huaxia.com/tslj/qycf/2013/10/3577049.html.
㉛　「富士康調研総報告系列2：富士康生産体制」。
㉜　『21世紀経済報道』2013年10月10日記事。
㉝　鴻海工場の生産ラインから1台が盗まれたという説もあり、真実は確認できていない。
㉞　「苹果血汗工廠真相：曾有員工一整月未説話而失語」『MSN財経網』2012年4月11日記事：http://www.umiwi.com/2012/0412/67336.shtml.
㉟　鴻海公式ウェブサイト：http://www.foxconn.com.tw/GroupProfile/CompetitiveAdvantages.html.
㊱　「富士康調研総報告系列2：富士康生産体制」。
㊲　呉江（2007）、210頁。
㊳　陳蘭通（2008）、107頁。
㊴　「富士康選工会小組長」『中国網』2013年7月29日：http://finance.china.com.cn/industry/company/20130729/1678010.shtml.
㊵　潘毅・盧暉臨・郭於華・瀋原（2012）、119頁。
㊶　章軻「調研報告：掲密富士康'真正工会'」『第一財経日報』2013年5月2日。
㊷　『博訊新聞網』2012年11月25日記事：http://www.boxun.com/news/gb/china/2012/11/201211250238.shtml#.Vb4KAnkw85t.
㊸　黄文雄監修／張殿文著／薛格芳訳（2014）、24頁。
㊹　「富士康調研総報告系列2：富士康生産体制」。
㊺　『日経産業新聞』2010年5月28日記事。
㊻　「郭台銘首談"十連跳"」『毎日経済新聞』2010年5月25日記事。
㊼　『日経産業新聞』2011年2月24日記事。
㊽　『羊城晩報』2010年4月10日記事。
㊾　姜奇平「富士康，你還能霸権多久？」『互聯網週刊』2010年5月20日記事：http://www.enet.com.cn/article/2010/0520/A20100520656763.shtml.
㊿　「富士康跳楼事件幸存者：工作圧力大無処排解」『第一財経日報』2011年1月25日記事。
51　『東方衛報』2009年7月23日記事。
52　「富士康現"十連跳"，専家称是典型"模倣自殺"」『北京晨報』2010年5月22日記事。
53　『羊城晩報』2010年4月10日記事。
54　「電子の帝王：シャープとのすべてを語ろう」『週刊東洋経済』2014年6月21日号。
55　湯庭芬（2010）、19頁。
56　トップ10はハイアール、IBM、P&G、中国移動、マイクロソフト、連想、華為、GE、シーメンス、中国電信で、中国系と欧米系の企業が独占しており、日本企業はソニー（26位）と

松下電器産業（46位）という2社だけであった。
⒄　「珠三角99％企業缺工厳重，廉価労働力時代不復返」『人民網』2010年1月11日記事：http：//news.sohu.com/20100111/n269482826.shtml.
⒅　『日本経済新聞』2012年12月8日朝刊記事。
⒆　『日経産業新聞』2011年2月24日記事。
⒇　『日本経済新聞』2012年12月8日朝刊記事。
(61)　『日本経済新聞』2014年3月13日朝刊記事。
(62)　『日本経済新聞』2014年11月21日朝刊記事。
(63)　『財経中国網』2014年4月28日記事：http：//finance.china.com.cn/roll/20140428/2367666.shtml.
(64)　『日本経済新聞』2014年6月25日朝刊記事。
(65)　『日経産業新聞』2011年10月28日記事。
(66)　『日経産業新聞』2012年6月19日記事。
(67)　『第一財経日報』2013年8月16日記事。
(68)　「五大問題！両岸三地高校調研組富士康報告」。
(69)　潘毅・盧暉臨・郭於華・瀋原（2012），1頁。
(70)　「富士康：已削減在校実習生数量」『FT中文網』2013年10月25日記事：http：//www.ftchinese.com/story/001053104.
(71)　『京華時報』2013年10月10日記事。
(72)　「五大問題！両岸三地高校調研組富士康報告」。
(73)　筆者の現地聞き取り調査による。
(74)　「五大問題！両岸三地高校調研組富士康報告」。『日経産業新聞』2012年10月11日記事。
(75)　『網易新聞』2014年1月10日記事。
(76)　『日経産業新聞』2012年5月31日記事。
(77)　『経済観察報』2012年5月10日記事。
(78)　「四川部分公務員未完成帮富士康招工入廠頂工」『新浪新聞』：http：//news.sina.com.cn/c/2012-04-29/044024347470.shtml.
(79)　『経済観察報』2012年5月10日記事。
(80)　『日本経済新聞』2010年6月9日朝刊記事。
(81)　「中国製造不再廉価」『FT中文網』2013年2月8日記事：http：//www.ftchinese.com/story/001048900.
(82)　『日本経済新聞』2013年10月11日朝刊記事。
(83)　「五大問題！両岸三地高校調研組富士康報告」。
(84)　『日本経済新聞』2014年10月6日朝刊記事。
(85)　皮肉なことに，施振栄のエイサーはスマイルカーブの理論に基づき，1990年代に利益率の高いカーブの両端に事業を拡大し，半導体や液晶などの上流と電子商取引や小売りなどの下流に手を伸ばしたが，投資が分散した結果，どの分野でも大手のライバルとの競争に勝てず，いずれも失敗に終り，本業の自社工場もすべて手放した。一方，カーブの両端に進出せず，加工組立という利益率が最も低い中間工程にとどまった鴻海は規模の経済性を生かして着実に成長し続けてきた。この事実は「選択と集中」の理論から解釈できる。
(86)　徐明天（2012b），120～125頁。
(87)　王佑「員工掲富士康血汗工場黒幕：機器罰你站12小時」『第一財経日報』6月15日記事。

(88) 鴻海公式ウェブサイト：http : //www.foxconn.com.tw/index.html.
(89) 『日本経済新聞』2012年３月30日朝刊記事。

第8章
鴻海の経営戦略

　台湾の小さな町工場だった鴻海は，1988年に中国大陸に進出してから，わずか20数年間に，1998年の東南アジア金融体制崩壊，2000年のネットバブル崩壊，2001年のアメリカ9.11テロ攻撃，2003年の中国SARS事件，2004年の原油価格暴騰，2008年のリーマンショックといった数々の世界規模の危機に乗り越え，世界中の一流企業から製品生産の大口オーダーを勝ち取り，売上高や製品種類や従業員規模などの面で世界最大級のEMS企業に成長した。しかし，鴻海のこれまでの成功は偶然の出来事ではなく，しっかりした経営戦略の結果である。本章は，鴻海関連の膨大な情報を整理したうえ，経営戦略論の概念と枠組みに基づいた分析を加え，鴻海の経営戦略上の特徴ならびにその強みと弱みを解明していく。

第1節　生産規模の拡大

　経営戦略論の著名な研究者であるポーター（Michael E. Porter：1947～）によると，同業他社との競争に勝ち抜き，競争相手に対する「差別的優位性（differential advantage）」を作り出すために，企業が採用し得る基本的な競争戦略は，コスト・リーダーシップ（cost leadership），差別化（differentiation），集中（concentration）という3つである。そのうち，コスト・リーダーシップ戦略は最も単純で，最も原始的なものであるが，ライバルを正面から攻撃するという意味で，企業間競争の王道とも言えよう。

　コスト・リーダーシップ戦略とは，自社の属する産業内でライバル企業よりも低いコストを達成し，安い販売価格で競争することを意味する。コストを抑

えるという発想自体はきわめて単純であるが，それを如何に実現するかが大事なポイントとなる。ポーターによれば，コスト優位性はその価値活動のコスト・ビヘイビアによって規定され，さらにコスト・ビヘイビアは，1）規模の経済性，2）習熟度，3）キャパシティ利用のパターン，4）連結関係，5）価値連鎖内部の連結関係，6）垂直統合，7）タイミング，8）自由裁量できるポリシー選択，9）立地，10）制度的要因，という10項目の構造的要因（コスト推進要因）によって左右される。

　コストの水準に影響を与える要因は以上10項目に挙げられるが，生産規模による影響が最も大きいと一般的に考えられる。なぜならば，通常には，累積生産量を増やすにつれて，道具と工程の専門化，製造方法の改善，資源ミックスの改善，標準化などが進み，学習効果（learning effect）と経験曲線効果（experience effect）が生まれ，いわゆる規模の経済性（economy of scale）というメリットを享受できるからである。

　実際，どの企業も低コストの実現を目指している。低コストの地位から生まれるメリットとして，1）業界内に強力な競争ライバルが現れても，平均以上の収益を生むことができる。2）同業者からの攻撃をかわすことができる。3）強力な買い手の値引き攻勢や強力な供給業者の値上げ要求に対しても防衛できる。4）低コストの地位はそのまま高い参入障壁となり，新規参入の脅威を和らげる。5）代替製品に対しても同業者よりも有利な立場にいる。要するに，低コストという地位の獲得によって，個別の企業は，所属業界全体の平均的収益性に影響を与える5つの一般的な競争要因（「5つの力（the Five Forces）」）のすべてに対して無事に切り抜けることができるのである。

　ポーターのコスト・リーダーシップ戦略を鴻海の場合に照らし合わせてみると，鴻海はまさに生産規模の拡大によって単位製品の平均生産コストを下げ，すなわち規模の経済性をもってコスト優位性を実現するという教科書的なやり方を忠実に，徹底的に実行している。中国大陸に進出してから，組立加工の代金を最安値レベルに抑えることで海外大手企業から大型契約を次々と受注し，生産能力をどんどん拡大してきた。

EMS企業の売上高は製品の販売高ではなく，加工費の積み上げである。年間売上高10数兆円の鴻海が受託生産しているスマートフォン，パソコン，液晶テレビなどの点数は百億個以上にのぼり，ギガ（10億）単位の注文を簡単にこなしている。一方，日本のすべての携帯電話メーカーの国内生産量合計は1,700万台（2011年）で，1社単独の生産規模はメガ（100万）単位にとどまっており，資材・部品の調達から加工と納入までをギガ単位でこなすノウハウはまったくない。したがって，ギガ単位の大量生産技術として，鴻海は日本企業をはるかに凌駕していると言える。

　生産規模の大きさに対する鴻海の特別なこだわりを，鴻海との資本提携事業を積極的に進めていたシャープ元会長の町田勝彦は次のように表現している。「たとえば60インチの大型液晶テレビを売るとき，シャープは原価を考えて価格を2,000ドルに設定し，それが買える富裕層の数から年間500万台の生産計画を立てる。しかし，鴻海の郭台銘会長は，1,000ドルを切って一般の家庭に売るためには，どんな部品を使い，どう作ればいいかを考え，1,000万台の生産計画を立てる。『需要は予測するものではなく，作るものだ』というのが彼の考え方だ」[7]。言い換えれば，郭台銘の考え方は「顧客の創造」にとても近い。

　商品の市場投入に際して，3つの方向性があるとされる。1）プロダクト・アウト（product-out）：自社が得意とする商品分野，技術，製法などから商品を生み出すというやり方である。自社の強みが生かされるので，競合商品に競り勝つ可能性が大きい。「作れるものを売る」という意味から，生産者本位のやり方といえる。2）マーケット・イン（market-in）：市場調査などを通じて顧客のニーズを把握し，顧客が求めている商品を開発するというやり方である。顧客のニーズにあった商品になるので，ある程度の売り上げの確保は期待できる。「売れるものを作る」という意味から，消費者本位のやり方と言える。3）顧客の創造（customer creating）：消費者はまだ認識していない潜在的なニーズを発見し，消費者にまだ求められていない新商品を開発する。そして，消費者に新商品の魅力をアピールし，消費者を新商品の顧客に変えていく。つまり，企業の努力によって，それまでになかった斬新な市場を開拓するというやり方

である。「売れないものを消費者が喜んで買うようなものにする」という意味から，消費者と生産者の両方を重視するやり方といえる。プロダクト・アウトを物不足の時代の考え方，マーケット・インを物余りの時代の考え方，顧客の創造を未来志向の考え方と解釈することはできる。顧客の創造という概念を初めて明言し，それを実践で証明したのはヘンリー・フォード(Henry Ford：1863～1947)であるが，のちにドラッカー(Peter F. Drucker：1909～2005)によって広げられた。フォードとドラッカーを師として仰ぐ郭台銘だから，顧客の創造に近い考え方を持つのは当然であろうと頷く。

　エネルギー，原材料，労働力，資金といった貴重な経営資源を比較的よい条件で入手できる中国大陸に工場を展開していることは，鴻海のコスト優位性に大きく貢献している。しかし，同じ中国大陸で工場を構える企業はほかにも多数ある。厳しい競争から抜け出し，圧倒的なコスト優位性を獲得するためには，鴻海は最適な生産設備に早期の巨額投資を行い，生産能力を飛躍的に拡大し，加工代金を攻撃的な安さに設定している。「注文を赤字で取り，納品を黒字でする」というのは鴻海の一番の得意技である。他社より大幅に格安の加工賃料を提示することによって，競争ライバルを次々と打ち破り，自社のマーケット・シェアをどんどん高めた。コスト削減にきわめて熱心であるために，台湾のIT業界では，郭台銘をその英語名のTerry Gouにちなんで"Cost Down Terry"と呼んでいる。

　しかし，鴻海の成功に導いたこのコスト・リーダーシップ戦略には，強力なライバルが存在する場合に体力消耗戦になりやすく，共倒れになる恐れがある，という生まれつきの弱点がある。今日の鴻海は業界リーダーの地位に君臨し，そのコスト優位性は不動のものに見えるが，競争相手の模倣や生産技術の変化などによって，コスト・リーダーシップ戦略の土台が崩れ，コスト競争における持続力が失われることもあり得る。実際，EMS業界での競争は非常に激しい。かつてはシンガポールのフレクストロニクス(Flextronics)と激しく競い合い，近年は同じ台湾系の和碩(Pegatron)，緯創集団(Wistron)，広達電脳(Quanta Computer)，可成科技(Catcher Technology)などの追い上げは激しい。築き上

げた競争優位性を保持していくために，鴻海は規模の経済性を前提とするコスト・リーダーシップ戦略だけでなく，それと同時にさまざまな戦略を積極的に展開している。

第2節　積極的な M&A 活用

　一般論として，事業の規模と範囲を拡大させる手法として，自社単独の努力で徐々に成長していくほか，他社との協力を前提とする技術協力，業務提携，合弁事業，フランチャイジング，OEM などもあり，とりわけ M&A（企業の合併と買収）が最も効果的である。M&A の対象は自社の既存事業と同じ場合に生産規模の拡大すなわち規模の経済性に貢献し，M&A の対象は自社の既存事業と違う場合にシナジー効果（synergy effect）[8]や範囲の経済性（economy of scope）[9]などに貢献する。

　企業活動も企業間競争もグローバルに展開される今の時代では，M&A の手法は最も一般的に使用されている。実際，鴻海は，既存の生産工場で設備と従業員を増やすことを通じて生産能力を徐々に高めていくという伝統的な手法をとるとともに，M&A を積極的に活用することによって事業の規模と範囲を飛躍的に広げてきている。不完全情報であるが，近年に行われた M&A 事例の一部を以下のように整理してみた。

・2003年8月に6,226万ユーロを拠出してフィンランドのイーモの93.4％の株式を取得し，ノキアの部品供給工場となった。しかし，フィンランド工場の生産コストが高いうえ，2005年2月に現地工場の従業員がストライキを起こした。2006年6月にフィンランド工場の生産ラインを止め，400名以上の従業員を解雇した。フィンランド工場での生産業務をハンガリーに移すことにした。2014年11月にノキアブランドのタブレットの生産を受注し，ヨーロッパ市場での販売は期待できる。

・2003年11月に台湾大手電子企業の「宏碁」（Acer，エイサー）系列の國碁電子を吸収合併し，電子製品分野での足場をさらに固めた。

第8章　鴻海の経営戦略

・2004年1月にメキシコにあるモトローラの工場を1,500万米ドルで買収し，500人の従業員を引き継いだ。
・2005年2月に台湾系の自動車部品会社（安泰電業）を買収し，自動車分野への進出という長年の夢の実現に足場を固めた。
・2009年11月に鴻海は子会社の群創光電（Innolux，イノラックス）を差し出し，液晶パネルの生産台数で世界第4位の奇美電子の約11％の株式と交換した。群創光電の名前が消えたが，鴻海は奇美電子を実質的に吸収合併したのである。鴻海の出資が完了した2010年3月以降に，筆頭株主の奇美実業集団は奇美電子の17％の株式を保有していたが，液晶テレビの需要低迷で赤字が続き，2012年6月に奇美から派遣された役員全員を引き揚げ，経営の実権を第2位株主の鴻海に渡した。奇美実業の持ち株は当面維持するが，社名から「奇美」の文字を外し，「群創光電」という鴻海の元子会社の名前を2012年12月19日付で復帰させた。2009年11月の上位5社はサムスン電子，LG電子，（台湾）友達光電（AUO），（台湾）奇美電子，シャープであったが，2012年11月の順位はサムスン，LG，奇美，友達，ジャパン・ディスプレイ産業（JDI）となり，鴻海の傘下に戻った奇美の順位は上がった。そして，鴻海の手による経営再建が功を奏して2013年第1四半期に11四半期ぶりに最終黒字を実現した。
・2009年にメキシコとスロバキアにあるソニーのテレビ工場を買収し，ソニーブランドの製品生産を継続する。
・2009年12月にポーランドにある米国デルのパソコン工場を買収し，デルブランド製品のほか，他社ブランドの製品も生産する。
・2011年7月18日に米国IT大手のシスコ・システムズ傘下のネット接続機器を生産するメキシコ・ホアレス工場を買収し，約5,000人の従業員の雇用を維持すると発表した。
・2012年3月に約670億円の資金を拠出してシャープの発行済み株式の9.9％を取得すると発表したが，この事業計画は後に挫折し，契約の履行はなかった。

- 2012年6月に大型液晶パネルを生産するシャープの堺工場に約660億円を出資し，それを鴻海とシャープが共同運営する合弁会社に改組した。
- 2012年9月21日に台湾の通信設備メーカーである台揚科技に約48億円を出資し，株式の32.6％を取得すると発表した。
- 2012年12月20日に，鴻海は米国カリフォルニア州サンフランシスコ市に立地する未上場会社のウッドマン・ラブズに2億ドルを出資して同社株式の10.72％を取得すると発表した。ウッドマンが持つ優れた映像技術を液晶パネル事業に役立てると説明しているが，アップルが開発中のスマートテレビに活用するための投資だと見られる。
- 2014年6月30日に，鴻海は韓国の電子・通信大手のSKグループ傘下の情報システム会社であるSK C&Cに約3,810億ウォン（約382億円）を出資して4.9％の株式を取得した。第2位株主としてSKグループとの戦略的パートナーシップを構築し，宿敵サムスンの本拠地に乗り入れることに成功した。
- 2015年4月15日に，中国南西部でビッグデータの取引プラットフォームを運営するグローバル・ビッグ・データ・エクスチェンジ(GBDEx)の21.5％の株式を取得した。元々，クラウド分野のビジネスを行うために，鴻海は台湾の高雄市と中国の貴陽市の2か所で大規模なデータセンターを建設・保有している。特に貴陽市にある鴻海のデータセンターは中国南西部最大級の施設であり，数多くの大手顧客を引き付けている。GBDExへの出資は鴻海のクラウド事業のさらなる拡大に大きく寄与することができる。その直後の2015年4月27日に，日本NECのクラウド関連技術と鴻海のデータセンターや顧客網を組み合わせ，中国などのアジア市場でのクラウドサービス事業を共同で開拓するという事業提携計画が発表された。
- 2015年8月7日に鴻海とアリババの両社がインドのインターネット通販大手のスナップディールへの共同出資（最大出資枠5億米ドル）が決まった。8月18日に鴻海のグループ企業の富智康（FIHモバイル）を通じて2億米ドルを拠出して4.27％の株式を取得すると発表した（アリババからの出資の

有無は言及していない)。
・2015年8月31日に、台湾の半導体の封止・検査で世界第3位（2014年度売上高の世界シェア10.1％）の矽品精密工業（SPIL）との株式交換を行い、鴻海がSPIL株の（筆頭株主となる）21.2％を、SPILが鴻海株の2.2％を保有する計画が発表された。SPILとの資本提携を通して、ウェアラブル分野への進出を強めると郭台銘会長は強調しているが、この案件は現段階で行き詰まっている。

以上のように、シャープ本体への出資が挫折したというような事例もあるが、鴻海はM&Aを積極的に活用することによって電子関連分野中心の企業を次々と傘下に収め、事業の規模と範囲を飛躍的に広げた。その結果、規模の経済性、範囲の経済性、シナジー効果などの恩恵を大いに享受できるだけでなく、製品と技術の両面から自社のさらなる成長に向けて基礎を固めることができた。

第3節　生産工場の立地分散

以上で検討したように、個別工場の生産規模を大きくしたり、M&Aで事業の範囲を広げたりすることは確かにさまざまなメリットをもたらすが、実現可能性の観点からもポートフォリオ（投資分散）の観点からも鴻海の数多くの工場を地理的に分散させる必要がある。

1988年に鴻海が中国大陸に進出したときに、主な理由は以下2点であった。

1）安い人件費：台湾の中小企業では若い労働者の募集が難しいのに対して、大陸工場では若い労働者はほぼ無尽蔵に供給されている。また当時の大陸労働者の月給は約500元で、台湾の約5分の1である。

2）政府の優遇政策：1980年代の台湾で土地価格が暴騰し始まっているのに対して、大陸の地方政府は外資誘致のため、大量の土地をきわめて安い賃料で提供してくれる。またインフラ施設整備費用の分担や税金の減免などの恩恵も受けられる。

最初の深圳龍華工場を皮切りに、鴻海の主力工場は出稼ぎ労働者が集まりや

すい沿海地域に集中していた。しかし，従業員飛び降り自殺事件が連続的に発生した2010年以降に，深圳をはじめとする沿海部の工場では基本給の大幅な引き上げと残業時間の短縮が行われた。それに伴い，工場生産体制を12時間2交代制から8時間3交代制への移行も余儀なく行われた。その結果，鴻海全体の従業員総数はさらに増え，90万人体制から130万人体制に拡大する必要が生じた。しかし，2010年頃に内陸部の就業機会が増えて沿海部への出稼ぎ労働者が減少し始めたことに，飛び降り自殺事件によるイメージ悪化が加わり，鴻海の沿海工場での従業員募集は困難を極めていた。その状況下で，沿海部と比べて，労働力の供給がより豊富で，賃金がより安く，地方政府の優遇政策がより手厚い内陸部に工場の移転と新設を行うと鴻海は新しい方針を決定した。不完全情報ではあるが，2010年以降に行われた新しい工場建設の一部内容を以下のように整理してみた。

- 広東省深圳工場従業員40万人のうち30万人を中国各地の工場に移転させ，アップルからの委託生産事業だけを深圳工場に残すと2010年5月に発表した。しかし，この移転計画はほとんど実行されず，深圳工場は今でも30～40万人規模で，中国最大の工場である。
- ノートパソコンやプリンターの製造工場を重慶市に新規設立し，年度内に稼動を開始すると2010年6月に発表した。また，重慶工場の規模を拡大し，2013年度中にスマートテレビの生産（初年度300万台）を開始することを鴻海と重慶市政府が合意したと2012年10月27日に報道された。
- iPhoneなどの携帯電話を製造する従業員10万人規模の新工場を河南省鄭州市に建設すると2010年6月30日に発表した。2010年9月に工事建設を開始し，2011年度中に本格稼動を開始した。今の鄭州工場は従業員数約20万人の主力工場に成長している。
- iPadなどを生産する四川省成都工場の新規建設は2009年に決まっていたが，やや遅れて2010年7月に建設を開始し，10月に稼動を開始した。さらに2013年度中に新型液晶パネルの生産工場を増設すると発表され，今の従業員数は十数万人規模となっている。

- 郭台銘会長の父親の生まれ故郷である山西省晋城市に1999年に工場を建設し，2005年に晋城工場の生産規模を大幅に拡大した。それに続き，2004年に省都の太原市で工場を建設し，2011年に太原工場でiPhoneなどを製造する本格的な生産ラインを新規に追加した。今の従業員数は約8万人規模で，鄭州工場と同じiPhoneを生産し，iPhoneの世界市場の供給安定性を支えている。
- 2011年6月30日に今後5年間に総投資額120億米ドルの液晶パネル工場をブラジルに新規に建設すると発表した。また2012年9月20日に，投資額約390億円，従業員約1万人の工場をサンパウロ郊外に建設すると発表した。さらに2015年7月に，ブラジル国内に鴻海の新工場を建設し，小米ブランドのスマートフォンを組立生産すると報道された。ブラジルのスマートフォン市場は未開発状態なので，うまく行くと大きなビジネスチャンスになる。
- 中国国内工場の生産規模を維持しつつ，台湾の新北市の本社機能部門，台中市の自動化機械工場，高雄市のソフトウェア開発基地（クラウド・コンピューティング向けデータセンター）に新規投資するとともに，ブラジル，インドネシア，アメリカなどの海外工場の生産規模も拡大すると2013年3月に報じられた。
- 2013年7月20日に（中国最貧困地区と言われる）貴州省の省政府と戦略的な協定を結び，省都の貴陽市で従業員5万人規模の工場を建設し，2013年11月に稼動すると発表した。その後の2014年7月に，ビッグデータやナノテクノロジーの研究センターの建設も決まった。さらには，クラウド・コンピューティングのデータ拠点も貴州省に追加建設すると2014年11月に発表した。
- 2013年9月24日に次世代製品となるスマートテレビの組立てラインを（2006年に建設された）江蘇省の淮安工場に追加すると江蘇省政府と契約を交わした。年間生産量は約50万台と見込まれている。
- 製造業の空洞化との批判が強まるなか，アップルは2013年から1億ドル以

上の投資を実施し，パソコンの iMac の一部機種を米国内で生産すると決めた。しかし，アップルは自社工場を持たない方針なので，鴻海はその担い手となって生産工場を建設・運営すると見られる。アップルの米国回帰の動きに合わせた形で，2013年11月22日，鴻海は高機能の産業ロボットの研究開発・製造拠点を米国ペンシルベニア州ハリスバーグ市に設け，今後２年間に総額４千万ドルを投資すると発表した。「大画面テレビなど輸送費の高い製品の生産も米国に移したい」，「米国への投資は今後10倍になるかもしれない」と郭台銘会長は述べ，今後は「メイド・イン・USA」に本腰を入れる構えである。[12]

・2013年12月５日，郭台銘会長はインドネシアに総投資額約50億米ドルの新工場を建設すると発表した。総人口2.4億人のこの大国の電話普及率はわずか２割台で，潜在的な市場規模が非常に大きい。携帯電話の完成品の輸入が急増しているため，国の貿易収支が悪化している。インドネシア政府は完成品の輸入規模を抑え，国内生産の優遇策を打ち出している。この背景下で鴻海は低価格のスマートフォンの現地製造・現地販売を方針として2014年度中に新工場の稼働開始を目指している。そして，鴻海の工場で生産されたスマートフォンは，カナダの通信機器大手のブラックベリー（BlackBerry）のブランドを使い，インドネシア国内市場において200米ドルを切る低価格で発売すると2014年５月13日に発表された。

・2014年11月20日に傘下子会社の群創光電との共同出資で，投資総額800～1,000億台湾ドル程度の，スマートフォン向けの中小型液晶パネルを生産する新工場を高雄市に建設し，2016年の稼働を目指すと発表した。

・2015年からインドへの進出を本格的に展開した。鴻海グループ会社のコンペティション・テクノロジー・チームは元々（正確な開始時期は不明であるが，少なくとも2010年から），インド南部のタミルナド州に工場を持ち，携帯電話部品の製造や液晶テレビの組立などを行っている。しかし，このグループ会社の工場の規模は大きくない。中国工場での人件費の上昇を受け，鴻海本社が2020年までに約200億米ドルを投資し，10～12の組立工場やデー

タセンターをインド西部のグジャラート州に建設し，従業員数十万人規模でアップルのiPhoneやインドの通信最大手バルティ・エアテル（Bharti Airtel）ブランドのスマートフォンなどの製品を生産するという計画が2015年6月に発表された。
- また，日本のソフトバンクとインドのバルティ・エンタープライス（Bharti Enterprise：Bharti Airtelの親会社）と鴻海との共同出資で合弁会社（SBG）を設立し，今後10年で約200億米ドルを投資し，インドで総発電能力2,000万キロワットの大規模な太陽光発電所を建てるという計画も2015年6月に発表されている。新会社の資本金や設立時期は未定であるが，ソーラーパネルの生産は鴻海が担当することとなる。
- 2015年6月に，日本通信大手のソフトバンク，中国電子商取引（EC）最大手のアリババ，EMS世界最大手の鴻海の3社が合弁会社の設立に合意し，「日中台大連合」でヒト型ロボット（ペッパー）の開発・製造・販売・サービス提供の一貫体制を作り上げた。ペッパーの製造拠点に指定されたのは鴻海の煙台工場である。東京ドーム70個分の広さを持つこの煙台工場は2005年の稼働開始以来，ソニーのパソコン（VAIO）やゲーム機（PlayStation）や任天堂のゲーム機（Wii）などを生産する主力工場であったが，ソニーや任天堂からの受注が減少しているなか，海信集団（ハイセンス）などの中国企業の受託生産を増やしており，ペッパーの生産拠点に指定されるのはさらに大きな転機となる。接客や介護などの幅広い分野で活躍が期待されるヒト型ロボットは，パソコンやスマートフォンなどの代わりに，鴻海の持続的成長を支える将来の主力製品になる可能性が大きい。また，日本ないし世界的な大企業であるソフトバンクと中国電子商取引最大手のアリババとの協力関係を強化すれば，中国，日本ないし世界範囲での事業展開が有利になると鴻海は見ている。
- 2015年8月，インド南部のタミルナド州にある鴻海工場でソニーブランドのテレビ（43インチ型）のOEM生産，インド南部のアンドラプラデシュ州にある鴻海工場で小米ブランドの格安スマートフォン（紅米2プライム，

約1.35万円)の現地生産,台湾パソコン大手の華碩電脳(エイスース)ブランドのスマートフォン(ZenFone)のOEM生産といった事業を一斉に開始し,インド工場の戦略的地位の重要性が一気に高まった。

以上で説明したように,2010年以降の鴻海は,生産工場と研究センターと事務所の立地を意図的に全中国ないし全世界に広げて分散させている。2015年現在の鴻海は,深圳,南寧,重慶,成都,武漢,杭州,嘉善,昆山,南京,淮安,煙台,鄭州,太原,天津,廊坊,秦皇島,営口,瀋陽などの中国各地で約30の工場と事業所を持ち,総数約130万人の従業員を雇用している。また,中国以外では,本拠地の台湾をはじめとして,ベトナム,インドネシア,インド,トルコ,スロバキア,チェコ,ポーランド,メキシコ,ブラジル,アメリカなどの国々にも製造工場や研究開発組織などを持っている。生産工場などを中国全土ないしグローバルに立地分散させることによって,人件費の節約,労働力の確保,工場間の分業促進,産業クラスターの形成,工場の高度専門化,生産供給体制の安定性,経営資源の有効利用といった数多いメリットを享受することができる。

第4節　柔軟な生産調整

アップルをはじめとして,世界トップ・クラスのブランド大手企業の多くは鴻海を主要な受注生産者に選んでいる。その理由の1つは格安工賃に表れるコスト競争力の高さであるが,もう1つの重要な理由は大口の注文を短い納期に間に合わせることができるからである。

エレクトロニクス業界では,技術進歩のスピードが速く,プロダクト・ライフ・サイクルが短いので,新商品の発売日から販売価格の引き下げが激しく繰り広げられていかざるを得ない。一方,型落ちの商品が腐った魚となってしまい,極端に値下げをしてもまったく売れないこともしばしばあるので,在庫量を極力低く抑えなくてはならない。したがって,最新の商品を価格が下がる前に,迅速かつ大量に世界市場に供給し,発売の初期段階に開発コストを回収し,

利益を確保するという「垂直立ち上げ（vertical start-up）」の生産体制が客観的に要求されている。このため，余分な在庫を持たずに済むように，「店で売れるスピードで，工場で生産し，客先に届ける」とはエレクトロニクス業界のビジネス・モデルになっている。こうして，世界中の電子機器製造業にとって，スピードがますます重要になっている。たとえば鴻海を含む台湾のEMS企業は，1998年時点にはオーダーを受けてから製品を出荷するまでの平均期間は32.7日であったが，2001年には19日まで短縮された。短い納期に対応する能力は近年さらに進化を遂げ，鴻海のような大規模工場となれば，昔の「853」（すなわち85％の製品は3日以内に出荷すること）から，今の「985」ないし「982」（すなわち98％の製品は5日以内ないし2日以内に出荷すること）へ急激に加速されている[13]。

　実際，鴻海の最大顧客となるアップルは，製品が発売されるまでさまざまな設計変更を繰り返して行い，発売直前にやっと最終仕様を決め，そして数百万台単位の製品を一気に生産して販売するという「垂直立ち上げ生産モデル」を採用している。2011年のiPhone 6は発売からの3日間に400万台が販売され，これだけの製品数量の大きさと納期の短さに対応できるのは世界中に鴻海しかいないと業界関係者が口をそろえている。アップル製品の生産コストには人件費の占める比率は2％以下に過ぎず，人件費を米国並の水準に引き上げても高い収益性を確保できると見られている。しかし，アップルが生産委託先を米国内の企業ではなく，中国に大規模工場を複数持つ鴻海を選んだ主要原因は製造コストよりも，機動的な生産能力にあるとされる。

　ひとつのエピソードとして，2011年2月にアメリカのオバマ大統領がIT産業リーダーとのパーティーを開催した際に，アップルの製品をアメリカ国内で作る可能性を尋ねた。アップルCEOのスティーブ・ジョブズ（Steven P. Jobs）は正面回答を避けたものの，中国工場を使う主要な原因は人件費ではなく，生産調整の柔軟性にあることを次の事例を使って説明した。iPhoneの発売直前に液晶スクリーンの材料をプラスチックからガラスに設計変更したため，新しい製品サンプルは生産開始の前夜に中国工場に到着した。生産ラインの大幅調

整が必要となるので，鴻海工場の管理者はすぐに工場敷地内にある宿舎に駆けつけ，すでに就寝した熟練工8,000名を起こし，工場の食堂で簡単な食事を与えた後，生産ラインに立たせて機械設備の調整作業に向かわせた。そして，翌日に生産ラインが無事に稼動し，96時間後に10万台のiPhoneがその工場から世界に向けて出荷された。この種の柔軟性と速度は驚異そのものであり，工場・宿舎・食堂の一体化と上司命令に対する絶対的な服従を特徴とする鴻海工場でなければ実現できず，アメリカ国内工場ではとうてい実現不可能だとオバマ大統領に悟らせた[14]。

　こうして，デジタル製品は基本的に「垂直立ち上げ」の生産体制をとっており，新商品発売時の生産量は巨大であるが，時間の経過とともに生産量が小さくなっていく。この種の業界特殊のニーズを満たすために，生産工場側が生産設備と従業員を柔軟に調整できることは客観的に求められている。一般論として，生産設備を購入する費用が高額で，従業員の雇用と解雇に伴う費用も高いので，生産設備と従業員を自由に増減することは難しい。しかし，中国に立地する鴻海の工場はこの困難を上手に克服して同業他社を出し抜けている。

　まず生産設備の調整可能性について考えると，鴻海は数多くのブランド大手から大口の生産注文を取り付けている。原則として，巨大規模の工場内で棟ごと，階ごと，部屋ごとに異なるタイプの生産ラインを設置し，企業別，種類別，品種別の生産体制をとっている。各種製品の市場ニーズが異なり，それぞれの生産ラインの繁忙期も異なるので，生産設備の一部ないし生産ライン全体をほかの製品の生産に振り向けることが可能となる。生産設備ないし生産ラインの間の転用可能性は受注生産量の急激な変化に対応する武器になるだけでなく，生産設備の稼働率を押し上げ，生産コストの削減にも大きく貢献できる。

　次に従業員の調整可能性について考えると，鴻海の工場では，労働力が豊富，しかも臨時工ないし契約社員の一時休業や解雇などの対策を比較的実行しやすいという中国工場ならではの特性が生かされ，国際市場の需要変動に合わせて生産量を一気に増やしたり，減らしたりすることは比較的容易である。たとえば深圳工場では，大口オーダーが入ったときに，1日8千人の労働者を新規に

集めることもあった。また，労働者募集が困難なときに，地元政府に支援を求めると，政府は職業専門学校の学生や下級公務員などを「教育実習」の名目で鴻海の工場に半強制的に送り込むこともよくある（第7章第4節（3）と（4）参照）。

一方，たしかに中国工場の人件費は安く，雇用の調整も容易であるが，鴻海は決してそれに依存しているわけではない。特に2013年以降に，中国工場での人件費上昇に伴い，中国工場での生産能力を維持しつつ，台湾，ブラジル，アメリカ，インドネシア，インドといった海外地域での生産能力を拡大する方針が実施された。その結果，2014年3月時の従業員総数は約100万人となり，2012年のピーク時の150万人と比べて規模はかなり縮小したと言える。しかし，中国工場の従業員数は100万人規模を維持していくと郭台銘が2014年4月に表明した。実際，2014年夏以降にiPhone 6の受注を受け，鴻海の従業員総数はまた増加に転じた。

ただし，近年の中国工場では，人口ボーナスの減少や労働契約法の導入などによって，労働力の不足が顕在化し，労働者の賃金も解雇費用も急激に上昇しているため，鴻海は従業員雇用調整の柔軟さをいかに維持していくかという新たな課題に直面している。生産設備の調整と比べて従業員雇用の調整がより難しくなっているため，鴻海は工場生産の自動化を積極的に進め，「2014年までに100万台のロボットを導入する」という方針を打ち出した。100万台という数値目標はいまだに達成されていないが，機械をもって人間を代替させるという方向性は決まっている。

第5節　ものづくりへのこだわり

経営戦略論には，産業組織論の成果を発展させたポーターのポジショニング・アプローチ（positioning approach＝産業構造分析）と，バーニー（Jay B. Barney）のリソース・ベースト・ビュー（RBV：Resource-Based View＝経営資源分析）という二大潮流がある。ポジショニング・アプローチの考え方として，企業が高

い収益性の構造を有する産業を賢く選んで事業を展開するから，あるいは所属産業のなかで自社が何かの理由で同業他社と比べてより優れた市場地位を築いているから，その企業が競争優位性を獲得し，高い業績を上げられる。つまり，ポジショニング・アプローチの特徴は，産業構造またはそのなかでの市場地位といった外部環境条件が，企業の収益性に大きな影響を直接与えると主張した点にある。しかし，ポーターのポジショニング・アプローチは企業の所属する業界の環境（成長産業か衰退産業か，業界に魅力があるかないか）に分析の重点を置いているため，企業自身の力すなわち企業能力についての視点が欠落していると批判されている。その欠陥を補うものとして，他社に対する競争優位の源泉をビジネス経験によって培われた企業能力や自社独自の経営資源などに帰結するような見解，すなわちリソース・ベースト・ビュー（RBV）は，1980年代後半以降に脚光を浴び始めていた。

　企業内部の経営資源に重点を置くワーナーフェルト（1984）[17]，ルメルト（1984）[18]，バーニー（1991）[19]らの一連の研究は資源ベース戦略論と呼ばれ，経営戦略論の新潮流となっている。その基本的な考えとして，企業内部にその企業の独自の経営資源となるコア・コンピタンスが形成され，企業の競争優位はそのコア・コンピタンスならびに与えられた競争環境のなかでの資源の配置方法によって決定される。したがって，競争戦略の分析には，企業の「外部」だけでなく，企業の「内部」からも競争優位をいかに生み出すか，また，コア・コンピタンスを企業間競争に最大限に生かしていくという視点も必要である。

　プラハラード＆ハメル（1990 & 1994）によって開発されたコア・コンピタンス（core competence, 中核能力）の概念には，顧客価値（Customer Value），競合他社との違い（Competitor Differentiation），企業力の拡張（Extendability）という3点は必要不可欠の要素である。優れた企業には，当然，何かのコア・コンピタンスがあるはずである[20]。どの企業も自社のコア・コンピタンスを見きわめ，育てていかなければならない。また，当然の論理であるが，経営資源，企業風土，組織構造，従業員といった企業が置かれている環境要素に配慮するように，組織内部の適応能力を十分に発揮し，企業のコア・コンピタンスにマッ

チングした経営戦略を構築していけば，特定の事業分野でナンバーワンないしオンリーワンになり，強固な競争優位性を築き上げることが可能である。さらに，企業内部に保有されている経営資源から得られる持続的な競争優位性は，Value（市場価値），Rarity（希少性），Inimitability（模倣困難性），Organization（組織適応能力）という4つの要素からなるVRIOの枠組みを用いて評価・分析することができる。[21]

　それでは，鴻海のコア・コンピタンスは何かと考えると，一番重要なものは，ものづくりへのこだわりであろう。そのこだわりはまず金型に表れている。かつては金型と言えば，日本が世界を大きくリードしていたが，今は韓国と中国が激しく追い上げ，日本の優位性が脅かされている。日本の金型企業は約1万社程度であるのに対して，韓国政府は2004年に光州市に「金型特区」と呼ばれる工業団地を設立したり，金型企業に補助金を出したりすることを通じて，金型産業の振興を奨励しているため，金型企業の数は約7千社まで増えた。韓国の2012年の金型生産額は日本に迫る約100億米ドルにのぼり，そのうちの約4分の1は日本，中国，米国などに輸出した。一方，中国には金型企業の数はすでに10万社を超え，金型生産額は世界第1位である。2009年から金型の輸出額が輸入額を上回り，2012年の輸出額は30億米ドル超で韓国の輸出額を超え，日本の輸出額に迫っている。[22]中国金型企業の技術力はまだ発展途上であるが，工程を細かく分担するという人海戦術を使って金型の精度と複雑度の向上を実現した企業が多く，その代表格は鴻海である。

　「金型こそがものづくりの基本」とは郭台銘会長の持論である。金型技術が日本企業の競争力の源泉だと見る郭会長は，日本から金型技術の専門家を招き入れ，日本企業の現場で学んだ中国人技術者を採用し，日本の金型技術を中国工場へ植えつけている。さらに自社の金型技術を高めるために，鴻海は，江蘇省南通市と山西省晋城市で全寮制の金型学校を運営し，中国各地から選ばれた若者を半年間にわたって専門的な訓練を受けさせ，年間約6,000人の卒業生を各地の工場に送り出している。また，約30か所の工場の大半に金型工場を併設し，総数3万人以上の金型技術者が1万台以上の工作機械であらゆる種類の金

型を製造しており，「スマートフォンなら設計図を受け取ってから10日で大量生産できる」と工場幹部が豪語する。鴻海の従業員手帳には，「鴻海は何を売っているか」というページがあり，郭台銘会長のさまざまな言葉が並ぶなか，最上位にあるのは「スピード」である。「他社なら１週間かかる金型を，われわれは24時間で作れる」と郭台銘は誇らしげに語っている。

　ものづくりへのこだわりは生産設備にも表れている。「一流の欧米顧客，二流の日本生産設備，三流の台湾管理モデル，四流の中国大陸生産基地」と鴻海がいつも宣伝しているように，鴻海の生産装置，とりわけ精密設備の多くは日本製である。たとえば「ものづくり日本大賞経済産業大臣賞」を受賞したこともある，老舗の優良企業であるキタムラ機械（富山県高岡市）から，高精度の工作機械を100台単位で購入している。そして，たとえ日本製の設備に対しても，鴻海はさまざまな改良を自社で施している。

　鴻海は工具の自社製作にも強いこだわりを見せている。たとえばiMac, iPod, iPhoneなどのアップル製品は，外観の美しさ（光沢など）を出すために筐体にステンレスやアルミなどの金属材料を採用しており，その筐体を削り出す技術と道具は鴻海が独自に考案したものである。アップルの品質基準は最も厳しいと言われるが，その基準をいつも無事にクリアしていることから鴻海のものづくりの実力が窺える。また，鴻海のものづくりの能力の高さは2015年のソフトバンクのヒト型ロボット（ペッパー）の受注生産で遺憾なく発揮されている。ペッパーの量産過程で柔軟性が特徴のABS樹脂，硬さが特徴のポリカーボネート樹脂，ガラス繊維，金属などの加工成型はきわめて高い精度を要求するが，鴻海の煙台工場で試行錯誤を繰り返したのち，１時間あたりの生産台数を2015年２月の５台から10台に引き上げることに成功し，今後は15台を目指している。

　実際，アップル，ソニー，ノキアなどの一流ブランドの商品を生産するプロセスのなかからさまざまな技術とノウハウを吸い上げた鴻海の工場は，高いレベルの金型技術を持ち，他社製造と自社製造の高精度の工作機械と産業用ロボットを使い，世界最先端の電子機器製造技術を誇っている。

第8章 鴻海の経営戦略

図表8−1 米国特許資産規模ランキング（2012年）

順　位	企業名	特許資産規模（pt*）	特許取得件数
1	IBM	140,507	6,198
2	サムスン電子	108,974	4,784
3	パナソニック	74,425	2,599
4	キャノン	74,157	2,729
5	東　芝	73,715	2,445
6	マイクロソフト	72,304	2,420
7	ソニー	62,461	2,379
8	LG電子	53,775	1,402
9	G E	51,652	1,493
10	セイコー・エプソン	44,244	1,512

注：ptとはパテント・リザルト社が独自に開発したパテントスコア（patent score）であり，特許の資産価値を評価する専門的指標である。その妥当性に疑問があるものの，参考にすることはできる。
出所：株式会社パテント・リザルトの「米国　特許資産規模ランキング2012」：http://www.patentresult.co.jp/news/2012/08/us2012.html。

　ものづくりへのこだわりは特許取得に対する態度からも窺える。知識経営の時代に生きる企業は生き残りを図るために，自前の知的財産を創出・保有しなければならない。知的財産のうち，顧客情報，従業員技能，組織文化，価値観，ブランド，商標などと比べて，その市場価値がより容易に客観的に評価できる特許やライセンスなどの方が重要である。鴻海の1995年の特許取得件数はわずか160件であったが，その数は後に飛躍的に増えている。たとえば2011年4月から2012年3月までの1年間に世界各国企業が米国国内で取得した特許の価値を示す米国特許資産規模ランキングを見ると，米，日，韓の3か国企業が上位10社を独占しているが（図表8−1），鴻海は前年度の30位以下から第17位へ大きく上昇した。また，電子産業企業の米国内での特許取得件数は毎年大幅に増え，2013年に第8位に躍進し，上位10社のうちでは，米，日，韓以外の唯一の企業である（図表8−2）。

　2012年の中国国内企業の特許登録件数を見ると，2007年から首位争いを繰り広げてきた華為技術（2,734件）と中興通訊（2,727件）に遠く及ばないが，鴻海

図表8－2　電子産業企業の米国特許取得件数（2013年）

順位	企業名	取得件数
1	IBM（米）	6,809
2	サムスン電子（韓）	4,676
3	キャノン（日）	3,825
4	ソニー（日）	3,098
5	マイクロソフト（米）	2,660
6	パナソニック（日）	2,601
7	東芝（日）	2,416
8	鴻海精密工業（台）	2,279
9	クアルコム（米）	2,103
10	LG電子（韓）	1,947

出所：『日本経済新聞』2014年2月4日朝刊記事。

は堂々の第3位（1,099件）にランクインした。また，特許商標の出願件数として，華為技術（4,231件），中興通訊（3,446件），中国石油化工（3,334件）に続き，鴻海（2,314件）は第4位で，パナソニック（2,191件），ソニー（2,184件），騰訊（1,934件），レノボ（1,768件），サムスン（1,754件），GE（1,664件）などの名門企業をリードしている。[25]

　鴻海は日本企業の技術力を高く評価し，シャープとの事業提携は先端技術の獲得を目的とするものである。シャープ本体への出資が挫折したが，特許の購入と日本人技術者の採用に戦術を切り替えた。2012年9月28日にNECから液晶パネル関連の特許使用権を94.5億円で取得すると発表した。2013年5月31日に鴻海はディスプレイ関連の研究開発子会社「フォックスコン日本技研」を大阪市に設立した。ソニー元副会長の森尾稔を顧問に置きながら，シャープで液晶生産技術開発本部の本部長を務めた矢野耕三を社長として招き入れ，シャープ，パナソニック，ソニー，三洋電機などの大手電機企業を中途退職した人材を中心に募集活動を開始した。その後，横浜市にも同様の拠点を設けたほか，シャープと共同運営している堺工場とも技術的な連携活動を強めている。こうして，NECの特許を購入したり，シャープ，パナソニック，ソニーなどの電機大手のリストラで流出した技術者を採用したりすることを通じて，日本企業の液晶パネルや有機ELパネルなどの技術開発力を獲得し，それを鴻海の生産現場に活かそうと狙っている。[26]

　なお，アップルの「iOS」やグーグルの「アンドロイド」をはじめとして，複数の米国大手企業から数多くの重要な特許使用権を取得した。そして，2013年6月にモジラ（Mozilla）財団という米国の非営利団体とも提携し，同財団の

スマホ向けの基本ソフト（OS）「ファイヤーフォックス（Firefox）」を鴻海が生産する携帯端末に採用することが決まった。一方，鴻海自身の知的財産を守ろうとする姿勢を強めており，東芝，船井電気，三菱電機の3社が鴻海の特許権を侵害したことを理由に，2014年6月にアメリカのデラウェア州連邦地方裁判所で訴訟を提起したこともある。

　こうして，鴻海のコア・コンピタンスはものづくりへのこだわりであり，そのこだわりは金型技術，生産設備，特許取得，技術者獲得などの側面で表れている。資源ベース戦略論の観点から検討すると，これらの側面での成功は顧客価値，競合他社との違い，企業力の拡張というコア・コンピタンスの3要素を強める役割を大いに果たしている。また，市場価値，希少性，模倣困難性，組織適応能力という4要素からなるVRIOの枠組みから検討すると，ものづくりへのこだわりという鴻海内部に保有されている貴重な経営資源を絶えず強化していけば，他社をリードするほどの競争優位性を持続的に生み出すことは可能である。

第6節　発注企業との戦略的パートナーシップ関係の構築

　ポーターの戦略論はポジショニング戦略論と呼ばれ，競争ライバルと異なる戦略的なポジションを取ることによって競争優位性を勝ち取るというのは基本的な主張である。ポーターによると，持続的な競争優位性を生み出す戦略的ポジションは，以下3つの異なる源泉から生まれる[27]。

　1）製品種類ベースのポジショニング：個別業界の製品・サービスの一部分に特化することである。競合他社と明確に異なる一連の活動を通じて，特定の製品・サービスを最も効率よく提供できる場合に，このアプローチは最も高い効果を上げられる。

　2）顧客ニーズベースのポジショニング：特定の顧客グループの大半あるいはすべてのニーズを満たすことである。企業のマーケティング活動において，購買力や価値観などによって市場細分化を行い，自社商品の顧客ターゲットを

決めていくことは通常のやり方である。しかし，実際には，同一の顧客グループといっても，異なる状況下でニーズが異なり，商品やサービスに対する要求が大きく異なる。企業活動の調整と多様化によってこの特定顧客のさまざまな異なるニーズをほぼすべて満たしていけば，この顧客との取引関係が強固なものになり，自社に対する依存度が高まる。

　3）アクセスベースのポジショニング：顧客へのアクセス方法に基づいて顧客市場のセグメンテーションを行うことである。つまり，顧客の地理的所在や人口密度あるいはそれ以外の要素によって顧客アクセスの手法（立地，料金体系，管理方法，品揃えなど）を変える必要があり，できるだけ顧客の望む形で商品とサービスを提供するように工夫しなければならない。

　さらに，ポーターは次のような説明を加えている。「製品種類，ニーズ，アクセス，あるいはそのミックス，ベースは何であれ，ポジショニングのためには活動の調整が必要になる[28]」。また，「戦略的ポジションが維持可能であるためには，どうしても他のポジションとのトレードオフ（二者択一）が必要になる。簡単に言ってしまえば，トレードオフとは，一方を増やしたければ他方を減らさなければならないという意味である[29]」。

　ポーターのこの主張に照らし合わせると，鴻海は，基本的にアクセスベースのポジショニングを行わず，「電子製品の生産加工業者への特化」という製品種類ベースと「一流ブランド企業だけを顧客とする」という顧客ニーズベースという2種類のポジショニングをミックスしたものに自社の戦略的ポジションを方向づけている。説明を少し加えると，他社ブランドの電子製品を受託生産するEMS企業として，当然，鴻海は電子機器という特定の製品群を最も効率よく生産する専門業者に特化しなければならない。そして，通常では，大手ブランド企業は下請け生産のEMSを自由に選ぶことはできるが，EMSは発注する顧客を自由に選ぶことはできない。しかし，鴻海の郭台銘会長の考え方として，取引相手は誰でもいいということではない。つまり，大きな売上高が見込める仕事でなければ引き受ける必要はない。逆に将来性の大きい事業であれば，最初の取引単位での売上高が小さくても赤字が出ても，それを必死に受注

しようという姿勢は非常に強い。そのため，鴻海は，1）全世界の市場占有率が4位以内の企業，2）市場占有率5～20位の企業，3）地域市場のリーダー企業，4）部品企業，という形で顧客企業を4段階に順位づけ，異なる取引条件で対応している。最高段階に分類される特定の顧客グループ，すなわち市場占有率の高い企業に対して，加工賃や納期やアフター・サービスなどの面での特別有利な取引条件を提示し，長期的・包括的な取引関係を結んでその大半ないしすべてのニーズを満たそうとしている。

　最高の顧客を獲得しようとする鴻海は，携帯電話ならアップルとノキア，データ通信ならシスコ，パソコンならデル，プリンターならヒューレット・パッカード（HP），ゲーム機ならソニーと任天堂というように，それぞれの商品分野でのトップ企業を自社の取引先として狙いを定めている。つまり，市場占有率，ブランド力，技術力，潜在的成長可能性，そして自社のライバルになる可能性といった諸要素を総合的に検討し，自社の成長に有利となるように取引相手を選んでいる。

　具体的に説明すると，1991年にアメリカのコンパック（Compaq Computer，後にHPに合流した）から委託生産のオーダーを獲得したことを皮切りに，デル，アップル，HP，インテル，シスコ，モトローラ，ノキア，ソニー，シャープ，任天堂，KDDIなどの国際大手企業との協力関係を次々と築き上げた。鴻海の特徴を「人材四流，管理三流，設備二流，顧客一流」と表現するように，一流の顧客を持つのは郭台銘会長の自慢である。もちろん，これらの優良企業から仕事を受注するのは簡単ではない。同業他社との激しい競争のなかで鴻海が仕事の受注を獲得するために，今まで説明した生産規模の大きさと生産調整の柔軟さとものづくりへのこだわりなどの競争優位性は不可欠である。そのうえ，鴻海が示した積極的な協力姿勢は重要な理由の1つである。

　すでに産業界の逸話になっている一件を紹介すると，デルの創業者であるマイケル・デル（Michael S. Dell : 1965～）が1995年に中国を訪問する際に，郭台銘は必死の努力をしてデル氏を空港まで送る機会を手に入れた。そして，わざとフライトに遅らせ，翌日の便に乗らざるを得ない場面を作り出した。余った

時間を自社工場の見学に使わせ，鴻海の技術力と生産効率性と協力意欲などを当時30歳のデル氏に印象づけ，後にデルの大口受注の成功につながった。当時のデルも鴻海も成長途中の中規模企業であり，両社の協力関係の締結はその後の両社の飛躍的な発展に大きく貢献した。

受注が決まる前から巨額の投資を行い，もう後戻りはできないと背水の陣を敷く場合もある。その必勝の信念は発注企業に強い印象を与えるだけでなく，受注競争をしているライバル企業に対する威嚇効果も強い。たとえばソニーのゲーム機「プレイステーション」の委託先が決定される前に，鴻海はすでに「プレイステーション」専用の開発センターと工場を新規に建設し，技術者を多数に採用した。結局，ソニーは鴻海を選んだが，その際に，価格，品質，納期という一般的要素のほか，鴻海の協力姿勢も重要な評価ポイントになったとされる。

自社を選んでくれた大手ブランドには必ず恩返しをすると郭台銘はいつも言っており，鴻海が発注企業にいろいろな改善策を提案して連携プレイを重視することは非常に有名である。たとえばiPhoneが2007年に発売されるときに，平均コストは＄227であったが，鴻海がアップルに対してコスト削減につながる提案を繰り返して行い，翌年の平均コストは＄174（23％）に引き下げられた。

そして，EMS最大手に成長した鴻海は近年，自社の強い競争優位性を取引時の交渉力に活かし，発注企業との戦略的パートナーシップ関係，すなわちウィン・ウィン（win-win）の互恵関係を構築し始めている。以下でその事例をいくつか紹介する。

・2013年8月に，鴻海自身が持つ頭部に装着するディスプレイに関する特許を米グーグルに格安で売却した。秘密保持契約を結んでいるため，売却額や使用範囲などは非公表であるが，グーグルが開発中のメガネ型端末「グーグル・グラス」の実用化と商品化に確実に貢献できる技術だと評価されている。この技術提供によって，鴻海は「グーグル・グラス」の受注生産の契約を勝ち取った。さらに，「グーグル・グラス」の提携を通じてグーグ

ルと鴻海の信頼関係が高まり，グーグルが開発した産業ロボットを鴻海の生産ラインで実験させ，成功すれば鴻海がそれを大量に生産するという計画は2014年2月11日に発表された。

・最大顧客のアップルは製品生産の発注を分散させているなか，2013年以降の鴻海は小米，楽視，華為といった急成長している中国の新興企業を自社顧客に囲い込むことに成功した。これら新興企業の格安製品の発注は加工賃が安く，加工単位数の変化が激しいので，安心できる受注企業を探すのは簡単ではない。一方，大量生産・薄利多売を強みとする鴻海にとって，生産設備の稼働率を高め，経営基盤の安定性を強める魅力のある取引となる。

・2013年年12月にカナダの通信機器大手であるブラックベリー（BlackBerry）との業務提携が発表され，2014年5月にインドネシア市場で「ブラックベリーブランド&鴻海生産」の低価格スマートフォン（219万9千ルピア，約200ドル）の開発と発売が発表された。この業務提携の背景には，インドネシア政府が携帯電話の輸入に「ぜいたく税」を課す法案を2014年4月に検討しはじめたことによる影響が大きい。「ぜいたく税」の法案が通れば，高級機種となるアップル，サムソン電子，ソニーの売れ行きが鈍くなり，インドネシアにある鴻海現地工場で生産される低価格機種が大きく躍進すると見られる。何よりも，インドネシアは東南アジアの一番の人口大国でありながら，携帯電話の普及率はいまだに2割程度で，市場規模の爆発的な拡大が可能である。この業務提携が順調に進めば，自社ブランドのスマートフォンの販売が低迷し，経営業績が悪化しているブラックベリーにとって，自社で手がけてきたハードの開発，生産，在庫管理などの業務を鴻海に委託し，経営資源をソフトの開発に集中することを通して，より良い製品を開発してアップルやサムスンなどの上位企業との競争に挑むことができる。他方の鴻海には，取引相手の増加，事業範囲の拡大，アップル依存度の低減などのメリットがある。しかし，このインドネシア進出計画はその後に純国産スマートフォンを優先する政府方針の前で挫折し，中断して

いるようである。

- 米国の電気自動車（EV）ベンチャーのトップ企業であるテスラー・モーターズ（TESLA MOTORS）の電気自動車（販売価格約7万ドル）の受注生産を念頭に，「我々なら EV を1.5万ドルでつくれる」と2014年9月に郭台銘会長が発言し，大きな関心を集めた。テスラーのEVを受注できれば当事者の2社だけでなく，世界中の消費者はその恩恵を大きく享受できる。

- 2015年6月に，日本通信大手のソフトバンク，中国電子商取引（EC）最大手のアリババ，EMS 世界最大手の鴻海の3社はヒト型ロボットを生産する合弁会社の設立に合意し，「日中台大連合」でグローバル規模にヒト型ロボットの開発・製造・販売・サービス提供の一貫体制を作り上げた。ソフトバンクが開発したこのヒト型ロボットの名前はペッパー（Pepper）で，高さ1.2メートル，センサーと人工知能と通信機能を搭載してインターネット上のクラウドシステムと連携する。人の表情を理解することも会話することもでき，自らの意思を持って車輪で動く。2015年2月に19.8万円で技術開発者向けに300台を実験販売したのち，2015年6月20日から一般消費者向けの販売を開始し，まず月間1,000台の販売を目標とし，年内に10,000台程度を生産すると発表された。初回販売分の1,000台（本体価格19.8万円，ネット通信料，データ保管料，保険料などは別途かかる）はインターネット上の専用サイトで注文を受け付け，わずか1分で完売した。接客や介護などの幅広い分野で活躍が期待されるヒト型ロボットは，パソコンやスマホなどの代わりに，鴻海の持続的成長を支える将来の主力製品になる可能性が大きい。また，日本ないし世界的な大企業であるソフトバンクと中国電子商取引（EC）最大手のアリババとの協力関係を強化すれば，中国，日本ないし世界範囲での事業展開が有利になると鴻海は見ている。

- 2015年6月に日本のソフトバンクとインドのバルティ・エンタープライズ（Bharti Enterprise）と鴻海の3社が共同出資してインドで合弁会社を設立し，今後10年で約200億米ドルを投資し，インドで総発電能力2,000万キロワットの大規模な太陽光発電所を建てるという計画も発表されている。鴻

海が担当するのは主にソーラーパネルの生産であるが，計画が順調に進むと，市場ポテンシャルの大きいインドでのさまざまな事業の拡大に好影響を与える。
・2015年6月22日，中国ネット・サービス大手の騰訊（Tencent＝テンセント，本社は広東省深圳市）と高級自動車ディーラーの和諧（中国和諧汽車持株会社，本社は河南省鄭州市）と鴻海の3社は合弁子会社を設立し，ネット通信可能な新型EV車を2016年内に発売することを目指す。開発と製造に強い鴻海，販売に強い和諧，ネット・サービスに強いテンセント，という最強の組み合わせによって，新型EV車の販売市場が一気に拡大し，この3社に大きな利益をもたらす可能性がある。

ブランド企業が新製品の設計を完成した後，下請工場では量産体制の確立が難しかったり，生産コストが高かったりすることはしばしばある。しかし，設計をやり直すには余分なコストと時間がかかり，市場ニーズを取り逃がしてしまう恐れがある。先端的な製品を最初から高品質かつ安定的に大量生産できるという「垂直立ち上げ」の生産体制を実現するためには，ブランド企業の研究開発部門が新商品そのものの開発と設計だけを行い，量産体制の確立を委託生産の下請工場に委ねるという従来のやり方は無理である。それに代わって，ブランド企業の研究開発部門と下請工場の生産現場が一体となり，商品の開発・設計段階から生産現場の意見と提案を十分に反映させ，商品そのものの開発と大量生産体制の開発を同時に行うという「コンカレント・エンジニアリング（concurrent engineering）」の手法は新時代の流れとなっている。

実際，今のEMS大手企業は発注企業の注文書通りに製品を作るだけの下請工場的な企業ではなく，部品の設計から生産まで一貫して請け負う場合が多い。たとえば鴻海は部品の設計段階から素材や加工方法などを工夫して生産コストの削減に取り組んでいる。数多くの電子部品を自社基準で選び，過剰な品質を不要とする。製品の設計と改善を発注企業に提案し，互恵互助・相互依存のパートナーシップ関係の構築を目指している。そのため，長年のEMS経験から，鴻海は「顧客自身以上に顧客のことを考える」というスローガンを掲げ，1）

製品設計と生産管理，2）専用倉庫，3）専用工場，4）原材料調達，5）製品販売，というフル・サービスを発注企業に提供している。

鴻海のフル・サービスは発注企業側のさまざまなニーズを適切に満たしてくれた結果，多くの大手ブランド企業は一度でも鴻海に製品生産を委託すると，鴻海の高い技術力，機敏な対応能力，周到なサービス，安い製造コストなどの魅力に取り付かれ，鴻海から離れてほかの企業に委託することは難しくなる。たとえばアップルは企業間競争を促して部品生産コストの削減をはかるだけでなく，特定企業への過度依存を回避することをも基本方針としているため，どんな部品でも複数社からの調達を基本原則としているが，実際，2012年までの長期にわたって，iPadとiPhoneのほぼ全量，iPod，iMac，MacBookなどの相当数は鴻海1社だけによって単独で組立生産されていた。それは，鴻海に特別な好意を持ち，全面的に信頼しているというわけではなく，世界中で探しても，鴻海に替われるような好都合のEMS企業は存在していないからである。

要するに，鴻海は，「電子製品の生産加工業者への特化」という製品種類ベースのポジショニングと「一流ブランド企業だけを顧客とする」という顧客ニーズベースのポジショニングという2種類の組み合わせを実行することによって，自社の競争優位性をより強化することに成功した。具体的手法として，まず自社の成長に有利となる最高の顧客を獲得し，彼らに最善のサービスを提供する。そのうえ，顧客との互恵互助・相互依存の関係すなわち戦略的パートナーシップ関係を構築し，自社の成長をはかっていく。鴻海の成長歴史を振り返って見ると，鴻海がとっているこの戦略的手法は非常に成功していると言える。

第7節　自社ブランド力の構築

マーケティング論で著名な学者であるコトラー（Philip Kotler：1931〜）は，ブランドを「商品あるいはサービスの製造者または販売者を識別するための名称，言葉，記号，シンボル，デザイン，そしてこれらの組み合わせ」と定義している。また，そのブランドには，1）属性(特定の属性の連想)，2）ベネフィッ

ト（機能，満足感），3）文化，4）価値，5）パーソナリティ，6）ユーザー，という6つの構成要素があるとされる。

マーケティング活動において，ブランドの機能は主に以下の3つである。1）品質保証機能：生産者を明示し，商品の品質と責任の所在を明確に保証する。2）商品識別機能：他社の類似商品との明確な区別をはかり，自社同一商品の同質性をアピールする。3）想起機能：ある種の知識や感情やイメージなどを思い起こさせる，すなわちブランド認知とブランド連想の機能である。

ブランドはいかに重要なものかについて，コカ・コーラ元CEOのゴイズエタ（Roberto C. Goizueta：1931～1997）の話はとても有名である。「明日，工場や施設がすべて焼失したとしても，われわれの価値はいささかも揺るぎはしない。われわれの価値は，ブランド愛顧という暖簾と社内に蓄積されたナレッジに存するからだ」。なぜならば，「優れたブランドは，平均以上の収益を継続的に確保するための唯一の手段である。また，優れたブランドは，合理的ベネフィットだけでなく，感情的ベネフィットをもたらしてくれる」からである。実際，米国インターブランド（Interbrand）が毎年恒例で公表する世界の企業ブランド価値（Best Global Brands）ランキングでは，ブランド価値を最も重要視しているから，コカ・コーラは長きにわたって自動車産業やIT産業や金融業の巨人たちを抑えて首位を維持してきている（図表8―3）。ブランド価値対全社事業価値の具体的な比率は発表されていないが，コカ・コーラ，バーバリー，ジャック・ダニエルなどは60％を超え，グーグル，ナイキ，ディズニーなどは40～50％，GE，キャタピラー，ヒュンダイ，シボレーなどは10～25％と推計されている。ブランドがこれほど大きな価値を持っているので，企業として大きな予算を投入してそれを構築・防衛・増殖していく必要がある。

長年，他社ブランド製品を生産する黒衣役に徹することで世界最大のEMS企業に成長したが，自社ブランドの製品を持たないのは鴻海の最大の弱みである。「下請企業」と揶揄され，金融取引や従業員雇用などに際して不利な立場に置かれることはしばしばある。また，発注先のいろいろな理不尽な要求（加工代金，納期，CSR行動規範など）に対応するのも大変難しくなっている。その

図表 8 — 3　世界の企業ブランド価値上位15社の推移状況（2007～2014年）

順位	2007年	2008年	2009年	2010年	2011年	2012年	2013年	2014年
1	Coca-Cola	Coca-Cola	Coca-Cola	Coca-Cola	Coca-Cola	Coca-Cola	Apple	Apple
2	Microsoft	IBM	IBM	IBM	IBM	Apple	Google	Google
3	IBM	Microsoft	Microsoft	Microsoft	Microsoft	IBM	Coca-Cola	Coca-Cola
4	GE	GE	GE	Google	Google	Google	IBM	IBM
5	Nokia	Nokia	Nokia	GE	GE	Microsoft	Microsoft	Microsoft
6	TOYOTA	TOYOTA	McDonald's	McDonald's	McDonald's	GE	GE	GE
7	Intel	Intel	Google	Intel	Intel	McDonald's	McDonald's	Samsung
8	McDonald's	McDonald's	TOYOTA	Nokia	Apple	Intel	Samsung	TOYOTA
9	Disney	Disney	Intel	Disney	Disney	Samsung	Intel	McDonald's
10	Mercedes-Benz	Google	Disney	HP	HP	TOYOTA	TOYOTA	Mercedes-Benz
11	Citibank	Mercedes-Benz	HP	TOYOTA	TOYOTA	Mercedes-Benz	Mercedes-Benz	BMW
12	HP	HP	Mercedes-Benz	Mercedes-Benz	Mercedes-Benz	BMW	BMW	Intel
13	BMW	BMW	Gillette	Gillette	Cisco	Disney	Cisco	Disney
14	Marlboro	Gillette	Cisco	Cisco	Nokia	Cisco	Disney	Cisco
15	American Express	American Express	BMW	BMW	BMW	HP	HP	Amazon

出所：米国 Interbrand 社のウェブサイト：Interbrand's Best Global Brands, http://www.interbrand.com/ja/ を参照に筆者が作成した。

ため，EMS業界の内外では，「いつかは自社ブランド製品事業に乗り出す」との声はずいぶん前から聞こえていた。自社ブランドの製品を立ち上げることは「絶対にない」，他社ブランド製品を生産するEMS企業としてやり続けて行くと郭台銘会長は重ねて否定しているが，自社ブランド製品の立ち上げを真剣に検討しているはずである。

　実際，鴻海は新しいブランドの立ち上げに参加した経験を持っている。EMS企業が製造技術を一手に握っている今の時代に，アップルの製品がほとんど鴻海の工場で生産されていることと同様に，どこかの国の新興企業が有力なEMSと組めば，生産工場を持たなくても自社ブランドの商品を開発・販売することができる。たとえば新興の米国ベンチャー企業であるビジオ（VIZIO）は鴻海を含む複数の台湾系企業の中国工場に製品の開発から製造までのすべてを依頼し，自社は販路の開拓のみに専念している。その結果，品質のよい格安テレビ

は北米市場で大量に売られ，2005年に創業したビジオは今やアメリカ国内ナンバーワン，世界シェア３％を占める大手テレビ企業まで成長している。[41]

　鴻海は世界中の大手ブランド企業の製品を受注生産しているため，さまざまな技術とノウハウを社内に蓄積している。販売力さえ身につければ，自社ブランド製品の開発は十分に可能である。部品さえ調達できれば液晶テレビの製品化は比較的容易であるために，自社ブランド製品への最初の試みに液晶テレビを選んだ。新たな成長エンジンとして家電量販などの川下分野の事業を強化すると郭台銘会長は2012年６月に表明したことに続き，2013年１月に自社ブランドとなる「富可視」の60型液晶テレビを台湾にある自社傘下の家電量販店であるサイバーマートで発売を開始した。初発売の「富可視」テレビは日本の堺工場で作られる高品質の液晶パネルを使用しており，店頭価格を他社製品の３分の１程度の38,800台湾ドル（約11万円）に設定された。[42]

　今回の自社ブランドテレビの発売にあたり，テレビの製造を自社に委託しているテレビメーカーの批判と不安をかわすために，競合相手の少ない大型テレビだけに限定したうえ，ケーブルテレビ会社と組んで視聴契約とセットして販売するという特殊な販売方式をとっており，「販売方式などが異なり，受託生産の顧客とは競合しない」と鴻海側は懸命に弁明している。[43]つまり，他社製品の受注生産を基本業務とする鴻海にとって，今回はあくまでも自社ブランド製品へのひとつの実験に過ぎない。

　自社ブランドの製品を市場に出すことを通じて，自社の知名度を一般消費者に広げるとともに，新たな事業収益源を開拓しようという試みであるが，顧客の信頼低下や受注減少の事態に発展する恐れが大きくなると，自社ブランド製品の計画を直ちに中止する可能性も大きいと見られる。その一例を紹介すると，自社ブランドのテレビに続き，2013年６月28日に自社ブランドのスマート・ウォッチを商品展示に出した。腕時計の形をするこのスマート・ウォッチは心拍と呼吸の状態を表示するほか，Wi-Fi経由でiPhoneと接続すれば通話記録やメールチェックなどもできる。発売日は確定していないが，最大顧客のアップルが開発中のApple Watchを待たないという鴻海の独立的な姿勢は非常に

注目された。その後，Apple Watch の開発に時間がかかり，商品の発表は2015年３月９日になったが，鴻海ブランドのスマート・ウォッチは結局，市場に現れなかった。本当の理由は不明であるが，アップル商品との競合に勝ち目がないだけでなく，アップルを怒らせたくないと見る人は多い。

　以上で説明したように，自社に製品生産を発注する顧客を心配させないために，鴻海は公の場合に自社ブランド製品の開発を重ねて否定してきているが，近年は液晶テレビやスマート・ウォッチなどを自社で開発し，自社ブランド製品の可能性を慎重に模索している。言い換えれば，OEM（Original Equipment Manufacture：相手先ブランドでの製造）→ODM（Original Design Manufacture：相手先ブランドでの設計と製造）→DMS（Design Manufacture Service：相手先ブランドでの設計と製造とサービス提供）→OBM（Original Brand Manufacture：自社ブランドでの製造）という製造業企業の一般的な成長プロセスのなかで，鴻海は長年の努力を経て，すでに DMS の段階に到着しており，今は OBM に向けて重要な一歩に踏み出そうとしている。[44]

　ブランド力の構築＝企業価値の向上＝プレミアム価格の設定可能性という因果関係があるために，ブランドを戦略的に経営することはきわめて重要である。一般論として，ブランドの経営に関して，１）ライン拡張，２）ブランド拡張，３）マルチブランド，４）ブランド開発という４つの基本戦略があり，[45]企業経営者は自社が置かれている内外の経営環境と社内に蓄積されている経営資源に勘案してどれか１つを選ぶことになる。適切に選ばなければ，ブランドの希薄化やブランドの毀損のような問題は発生する。

　残念ながら，自社ブランド製品をほとんど持たない鴻海にとって，以上４つのブランド経営戦略を選ぶ段階にまだ到達していない。しかし，鴻海にとってブランド戦略は不要だというわけではない。実際，鴻海の社内には大事なブランドが確実に存在し，それを適切に育てていくことはきわめて重要である。この点について説明をすると，企業内のブランド利用法を細かく分類すると，次の４種類がある。[46]

　１）企業ブランド：企業名がそのまま商品の共通ブランドとなる。たとえば

トヨタ，ソニー，BMW，GUCCIなどは企業ブランドである。

　2）事業ブランド：企業内の異なる事業部門の製品が異なるブランド名を使う。たとえば松下電器産業社内にナショナルとパナソニック，キッコーマン社内にマンズ（ワイン）とデルモンテ（飲料と食品），ソニー社内にVAIOとPlayStationがある。

　3）レンジブランド：複数のカテゴリーに属する製品群を横断して共通したブランドを使う。たとえばライオンの「植物物語」には石鹸，ボディソープ，ハンドソープ，ヘアケア，スキンケアなどがある。

　4）商品ブランド：個々の商品群がそれぞれ異なるブランド名を付ける。たとえばトヨタ社内にはクラウン，カムリー，カローラ，ヴィッツなどのブランドがあり，花王社内にメリット，ビオレ，エコナ，アタックなどのブランドがあり，アサヒビール社内にスーパードライや本生などのブランドがある。

　この分類法から考えると，鴻海は事業ブランド，レンジブランド，商品ブランドを明確に持っていないが，企業ブランドに相当するものは確実に存在しており，それは鴻海の企業イメージである。鴻海の社名やロゴは最終商品に現れず，一般消費者に知られていないが，鴻海の顧客となる大手ブランド企業にとっては，鴻海が低価格，高品質，短納期，フル・サービスなどの貴重な価値を提供してくれる。特に品質，数量，納期に関する要求が高い製品の発注にあたり，鴻海以上の受注先はほとんど見つからない。この意味から，鴻海そのものが大きなブランド価値を持っていると言える。したがって，鴻海は自社のブランド力の大きさを再認識し，それを取引交渉に活かす可能性を検討すべきである。

　また，ブランド戦略の一環として，自社のブランド・イメージを明確に打ち出す必要がある。実際，世界レベルで卓越した企業のブランド・イメージに共通する特徴の1つは「夢がある」ことである。たとえばナイキは「スポーツの頂点に立つこと」，BMWは「人生を全力で走ること」，ネスレは「母心を持って世界に食べ物を供給すること」，ホンダは「人と地球に夢，発見，ドラマを」と謳っている。[47]鴻海もぜひこれに倣い，「地球資源を守る」とか，「地球上のすべての人々にスマートフォンを届ける」などのように，「夢がある」キャッチ

フレーズを見つけ,自社ブランド力の構築と向上につなげてほしい。

第8節　事業経営の多角化

　経営戦略論の開拓者の1人であるアンゾフ(Harry I. Ansoff：1918～2012)によると,企業成長を目指すときに,企業製品と顧客市場の異なる組み合わせによってPPM (Product Portfolio Matrix)と呼ばれる4つの基本的戦略が生まれる(図表8-4)。

　あらゆる環境状況にも対応できる唯一最善の方法は存在しないことを基本思想とするコンティンジェンシー理論(contingency theory)の視点に立って考えると,成長戦略の選択にあたり,製品と市場の組み合わせによって生まれた4つの成長戦略は,いずれも条件付きで有効であるし,またいずれの有効性も条件付きである。

　まず市場浸透戦略とは,現在の市場セグメント,すなわち今までと変わらぬ顧客層に対して,既存の製品をさらに売り込み,既存顧客の購入頻度と購入量の増大を通じて,売上高とマーケット・シェアの拡大を図る方法である。この場合,販売価格の引き下げやブランド力の向上などが勝負の決め手になることが多い。したがって,生産コストの削減,広告・宣伝の強化,まとめ買いの割引,顧客関係管理の強化などの方策が効果的だとされる。これまでのやり方と最も高い関連性を持っているため,企業内部に蓄積されている資源と能力,とりわけ広告宣伝活動に必要な財政的な資源を活かせば,この市場浸透戦略の成功可能性は大きい。特に成長している市場において,マーケット・シェアの拡大がなくても,市場全体の拡大によって共存共栄的に自社の成長を目指すのも可能である。しかし,市場全体の成長性が鈍くなると,同業他社との厳しい競争に勝ち抜き,自社のマーケット・シェアを奪い合い的に拡大しなければ,自社の成長はほとんど不可能になる。業界内部での競争優位性が強くなければ,市場浸透以外の戦略に切り替えざるを得なくなる。

　市場浸透以外の戦略に切り替える際に,もし当該企業のコア能力が主に顧客

図表8−4　成長戦略のベクトル

	現製品	新製品
現市場	市場浸透 (Market Penetration)	製品開発 (Product Development)
新市場	市場開発 (Market Development)	多角化 (Diversification)

出所：Ansoff, H. I. (1965), p.99. 広田寿亮訳，137頁。

市場関連の側面（たとえば商業的能力）にあるとすれば，顧客市場での強みを生かすために市場開発戦略をとるべきである。市場開発戦略とは，既存の製品をもって新しい市場セグメント，たとえば所得，年齢，地域，価値観，行動特徴などが異なるタイプの顧客層を開拓し，成長の機会を見出す方法である。この場合，営業販売や顧客関係強化対策をはじめとする商業的な能力が勝負の決め手になる。

また，もし企業のコア能力が製品関連の側面（たとえば技術開発力）にあるとすれば，製品分野での強みを生かすために製品開発戦略をとるべきである。製品開発戦略とは，現在の市場セグメント（顧客層）に対して，既存の製品と大きく異なるような，新機能や新デザインを付けた新しい製品を投入し，売上の増大をはかる方法である。新製品の開発にあたり，商品カテゴリーの幅の広さと商品アイテムの奥行きの長さという製品ラインの両方向から事業の拡大を目指すことはできるが，いずれの場合においても，商品の企画と開発をはじめとする技術的な能力が勝負の決め手になる。

市場開発戦略または製品開発戦略を実施すれば，企業の成長はある程度見込まれる。しかし，市場または製品を拡げることによる成長にはいずれ限界が来る。そのとき，さらなる企業成長を目指すのであれば，多角化戦略は避けられない選択となる。多角化戦略とは，新しい顧客市場において新しい製品を投入し，今までと完全に異なる新天地で成長の機会を求めていく方法である。この戦略を実施する手法として，技術協力，業務提携，単独事業，合弁事業，フランチャイジング，OEMなども用いられているが，とりわけ企業の合併と買収（M&A）が最も重要視される。また，この多角化戦略は製品と顧客市場の両面

から新しい事業にチャレンジするので，企業内部に既存のコア能力から大きく逸脱することになりやすい。そのため，商業力，技術力，資金力などを含む総合的な能力が客観的に求められる。失敗するリスクも高いが，成功すれば大きな成長が見込めるという意味で，多角化戦略はまさにハイリスク・ハイリターンの成長戦略だと言える。そして，市場浸透，市場開発，製品開発，多角化という基本4戦略のうち，多角化戦略は最も大きな成長可能性をもたらすために，最も重要な成長戦略として見なされている。

アンゾフの企業成長戦略論を鴻海の成長歴史に照らし合わせてみると，電子機器の受託製造を事業本体とする企業として，鴻海は長年にわたって多角化経営を行わず，ものづくりに専念することによって，世界最大のEMSまで発展することができた。しかし，近年の鴻海は，もはや昔のように，発注企業が決めた製品仕様どおりに大量生産を行うだけの企業ではない。むしろ顧客企業が求めている製品の理念，性能，品質基準などを方向性として汲み上げたうえで，顧客と相談しながら，部品設計，部品生産，製品組立，ないし製品販売までの全過程を自社が担うという「垂直統合戦略」を推進している。前節で説明したように，鴻海は，発注企業との関係に対する配慮から，自社ブランドの製品を出すのはとても慎重である。一方，電子機器製造という本業以外の事業分野への進出はその種の配慮はいらないので，新しい成長機会を求めている鴻海は多角化経営の可能性をより大胆に探っており，その全貌を次のように整理することができる。

（1）家電小売業への進出

鴻海の多角化戦略の第一歩は家電小売業への進出であり，その中身は実にいろいろである。

◆サイバーマート

鴻海はまず2001年に中国大陸で既存の家電小売店を買収し，グループ企業の広宇科技と中国系企業との合弁会社として，「賽博数碼広場」（Cybermart，サイバーマート）という名前の家電量販店を展開した。アップル製品の特約販売店

の1つに指定されたが，製品生産に直接関わる企業の店舗として，アップルから特別に優遇されることもなければ，何かの特別サービスを消費者に提供することもできなかった。中国国内での店舗数は一時的に53店舗に達したが，家電小売業界の激しい競争に巻き込まれて経営業績が低迷したため，やむを得ず赤字店舗の整理を行い，34店舗に縮小した。

　中国大陸で挫折した後，台湾を皮切りに，香港，シンガポール，東南アジアといった中華圏でサイバーマートの店舗数と取扱商品数を順次増やしていく方針が打ち出された。2012年6月15日にサイバーマートの台湾1号店（桃園市）をオープンし，同年10月に5店舗に増やした。スマートフォン関係のアクセサリーを日本の通信大手企業ソフトバンクから仕入れ，台湾のサイバーマートで販売するという契約を11月1日に結んだ。また2013年1月から自社ブランドテレビの販売を台湾で開始した。しかし，中国大陸と同様に，台湾での店舗経営もうまく行かなかった。台湾のサイバーマートを2013年度中に30店舗前後に増やすという計画は公表されたが，販売業績が低迷するなかで方針が一転し，1年足らずの台湾6店舗を順次閉め，ネット販売に軸足を移すという方針が2013年4月に発表された。

　サイバーマートの台湾6店舗が閉鎖された後，中国大陸にある約30店舗は営業を続けていたが，収益性は一向に改善できなかった。グループ企業の広宇科技が保有しているサイバーマートの48％の株式すべてを2014年6月に中国の投資会社に売却し，売却額は1,924万米ドルで，約230万米ドルの投資損失を計上した[48]。しかし，サイバーマートという名前での電子商取引（EC）事業は譲渡店舗と切り離され，鴻海グループの一員として今後も存続し，家電のインターネット販売を行うという方針が示された。2015年の春節期間中に日本の博報堂が鴻海系ECのサイバーマートと事業提携し，訪日中国人にWi-Fiルーターを貸し出し，スマートフォンのアプリを通じて，店舗所在，商品情報，割引クーポンなどの買物情報を配信するという新しいサービスを開始した。また，2015年9月から，サイバーマートジャパンと日本のドラッグストア大手のコスモスが手を組み，中国企業イーハンが生産した「ゴーストドローン」の販売を開始する。

第Ⅲ部　鴻海にみる労働問題と経営戦略

◆メディアマルクト

　鴻海は，自社店舗のサイバーマートだけでなく，ドイツ小売大手の「麦徳龍」（Metro AG，メトロ）との合弁事業（メトロ75％，鴻海25％）として，上海地域に家電量販店の「万得城電器」（Media Markt，メディアマルクト）を展開していた。2010年11月17日に1号店が開業し，その後に上海地域で7店舗まで拡大した。中国全土で100店舗を開く計画もあったが，販売不振が続き，2012年度に4億元（約64億円）の赤字に陥り，2013年1月にメトロ側は合弁事業からの撤退を発表した。それを受けて，鴻海も事業の継続を断念し，2013年3月に7店舗をすべて閉鎖した。[49]

◆ラジオシャック

　サイバーマートもメディアマルクトも販売低迷の苦境に立たされている最中に，鴻海はアメリカ家電量販大手のラジオシャック（Radio Shack）との事業提携を進めており，2012年末に上海市に合弁店舗「睿俠」（ラジオシャック）の1号店を開業させた。中国大陸を中心に3年間で500店まで増やしていく方針は公表されているが，その後の進展状況は順調ではないようである。[50]

◆飛虎楽購

　鴻海は早くも2009年に「飛虎楽購」というネット通販サイトを立ち上げ，ネット通販の業界に参入した。当初は自社従業員を主要顧客とするものであったが，格安の自社製品を早期に納品できるという鴻海の強みは発揮できず，売上高の規模は伸びなかった。2010年8月にマイクロソフト中国の初代総裁を務めたことのある杜家浜（台湾出身）が飛虎楽購の董事長に就任してから，顧客範囲を全社会へ拡大し，扱う商品も家電から日用品へ大きく広げたが，売上高が低迷して赤字決算となった。翌2011年12月に杜家浜董事長は辞任し，同じ台湾出身の田志堯が飛虎楽購の最高経営者になったが，業績の改善はその後も一貫して見られなかった。[51] 2013年6月の株主総会において，「富連網」というネット通販のサイトを新たに立ち上げ，飛虎楽購と力を合わせて中国市場を攻略すると発表したが，その後の経営状態は不明である。[52]

◆「万馬奔騰」

　地方中小都市と農村部の町に照準を合わせ，鴻海は2010年2月に「万馬奔騰商貿有限公司」を設立し，まず深圳（龍華）工場で勤務5年以上の従業員を対象に，家電小売フランチャイズ店舗のオーナーを募集し始めた。応募者は自己資金9万元を用意できれば，鴻海は30万元以上の無利息融資（家電製品の実物がメインとなる）を拠出する。鴻海はビジネス・モデルの教育，物流システム，在庫管理システムなどの側面で店舗経営を支援するだけでなく，さまざまな種類の電気製品の格安提供も約束している。応募者約4万人のうちから50人が選ばれ，3か月の訓練を経て，最後まで残った30数人は5月に中国各地の故郷に戻って「万馬奔騰」という名前のフランチャイズ店舗を開業した。2011年11月時点の店舗数は約260で，2015年までに1万店以上に増やす計画である。しかし，その後に店舗数はまったく伸びていない模様である。

◆電子機器の卸売り

　家電小売りへの多角化が難航しているなか，小売店への卸業務を主要内容とする電子機器の受託販売に乗り出すと鴻海は2014年6月25日の株主総会で表明した。その最初の対象は，鴻海のインドネシア工場で生産した，カナダのブラックベリーブランドの低価格スマートフォン（219万9千ルピア，約200ドル）である。まずは鴻海の営業組織が主体となってインドネシア国内外の小売店を相手にスマホの卸売業務を展開する。次の一歩は，中国各地の生産工場内に10の直営店を開き，受託生産しているスマートフォンやテレビなどの卸売り業務を営むと郭台銘会長が2014年7月に発表した。[53]

　以上で説明したように，鴻海は家電小売業への進出をいろいろな形で試みているが，いまだに成功していない。その理由についてマーケティング論的に考えると，同業他社間のポジショニングとしてサイバーマートも，メディアマルクトも，ラジオシャックも，ともに中国の大都市に立地している。その都市部では，新興の民営企業である蘇寧電器や国美電器などのような大手家電量販店は，顧客情報を活用して新しい販売手法を次々と生み出し，品揃えや価格やサー

ビスなどの面で大きくリードしており,「リーダー (leader)」の地位をほぼ確立している。また従来の国有系の百貨店やスーパーマーケットは,豊富な資金力と人材を武器に,奪われた首位を奪回しようと狙う「チャレンジャー(challenger)」的な存在である。一般論として,1）画期的な技術革新,2）異分野大手企業の新規参入,3）法律と制度の大きな変更,という順位交代の条件が満たされていない限り,鴻海のような後発企業は,上位企業を模倣して生き残りをはかると割り切った「フォロワー (follower)」になるか,小粒だけどピリリと辛い独自路線の「ニッチャー(nicher)」になるかという2つの選択肢しかなく,「リーダー」または「チャレンジャー」のような上位企業に真正面から挑んでいくのは賢い方策ではない。

　鴻海は,都市部で上位企業と競争したサイバーマート,メディアマルクト,ラジオシャックなどの失敗から多くの教訓を学んだはずである。真似をするだけで成長可能性が大きく制限される「フォロワー」にはなりたくないので,特定の事業領域に特化して大きな成長を狙える「ニッチャー」の道を歩み出した。最初の試みは2009年に立ち上げた「飛虎楽購」というネット通販サイトである。その経営がずっと低迷しているなか,2013年に「富連網」という通販ネットを新たに立ち上げた。また,地方の中小都市と農村部の町を率先して囲い込もうと考え,2010年に「万馬奔騰」のフランチャイズ事業を開始したが,店舗数は伸びず,経営が順調ではない模様である。そして,家電小売事業が伸び悩むなか,2014年6月に電子機器の卸売り事業に乗り出した。

　こうして,鴻海の多角化戦略はまず家電製品の小売店経営という方向でスタートした。この家電小売事業が軌道に乗れば,鴻海が製造しているさまざまな製品ないし模索中の自社ブランド製品を優先的に販売することが可能となり,鴻海の競争優位性はより強化されるはずである。しかし,EMSの本業から大きく離れる家電小売業の管理運営に必要な経営資源（情報,ノウハウ,人材,販売管理システムなど）の蓄積と新規獲得が少ないために,同業他社との競争から勝ち抜けることはできず,直接経営している店舗のサイバーマートもメディアマルクトもラジオシャックも上位大手企業との競争中に大きく挫折している。

ニッチャー戦略として,「飛虎楽購」と「富連網」と「万馬奔騰」の試みは始まったものの,期待されたほどの成果は上げていない。最新の試みとして,電子機器の卸売り事業を開始したが,その成果を評価するのは時期尚早である。

(2) 自動車部品事業への進出

自動車用の電子部品への進出は鴻海の宿願であった。鴻海製品の売上高営業利益率は3％前後であるのに対して,自動車部品の平均的な売上高営業利益率は6％前後という高水準なので,液晶パネルの強みを生かして自動車部品分野への進出が成功すれば,鴻海の収益性構造は大きく改善されることになる。不完全情報であるが[56],自動車部品の事業分野における鴻海の試みには次のようなものがある。

- 2005年2月,(車内配線用のワイヤハーネスなどを生産する)台湾系の自動車部品会社「安泰電業」を買収した。
- 2011年4月,中国安徽省の江淮汽車集団と自動車用電池の技術開発で戦略提携関係を結んだ。
- 2013年9月上旬,ダイムラー・ベンツやBMWなどの自動車大手企業にカーナビなどの電子部品を供給し始めた。
- 2014年6月,北京汽車集団との共同出資で電気自動車(EV車)のレンタカー会社を設立した。
- 2014年8月,重慶市の元創汽車に出資し,自動車用の金具などを生産する。
- 2015年1月,BMWやジャガーやテスラーなどの欧米高級車を取り扱う自動車ディーラーである中国和諧汽車持株会社の発行済み株式の10.5％を6.09億香港ドル(約94億円)で取得し,第2位株主となる。この出資は自動車流通分野への進出を意味する。
- 2015年3月23日,中国ネット・サービス大手のテンセント,和諧,鴻海の3社が力を合わせてスマートEV車の開発,製造,販売の共同事業を立ち上げると発表した。2015年6月22日,この3社による合弁子会社の「和諧富騰」が正式に設立された。設立資本金2千万元のうち,和諧,テンセン

ト，鴻海の3社はそれぞれ40％，30％，30％の割合で出資し，ネット通信可能な新型EV車を2016年内に発売することを目指す。製造に強い鴻海，販売に強い和諧，ネット・サービスに強いテンセント，という最強の組み合わせで新型EV車の販売市場を一気に拡げようと狙っている。

　実際，鴻海グループ内に電池を製造する企業は複数ある。たとえば2007年に株式の9％を出資して筆頭株主となった新普科技（シンプロ・テクノロジー）は，ノート型パソコン用で世界シェア2割超を占める首位のリチウムイオン電池メーカーである。その技術力が高く評価され，小型化・軽量化・省エネの要求が特に厳しいiPhone 6などのアップル製品にも電池の納入を勝ち取った。現段階の鴻海はすでにグループ企業を通して米国の電気自動車（EV）ベンチャーのトップ企業であるテスラー・モーターズ（TESLA MOTORS）に複数の部品を供給しており，テスラー以外の電気自動車メーカー複数社にEV用電池を納入していると見られる。そのため，販売価格約7万ドルのテスラーのEV車を念頭に，「我々ならEVを1.5万ドルでつくれる」という2014年9月の郭台銘会長の発言は大きな関心を集めた。テスラーのEVを受注できれば当事者の2社だけでなく，世界中の消費者はその恩恵を大きく享受できる。

　たしかに，鴻海の得意芸である電子製品（たとえば部品点数1～2千点のスマートフォン）と比べると，EV車の組立作業はより難しくなる。しかし，部品点数2～3万点のエンジン車と比べて，部品点数がその約3分の2となるEV車の組立作業はだいぶ簡単になる。なぜかというと，EV車にエンジンも排気管もガソリン・タンクもなく，その生産工程はガソリン車に比べて格段にシンプルとなる。従来の自動車メーカーの生命線となる「擦り合わせ型技術」は無用になり，「モジュラー型技術」を特徴とするデジタル製品の製造に限りなく近似する。成熟産業のガソリン車と比べるとEV車の参入障壁はかなり低い。極端に言うと，キー・ディバイスとなる電池とモーターの調達と組み合わせが保証できれば完成車メーカーへの進出は可能となる。もし電子機器を年間100億個単位で組立生産する鴻海がEV車の受託生産に参入するとなれば，自動車業界が長年培ったクルマづくりの常識と価格体系に風穴を開け，EV車の価格を

一気に引き下げる可能性はある。それは消費者と地球環境に恩恵を及ぼすだけでなく，鴻海にも大きな成長機会をもたらすことになる。ただし，今までにも鴻海はさまざまな異業界企業との提携を始めたものの，不発に終わってしまうことが多い。今回のスマートEV車の共同事業がどこまで前進するかはまだ判断できない。

（3）ほかの事業分野への進出

家電小売業と自動車部品事業への進出だけでなく，鴻海はほかの事業分野への多角化も試みている。不完全情報でありながら，次のようなものがある。

◆太陽光パネル事業

2011年12月，鴻海は江蘇省阜寧市にある「富昱能源科技有限公司」に資本参加し，太陽光パネルの生産事業に乗り出した。この企業の2012年の年間生産実績は約3万キロワット，世界シェアでは1％以下と小規模であったが，中国とメキシコにある現在の生産拠点に加え，米国やチェコにも生産拠点を設立し，2013年度の生産能力を40万キロワットに引き上げる方針が公表された。

2013年4月，日本の太陽電池大手企業（シャープ，パナソニックなど）や部品メーカーとの交渉に入り，鴻海工場で受注生産された太陽光パネルを2014年度中に日本市場に投入すると報道された。鴻海の太陽光パネル事業には，生産工程の徹底した自動化によるコストダウンと，受注から5日間で出荷できる短納期という強みがある。

2015年6月，日本のソフトバンク，インドのバルティ・エンタープライス（Bharti Enterprise），鴻海という3社が共同出資で合弁会社（SBG）を設立し，今後10年で約200億米ドルを投資し，インドで総発電能力2,000万キロワットの大規模な太陽光発電所を建てるという計画が発表された。新会社の資本金や設立時期は未定であるが，ソーラーパネルの生産は鴻海が担当することとなる。この計画が順調に進むと，鴻海は太陽光パネル製造の大手メーカーとなる。

◆商業施設運営

鴻海は台北市政府から事業委託を受け，小規模の電器店が集まり，「台北の

秋葉原」と呼ばれる「光華商場」辺りを「台北資訊園区」に再開発する事業に参入した。2013年1月中旬にその上棟式が行われ，2014年夏をめどに投資総額約38億台湾ドル（約150億円）の大型複合商業施設「三創生活園」（地上12階，地下6階，延べ床面積約6.6万平米）を作り，新たな観光名所に育てる計画である。鴻海の都市開発会社「三創数位」の会長に就任した郭台銘氏の長男となる郭守正氏（37歳）は，「旧来型の売り場モデルを超越し，未来のIT製品を体験できる場所にしたい」と抱負を披露した。その「三創生活園」が実際開業したのは2015年5月15日，台湾パソコン大手の華碩電脳（ASUS，エイスース），サムスン電子，ソニーなどが出店している。

◆携帯電話通信事業

　労働集約型の製造業から資本集約型のサービス業への多角化を象徴する鴻海の試みは携帯電話事業である。その第一歩は自社独自の端末機器の開発である。2013年6月にブラウザー（閲覧ソフト）の開発を主業務とする米国のモジラ（Mozilla）財団と提携し，同財団のスマートフォン向けの基本ソフト（OS）「ファイヤーフォックス（Firefox）」を鴻海が生産する多機能携帯端末に採用すると決定した。その後，画面サイズ10インチ，重量580グラム，「ファイヤーフォックスOS」を基本ソフトとするタブレット（多機能携帯端末）を鴻海とモジラが共同開発すると2014年1月6日に発表した。このタブレットをまずプロジェクター大手の米国インフォーカスに供給するが，台湾での販売も当然視野に入れている。

　次の一歩は通信事業の運営である。第4世代（4G）移動通信システム事業は2015年から台湾で始まる予定であるが，鴻海は早くも免許の取得に名乗りを上げ，携帯電話のサービス事業に参入する方針を打ち出した。2013年9月に通信子会社の国碁電子（Ambit Microsystems）が台湾当局による競争入札募集に参加した。10月30日に入札が行われ，落札者6社が決定された。そのうちの1社として，鴻海グループは約92億台湾ドル（約307億円）を投じ，一部の周波数帯を獲得した。その後は基地局などを整備して通信サービスの早期提供を目指している。

そして，国碁電子経由で台湾の通信会社第4位の亜太電信（APT）に約117億台湾ドル（約395億円）を出資し，亜太電信の第三者割当増資分の70.5％を引き受け，亜太社の全株式の14.99％を保有する筆頭株主になると2014年5月26日に発表した。[61]その後の6月20日に国碁電子と亜太電信の両社が合併され，鴻海が存続会社の亜太電信の株式過半数を握り，台湾域内での移動通信事業（4G＆5G）を本格的に展開していくと見られている。

◆データ通信事業

鴻海の多角化は生産製造というハード面からデータ通信というソフトの面にも拡大している。そのプロセスとして，まず2014年5月にクラウド分野のトップ企業であるHPとの合弁会社を設立した。グラウンドコンピューティングの普及に伴い，需要が急速に伸びているデータセンター向けのHP製品（サーバーなど）を鴻海が生産すれば，HP製品の価格競争力が高められるとともに，鴻海には新しい事業分野へ進出する機会が生まれる。

クラウド分野のビジネスを行うために，鴻海は台湾の高雄市と中国の貴陽市の2か所で大規模なデータセンターを建設・保有し，クラウドサービスを提供している。データセンターはクラウド・ビジネスの最も重要な基礎施設であり，特に貴陽市にある鴻海のデータセンターは中国南西部最大級の施設であり，数多くの大手顧客を引き付けている。

さらに事業の拡大をはかり，中国南西部でビッグデータの取引プラットフォームを運営するグローバル・ビッグ・データ・エクスチェンジ（GBDEx）の21.5％の株式を2015年4月15日に取得した。GBDExへの出資は鴻海のクラウド事業のさらなる拡大に大きく寄与することができる。その直後の2015年4月27日に，日本NECのクラウド関連技術と鴻海のデータセンターや顧客網を組み合わせ，中国などのアジア市場でのクラウドサービス事業を共同で開拓するという事業提携計画が発表された。

◆医療機器事業

2013年8月，鴻海は医療機器の製造事業に参入すると発表した。医師が映像を見ながらアームで遠隔操作する「手術支援ロボット」に使われる高精細モニ

ターを2014年3月までに自社で開発し，2014年の年度中の発売を目指すという。その高精細モニターは赤・青・緑の3原色を超高速で順に発光させ，患部を鮮明に表示することができるので，全世界で年間20万台の需要が見込まれ，日本国内の協力工場（多分，堺工場になる）に製造を委託する予定である。

医療機器と言えば，鴻海にとっての新しい産業分野となるが，パネル関連技術が製品の核心となるので，映像パネル分野で世界最先端を走る日本企業の技術をすでに大量に獲得している鴻海にとっては，実力発揮のできる事業分野となる。今回の医療用高精細モニターの開発は横浜市にある鴻海の研究拠点に委ねると報道されている。

ちなみに，日本企業のパネル技術を獲得する方法について説明すると，2012年9月28日にNECから液晶パネル関連の特許使用権を94.5億円で取得した。2013年5月31日にディスプレイ関連の研究開発子会社「フォックスコン日本技研」を大阪市に設立し，シャープ，パナソニック，ソニー，三洋電機などの大手電機企業を中途退職した人材を中心に募集活動を開始した。「フォックスコン日本技研」に入社した日本人技術者は次世代パネルと期待される有機ELディスプレイの開発に取り組んでおり，その奮闘ぶりは2014年5月17日放送されたNHKドキュメンタリー番組『Asiaの黒衣動く　日本人技術者を取り巻く台湾企業』のなかで描かれている。その後，横浜市にも同様の拠点を設け，首都圏在住の日本人技術者を採用している。そのほか，（シャープと共同運営している）最新型パネルを生産する堺工場とも技術的な連携活動を強化している。こうして，鴻海は日本企業の液晶パネルや有機ELパネルなどの技術開発力を獲得している。

（4）鴻海の多角化事業に対する分析と提言

郭台銘会長は2012年に「今後は商業・貿易の鴻海を目指す」と述べ，製造業以外の事業を強化する方針を表明している。[62] 全体的な流れとして，鴻海の多角化戦略は，まず家電小売業へ，次に太陽光パネル，商業施設運営，携帯電話通信，データ通信，医療機器などの事業へ，そして自動車部品事業への進出を展

第8章 鴻海の経営戦略

図表8―5　BCGによるPPM分析モデル

		相対的な市場占有率	
		高い	低い
市場全体成長率	高い	花形（star）	問題児（wild cat）
	低い	金のなる木（cash cow）	負け犬（dog）

出所：Henderson, B. D.（1979），p.165. 土岐坤訳，236頁の内容に基づいて作成した。

開している。しかし，この一連の多角化挑戦のうち，家電小売の事業は立ち往生しており，ほかの事業の成否も楽観視できない。鴻海の多角化事業の現状を踏まえて，筆者は次の2点を指摘したい。

1）「負け犬」事業から撤退すべきである

BCG（Boston Consulting Group）の資源配分戦略[63]の視点を取り入れ，相対的市場占有率と市場全体成長率という2つの客観的に測定可能な指標に基づくPPM（Product Portfolio Management）分析モデルを使えば，鴻海が展開しているさまざまな事業を次のように分類することができる（図表8―5）。

・同業他社を大きくリードして利益を確実に稼ぎ出している本業の電子機器製造は「金のなる木」に相当する。
・自然エネルギーの将来性が明るく，市場占有率が急上昇して利益も出ている太陽光パネル生産事業は「花形」に相当する。
・事業の将来性は期待できるが，上位企業を追い上げるための投資が大きく，利益をすぐに出せない携帯電話通信，データ通信，医療機器，自動車部品などは「問題児」に相当する。
・ネットショッピングの全盛期を迎える現在，市場成長率も市場占有率も低い鴻海の家電商品を中心とする小売業と商業施設運営は「負け犬」に相当する。

「金のなる木」の本業は規模が大きく，豊富な資金供給源となるので，その資金の一部をまず「花形」の太陽光パネル事業に回し，利益を確実に稼げる「金のなる木」に成長させるべきである。またその資金の一部を携帯電話通信，データ通信，医療機器，自動車部品などの「問題児」事業に回せば，企業の将来を

支える「花形」ないし「金のなる木」に育成することは可能である。しかし，「負け犬」と分類される家電小売業と商業施設運営に新たな資源を投入しても見返りを期待できないので，早期に撤退すべきである。

2）本業との関連性の薄い多角化を避けるべきである

実際，市場浸透，市場開発，製品開発，多角化というアンゾフの基本4戦略のうち，多角化は最も重要な戦略であるとともに，最も成功しにくい戦略でもある。多角化戦略の危うさは昔から指摘されており，最も有名な研究は以下数点である。

アンゾフ（1971）は1948〜1968年の約20年間にアメリカ企業による数百件の企業買収行動を対象にした実証研究である。その結果として，M&Aを手法とする多角化の実施に伴い，動機，方法，シナジー効果，統合程度といった多くの面で難しい問題が起きており，「サンプル企業の20年間を全体としてとらえると，企業の買収は採算に合わず，事実上，劣った企業成長の方法であると結論づけられる[64]」。

ルメルト（1974）は1949〜1969年の『フォーチェン』上位500社のうちの米国製造業企業246社を抽出し，これらの企業の経営戦略の内容，多角化戦略の種類，戦略ごとの業績データなどの関連性を分析した。その主要結論として，多角化を全く行わない企業と（事業間の関連性が低い）コングロマリット多角化を行う企業と比べて，主力事業との関連性が高い，いわゆる基軸から離れない多角化を行っている企業の収益性は相対的に高い[65]。つまり，多角化には適正レベルがあり，多角化が進む最初のうちに収益性は向上するが，その適正レベルを超えると収益性が減少に転じるのである。ちなみに，1970年代の日本企業に対する吉原英樹ら（1981）の実証研究[66]はルメルトの結論をおおよそ支持し，「本業関連型の中レベルの多角化が最も望ましい」との見方を示している。

ポーター（1987）はコングロマリット多角化を展開しているアメリカ大手33社（IBM，エクソン，モビール，デュポン，GE，P&G，ゼロックスなど）に対する実証研究を行った。この33社は平均して80の新規事業，27の新規分野に参入していた。新規参入の手法として，その70.3％は企業買収，21.8％は新会社の創設，

7.9％は合弁事業を使っている。しかし，買収した企業の半数以上は後に手放され，とりわけまったくの未経験分野に進出した場合に買収事業から撤退した割合は60％を超え，多角化の成功率はおおむね芳しくないと言える[67]。

こうして，現実には，成功事例よりも失敗事例のほうが圧倒的に多いと確認されている。多角化が成功しにくい原因は，多角化戦略の実施が企業経営の複雑性を増大させるところにある。「複雑性がある水準を超えると，企業は経営不能になり，破壊的な不足事象に対して脆弱になる。したがって，戦略的な経営者は，自社が過度の多角化と複雑性に陥らないように，複雑性のコントロールに関心を持つ必要がある[68]」。さらに，複雑性への対応策として，アンゾフは多角化をしないことを推奨している。「一部の多角化した大企業の複雑性はすでに理解と管理の限度を超えている，という兆候が強まっている。この種の事態が発生する場合に，企業が必要とされる多様性原理を実践できる唯一の方法は，この対応の複雑性をさらに増やすことではなく，むしろ自社が対応しようとする環境の挑戦課題の範囲を狭めることである。言い換えれば，企業は『多角化しない』ことをあえて選択しなければならない[69]」。

要するに，数多い選択肢のなかから無理して多角化を選ぶ必要はない。アンゾフ理論の本意として，多角化戦略の採用は，市場浸透，市場開発，製品開発などの戦略を実施した後にやるべきである。大手企業各社はともに分散調達の方針を持っているので，鴻海が既存の発注企業から生産注文の量と比率をさらに高めるという市場浸透戦略は容易ではない。一方，自社ブランド製品を持たない鴻海にとって，発注企業を増やすことは市場開発に該当し，発注企業と一緒に製品を共同開発することは製品開発に該当する。桁外れの生産規模と高度な製造技術を活かせば，製品開発と市場開発の戦略は十分に大きな成長効果を上げられる。

したがって，ハイリスク・ハイリターンの多角化戦略を急いで実施する必要性がなく，むしろ事業多角化による経営複雑性の増幅と大きな失敗を回避するために，「多角化をしない」という発想転換も必要かもしれない。仮に多角化戦略を実施することにしても，ルメルト（1974）の結論に鑑み，本業から大き

第Ⅲ部　鴻海にみる労働問題と経営戦略

くはずれるような「コングロマリット多角化」を避け，本業と緊密の関連性を持つ事業分野，とりわけ桁外れの生産規模と高度な製造技術と圧倒的なコスト優位性という自社最大の強みを生かせるような産業分野，すなわち「技術関連多角化」に進むべきであろう。この観点からすると，鴻海の多角化事業のうち，本業との関連性が薄い家電小売業，商業施設運営，携帯電話通信などの事業は難航し，本業との関連性が強い太陽光パネル，データ通信，医療機器，自動車部品などの事業は比較的進みやすいはずである。

本章は鴻海の経営戦略という1点だけに焦点を絞り，さまざまな成功事例と失敗事例の検討を通じて，鴻海の経営戦略上の特徴ならびにその強みと弱みの解明を試みた。

本章で検討したように，1974年に台湾で創業した鴻海は，弱小な町工場から出発し，中国大陸への進出をきっかけに，事業の規模と範囲を着実に広げ，生産能力，従業員数，工場数，売上高などの面で世界最大級のEMS企業に成長した。この大成功をもたらした鴻海の経営戦略には，1）生産規模の拡大，2）積極的なM&A活用，3）生産工場の立地分散，4）柔軟な生産調整，5）ものづくりへのこだわり，6）発注企業との戦略的パートナーシップ関係の構築，7）自社ブランド力の構築，8）事業経営の多角化，といった8つの特徴が観察されている。

これらの特徴がもたらす結果を整理すると，専門人材の獲得と育成による金型技術力の向上，特許取得による核心技術の掌握，産業用ロボットの大量導入による自動化工場の建設，世界規模での工場分散による労働力の確保と供給体制の安定性向上，雇用調整による人件費の抑制，生産設備の調整による設備稼働率の向上と生産コストの削減，M&Aの活用による電子製品産業での水平的拡張と垂直的統合の推進，大量生産体制による規模の経済性，製品分野の多様化による範囲の経済性と産業クラスターの形成，製品種類ベースと顧客ニーズベースのポジショニングへの特化による厳選した世界一流企業との互恵関係の構築，自社ブランド製品の模索と企業イメージの向上によるブランド力の構築

といった重要なものが挙げられる。これらのものは鴻海の強みとなり，同業他社を凌駕するほどの差別的な競争優位性を持続的に生み出している。一方，さらなる成長を目指すために，鴻海は，電子機器の製造という本業を強化しながら，家電小売，太陽光パネル，商業施設運営，携帯電話通信，データ通信，医療機器，自動車部品などの事業分野にも進出し，事業経営の多角化を展開しているが，そのほとんどは大きく成長せず，鴻海の弱みを露呈している。

　鴻海の経営戦略上の特徴を分析するにあたり，筆者はコスト・ビヘイビア，「5つの力」，顧客の創造，規模の経済性，範囲の経済性，シナジー効果，垂直立ち上げの生産体制，コア・コンピタンス，VRIO，戦略的ポジション，リーダー，チャレンジャー，ニッチャー，フォロワーという同業他社間のポジショニングの理論，多角化と経営収益性との関連性に対するアンゾフやルメルトやポーターの研究，ポーターのコスト・リーダーシップ戦略とポジショニング戦略，バーニーの資源ベース戦略，コトラーのブランド戦略，アンゾフの多角化戦略，BCGの資源配分戦略，といった数多くの理論的な概念と枠組を便宜的に利用している。

　分析の結果として，とりわけポーターのコスト・リーダーシップ戦略は鴻海の経営戦略の本質を端的に説明するものである。事業経営の多角化を除けば，鴻海の経営戦略上の諸特徴はいずれも鴻海の差別的な競争優位性を高めたものであり，今後ともこれらの特徴をより強化していくべきである。一方，事業経営の多角化，とりわけ家電小売業への多角化は何度も挫折を喫した。鴻海は軌道修正をしながら多角化戦略を続行しているが，筆者の見解として，桁外れの生産規模と高度な製造技術と圧倒的なコスト優位性を最大の強みとする鴻海にとっては，製品開発と市場開発の戦略は十分に大きな成長効果を上げられるので，成功しにくい多角化戦略を急いで実施する必要性はない。少なくとも本業との関連性が薄く，「負け犬」に該当するような家電小売と商業施設運営の事業は継続すべきではない。

　全体の結論として，鴻海の経営戦略の展開に限定して見ると，多角化事業を中心に若干の問題点を抱えながら，優れた特徴が多数見られている。それゆえ

に，鴻海は大きく発展することができた。つまり，鴻海のこれまでの大成功は，創業者の並外れた才能や企業を取り巻く幸運的な経営環境といった偶然的な要因による結果ではなく，教科書的な経営戦略手法を根気よく地道に遂行してきたことによる必然的な結果である。また，鴻海の経営戦略に新味がないゆえに，他企業への移植可能性が高く，経営戦略論分野の教科書的なケースにも成り得る。世間では，労働関連問題に起因する批判的な意見が多いため，鴻海を異端視する風潮は強いが，経営戦略論の視点から見れば，鴻海は特殊で異質な企業ではなく，ごく普通の企業であり，経営戦略の優等生とも言えよう。本書の執筆中に，鴻海を美化する気持ちにまったくならなかったが，差別的な偏見と拒否反応を持つべきではないという思いはかなり強まった。

　鴻海という巨大企業の経営戦略は多岐にわたり，その情報の多くを筆者が把握できないので，本章の対象範囲も分析内容も不完全なものに過ぎず，「群盲，象を評す」というレベルのものである。しかし，マイナス・イメージが先行する鴻海の知られざる一面，すなわちその経営戦略上の諸特徴を経営戦略論の視点から初めて提示できたことは，大いに有意義な試みであると信じたい。

〈注〉
(1) Porter (1980), pp.34-40. 土岐ほか訳，55～63頁。
(2) Porter (1985), pp.70-83. 土岐ほか訳，88～106頁。
(3) 学習効果とは累積生産量が増大することによって，従業員の技能が向上して単位生産量あたりの直接労働投入量が逓減する効果を指す。
(4) 経験曲線効果とは累積生産量が増大することによって，あらゆる側面の経験が積み上げ，単位生産量あたりの総コストが逓減する効果を指す。この場合，コストの範囲は直接労働投入量だけでなく，間接費，研究開発費，販売広告費などを含んだ幅広いものへ拡大される。
(5) 規模の経済性とは生産規模の拡大につれて単位製品の生産コストが逓減するというメリットを意味する。
(6) 業界内競争度合い，新規参入の脅威，代替製品の脅威，買い手の交渉力，売り手の交渉力という5つの要因は業界平均の収益性に決定的な影響を与えるので，「5つの力（Five Forces）と呼ばれる。Porter (1980), p.4. 土岐ほか訳，18頁。
(7) 『日本経済新聞』2012年5月29日朝刊記事。
(8) シナジー効果とは，複数の事業が相互に補完して個別の事業価値の合計を上回る全体価値を生み出す効果を指す。販売シナジー，操業シナジー，投資シナジー，マネジメント・シナジーなどがある。Ansoff (1965), p.75. 広田訳，99頁。
(9) 範囲の経済性とは1つの企業が複数の事業を同時に手がけたほうが，複数の企業がそれぞ

⑽ 『日本経済新聞』2015年9月17日朝刊記事。
⑾ この案件の経緯について説明すると，半導体の封止・検査で世界最大手（2014年度売上高世界シェア19.1％）の台湾の日月光半導体製造（ASE）は，8月21日に約350億台湾ドル（約1,330億円）を投じて，SPIL の株式を最大25％まで株式公開買い付け（TOB）を通じて取得すると発表した。「事前に知らされなかった」と激怒した SPIL 経営陣は，ASE の行為を完全に敵対的 TOB と捉え，8月28日に SPIL と鴻海の共同記者会見を開き，鴻海を「白馬の騎士」として迎え入れ，鴻海向けの第三者割当増資を行い，両社の株式持ち合いによる資本提携を通じて ASE の TOB を阻止する意向を明らかにした。しかし，約1か月間の TOB によって SPIL 株の24.99％を取得したと ASE は9月22日に発表した。さらに ASE は2015年10月1日に台中市地方裁判所に訴状を提出し，SPIL の臨時株主総会の招集禁止と鴻海への第三者割当増資案の無効を主張した。そして，2015年10月15日に SPIL の臨時株主総会が開催されたものの，鴻海への第三者割当増資案が否決された。現時点で SPIL の筆頭株主の地位を獲得した ASE が優位に立っているが，鴻海の次なる一手が注目される。
⑿ 『日本経済新聞』2013年12月26日朝刊記事。
⒀ 李欣「郭台銘：30余載発家伝奇掲秘」『華夏経緯網』2013年9月9日：http://www.huaxia.com/tslj/qycf/2013/09/3520084.html。
⒁ 「奥巴馬和喬布斯的最後一次対話」『華夏快通』2012年1月26日記事：http://my.cnd.org/modules/wfsection/article.php?articleid=31399。
⒂ 『財経中国網』2014年4月28日記事：http://finance.china.com.cn/roll/20140428/2367666.shtml。
⒃ Barney（2002）。
⒄ Wernerfelt（1984）。
⒅ Rumelt（1984）。
⒆ Barney（1991）。
⒇ Prahalad & Hamel（1990）．DIAMOND ハーバード・ビジネス・レビュー編集部編訳，297頁。Hamel & Prahalad（1994），pp.224-228. 一條訳，323～329頁。
(21) Barney（2002），p.145. 岡田訳（上），250頁。
(22) 『日本経済新聞』2013年12月13日朝刊記事。
(23) 『日本経済新聞』2012年12月31日朝刊記事。
(24) 「巨無覇富士康是如何錬成的？」『華夏経緯網』2013年9月27日記事：http://www.huaxia.com/tslj/qycf/2013/09/3550326_4.html。
(25) 「2012年中国特許出願件数の統計について」：http://www.sptl.com/jp/news/news49.htm。
(26) 「シャープを見切った鴻海の『皇帝』，日本に研究所新設の舞台裏」『週刊ダイヤモンド』2013年7月13日号。
(27) Porter（2008），pp.47-54. 竹内訳，82～90頁。
(28) Ibid., p.52. 竹内訳，90頁。
(29) Ibid., p.54. 竹内訳，92頁。
(30) 人材四流という人間軽視・人間不在の見方は，従業員の飛び降り自殺やデモや暴動，軍事化管理，トップダウンの意思決定体制，後継者不在，といった多くの問題の背後原因となっ

⑶1 『日本経済新聞』2014年10月28日朝刊記事。
⑶2 史末（2012），88～89頁。
⑶3 ただし，アップルは2012年以降に台湾系の和碩，緯創集団，可成科技などへの発注生産を開始し，鴻海への発注量はあまり減らないものの，発注比率を減らしている。
⑶4 Kotler & Armstrong (2001), p.301.
⑶5 江口泰広（2010），98～100頁。
⑶6 石井淳蔵・広田章光（2009），229頁。
⑶7 Kotler (2003), p.8. 恩蔵監訳／大川訳，23～24頁。
⑶8 Ibid., p.10. 恩蔵監訳／大川訳，26頁。
⑶9 Aaker (2014), p.18. 阿久津訳，29頁。
⑷0 『日本経済新聞』2011年6月9日朝刊記事。
⑷1 2009～2010年のアメリカ国内での液晶テレビの市場占有率では，ビジオ，サムスン，ソニー，LG，東芝，サンヨー，パナソニック，シャープという順位となる。野口悠紀雄（2012），248頁。
⑷2 2013年4月をめどに70型も発売し，年内に中国大陸市場にも投入するとされる。ただし，中国大陸市場では鴻海ブランドの「富可視」ではなく，鴻海の合弁パートナーの米国家電量販大手のラジオシャック（Radio Shack）のブランドで販売される。
⑷3 『日本経済新聞』2013年1月15日朝刊記事。
⑷4 しかし，OBMは最終ゴールではない。OBMになってから逆に製造，設計，サービスなどを徐々に切り落とし，アップルやナイキのような商品開発とブランド管理だけに専念する企業を目指していくことも可能である。
⑷5 Kotler & Armstrong (2001), pp.306-309.
⑷6 足立勝彦（2004），54頁。
⑷7 水野誠（2014），10頁。
⑷8 『日本経済新聞』2014年6月10日朝刊記事。
⑷9 「家電零售巨頭万得城退出中国」『新華網』2013年3月1日：http://news.xinhuanet.com/fortune/2013-03/01/c_124402605.htm.
⑸0 「撃不退的美国渠道商：睿俠称3年要建500店」『中国家電網』2013年3月28日：http://news.cheaa.com/2013/0328/361306.shtml.
⑸1 「富士康電商夢斷？」『環球網財経』2013年5月21日：http://finance.huanqiu.com/industry/2013-05/3956707.html.
⑸2 「富士康推獨立電商平台富連網」『中時電子報』2014年10月26日：http://www.chinatimes.com/newspapers/20141026000140-260203.
⑸3 『日本経済新聞』2014年7月16日朝刊記事。
⑸4 嶋口充輝ほか（2009），105頁。
⑸5 リーダー，チャレンジャー，ニッチャー，フォロワーという同業他社間のポジショニングの理論について，次の文献を参照できる。Kotler & Armstrong (2001), pp.687-689. 池尾恭一ほか（2010），270頁。
⑸6 『日本経済新聞』2015年1月27日朝刊記事と『日経産業新聞』2015年1月5日記事。
⑸7 『日本経済新聞』2014年10月28日朝刊記事。

(58)　『日経産業新聞』2013年3月26日記事。
(59)　『日本経済新聞』2014年1月7日夕刊記事。
(60)　『日本経済新聞』2013年10月31日朝刊記事。
(61)　『日経産業新聞』2014年5月28日記事。
(62)　『日本経済新聞』2013年4月10日朝刊記事。
(63)　Henderson (1979). 土岐訳。
(64)　Ansoff et al. (1971), p.75. 佐藤監訳，163頁。
(65)　Rumelt (1974), p.8. 鳥羽ほか訳，10～11頁。
(66)　吉原英樹ほか (1981)。
(67)　Porter (1987). DIAMONDハーバード・ビジネス・レビュー編集部編訳，80頁。
(68)　Ansoff (1990), p.482. 中村ほか訳，548頁。
(69)　*Ibid.*, p.469. 中村ほか訳，531頁。

第9章
鴻海とシャープの資本提携事業

　鴻海とシャープとの事業提携の交渉は2011年7月に始まり，2012年3月に正式に契約を調印した。しかし，両社が合弁会社を設置してシャープの元堺工場を共同運営するという部分的な内容が履行されたものの，鴻海がシャープの筆頭株主となって両社の全面協力体制を築くという全体構想は3年以上も断続的に交渉されてきたにもかかわらず，結局，実現できなかった。当事者双方の言い分は大きく食い違っているので，事実の真相を掴むのは容易ではない。しかし，この事業提携においては，中国新興企業の海外進出，日本老舗企業の再生，日中企業の戦略的提携といった重大な課題が絡んでおり，経営学のケース・スタディとしての価値が非常に高い。本章は主に鴻海とシャープの事業提携の背景，展開，始末といった一連のプロセスを整理・説明する。そのうえで，この一連のプロセスから得られる経験と教訓を論じてみる。

第1節　事業提携の背景

(1) 鴻海の収益性低迷

　鴻海は1999年にEMS業界に参入してから，圧倒的なコスト競争力を武器にして次々と大手多国籍企業から大口の注文を取り付け，2005年に売上高ベースでの世界最大のEMS企業に成長した。鴻海が抱えている多数の大口取引先のうち，米国アップルは最大の顧客である。iPod，iPad，iPhoneなどのアップル製品をほぼ独占的に生産しており，2012年度第4四半期にアップルとの取引金額は鴻海全体のほぼ5割を占めていた。ただし，アップルから支払われる加工代金は非常に低額なものである。

米国の市場調査機構であるアイサプライ（iSupply）の2011年調査によると，iPadの市販価格は＄499であるが，そのうちのパーツ代は＄219.35，総平均コストは約＄260である。より詳しい内訳として，アップル製のA4チップは＄26.8，同社の16GBメモリカードは＄29.5，韓国LG社製の9.7型タッチ・パネルが＄95，鴻海の組立加工費はわずか＄11.2である。また，市販価格＄549のiPhoneのうち，アップルの取り分は58.5％，部品メーカーのコストは21.9％，部品メーカーと流通業者の利益は14.5％，中国工場の管理費は3.5％，中国労働者の人件費は1.8％である。また，米国の調査会社のHISによると，2014年9月に発売したiPhone 6（4.7インチ，16ギガ）では，受託生産している鴻海と和碩（Pegatron，ペガトロン）の2社が得る組立加工賃は＄4で，本体販売価格＄649の0.6％に過ぎない。加工賃や部品代を含めた総生産コストは約＄200で，販売価格からこれを差し引いた残りの＄440以上の多くはアップルの収入になる。明らかに，アップル製品の市販価格と比べて，生産者としての鴻海の取り分は非常に少ない。

　一方，2010年の従業員飛び降り自殺事件以降，鴻海は生産工場を人件費の高い沿海地域から安い内陸地域に移転し始めた。2012年度中に中国国内従業員総数のうち，内陸部の占める比率は48％に達することになった。しかし，内陸部の法定最低賃金も大幅に引き上げられ，予想したほどの人件費節約効果は実現できなかった。

　この背景下で，鴻海の売上高は年々順調に成長しているものの，収益性は低下する傾向にある。売上高営業利益率の数値を見ると，2002年に7.4％，2005年に6％台とかなり高水準であったが，2011年第1四半期は1.7％に低下した。2011年第2四半期の売上高（7,859億台湾ドル）は前年同期比で20％増となったが，営業利益（129億台湾ドル）は同22％減で，売上高営業利益率は1.64％であった。2011年10月のiPhone 4sの発売で業績は上向いたが，売上高利益率を大きく改善することはできなかった。2011年度の連結売上高は9.7兆円（3.4527兆台湾ドル，前年度同期比15％増）で，電子業界最大手のサムスン電子（以下，サムスンと略）の12兆円に迫る存在になった。しかし，売上高営業利益率を見ると，

アップルの28％，サムスンの10％弱に対して，鴻海のそれはわずか2.4％と大きく劣っている（図表9－12参照）。

「薄利多売」がEMS業界の基本スタイルとはいえ，鴻海は収益性の改善をはかっていかなければならない。そのため，経営の基軸を工場運営の高効率から生産技術の高付加価値へ移す必要がある。つまり，他社生産の部品を組み立てるという低付加価値の作業工程を引き受けることにとどまらず，液晶パネル，タッチ・パネル，半導体といった付加価値の高い部品を自社で内製化する必要がある。

実際，液晶部品を内製化するために，鴻海は2010年3月に数千億円を投じて台湾の大手液晶パネルメーカーの奇美電子に出資し，液晶パネルの製造分野に進出した。しかし，奇美電子は日本の液晶パネルメーカーほどの技術力がなく，鴻海の一番の大口顧客であるアップルが求めている高性能液晶パネルを開発・製造することはできなかった。アップルのような一流ブランド以外のところに販路を求めたが，世界的な液晶不況に遭い，奇美電子は赤字を出し続け，鴻海本体への貢献度はきわめて低かった。液晶の先端技術を獲得するために，鴻海は2010年から複数の日本企業に資本提携の交渉を試み，契約書を交わすまでたどり着いたのはシャープであった。

要するに，シャープのような日本企業と戦略的な協力関係を結び，最先端の技術を獲得し，液晶パネルという付加価値の高い高品質の製品を安定的，かつ大量に内製化することを通じて，アップル向け事業をはじめとして，より多くの大手ブランド企業から生産注文を獲得し，鴻海全体の収益性を高めていく，というのは鴻海の狙いであった。

（2）見えざる「第三の男」の存在

鴻海とシャープの事業提携の裏に，アップルの存在は非常に大きい。「工場なき製造業」を基本理念とするアップルは自社の生産工場を持たず，部品生産と完成品の組立といった付加価値の低い工程をすべてアウトソーシングにし，自社の経営資源を付加価値の高い工程となる開発と販売に注ぐことにしている。

この種のビジネス・モデルはスマイルカーブによって解釈されている（図表7－1参照）。実際，アップルに限らず，スマイルカーブが機能しているため，先進国の大手ブランド企業の多くはもっぱら商品の開発と販売を自ら行い，部品生産と完成品組立を途上国の他社工場に委託している。

　部品生産と組立生産の工場を選ぶ際に，アップルは価格と品質の競争を促すだけでなく，供給体制の安定性をはかるためにも，複数企業への発注を基本原則としている。アップル製品に欠かせない液晶パネルに関して，世界中で探しても，アップルの品質要求を満たせるのはジャパン・ディスプレイ産業（JDI），シャープ，サムスン，LG電子（以下，LGと略）という日韓の4社だけである。しかし，2009年にサムスンが自社ブランドのスマートフォン「ギャラクシー」を発売し，その基本ソフトにグーグルの「アンドロイド」を採用した。これを機に，アップルはサムスンを「敵」と見なし，特許紛争に持ち込むまでサムスン潰しの戦いを開始した。2011年時点でLGとJDIの両社はアップルに液晶パネルを供給する主要メーカーであり，2011年秋に発売された「iPhone 4s」から供給し始めたシャープは，取引歴史も短く，供給量も少なく，3番手として位置づけられていた。

　鴻海は世界最大のEMS企業まで成長したが，電子機器業界最大手のサムスンは基本的に自社工場で大半の製品を生産しているので，鴻海に委託製造を発注することはない。それだけでなく，受注生産業界のライバルでもあり，知的財産権や価格カルテルなどの訴訟で鴻海に大きなダメージを与えることも数件ある。そのため，鴻海はサムスンに対する強い敵対意識を持っている。「サムスンからパネルを調達したくない」というアップルの意図を察して，鴻海は2010年3月に台湾の液晶パネル大手メーカーである奇美電子に出資して傘下に収めたが，奇美電子の液晶パネルはアップルの品質要求を満たさず受注できなかった。したがって，鴻海は，日立やNECなどの日本企業から液晶パネルの特許技術や生産設備を購入するとともに，経営難に落ちていた液晶技術の王者であるシャープに対して，最新型の液晶パネルを生産する堺工場の共同運営とシャープ本社との資本提携を提案したのである。

鴻海の立場から考えると，世界最強の商品ブランドを持つアップル，世界最高の技術開発力を持つシャープ，世界最大の生産能力を持つ鴻海という3社が盟友となれば，韓国勢のサムスンとLGという長年の強力なライバルを打ち破り，鴻海の世界制覇が可能となる。またソフトのトップ企業アップルとハードのトップ企業シャープを自社陣営に取り込めば，鴻海の競争優位性は不動のものとなり，長期にわたる安定的な成長が可能になる。この考え方に基づき，郭台銘会長は相互補完型の日台連合で液晶分野の世界市場を攻略する目標を打ち立てた。アップルに基幹部品となる液晶パネルを供給するシャープと多数の非基幹部品を供給する鴻海による「部品メーカー連合」を結成すべきだ，「ブランドを持つ日本企業と量産技術を持つ鴻海が組めばサムスンに勝てる」，「日本と台湾の企業が協力して中国に出るのが最も良いビジネス・モデルだ」，「日本企業のブランド価値は技術革新やコンテンツ供給などにあり，機器を生産する点に価値があるわけではない」，「自社ブランドを持たない鴻海にモノづくりを任せるべきだ」，と日本の企業とマスコミ・メディア向けに懸命にアピールしていた。[3]

シャープの主要工場のうち，亀山第1工場はアップル製品向けのCGシリコンパネル（第5.5世代），亀山第2工場はテレビ向けの大型アモルファスシリコンパネルと省電力・高画質の中小型IGZOパネル（第8世代），三重第1工場と第2工場は携帯電話や車載機器向けのアモルファスシリコンパネル（第3と第4.5世代），三重第3工場はIGZOを超える最高級の「ポリシリコン液晶」パネル，天理工場は自社製スマートフォン向けのIGZOパネル（第3.5世代），堺工場は超大型のアモルファスシリコンパネル（第10世代）を生産している。[4]

このなかの亀山第1工場は2004年に稼働し，当初はテレビ向けの第6世代パネルを量産していたが，その後に採算性が悪化し，生産ライン全体を中国の南京熊猫（CECパンダ）に売却した。シャープの製造技術に魅力を感じたアップルは，設備投資総額1,000億円のうちの約600億円を拠出し，空洞になった亀山第1工場をアップル製品向けの第5.5世代の中小型パネルの専用工場に改造した。基幹部品の複数社調達を方針とするアップルは，パネル注文の一部をシャー

プに出している。しかし，アップルが求める量とコストでパネルを供給する能力を，シャープは持っていなかった。たとえば2012年3月に発売された新型iPadの一部製品は，シャープの高精細で消費電力の少ない新型液晶パネルIGZOを採用したが，納期は半年近く遅れたため，ライバルのサムスンにアモルファス液晶パネルを追加注文せざるを得なかった。「シャープだけに任せるのは危ない」と見たアップルは，鴻海とシャープとの事業提携の背中押しをしており，シャープの技術開発力と鴻海の生産能力を自社陣営に取り込めば，ライバルの「グーグル・サムスン連合」をねじ伏せられると考えていた。

　一方，シャープの事業経営は危機的な状況にある。2012年3月期に3,760億円という過去最大の最終赤字を計上するだけでなく，2013年3月期も巨額の最終赤字が見込まれ（結果は4,500億円の赤字），2012年8月に3千人規模の従業員早期退職の実施も決定されていた。業績も株価も従業員士気も未曾有の苦境に陥った状況下では，自主再建を疑問視する声も多い。不本意でありながら，シャープは「アップル・シャープ・鴻海大連合」に巻き込まれることとなった。

（3）液晶技術に対する鴻海の執念

　EMSとしての鴻海はさまざまな電子製品づくりを手掛けているが，その多くは液晶パネルを使用している。液晶パネルを内製化することができれば，鴻海の収益構造は大きく改善することになる。元々，鴻海子会社の群創光電（Innolux，イノラックス）はパネルを生産していたが，その技術と品質はアップルをはじめとする世界一流ブランド企業の要求に応えられるものではなかった。

　液晶メーカーとしての地位を高めるために，鴻海は2009年11月に群創光電の全株式を差し出し，液晶パネルの生産台数で世界第4位の奇美電子（台湾）の約11％の株式と交換した。群創光電の名前は消えたが，鴻海は合併後の存続会社となる奇美電子を実質的に支配することとなった。しかし，トップを走る韓国系のサムスンとLGを追い上げ，世界最大・最強の液晶パネルメーカーを目指す鴻海にとって，世界第4位の液晶メーカーを社内に囲い込む程度だけでは不十分で，技術不足の問題は解決できなかった。そのため，鴻海は日台連合の

構想を打ち出した。その最初の試みは，2010年の日立製作所傘下の日立ディスプレイズ（千葉県茂原市）の買収計画であった。しかし，日本の政府と家電産業全体から強い圧力を受けた日立は，2011年夏に鴻海との交渉を打ち切った。そして，政府系投資ファンドの産業革新機構（INCJ：Innovation Network Corporation of Japan）から2千億円の出資を受けながら，東芝，ソニー，日立の3社は中小型液晶の事業統合会社となるジャパン・ディスプレイ産業（JDI）を2012年4月に共同設立し，中小型液晶の国内連合体の道を歩み始めた。

　JDIが創設された最初のとき，シャープにも参加を呼び掛けていたが，「3社より自社の技術に自信があって乗らなかった」のは液晶覇者のシャープの自負姿勢であった。(7)それ以降，JDIとシャープは中小型液晶パネルの分野で互角に競いながら日本国内の2強体制を維持してきている。シャープは高精細・省電力のIGZO（Indium〔インジウム〕，Gallium〔ガリウム〕，Zinc〔亜鉛〕，Oxide〔酸素〕という4種類から構成されるアモルファス半導体の略称）パネルなどの先端技術を保有しているのに対して，JDIの強みは高精細の画像を表示できる「低温ポリシリコン（LTPS：Low-temperature Poly Silicon）」の量産技術である。日立ディスプレイズとの交渉が不発に終わった鴻海にとっては，国内連合体に参加しなかったシャープは交渉価値を有する相手であり，しかも経営難に陥ったシャープだけが交渉可能な相手である。

第2節　事業提携の展開過程

（1）シャープとの提携交渉の開始

　日立との事業提携は不発に終わったが，鴻海は日台連合を諦めずに努力を続け，2011年7月15日にシャープとの間で，大型液晶パネルの事業分野で50％ずつ出資の合弁会社を年内に台湾に設立することに合意した。価格競争が最も激しい20～40インチのテレビ用パネルはすべて鴻海が生産する，省エネなどの先端技術が求められる40～60インチのテレビパネルはシャープの技術指導の下で鴻海が生産する，60インチ以上の超大型パネルはシャープの自社工場が生産し

て鴻海に供給するなどは合意された主要内容である。

　この合意が実行されれば，高品質なパネルを低コストで生産することができ，鴻海のコスト優位性とシャープの技術優位性がともに存分に発揮できると見られていた。しかし，シャープの経営陣内部で激しい意見対立が起きたため，一旦合意された契約は後に白紙解消となった。シャープの技術力に強く魅せられた鴻海は新たな事業提携を提案するために，シャープのこの安易な変心行為に対して，損害賠償や謝罪などを求めなかった。残念なことに，この一件は鴻海とシャープの両社経営陣に大きな警鐘を鳴らすことがなく，その後の事業提携の行方に禍根を残した。

（2）堺工場とシャープ本社への出資決定

　「シャープの技術，台湾企業の管理手法，中国大陸のさまざまな人材の力を結集すれば，我々は世界一流の地位を築ける」[8]と郭台銘会長はシャープの技術力とブランド力を高く評価し，シャープとの事業提携の機会を模索していた。やがてその努力が報われ，シャープ会長の町田勝彦はシャープ社内ないし日本経済産業省の反対を押し切って鴻海との事業提携を強行させた側面もありながら，2012年3月28日に両社事業提携の合意書が正式に発表された。

　2年後の郭台銘会長の説明によると，郭台銘は3月21日に来日し，一週間にわたりシャープと話し合った。最初は町田勝彦会長と片山幹雄社長が交渉相手であったが，3日目から奥田隆司副社長も交渉に加わった。シャープ側の要請に応じて，過去6か月間の平均株価を根拠にして買取価格を550円に設定した。時間との勝負もあり，事前調査を行うことを留保条件とした合意書は調印された。

　合意書の内容はおおむね以下2つである。まず1つは，最新型液晶パネルを生産する堺工場を運営しているシャープの子会社となるシャープ・ディスプレイ・プロダクト（SDP）を鴻海とシャープが共同運営する合弁会社となる堺ディスプレイ・プロダクト（SDP）に改組し，堺工場で生産された液晶パネルの半数を鴻海が引き取る，という内容である。もう1つは，鴻海が第三者割当増資

の形で総額約670億円を拠出し、1株550円の取得価格でシャープ本社株の9.9%を購入してシャープの筆頭株主になる。しかし、この2つはともに経営が行き詰ったシャープを鴻海が救済する形となっており、「火事場泥棒」の印象をぬぐいきれない。

(3) 堺工場への出資完了

シャープの堺工場は、「液晶のプリンス」と呼ばれる技術者出身の片山幹雄が社長を務めた2007年に土地購入代金を含めた4,300億円の初期投資（累積総工費1兆円以上）を投じ、60型以上の超大型液晶パネルを効率的に生産できる最新鋭工場であり、亀山工場の進化形である。2015年2月時点においても、第10世代液晶パネルの生産ラインを持つ世界唯一の工場で、その希少価値は依然として高い。しかし、堺工場は2009年に稼動を開始したが、その直後にサムスン製の液晶パネルを使った5万円台の薄型テレビが世界市場を席巻し、他社より割高となるシャープの大型パネルは売れず、パネルの在庫は山ほど膨らみ、堺工場の稼働率は5割以下に落ちていた。シャープ本社は2012年3月期の年度決算で3,760億円という過去最大の最終赤字に陥り、堺工場を単独で継続運営する体力が失われた。

堺工場を鴻海とシャープとの合弁会社に改組するというニュースが2012年3月28日に発表されると、鴻海へのパネル大量供与が堺工場の稼働率を押し上げる起爆剤と見なされ、3月28日当日の東京株式市場でシャープ株がストップ高（制限値幅の上限）の570円まで急伸し、翌29日も6.7%増の608円と大きく上昇した（図表9－1）。しかし、この提携事業に対して、「日本の名門企業が台湾企業に乗っ取られる」、「先端技術の流出」、「日本側が過大な在庫を抱えるのではないか」、「強力なライバルを自ら作り出すことになる」、「シャープ本体の買収に乗り出すのではないか」、「婿殿は敵か味方か」というように、さまざまな憶測と不安が日本国内のマスコミを賑わした。

堺工場に大きな魅力を感じた鴻海は、シャープ内の反対意見や日本産業界とマスコミの異論を恐れず、（郭台銘会長の個人資金の形で）2012年6月22日に約170

第9章　鴻海とシャープの資本提携事業

図表9－1　鴻海とシャープの資本提携交渉開始後のシャープ株価の代表的値幅変化（円）

2012年	終値	2013年	終値	2014年	終値	2015年	終値
03／01	554	01／04	295	01／06	327	01／05	267
03／27	495[1]	1～3月	300円を挟む	01／21	382	01／26	223
03／28	570[2]	03／05	299[6]	02／14	308	03／02	254
03／29	608[3]	03／26	290[7]	03／20	281	03／31	235
03／30	604	04／03	246	03／26	295[12]	04／16	277
04／02	599	4～5月	300円台推移	03／31	314	04／23	272
04／03	591	05／09	423	04／04	330	05／08	258
04／04	569		上　昇	04／15	270	05／11	190[13]
04／27	516	05／20	552[8]	05／07	256	05／14	200
05／01	468	05／21	600	05／15	282	05／15	186[14]
05／23	369	05／22	601[9]	05／21	260	05／21	165
	上　昇	05／23	522	06／30	325	06／23	163
06／22	425	05／29	520	07／07	336	06／30	149[15]
07／12	331	05／30	482	07／11	320	07／01	151
08／06	181	06／06	401	08／08	302	07／13	179
	回　復		400円台で推移	09／02	332	07／29	161
09／04	209	06／24	401	10／28	262	08／11	176
	低　迷	06／25	400	11／18	300	08／24	162
10／17	143[4]	06／26	386	12／22	266	08／31	177
	低　迷	7～9月	360～420円を挟む	12／30	268	09／09	172
11／16	179	09／17	370[10]			09／18	164
12／03	172[5]	10／01	354			09／30	137[16]
12／18	327	10／07	291[11]			11／25	150
12／27	300	10／15	286			12／25	110
12／28	303	11／21	297				
		11／22	322				
			上　昇				
		12／11	341				
		12／30	334				

注：1）2012年3月27日終値の495円は鴻海出資の基準価格となり，取得価格がそれを11％上回る550円と算出された。
　　2）2012年3月28日終値は570円で，鴻海の取得価格の550円を上回った。
　　3）2012年3月29日終値の608円は，近年のシャープ株の最高値である。
　　4）2012年10月17日終値の143円は，シャープ株の上場以来の最安値である。
　　5）2012年12月3日終値の172円はクアルコムの出資基準価格となり，後にそのまま取得価格となった。
　　6）2013年3月5日終値の299円はサムスンの出資基準価格となった。
　　7）2013年3月26日は鴻海とシャープ間に合意された株式取得最終期限で，その日の株価（290円）が予定取得価格の550円を大きく下回るため，鴻海は株式の買取を行わなかった。
　　8）2013年5月20日終値の552円は長い低迷期を経て鴻海取得価格の550円を再び超えた。
　　9）2013年5月22日終値の601円は両社の交渉が行き詰まってからの最高値である。
　　10）2013年9月17日終値の370円は株式公募の予定基準価格となり，取得価格がそれを6％下回る348円と決まった。

11) 2013年10月7日終値の291円は株式公募の正式な基準価格となり、実際の発行価格は291円を4.12%下回る279円となった。
12) 2014年3月26日は鴻海とシャープ間に延長された株式取得最終期限で、その日の株価は295円で、550円に遠く届かず、鴻海は株式買取の権利を行使しなかった。
13) 2015年5月9日（土）に資本金を5億円に減資するという情報が出回り、週明けの11日にシャープの株価は一時ストップ安（31%安）の178円に下がり、終値は26%安の190円となった。
14) 2015年5月15日は5億円までの減資が正式に発表された翌日で、終値は前日比7％安の186円となった。
15) 2015年6月30日は総額2,250億円の優先株発行と5億円までの減資が行われた日で、終値の149円は2012年10月17日に付けた上場以来最安値の143円に後6円と迫った。
16) 社内カンパニーに移行する前日となる2015年9月30日の終値は137円で、上場以来の最安値を更新した。

出所：『日本経済新聞』ウェブサイト「日経会社情報」のシャープ株のチャートに基づいて作成した。
http://www.nikkei.com/markets/company/chart/chart.aspx?scode=6753&ba=1&type=2year

億円、7月12日に約490億円という2回に分け、合意された堺工場への出資総額（約660億円）を全額拠出して堺工場への出資を完了した。その間にシャープの株価が約25％も下がったため（3月28日の終値は570円、6月22日は425円、7月12日は331円）、堺工場の投資案件によって鴻海（郭台銘個人）に約64億台湾ドル（約170億円）の含み損が発生した。

鴻海出資後の堺工場は堺ディスプレイ・プロダクト（SDP）へと社名変更したが、その資本構成は、鴻海（郭台銘個人）とシャープのそれぞれ46.5％、ソニーの7％である。その後、ソニーの持ち株売却と大日本印刷と凸版印刷への第三者割当増資が行われ、資本構成はシャープと鴻海（郭台銘個人）のそれぞれ37.61％、大日本印刷と凸版印刷のそれぞれ9.54％、自社株5.70％となる。鴻海はSDPに優秀な経営幹部と営業マンを送り込み、一旦壊れたソニーとの関係を修復することに成功した。また、鴻海の得意先である米国新興テレビメーカーのビジオ（VIZIO）や中国のテレビメーカーなどからも生産注文を取り付けた。その結果、SDPの生産ラインの稼働率は鴻海出資前の3割強から9割強に高まり、SDP単体の税引き前利益は黒字に転じるようになった。

その後も、シャープ自社の亀山工場と三重工場の業績低迷と対照的に、鴻海とシャープが共同運営しているSDPでは、テレビ用の大型パネルの販売が好調で、生産ラインの稼働率が高いレベルを維持している。2013年に151億円の年間純利益を上げたことに続き、2014年12月期に年間売上高2,203億円、年間

純利益72億円を上げ，2期連続の黒字を確保した。2015年に入ってからも，米国と中国で大画面テレビの需要が好調で，SDPの生産ラインはほぼフル稼働している。年末商戦に向けて，SDPは新たに100億円を投資し，生産能力を1割強（パネルガラスを月産7.2万枚から8.1万枚へ）拡大すると決定された。実績から見れば，シャープ堺工場への鴻海の出資は成功し，鴻海とシャープのウィン・ウィン関係を生み出している。

（4）シャープ本社出資の難航

堺工場への出資が無事に完了したのに対して，シャープ本社株を9.9％取得するという合意内容の実行は大変に難航することとなった。2012年3月28日に合意された予定取得価格は一株550円であるが，その後にシャープの株価は大きく下がった。550円の取得価格でシャープ株を買い取ると，鴻海に大きな含み損が発生することとなる。堺工場への出資による含み損は郭台銘会長個人が負担したことと大きく異なり，鴻海のほかの株主にも被害が及ぶので，550円は基本合意に過ぎず，利益損失情報隠しというシャープ側の過失を考慮に入れ，時価に合わせて取得価格を下方修正すべきだと鴻海側が要求した。一方，シャープの新経営陣は550円が正式に契約した内容で，買取価格の見直しを絶対に認めず，譲歩する余地がないという強硬な態度を取っていた。実際，そのときのシャープでは，交渉相手の町田会長はすでに引退し，奥田隆司新社長は町田会長・片山社長時代の負の遺産を清算し始めた。事業の集中と選択を理由に，2012年8月に2千人規模の希望退職を募集し，実際3千人規模の人員削減を実施した。しかし，このリストラによって多くの人材が失われ，社内の雰囲気も一気に重苦しくなった。奥田新体制は会社の内外から強い逆風に直面しており，弱腰と見られたくないため，鴻海に譲歩することはもはやできない。

両社はともに資本提携契約の履行に期待を寄せていながら，譲歩する意思はなかった。鴻海は取得価格の引き下げ（200円前後）と出資比率の引き上げ（20％前後）を強く求めていたのに対して，シャープはまったく歩み寄らずに強く抵抗していた。シャープ側は一時的に，取得価格の小幅の引き下げを受け入れな

がら，出資比率の引き上げを拒否するという方向で打開策を探っていたが，シャープ本社の買収さえも視野に入れた郭台銘会長は「シャープの経営には必ず介入する。もし経営介入が必要ないなら，シャープは銀行団とのみ話をすればよい」，「もし出資だけでよいなら私は必要ない。私はベンチャー・キャピタルではない」と述べ，シャープに揺さぶりをかけた[13]。実際，2012年10月時点でシャープの株価は140円台まで下がり，当初予定された出資額（約660億円）を出せば，時価換算でシャープ株の約40％を取得することができ，シャープを呑み込むことになる。

　両社主張の食い違いが表面化してから，郭会長と奥田社長とのトップ直談判で難局の打開をはかるしかなかった。2012年8月末に郭会長の日本訪問中に合意するかもしれないと見られていたが，奥田社長とシャープ側にまったく誠意がないと郭会長は感じ，予定された奥田社長との会談も記者会見も一方的にキャンセルして台湾に戻った。当事者の片方の偏った見方かもしれないが，2014年6月に『週刊東洋経済』のインタビューを受けた際に，郭台銘は当時の状況を次のように説明している[14]。

　2012年3月時のシャープは巨額の赤字を垂れ流していた堺工場をシャープ本体から切り離したかったので，郭台銘個人がシャープの町田会長と片山社長に協力して堺工場に出資した。また，堺工場の経営で株主配当と従業員ボーナスを出すこと，日本人社員をリストラしないこと，台湾人社員を大量に派遣しないこと，研究開発を継続することをシャープ側に約束した。その代わり，シャープ本社への出資を認めてもらった。そして，2012年3月末にまとめられたシャープ本社株式の買取に関する合意書のなかで，シャープ側の要請に応じて，過去6か月間の平均株価を根拠にして買取価格を550円に設定された。

　しかし，数か月後にシャープの巨額（3,760億円という過去最大）の最終赤字が明るみに出て，株価は3月末の500円近辺から8月初めの180円前後に暴落した。シャープ株の終値（192円）が予定取得価格の550円より65％も下がった2012年8月3日に，郭台銘会長はシャープの東京支社で「会社を代表している」町田勝彦相談役（前会長），片山幹雄会長（前社長）と会談した。その場で，「鴻海に

は迷惑はかけられない，買取価格は見直す方向で検討しましょう」と町田氏が提案を出した。[15] 郭会長はそれをシャープの正式の提案として受け入れ，会談後に「（時価に近い）買取価格の見直しで合意した」とメディアに発表した。しかし，2012年4月に片山に代わってシャープ社長に就任したばかりの奥田隆司は「そうした事実がない」とすぐに否定した。[16] そのうえ，町田と片山の両氏はすでに経営失敗の責任が問われて会社代表権を失った「過去の人」であり，出資条件の見直しのような重要事項を決める権限を持っていない。奥田新体制下でのシャープは取得価格面で譲歩するつもりはないと強調した。一方，鴻海との交渉窓口をずっと務めてきた町田氏も「ワシはもう一線を引いた身やから」と責任逃れの態度に変わった。[17]

「シャープは合意書の締結前に巨額の損失を隠した」，「町田前会長が買取価格を時価に近い方向へ見直すことに同意したのに，奥田新社長はそれを無効とした」，「サムスンやクアルコムに株式を安く売ったのに，鴻海に550円という高値を要求するのは理不尽だ」，と郭台銘会長はいろいろな不満を口にし，「私はシャープに騙された」と日本のメディアに強く訴えた。[18]

この類の事柄となると，当事者双方の言い分は当然異なり，真相を解明すること自体もさほど大した意義を持たない。しかし，2015年現在から振り返って見ると，鴻海とシャープ両社の資本提携計画は2012年8月末に事実上破談してしまったのである。

（5）鴻海はずしの道へ

鴻海との交渉が難航している2012年9月に，シャープは主力銀行となるみずほ銀行と三菱東京UFJ銀行から総額3,600億円の協調融資契約を取り付け，当面の運転資金を確保することができた。それを受けて，鴻海に対する交渉姿勢はより強硬になった。奥田隆司社長は液晶事業に関わる外部との戦略的交渉の権限を町田相談役から取り上げ，片山幹雄会長に一任した。

液晶事業で大きな功績を上げて社長まで昇進した片山氏にとって，自分が育ててきた液晶事業を手放し，鴻海の軍門に下ることを認めたくなかった。また，

液晶事業に無防備に過大投資してシャープ全体を経営危機に落し入れた責任が問われ，社長の座を追われた片山氏にとって，何とか液晶事業を自分の手で再建して名誉を挽回したいという気持ちも強かった。そのため，液晶事業の再建を託された片山会長は鴻海はずしの方向に動き出した。

1）クアルコムの出資

奥山・片山体制は全面降伏を迫る鴻海との交渉を一旦凍結し，インテル，デル，ヒューレット・パッカード，マイクロソフトなどの世界超一流企業に積極的に働きかけ，液晶事業の部分的な提携の相手を探していた。しかし，シャープに対する視線が冷たく，片山会長の努力は報われなかった。ようやく米国半導体大手のクアルコム（Qualcomm）とのやや小規模な資本提携に合意することができ，次世代パネルの共同開発で最大100億円の出資を受け入れると2012年12月4日に発表した。

クアルコムはまず同12月27日に50億円の払い込みを完了した。残額の50億円を2013年3月29日までに払い込むと予定されたが，3か月ほど延期され，6月24日に追加出資を含む約60億円を払い込んだ。残念なことに，クアルコムとの合意が発表されてから，シャープの株価は大幅に上昇し始め，2012年12月27日のシャープ株の時価は300円前後，2013年6月24日の時価は401円であった（図表9－1参照）。それにもかかわらず，資本提携が合意された2012年12月3日終値の172円はそのままクアルコムの株式取得価格となり，クアルコムに安い買い物をさせてしまった。結果的に，シャープに対するクアルコムの持ち株比率は3.53％で，第5位株主になった（図表9－2）。

シャープとクアルコムとの資本提携事業について，鴻海は表向きは「当社とシャープとの交渉には影響しない」と平静さを装っていたが，鴻海の出資払い込み期限（2013年3月26日）前の重要案件なので，鴻海に揺さぶりをかけた挑戦的行為としてとらえるのは当然であろう。実際，シャープが鴻海はずしの道へ歩み出したことは，シャープと鴻海双方の態度を硬化させ，出資条件の交渉をより一層困難にした。

図表9－2　シャープ上位株主構成一覧

2013年7月	2013年11月	2014年3月31日	2015年3月31日
日本生命保険 (4.73%)	日本生命保険	日本生命保険 (3.03%)	日本生命保険 (2.78%)
明治安田生命保険 (3.89%)	明治安田生命保険	明治安田生命保険 (2.69%)	明治安田生命保険 (2.69%)
みずほ銀行 (3.56%)	みずほ銀行	クアルコム (2.47%)	クアルコム (2.47%)
三菱東京UFJ銀行 (3.54%)	三菱東京UFJ銀行	みずほ銀行 (2.46%)	みずほ銀行 (2.46%)
クアルコム (3.53%)	クアルコム (2.47%)	三菱東京UFJ銀行 (2.45%)	三菱東京UFJ銀行 (2.45%)
サムスン (3.04%)	マキタ (2.11%)	マキタ (2.11%)	CHASE MANHATTAN BANK GTS CLIENTS ACCOUNT ESCROW (2.17%)
	サムスン (2.10%)	サムスン (2.10%)	マキタ (2.11%)
			サムスン (2.10%)
			シャープ従業員持株会 (1.79%)

出所：シャープホームページ：http://www.sharp.co.jp/corporate/ir/stock_bond/stockholder/

2）サムスンの出資

　シャープへの出資には元々「日台共闘，打倒サムスン」の鴻海側の意図があった。郭台銘の説明によれば，2011年6月1日に町田会長が香港のリーガルホテルで郭台銘に会い，「共同して韓国のサムスンに対抗しよう」と町田が言った。2013年3月に締結した合意書に，本来サムスンに関する条項があった。それは堺工場の液晶パネルを含め，サムスンを仲間に入れてはならないという内容であった。ただ契約上でそういうことをあからさまに書くことはできないので，文書化にせず，口頭での合わせ事項にしたという[19]。

　しかし，鴻海とシャープの交渉は2012年8月末に事実上中断した。その後もシャープの株価が低迷し続け（図表9－1参照），取得価格や持ち株比率などの

出資条件で折り合わず，取引の妥当性に問題があるとして台湾政府当局の送金認可も下りていない。鴻海に背を向け，シャープは2012年12月からサムスンとの交渉を開始した。2013年3月6日には，直近時価（前日値299円）を約3％下回る取得価格（290円）で第三者割当増資を行い，103億円の出資をサムスンから受け入れるという内容の資本提携が発表された。結果的に，「火中の栗」を拾ったのは鴻海ではなく，サムスンである。

　この件のいきさつとして，2012年12月13日にサムスン副会長の李在鎔（李健熙会長の長男）がシャープの大阪本社を「表敬訪問」した際に，堺工場への出資を提案した。すでに「鴻海と一緒にやっている」という理由でシャープは断ったうえで，シャープ本体への出資を逆提案した。サムスンがシャープの大株主となれば，両社の協力関係が進み，生産能力が過剰になっているシャープの亀山工場の液晶パネルをサムスンが大量に買い入れるとシャープは期待していた。その後は片山会長の主導で交渉を進めていたが，宿敵サムスンとの事業提携に対して，シャープ内の拒否反応はかなり強かった。しかし，「IGZOの技術提供を求めない」，「経済産業省や社内から反対があったら出資しない」，「経営陣の派遣は考えていない」とサムスン側が非常にソフトな交渉姿勢を示したため，シャープ経営陣の不安と恐怖が払拭された。サムスンは当初，鴻海と同等の約10％の出資（約400億円）を提案したが，シャープは出資交渉進行中のクアルコムの反応と社内感情などに配慮した形で，サムスンの出資額（103億円，持ち株比率3.04％，第6位株主）をクアルコム社（110億円，3.53％，第5位株主）以下に抑えた（図表9－2参照）。

　実は，サムスンとの資本提携の発表を翌日に控えた3月5日午後，堺工場でアップルの担当者も交えて，シャープの奥田隆司社長と片山幹雄会長と鴻海の郭台銘会長とのトップ会談が予定されていた。サムスンとの資本提携の内容を直接郭会長に伝え，理解を得るつもりだったかもしれないが，「鴻海からの出資条件を見直さない」という文言がサムスンとシャープの出資契約のなかに盛り込まれているという情報は郭氏の耳に早く伝わり，激怒した郭氏はシャープとのトップ会談を急遽キャンセルしたと日本の新聞社は当時報道した。しかし，

シャープで液晶生産技術開発本部の本部長を務めた矢野耕三の証言では，キャンセルしたのは鴻海側ではなく，シャープ側である[22]。キャンセルしたのがどちら側であれ，鴻海との間に「サムスンを仲間に入れるな」と約束しておきながら，一変してサムスンとの間に「鴻海を仲間に入れるな」と約束したシャープ側の対応は大変不適切なものであり，進行中の鴻海との交渉はまったく誠意のない猿芝居に過ぎないと批判されてもやむを得ない。

「シャープとは関係を発展させるための協議を続けていく」と鴻海の広報責任者は3月6日夜に正式なコメントを出したが[23]，大阪市内の中華料理店で堺工場の幹部と会食していた郭会長は「サムスンとうまく付き合った日本企業はないのに」と言葉を慎重に選び，シャープの行動を批判した[24]。シャープ本社株式取得の払い込み期限は2013年3月26日に迫っているため，サムスンとの資本提携は事実上，鴻海との資本提携を破談にさらに追い込むことになった。

(6)「オオカミと一緒にダンスする」

長年のライバルであるサムスンとの日韓連合を選んだことは，シャープにとっての苦渋の決断だったかもしれないが，「日台連合」と「打倒サムスン」を目標に掲げる鴻海の感情を踏みにじるようなものである。電子業界におけるサムスンとアップルの2強争いにおいて，シャープは従来からアップル陣営の一員であり，アップル製品向けの液晶パネルを大量に供給してきた。サムスンとの事業提携は「陣営の乗換え」，「裏切り」と見なされると，アップルとの関係が悪化する恐れもある。また，EMS企業を数多く擁する台湾産業界にとって，自社工場を持たずにEMSを利用するアップルは頼れる盟友であるのに対して，EMSを使わずに自社工場の製品を利用するサムスンは脅威となる宿敵である。そのため，シャープとサムスンの資本提携事業について，台湾の新聞各紙は「オオカミと一緒にダンスする」という刺激的な見出しを使い，失望と不満をあらわにした[25]。

さて，アップルと鴻海の「共通の敵」だけでなく，シャープ自身の宿敵でもあるサムスンとあえて手を組んだというシャープの賭けは吉に出るか。「サム

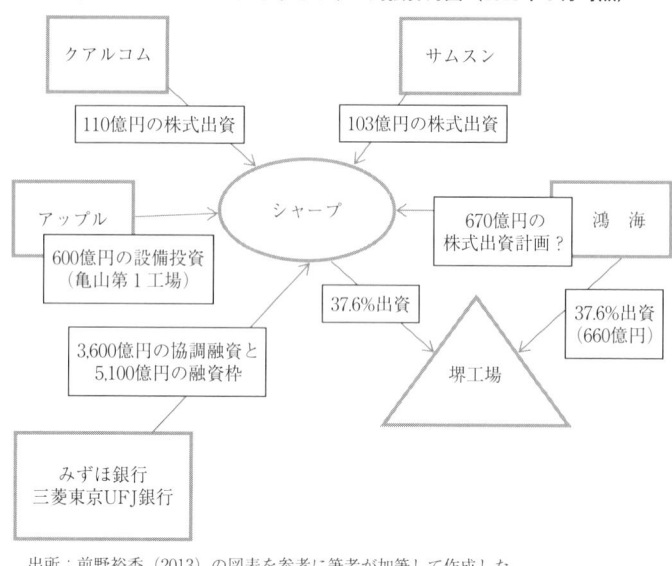

図表 9－3　シャープを中心とする列強勢力図（2013年6月時点）

```
クアルコム                サムスン
    │                      │
110億円の株式出資      103億円の株式出資
    ↓                      ↓
アップル  →        シャープ        ←   670億円の        鴻　海
600億円の設備投資                      株式出資計画？
（亀山第1工場）
                    ↓ 37.6%出資      37.6%出資
                                     （660億円）
3,600億円の協調融資と
5,100億円の融資枠           堺工場
    ↑
みずほ銀行
三菱東京UFJ銀行
```

出所：前野裕香（2013）の図表を参考に筆者が加筆して作成した。

スンにも鴻海にも経営介入はさせない。パネル供給はアップル1社に依存しない」とシャープの幹部は強気で独自路線を強調しているが、アップル、サムスン、鴻海、クアルコム、みずほ銀行、三菱東京UFJ銀行といった利益が相反する世界列強を社内に招き入れているため（図表9－3）、シャープのその後の経営意思決定に際して、自社利益を最優先とする列強が租界地奪い合いの世界大戦をシャープ内で展開するような危険性は目に見えている。シャープはこのパワーゲームをうまく制御できなければ、列強の餌食になってしまう。

（7）鴻海とシャープの資本提携交渉の破談

サムスンとの資本提携を発表した2日後の2013年3月8日に、鴻海との出資交渉について、シャープ幹部は「条件を変えた出資は受け入れられない」とシャープ側の態度を説明した。他方では、3月14日に「期限までに結論を得るのは難しい」と鴻海広報室が公式に表明し、交渉の決着が困難だと初めて認めた。そして、払い込み期限の2013年3月26日になってもシャープの株価は290

円で，550円の取得価格との差が大きかった。交渉期限切れ直前の2013年3月24日に郭会長と奥田社長は香港の鴻海オフィスで会談したが，最終協議はまとまらず，鴻海からの出資は正式に見送られた。交渉期間の一年間延長と資本提携協議の継続は両社間で確認されたものの，交渉責任者の変化，信頼関係の崩壊，両社それぞれの社内事情の変化といったそれまでの経緯を考えると，資本提携の継続交渉はもはや進展できないと見られていた。

その後，シャープの株価は長い低迷期間を経て2013年5月20日に552円に回復し，5月22日の601円は鴻海とシャープの交渉がこじれてからの最高値となり，「550円の壁」を完全に乗り越えた。しかし，そのすぐ後はまた下落に転じ，2013年10月15日に年内最安値の286円を付けた（図表9─1参照）。興味深いことに，「550円の壁」が越えられた好機が5月に到来したときでさえ，両社は交渉の再開に動かなかった。「株価が550円を超えたら協議が進む話ではなく，鴻海から新たな提案はない」とシャープ次期社長の高橋興三が2013年5月の記者会見で述べた[27]。また2013年6月25日の定時株主総会では，「当初の契約通りで出資依頼があれば協議はするが，現時点で来ていないし，こちらからも（依頼）していない」と述べ，鴻海との交渉再開に興味を示さなかった[28]。一方，鴻海の郭台銘会長は2013年6月26日に台湾で開かれた株主総会で，シャープへの出資について，「引き続き交渉中だ。当社としては急ぐつもりはない。（シャープの経営陣の交代で）交渉相手が何度も代わり，時間がかかっている。これは仕方がない」と淡々と説明しただけである[29]。

その後も両社は互いに諦めムードになり，交渉再開への努力姿勢さえまったく見せなかった。2013年後半から2014年前半にかけて，シャープの株価はずっと200円台後半から300円台前半で徘徊しており（図表9─1参照），取得価格をめぐる溝は埋まらない。結局，2014年3月26日（その日のシャープ株価は295円）というシャープ株式取得の最終期限になるまで，両社はともに新たな提案を出すことがなく，資本提携の交渉は自然に打ち切られた。当然の反応と言えるかもしれないが，両社の資本提携事業が始まったときに，産業界，マスコミ，政府関係者がみんな熱心に発言していたが，この件が不発に終わったときには，

図表 9 — 4　シャープの新株発行の状況

日付	株価終値	事項内容	株式取得価格	実行状況
2012年3月27日	495円	鴻海との合意	550円（過去6か月間の平均株価を根拠に算出した）	延期後も実行せずに破談した
2012年12月3日	172円	クアルコムとの合意	172円（契約合意時点の株価（172円）で算出した）	2012年12月27日（時価300円）と2013年6月24日（時価401円）の2回で出資を完了した
2013年3月5日	299円	サムスンとの合意	290円（契約合意時点の株価（299円）を3％下回る価格にした）	2013年3月末までに出資を完了し，その間の株価は300円前後で変動していた
2013年9月17日	370円	マキタ，LIXIL，デンソーへの第三者割当増資と一般投資家への株式公募の発表	279円（公募発表前日の9月17日の株価（370円）を6％下回る348円が株式発行予定価格であったが，株価が下落したため，払い込み計算日の10月7日の株価（291円）を4.12％下回る279円を発行価格に計算し直した）	2013年10～11月に払い込みが実行され，その間の株価は270～300円の範囲内で小幅に上下していた
2015年6月30日	147円	優先株の発行	一株百万円	銀行系ファンドのJISが250億円の出資を拠出し，優先株25,000株を取得した

出所：筆者作成。

コメントをする人も現れず，この一件は完全に過去のものとして忘れ去られていたようである。

　鴻海とシャープの資本提携のネックは株式取得価格だと言われるが，図表9 — 4を見ればわかるように，クアルコムもサムスンも一般投資家も契約合意時点または払い込み時点の株価を下回る価格で株式を取得しており，含み損を被っていない。鴻海だけに契約時の株価（495円）を11％上回る取得価格（550円）が算出させられ，大きな含み損を強いられている。「契約通りにやれ，ジャンケンの後出しは認められん」というシャープ側の主張はたしかに正論であるが，差別的な扱いに不満を抱く鴻海側の心情も理解できるはずである。

図表9-5　日本国内携帯電話（フィーチャーフォンとスマートフォンの両方を含む）の市場占有率上位3社

2012年度	2013年度	2014年度
アップル（25.5%）	アップル（36.6%）	アップル（40.7%）
富士通（14.4%）	シャープ（13.0%）	シャープ（13.4%）
シャープ（14.0%）	ソニー（12.3%）	ソニー（11.2%）

出所：『日経産業新聞』2013年10月17日，2014年8月8日，2015年7月29日記事内容に基づいて作成した。

（8）交渉破談による悪影響

　鴻海とシャープの交渉破談はその後の両社の事業展開に大きな悪影響を及ぼしており，ここでは格安スマートフォンという事業分野に限定してその悪影響を説明する。液晶技術をコア・コンピタンスとするシャープでは，液晶テレビに次ぐ重要製品は携帯電話である。日本国内では，NTTドコモ，KDDI（au），ソフトバンクという通信事業大手3社のいずれに対しても，シャープは携帯電話の端末を供給している。図表9-5でわかるように，2012年度の日本国内市場では，首位のアップルのiPhone（市場占有率25.5%）に及ばないが，2位の富士通（14.4%）とわずかの差で，シャープは第3位（14.0%）を付けていた。しかし，4位以下のソニー，NEC，パナソニックなどのライバル他社との差も小さく，決して安住できる状態ではなかった。その後の2013年度と2014年度では，iPhoneはシェアを大きく伸ばして首位（36.6%，40.7%）を独走し，2位のシャープ（13.0%，13.4%）と3位以下のソニー，サムスン，富士通などは共にシェアを落として敗者となった。

　携帯電話端末の分野で勝ち抜くために，シャープはまず商品の主軸を従来型のフィーチャーフォンからスマートフォンに移した。シャープのスマートフォンの最大の強みは消費電力8割減，かつ高精細な映像を映す液晶パネル「IGZO（イグゾー）」を搭載している点にある。1回の充電で72時間も使えるという電池の持ち時間はライバル他社を大きく上回っているが，IGZOの価格は従来型パネルの2倍以上となるので，IGZOを自社製品に採用する最初の企業はアップルであった。しかし，複数調達を原則とするアップルはシャープとサムスン

の両方から液晶パネルを調達している。サムスンのアモルファス液晶との品質統一性を保つために，解像度を落とした安価版のIGZOをシャープに発注したのである。このやり方では，世界オンリーワンの技術を誇るIGZOはプレミアム価値を生み出せないままである。

　次の試みは製品の販路を海外市場に広げることである。これまでのシャープの携帯端末は，ほかの日本家電製品と同様に，ガラパゴス化や高価格などの原因で海外市場，特に途上国市場で苦戦していた。この難局を打開するために，シャープは搭載機能を絞り込んだ簡単モデルのスマートフォンを，安価製造で最も有名な鴻海に生産委託することを決定した。2012年6月8日に，中国向けのスマートフォンをシャープと鴻海の両社が共同開発し，鴻海が製造すると発表した。2013年度内に中国市場に投入し，1,000～4,500元（13,000～56,000円）の価格帯を狙い，先行するサムスンなどを追い上げる方針である。わずか10日後の6月18日に，日本国内向けのシャープブランドのスマートフォンも鴻海と連携する。また，シャープと鴻海が共同開発した低価格スマートフォン（2,000元以下の1機種だけ）を2012年10月に中国市場に投入し，2012年の年内にマレーシアなどの東南アジア諸国に投入するという計画が発表された。

　こうして，スマートフォン分野での両社協力体制は資本提携の交渉がまとまった直後の2012年前半にスタートした。うまく行けば，シャープの技術開発力と鴻海の生産能力という各自の強みが存分に発揮し，ウィン・ウィン関係のパートナーシップが形成され，資本提携契約の無事履行にもつながると期待された。しかし，両社の資本提携の交渉が進展しないうちに，技術流出に対するシャープ内の危機感が高まった。その結果，シャープブランドの携帯端末を四川省成都市の鴻海工場が生産し始めてから間もなくして，製品の生産が突然に中止され，鴻海に対する液晶技術供与の契約も白紙に戻された。「領土問題での日中対立が深刻化し，日本製品に対する不買運動が原因だ」とシャープは釈明しているが[30]，この釈明の真実性が大きく疑われる。

　その後のスマートフォン事業での両社協力体制の行方については，「2014年は継続しない」と鴻海は関係解消を認め[31]，両社の提携関係はテレビ向けの大型

液晶パネルを生産するSDP（堺ディスプレイ・プロダクト）の共同運営だけとなる。しかも，SDPでの両社協力関係にも変化が起きているようである。SDPに対するシャープと鴻海の持ち株比率は同じ37.61％である。2012年6月設立時からシャープ出身の広部俊彦（57歳）が社長を務めていたが，鴻海から派遣された三原一郎副社長（69歳）は2014年1月1日付けで社長に昇格した。両者が交互に社長を出すことは内規で定められており，シャープのディスプレイ・デバイス開発本部長を務めた桶谷大亥はSDP副社長として派遣され，次期社長の人選と見なされているが，年上が年下に取って代わるというやや異例な最高人事変動から，シャープはSDPからも徐々に手を引くのではないかと憶測を呼んでいる。

　実際，鴻海とシャープの資本提携事業の破談は，低価格スマートフォン分野の協力体制と堺工場の両社共同運営体制に限らず，鴻海へのシャープ海外工場の売却，鴻海へのシャープブランドの太陽光発電パネルの委託生産といった多くの事業分野において，両社間にすでに形成されていた協力関係に著しく悪い影響を及ぼした。つまり，共存共栄を目指して開始した資本提携事業は，互いに傷つける結果に終わってしまった。

第3節　交渉難航中のシャープ

　鴻海とシャープの資本提携事業の背景には，鴻海側の上昇気流とシャープの業績不振がある。たとえば2012年度（シャープは2013年3月期，鴻海は2012年12月期）の決算では，シャープは前年度の過去最大だった3,760億円の最終赤字に続き，5,453億円の最終赤字を計上した。それに対して，鴻海は営業利益1,085億台湾ドル（前年同期比31％増），売上高3兆9,054億台湾ドル（同13％増）で，両社の明暗ははっきりしている（図表9－7と図表9－12参照）。事実として，両社の実力対比の変化は提携交渉の行方を大きく左右することとなった。したがって，以下は交渉難航中の両社のそれぞれの取り組みと変化を整理・説明してみる。

図表9−6　シャープの歴代社長

	名　前	任　期	就任理由
1代目	早川徳次	1912〜1970	創業者
2代目	佐伯　旭	1970〜1986	中興の祖，戦争孤児で早川に育てられる
3代目	辻　晴雄	1986〜1998	弟が佐伯の次女の婿
4代目	町田勝彦	1998〜2007	佐伯の長女の婿
5代目	片山幹雄	2007〜2012	液晶事業本部長やAVシステム事業本部長
6代目	奥田隆司	2012〜2013	AVシステム事業本部長や海外生産企画本部長
7代目	高橋興三	2013年〜	北米事業本部長

注：シャープの歴代社長について，川端寛（2015）が詳しい。
出所：筆者作成。

（1）経営体制の刷新

　業績低迷中のシャープは，2013年6月に社長と会長の交代を行っただけでなく，歴代経営者の会社経営への介入を断ち切り，現職経営陣の権限と責任をより明確にするため，経営体制の抜本的な刷新に踏み切った。その内容として，3代目社長の辻晴雄（80歳）は特別顧問の肩書だけを残したまま，個室部屋も専属秘書も外された。鴻海との交渉を主導した4代目社長・元会長の町田勝彦相談役（70歳）は専用の車，部屋，秘書を返上し，「経営とは完全に一線を画す」無報酬の特別顧問になる。5代目社長の片山幹雄（55歳）は代表権のない会長から完全に退任し，技術顧問のフェローになる。6代目社長の奥田隆司（59歳）は在任わずか1年3か月で社長職を解任され，代表権もなく取締役でもない会長職に就くことになった。そして，北米事業本部長を務めるなど海外経験が豊富な代表取締役副社長の高橋興三（58歳）は7代目社長として指名された（図表9−6）。また，取締役の人数を12名から9名に減らしたうえで，第3位と第4位の株主となるみずほ銀行と三菱東京UFJ銀行から派遣された幹部2人（藤本聡と橋本仁宏）を取締役兼常務執行役員として迎え入れた。主力銀行2行との関係強化をはかった結果，9月に迫った2,000億円の転換社債の償還期限を前に，2013年6月25日にこの2行から5,100億円の融資枠を新たに得ることができた。

こうして，鴻海との交渉を担当してきた歴代社長の町田も片山も奥田も経営責任を取って降格され，高橋新社長による「ワントップ体制」が誕生した。しかし，このトップ交代によって，シャープとの全面協力体制を築き，シャープ技術を搭載した液晶製品の大量生産を狙う鴻海との資本提携交渉は中断させられた。経営体制介入の脅威が感じられる鴻海の代わりに，シャープの経営体制が影響されないような，日本国内の異業種企業（電動工具大手のマキタ，住宅設備大手のLIXIL，自動車部品大手のデンソーなど）との小規模の断片的な事業提携が優先的に進められるようになった。

（2）海外工場の売却

深刻な経営危機に陥ったシャープは2013年夏以降に，液晶パネル，携帯電話，白物家電などの事業分野に経営資源を集中すると決定し，それ以外の事業分野では人員削減や事業分離や資産売却などのリストラ対策を実施し始めた。その一環として，メキシコ，ポーランド，中国（南京），マレーシアの4か国にあるテレビ関連工場（液晶パネルに照明や配線を取り付けるモジュール工場）の売却を決めた。

売却先として，鴻海の名前は最初から上がっていたが，[34]資本提携事業の難航を受けて相互不信感が高まり，海外工場を鴻海へ売却する案は白紙に戻った。その後，中国（南京）工場を中国系パソコン最大手の聯想集団（レノボ・グループ）[35]に売却し，マレーシア工場を台湾のEMS大手の緯創（Wistron，ウィストロン）に売却するような交渉は開始したが，いずれの案件も売却条件が折り合わず，2013年10月に交渉を打ち切った。

売却交渉が長引いていた間に，アジアや米国市場でテレビや携帯電話などの販売が好転し，シャープの経営状態はどん底から脱出した。自社資産を「二束三文」で手放す緊急必要性はなくなったため，海外工場を売却から継続保有へと方針転換した。商品の販売不振で稼働率が低迷している欧州市場向けのポーランド工場だけは引き続き売却交渉を続けていくが，メキシコ，中国，マレーシアの生産工場を当面自社で保有すると2013年10月31日にシャープの高橋興三

社長が発表した。

　その後，ポーランド工場を台湾家電大手の冠捷科技（TPV テクノロジー）に売却し，欧州全域で家電の生産と販売から撤退するとともに，シャープブランドのテレビの販売権を冠捷科技に，冷蔵庫，洗濯機，電子レンジなどの白物家電の販売権をトルコ家電大手のベステル（VESTL.IS）に委託し，現地従業員の約1割にあたる約300人（主に販売業務担当者）を解雇すると2014年7月に発表した。しかし，冠捷科技との合意は後に全面的に破棄され，ポーランド工場の資産売却とブランド供与によるテレビ販売の交渉相手を2003年創業のスロバキアの新興テレビメーカーであるユニバーサル・メディア・コーポレーション（UMC）に切り替えた。シャープとUMCの事業提携交渉は2014年9月に正式に合意されたが，全資産の売却金額はわずか1億円で，巨額の資産減損処理の必要性が発生した。

　ポーランド工場の迷走ぶりと対照的に，中国（南京）工場の業績は順調に改善しているようである。2013年6月からシャープの南京工場で生産が開始されたレノボブランドのスマートテレビは両社共同開発の成果である。シャープと鴻海が共同運営している堺工場で生産された60型液晶パネルを採用するうえ，シャープは映像処理技術を提供し，レノボはアプリサービスなどを担当した。

　こうして，海外4工場の売却を決定したが，ポーランド工場だけが売れ，売れ残ったほかの3工場は自社保有にとどまった。2015年以降にこの3工場の売却が再び検討されるが，その話は後の部分で改めて説明する（本節（10）の2）参照）。

（3）商品開発と市場開拓

　鴻海との交渉が長引いた間に，シャープは新商品の開発と新規市場の開拓に注力し，自力での苦境脱出をはかっていた。その様子を次のように大まかに整理してみる。

1）液晶パネル

　シャープは液晶パネル関連の技術を自社のコア・コンピタンス（中核能力）

として位置づけており，世界最高の技術を保有している。シャープの経営を再建するために，液晶パネル事業の収益性を高めなければならない。

- 世界規模の液晶不況により，テレビ用大型パネルをメインとする亀山第2工場は2012年後半から稼働率が低下したままであった。幸い，韓国のサムスンとの資本提携事業が2013年3月に実施されてから，32〜60型の液晶パネルの供給に続き，2014年春に70〜90型の超大型液晶パネルもサムスンに供給し始め，亀山第2工場の稼働率が大きく向上した。
- 省電力・高精細のIGZOパネルが，スマートフォン業界最大手のアップルのiPhone 5 s（2013年10月発売）などに採用されたため，アップル製品専用の亀山第1工場がほぼフル稼働となった。
- そのIGZOパネルが2013年11月以降にまず中国の携帯電話メーカー大手の中興通訊（ZTE）[36]に供給され，またその直後に「小米（シャオミ）[37]」などの中国新興企業にも供給されるようになったため，小型のIGZOを生産する亀山第2工場の稼働率は一段と高まった。その後に，IGZOなどの中小型パネルの供給先となる中国企業を2014年に15社，2015年に25社にすると発表した。とりわけ急成長する小米スマートフォンへのパネル納入量が大きく，2014年夏に小米全体シェアの6割を超え，高級機種向けでは8割を超えた。
- シャープブランドの携帯電話端末は2012年度に日本国内第3位を獲得したことに続き，2013年から省電力のIGZOパネルを搭載したスマートフォンを日本国内携帯大手3社（NTTドコモ，au，ソフトバンク）向けに相次いで供給した。2013年と2014年は首位のアップルに遠く及ばなかったものの，ソニーを抑えて国内メーカー第1位の座を勝ち取った（図表9－5参照）。
- 「売れない大型液晶」の新しい用途を開拓するために，まずデジタル教材を活用できる電子黒板「ビッグパット」を従来商品より4割程度割安な価格（60型で約40万円）で2014年6月に発売した。またUSBメモリーをディスプレイに直接差し込み，パソコンがなくても動画を再生できる電子看板（32〜55型，12〜29万円）を2014年7月に発売した。

2）液晶テレビ

さまざまな規格の薄型テレビが激しく競争する2000年前後に，シャープの液晶テレビは，パナソニック，ソニー，キヤノンなどの独自規格商品に競り勝ち，薄型テレビ分野の主導的規格を確立した。また，亀山工場で生産された液晶パネルを使用しているため，「亀山モデル」と名づけられたシャープの液晶テレビは消費者の間に最も人気が高く，シャープの一番の主力製品となった。しかし，アナログ放送からデジタル放送へ切り替えた2011年以降，消費者ニーズが一巡したため，日本国内のテレビ販売市場は低迷し続けている。この苦境から脱出するため，シャープは消費者動向を睨みながら，一連の新商品を次々と日本市場に投入した。

- 従来型のフルハイビジョン（フルHD）と新型の4K（4Kの解像度はフルHDの4倍となる）の中間に位置する高画質テレビを新たに開発し，「AQUOSクアトロン・プロ」と名づけ，46型から80型までの5機種（販売価格26～88万円）を，年末商戦の主力商品として2013年11月30日から販売を開始した。2014年度中にこの「AQUOSクアトロン・プロ」を米国と中国の市場にも投入するという。
- 高額商品となる90型以上の大画面テレビをまず米国で発売し，東南アジア，中近東，中国などでの発売を経て，ようやく2013年秋から景気が長らく低迷していた日本国内で販売を開始した。
- 2014年6月25日に4K映像に対応するレコーダー「AQUOS 4Kレコーダー」を店頭価格12万円前後で発売し，2014年8月から40型と50型の4Kテレビ（23～30万円）を日本国内市場に投入した。
- フルHD（207万画素）の16倍の解像度（3,317万画素）を実現した超高精細な「8Kテレビ」を2014年10月に幕張メッセで開かれた国際見本市「CEATECジャパン2014」に出展した。「8K」の画質に相当する80インチ型「アクオス4K NEXT」（想定価格180万円，月産200台予定）を2015年7月10日に発売した。

3）液晶関連商品

　液晶関連技術を自社のコア・コンピタンスに据え，液晶分野で世界をリードしているシャープは，液晶技術の進化と商品化に常に努力し，次のような新商品を開発している。

- 消費電力が液晶の半分以下，見やすく，しかも炎天下の高温や極低温のような過酷な環境下でも使えるという次世代パネルとされる「MEMSディスプレイ」を米国クアルコムと共同開発している。この「MEMSディスプレイ」を搭載したタブレットと車載タッチ・パネルを2014年内にサンプル出荷し，2016年にスマートフォン向け商品を発売すると目指している。
- 産業技術総合研究所との共同研究で暗闇のなかでもカラー動画が撮影できる撮像素子の開発に成功し，この技術を搭載した監視用赤外線暗視カメラ「LZOP420A」（病院で患者の見守りに使うもの，市販価格15～20万円）を2014年11月に発売した。
- 2014年6月18日に，形状を自由に変えられる液晶パネル「フリーフォームディスプレイ（FFD）」の開発成功が発表された。現在の四角形に限られるパネルにカーブを付けたり，穴を開けたりすることもできるし，パネル周辺の枠（額縁）を省くこともできる。このFFDは自動車計器（スピードメーター，エアコン，カーナビ）や腕時計型端末やメガネ型端末などへの実用可能性が高いので，価格競争の激しい液晶市場で差別化戦略を取り，「オンリーワン技術」として高い収益性を実現する可能性が大きい。早ければ，FFD技術を実用化した製品を2017年に発売したいとシャープが計画している。
- 2015年1月30日に，色合いの再現が難しい緑や赤をより鮮明に表現できる液晶パネル用の発光ダイオード(LED)バックライトの開発に成功し，2015年夏の量産化を目指すと発表した。
- 2015年5月27日に「4K」画質の液晶パネルの開発成功を発表した。「4K」画質を表示できるIGZOパネルを使うスマートフォンを2016年後半に発売する見通しである。さらに「8K」のIGZOパネルを使う業務用モニ

- ターを2015年10月以降に発売し，美術館の映像配信や医療手術の現場などに活用する狙いである。
- 防水仕様のテレビ機能付きタブレット「アクオスファミレド」を11月15日に発売する（想定価格約9万円）と2015年9月25日に発表した。台所や風呂場での使用が想定されるため，16インチという大きめの画面サイズにする。

4）エコ型家電

シャープは液晶技術以外の製品分野にも力を入れ，特に健康・環境・安全・便利などをキーワードとするエコ型家電商品を次々と開発した。2014年春以降に開発した新商品の一部を以下にリストアップする。

- 2014年4月15日に空気清浄機能付き除湿器（5.8万円）を発売した。その後に製品の改良を重ね，2015年5月に販売中の「CV-E71」というモデル（販売価格3万円前後）には，電気消耗が少なく，設置面積が小さく（A4サイズ），高濃度のプラズマクラスターイオンを集中放射して衣類や汗のにおいを消しながら乾かせ，部屋に浮遊するカビ菌も除去できる，などの特徴がある。
- 2014年4月22日に米の栄養素を多く保持できる炊飯器「ヘルシオ炊飯器」3機種（5～9万円）を発売した。
- 2014年4月25日に茶葉が含む栄養成分をほとんど壊さないお茶メーカー「ヘルシオお茶プレッソ」（2.5万円）を発売した。今は売れ行きの良い人気商品となっている。
- 2014年6月に人工知能を搭載したロボット掃除機「ココロボ」（約5万円）を発売した。
- 2014年7月8日に従来型より最大約1割の節水と節電ができる縦型洗濯乾燥機を発売した。
- 体重計や血圧計や脈波計などが組み込まれ，座るだけで血圧，体重，肥満度，骨密度，血管年齢などを測定でき，大体の健康状態がわかる椅子型「健康コックピット」（約150万円）を2015年夏に発売する予定である（後に2015年末に延期した）。

・2014年12月に蛍光センサーを使って血管の老化の度合いを計測する装置の開発に成功し，価格帯数百万円程度で商品化する予定である。
・2015年1月に本体内部でカビの発生を抑制する機能を搭載したエアコン「AY-E40SX」を発売した (27万円前後)。
・2015年3月に振り込め詐欺や迷惑電話への防御機能を搭載した家庭用固定電話機「JD-AT80」を発売した (1.4万円)。通話の自動録音や大型ランプの光による相手識別などの工夫を凝らした製品であり，東京都足立区はシャープとの共同利用実験を行うことに同意した。その後の2015年9月に，不審者からの電話を自動的に識別して着信を拒否できるファクシミリ電話機 (UX-AF91, 3.5万円, 月額データ利用料金400円) を発売した。
・ダニ退治の機能を強化した布団クリーナー「コロネ EC-HX100」を2015年5月21日に発売し (実売価格4万円前後)，韓国のレイコップ，英国のダイソン，日本のパナソニックなどの先発企業に挑戦する。店頭やYoutubeなどでの広告が奏功し，月5千台の販売目標を3倍も上回るほどの売れ行きとなった。8月に国内掃除機販売台数第3位に躍り出た。
・農林水産省が推進する「農業女子プロジェクト」のひとつとして，頑固な汚れや汗染を落とせるドラム式洗濯機を開発した。23万円のES-A210と30万円のES-Z210を2015年8月末に発売すると発表した。
・除菌，消臭，PM2.5濃度表示などの機能を備える加湿空気清浄機 (KI-EX75, 7.3万円) を2015年9月に発売する予定である。
・人がいないと運転を停止する「人感センサー」を搭載したセラミックファンヒーター (HX-ES1, 2.1万円) を2015年8月に発売した。

そのほか，外出先からスマートフォンで操作できるエアコン，医療器具を洗浄する超音波洗浄装置，地震時にドアを自動でロックする冷蔵庫，冷蔵室が小さく冷凍室が大きい冷蔵庫 (容量551リットルで冷凍室が192リットル，2015年8月末に発売，約35万円)，「焼く」と「蒸す」を同時に調理できる多機能オーブンレンジ，冷凍と冷蔵と常温の食材が混在していても分量の多少にも関係なくまとめて自動調理できる「任せて調理」機能を搭載したオーブンレンジ (ヘルシオ

AX-XP200, 2015年7月発売，約16万円)，水を使わず自動で調理する電機無水鍋(ヘルシオ　ホットクック，2015年11月5日発売，約6万円)，片手で操作しやすい大画面携帯電話，吸い込み口を丸洗いできる掃除機，ホテルなどの接客用の小型ロボット（ちゅーりーロボ），高速移動する物体を鮮明に撮影できるカメラ向けのCCD（電荷結合素子），といったユニークな製品も開発・販売した。

5）海外市場攻略

　液晶テレビの成功によって，シャープのブランドイメージは日本国内市場で大きく上昇したが，海外市場ではテレビも携帯電話もサムスンとLGに勝てず，「一流商品」というブランドイメージの確立には至っていなかった。国内消費市場の低迷を受け，シャープは苦戦を長らく強いられていた海外市場で攻勢を強め，次のような事例がある。

- 2013年9月4日にインドネシアで冷蔵庫や洗濯機などの白物家電を製造する新工場（投資額約106億円）は当初予定より数か月前倒して稼働し始めた。
- 住宅用イオン発生機を中国で発売したことに続き，「PM2.5」の濃度を測定するセンサー・モジュールの開発に成功したとシャープが2013年12月24日に発表した。PM2.5を測定する時間を従来の60秒から10秒に短縮し，サイズも業界最小である。このセンサー・モジュールを搭載した空気清浄器や空調などの家電製品は2014年3月から中国，韓国，日本などの市場で発売される。
- 2014年1月にシャープブランドの冷蔵庫をエジプトの家電大手（エルアラビ）に委託生産し，エジプトないし中近東地域に供給する。
- 液晶テレビの販売台数が伸び悩む中国市場では，PM2.5に対応する空気清浄器の販売を強化し，販売台数を2014年度の30万台から2016年度の100万台（売上高2,500億円）へ拡大することを目指している。
- アメリカ家電量販店大手のベストバイとの提携事業として，2014年2月から（シャープと鴻海が共同運営する堺工場で生産される）50型以下のテレビ（32型，42型，50型の3サイズ）をベストバイが「シャープ」のブランドで販売することが合意された。自前主義を原則とするシャープにとって，これは

前例のない試みである。数パーセントのロイヤルティ収入はシャープに入るが，ブランド価値の管理が難しくなるので，この試みが吉に出るか凶に出るかは心配される。
・米国ケーブルテレビ最大手のコムキャストが契約者にリースする薄型テレビを（シャープと鴻海が共同運営している堺工場が生産して）供給するという事業計画が進んでおり，契約者2～3千万世帯のコムキャストとの事業提携が実現すれば，年間台数は100万台以上となり，堺工場の稼働率がさらに向上する。
・液晶パネルをベトナムのソフト大手のBkavに供給し，シャープの液晶パネルを搭載したベトナム国産初のスマートフォン「Bphone」は2015年6月2日に発売された。
・海外事業がますます重要になるため，シャープは2014年1月16日付で「海外拠点管理部」を新設した。2015年3月までASEAN地域で200～300人の家電販売員を育成する計画も，2015年以降にマレーシアに家電開発拠点を新設する計画も発表された。

（4）小幅の業績回復

　2013年3月期決算では，シャープの最終損益は前年度の過去最大という3,760億円の赤字に続き，5,453億円の最終赤字を計上し，最悪の経営状況に陥った。この背景下で，シャープは，鴻海との提携をストップしたものの，クアルコムとサムスンとの提携事業を進めた。また，経営体制の刷新や海外工場の売却や従業員数の削減などのリストラ対策に加え，市場ニーズの変化に敏感に反応して数多くの新製品を開発し，国内外の新市場を開拓することによって業績の回復をはかっていた。

　その結果，シャープは小額でありながら，2012年10～12月期から5四半期連続で営業黒字を確保することができた。そのうち，2013年4～6月期の中間決算は約6,000億円の売上高（前年同期比約30％増），30億円の営業黒字（前年同期は941億円の赤字）である。2013年4～9月は約13,420億円の売上高（前年同期比

図表9－7　シャープの年度決算状況の推移（億円）

	売上高	営業利益	最終損益
2011年3月期	30,219	788	194
2012年3月期	24,558	－376	－3,760
2013年3月期	24,785	－1,462	－5,453
2014年3月期	29,271	1,085	115
2015年3月期 ①2014年10月予想値 ②2015年5月発表値	30,000 27,862	1,000 －480	300 －2,223
2015年4～6月期	6,183	－287	－339
2015年4～9月期	12,700	－251	－836
2016年3月期予想値	28,000	800	－1,000

出所：筆者作成。

約22％増），338億円の営業黒字（前年同期は1,688億円の赤字）を計上した。2013年4～12月決算では21,572億円の売上高（前年同期比21.0％増），814億円の営業黒字（前年同期は1,662億円の赤字），177億円の最終利益（前年同期は4,243億円の赤字）を計上し，4～12月として3年ぶりに黒字になった。そして，2014年3月期の年度決算では，売上高29,271億円（前年同期比18.1％増），営業利益1,085億円（前年同期は1.462億円の赤字），連結最終損益（純利益）はかろうじて3年ぶりの黒字となる115億円（前年同期は5,453億円の赤字）を計上し，経営収益性はかなり改善したと言える（図表9－7）。

　その直後の2014年4～6月期のシャープの連結決算では，売上高は6,197億円（前年同期比2％増），本業の儲けを示す営業利益は46億円（前年同期比55％増）である。しかし，イタリアでの太陽電池事業の撤退で143.8億円の特別損失を計上したため，最終損益は17億円の赤字（前年同期は179億円の赤字）となった。同じ時期に日立，東芝，パナソニックなどの電機大手各社は軒並み利益を大幅に増やしているが，シャープは（ソニーとともに）暗いトンネルから抜け出していない。財務指標の改善が遅れているため，株主も経営陣も従業員も痛みを分かち合っている。2014年6月に開かれた株主総会では株式配当を行わないことが決定された。2014年3月期における取締役16人の年間報酬総額は2.45億円で，1人あたりの支給額は約1,500万円と前年比で6％減である。シャープの労働組合は，2013年，2014年，2015年の3年連続で電機各社の労働組合連合による統一交渉から離脱し，ベースアップの要求を6年連続見送り，従業員の賃金改善要求を諦めた。

2014年3月期の年度決算が黒字になったことに続き，2015年3月期の連結最終損益（純利益）は前年比で2.6倍の300億円，営業利益は前期同額の1,000億円，売上高は3％増の3兆円になると高橋興三社長が2014年10月に宣言している（図表9―7）。この背景下で，2015年春に2014年（94人）の3倍にあたる300人を採用する計画が発表され，人材の獲得に動き出した。[38]また，2012年の人員削減で退職させられた社員の一部が再雇用の形で職場に復帰した。全般的に言うと，シャープを取り巻く経営環境は2013年以降に徐々に好転し，「薄氷のV字回復」と一時的に見え，経営陣と一般社員は何年間も続いていた緊張感から解放された。

（5）不安要素

上で説明したように，2013年末時点に，シャープの経営再建はおおよそどん底から脱出したと見られるが，まだ多くの不安要素が残っていた。

1）液晶パネル事業

液晶パネル事業はシャープの主力事業であり，その売上高は全社売上高の約3割を占めている。しかし，テレビ，パソコン，携帯電話などに使われる大・中・小型の液晶パネルはいずれも世界的な供給過剰状況にあり，出荷価格は安く抑えられている。特に大型液晶パネルでは，京東方（BOE）[39]やTCL[40]といった中国系企業の参入と追い上げにより，世界最大の中国市場での価格競争が極端に激しくなり，これまで先行していた韓国勢と台湾勢も脅かされ，シャープをはじめとする日本勢はもはや追い出されそうになっている。

主力の液晶事業の収益性を改善するために，実質赤字となるテレビ向けの大型液晶パネルの生産を減らし，タブレットやスマートフォン向けの中小型パネル（とりわけ単価の高いIGZO）の生産比率を現在の3割から5割へ引き上げ，その中小型パネルを従来の得意先であるアップルだけでなく，小米，華為，中興通訊（ZTE）などの中国新興企業にも供給するとシャープが決定した。[41]具体策として，まず亀山第2工場の製造ラインをテレビ用の大型液晶用から中小型液晶用に転換した。また2015年3月までに三重第2工場と第3工場に合計約300

億円程度を新規投資し，テレビ向けパネルの生産をタブレット端末向けの生産に切り替え，中小型 IGZO の生産能力を大幅に引き上げると発表した。

　採算性の悪かった堺工場を2012年度から決算連結対象から外したこともあり，2013年3月期の液晶事業は前年度の1,389億円の赤字から415億円の黒字に転じた。しかし，2013年度中に液晶パネルの単価が下がり続け，2013年10～12月期の純粋な液晶事業の営業利益はわずか60億円程度にとどまり，資産利益率は極端に低かった。幸い，2014年1月末に，小米という中国スマートフォン企業から液晶パネルの大口注文を取り付けるとともに，急激な円安も加わり，シャープの液晶関連事業は一気に改善した。2014年3月期の年度決算で415億円の営業利益を計上し，全社営業利益（1,085億円）の38.3％を占め，シャープ社内の稼ぎ頭に戻った。さらに，アップルが2014年秋に投入する新機種の iPhone 6 への液晶パネルの供給が決定され，アップル向けの出荷が順調に伸びている。2015年3月期決算では，アップル向けの売上高は前年比60％増の5,530億円，売上高全体（27,862億円）に占めるアップル向けの比率は前年比8％増の19.8％となった。

　中国特需と円安景気によって，亀山第2工場の稼働率は2012年の3割程度から2014年9月時点のほぼフル稼働状態に改善した。また中小型液晶パネルの比率は2014年4～6月期の35％から9月の50％に上昇し，さらに8割以上に上げる予定である。しかし，その矢先の2014年秋以降に，日本のジャパン・ディスプレイ（JDI）や台湾の友達光電（AUO）なども中国の液晶市場に参入した。そのなかで，同じ日本企業の JDI はタッチ操作機能内蔵すなわち「インセル型」のパネルをもって中国市場に参入し，小米をはじめとする中国新興企業へのパネル供給量を着実に増やし，シャープのシェアを大きく奪い取った。日系，韓国系，台湾系のパネルメーカーが中国市場に出そろったため，企業間競争が白熱状態となり，液晶単価の下落基調は明白である。これほどの値崩れと受注減少が起きているので，中国向け IGZO の主力工場の亀山第2工場だけでなく，追加投資された三重第2工場と第3工場も採算割れに陥る危険性が大きい。実際，小米などの中国企業からのパネル受注量が伸び悩むなか，積み上がった在

庫を減らすため，亀山第2工場は2015年1月の生産量を2014年12月より4割程度減らした。生産ラインの稼働率が下がると，当然，工場全体の収益性も低下する。

結果として，2014年前半までに見せていたシャープの好景気は秋以降に続かず，中国向けやアップル向けの中小型液晶パネルの出荷枚数が増え続けたものの，単価が大幅に下落したため，液晶事業の収益性は低迷し続けている。一応，2015年3月期に液晶分野の年間連結売上高（約9,700億円）はシャープ全体（約2.78兆円）の35％を占め，（予想目標の550億円から下方修正された）約400億円の営業利益が見込まれ，今のシャープの数少ない黒字部門である（図表9－9参照）。ただし，液晶事業は典型的な資本集約型事業であり，巨額の投資を継続しないと企業間競争に負けてしまう。今のシャープには継続投資の体力がなく，液晶事業の将来を不安視する声が多い。当面は社内カンパニーの体制となっているが，分社化して外部資金を受け入れるという可能性は非常に大きい。

2）テレビ事業

テレビを筆頭とする白物家電はシャープの伝統的な製品分野である。日本国内の消費市場は景気を回復しているが，シャープの白物家電製品の大半は海外工場で生産されているため，円安が進むにつれて経営収益性が圧迫される。2013年4～9月期にシャープの白物家電部門の営業利益は前年同期比44％減の96億円に落ち込み，2014年3月の年間決算で前期比38％減の200億円になる見通しである。円安対策として，シャープは空気清浄器の生産の一部を中国工場から八尾工場（大阪府八尾市）に移したが，その効果は極めて限定的なものである。

「家電の王様」とされるテレビの分野では，シャープは国内市場占有率の首位を維持しているにもかかわらず，低価格帯商品（アクオスシリーズ）での優位性に安住しているため，4Kなどの高価格帯商品への対応は立ち遅れていた。2014年11月にシャープの4Kテレビの市場占有率(18.9％)は第3位で，ソニー(38.7％)とパナソニック（30.8％）に大きな差を付けられている。2014年の年末商戦で，ソニーやパナソニックは4Kなどの大型・高精細テレビを前面に出して前年末比3割増に近い台数の伸びを記録したのに対して，シャープの伸び

図表9－8　2015年5月時点の液晶テレビ販売市場の状況

	液晶テレビ全体			そのうちの4Kテレビ	
	台数前年比	金額前年比	台数シェア	台数シェア	金額シェア
シャープ	8.1％増	18.3％増	38.1％	7.6％	22.7％
ソニー	94.8％増	3年前の1.8倍	18.1％	24.7％	51.4％
パナソニック	1.2％増	13.3％増	14.9％	14.4％	35.0％
東　芝	9.1％増	6.4％減	13.3％	10.5％	35.6％
市場全体	17.9％増	22.2％増	100.0％	11.1％	32.5％

出所：『日経MJ（流通新聞）』2015年6月24日記事内容に基づいて作成した。

率はわずか3％であった。「4K」テレビの価格が低下しているなか，ほかの家電各社と同様に，シャープはより高価格機種の「8K」テレビの開発に注力しており，「8K」相当の80インチ型液晶テレビ「アクオス4K NEXT」（想定価格168万円，月産200台予定）を2015年7月10日に発売すると発表した。テレビの売上高における4Kの比率を2014年度の15％から2015年度の30％以上に引き上げようとしている。しかし，「4K」と「8K」の分野ではソニーやパナソニックなどの他社が先行しており，シャープの勝算はない。図表9－8は2015年5月の月間統計の結果を示すものである。

・液晶テレビ全体に占める4Kの比率は販売台数ベースで初めて1割を超え（4月で7.5％，5月で11.1％），金額ベースでも初の3割超え（4月で25.9％，5月で32.5％）となった。

・シャープの5月の液晶テレビの販売台数も販売金額も小幅に増え，日本国内市場全体の販売台数のトップシェア（38.1％）を維持したが，4Kモデルの台数シェア（7.6％）も金額シェア（22.7％）も小さい。その原因の一つとして，シャープの4Kテレビには，50インチ型以上の構成比が83.1％と高く，家庭向けによく売れる40型台への対応は遅れを取っているからである。

・テレビ市場全体の販売台数シェア2位（18.1％）のソニーでは，5月の販売台数も販売金額も大幅に増え，特に4Kというプレミアム製品の勢いが強く，4Kの台数シェア（24.7％）も金額シェア（51.4％）も業界最高水準

である。

- テレビ全体台数シェア第3位（14.9%）のパナソニックでは，5月の販売台数が微増で販売金額が小幅増にとどまったが，4Kの台数シェア（14.4%）と金額シェア（35.0%）は高い水準にある。
- テレビ全体台数シェア第4位（13.3%）の東芝では，販売台数の小幅増と販売金額の6.4%減少となったが，4Kの台数シェア（10.5%）と金額シェア（35.6%）が高く，業績向上に転じる可能性がある。

こうして，2015年5月時点で，台数ベースにしても金額ベースにしても，シャープの4Kテレビの構成比は上位3社だけでなく，市場全体の平均値よりも大きく下回っている。4Kや8Kというプレミアム商品は会社の経営収益性を大きく左右するものであり，これからの主戦場である。「液晶のシャープ」という看板の輝きを失ったら，シャープ全体のブランド力と収益性が大きく損なわれるに違いない。実際，2015年3月の決算期では，シャープのテレビ事業は約4,000億円の売上高を挙げながら，営業利益が134億円の赤字に転落している（図表9－9参照）。しかも，仮に売上高における4Kの比率を2014年度の15%から2015年度の30%以上に引き上げるというシャープの4K倍増計画が実現されたとしても，テレビ関連事業の営業損益は2014年度の134億円赤字から30億円赤字になる見通しであり，赤字状態から抜け出すことはできない。この意味では，シャープのテレビ事業の問題は極めて深刻である。

3）携帯電話事業

シャープのもう一つの主力商品は携帯電話端末であり，2000年に発売したカメラ付き携帯電話は世界最初であった。しかし，この分野も国内外の競合相手との激しい競争に晒されている。とりわけ海外市場では，ガラパゴス化したシャープブランドの携帯電話は，ほかの日系メーカー商品と同様に競争力を失い，市場占有率は無視できるほど低いものである。一方，日本国内市場では，2012年度はかろうじて日本国内第3位（14.0%）を獲得したが，首位のアップル（25.5%）との差が大きすぎる（図表9－5参照）。2013年秋に日本国内最大手のNTTドコモの推薦機種として選定されたが，そのNTTドコモはソニーと

サムスンのスマートフォンを優遇する「ツートップ戦略」を実施するとともに，2013年秋からアップルのiPhone 5 s／5 c の取り扱いも始め，シャープの端末は事実上置き去りにされていた。逆風が吹く2013年11月に，シャープ（長谷川祥典常務執行役員）は「2014年度はアンドロイド端末で国内シェアトップ，顧客満足度ナンバーワンを目指す」と表明し，すなわち，（アンドロイドではない）iPhone以外での第1位という「中途半端な目標」を立てざるを得なかった。[47]

シャープは2013年から省電力のIGZOパネルを搭載したスマートフォンを日本国内携帯大手3社（NTTドコモ，au，ソフトバンク）向けに相次いで供給したが，スマートフォン市場では，iPhoneだけが一人勝ちである。2013年の年間を通して，日本国内の（フィーチャーフォンとスマートフォンの両方を含む）携帯端末の出荷台数が前年度比5.7％減の3,941万台にとどまったなか，シャープ（514万台，13.0％）はソニー（484万台，12.3％）を抑えて国内メーカー第1位の座を勝ち取ったものの，首位のアップル（1,443万台，36.6％）には遠く及ばなかった（図表9－5参照）。

明るいニュースとして，2013年7月にアメリカ携帯電話3位のスプリントを買収したソフトバンクは，シャープ製品（アクオス）とソニー製品（エクスペリア）を日米共通仕様の携帯端末に選定し，2014年8月から日米両国で発売した。2015年にフィーチャーフォン仕様の携帯電話機となるシャープの「AQUOS」シリーズ製品は相次いでKDDI（au），ソフトバンク，NTTドコモの大手3社に採用され，日本国内市場での売上高が増える見通しである。

しかし，日本国内のスマートフォン市場が伸び悩むなか，シャープのブランド力は強くない。2014年年間のスマートフォン出荷台数2,654万台(前年比12.4％減)のうち，首位のアップルが58.7％，2位のソニーが14.2％を占め，3位のシャープは11.4％にとどまった。[48] また，フィーチャーフォンとスマートフォンの両方を含む携帯電話全体では，総出荷台数3,788万台（前年比3.9％減）のうち，3年連続首位を獲得したアップルがマーケット・シェアを前年度の36.6％から40.7％へ拡大し，2位のシャープ（13.4％，前年比0.4％増）と3位のソニー（11.2％，前年比1.1％減）などの各社をさらに引き離した（図表9－5参照）。

2015年3月決算期で携帯電話事業全体は2,400億円の売上高と140億円の営業利益が見込まれているため（図表9-9参照），一応，シャープ内の優良部門ではある。しかし，その背景には，フィーチャーフォンの商品分野で根強い人気を維持しているのに対して，付加価値の高いスマートフォン分野では苦戦を強いられており，首位のアップルに遠く及ばず，ソニーにも差を付けられている。今のシャープにとって，国内のフィーチャーフォン市場での優位性に安住するのではなく，世界市場で強い競争力を持つスマートフォンの開発が急務である。

4）太陽電池事業

シャープは早くも1960年代に太陽光発電パネルの生産を開始し，2000年から2006年までの7年間連続で世界シェア第1位を誇っていた。2014年1～3月期の太陽電池の世界出荷量では，シャープ（73.8万キロワット）が前年首位のインリー・グリーン・エナジー（中国）を抜き，四半期ベースで首位になった。2014年3月期の年度決算では，太陽電池事業は売上高3,100億円，営業利益130億円を上げ，業績は上々であった。しかし，それは日本の再生エネルギーの固定価格取得制度が大きく変化する前に，税制優遇や補助金の関連で大きな駆け込み需要が日本国内で発生したためである（国内出荷量の対前年度比は約3倍）。しかも，これらの追い風要因があったにもかかわらず，2014年度の世界シェアでは，日本首位のシャープは第7位（約4%）にとどまっている。

この太陽光パネルの分野では，日本企業に取って代り，ドイツ，韓国，台湾，中国の企業が近年次々と製品仕様と販売価格の主導権を握り始め，シャープの市場占有率と事業規模はともに縮小している。表向きでは，シャープの太陽電池事業は順調で，売上高の日本国内第1位を2014年度までずっと維持してきているが，その比率は40%台から20%台に下がっている。しかも，その約7割は産業事業者向けの規模の大きいメガソーラーであり，自社生産が少なく，大半が海外他社から調達している。最も前途有望で競争の激しい住宅向け分野では，国内首位（約30%）のパナソニックはシャープと京セラなどのライバル各社を抑えて独走している(49)。

シャープの売電事業として稼働するメガソーラー（太陽光発電所）は日本国

内に14か所あるが,どれも規模が小さく,シャープ全体の経営業績を左右できるほどのものではない。しかも,近年のシャープは自社単独ではなく,他社との共同事業でメガソーラーの建設と運営を進めており,とりわけ芙蓉総合リースとの共同事業が多い。たとえば次のものがある。

・出力約2,800キロワット,年間発電量約319万キロワットの茨城県「利根町シャープ太陽光発電所」は2014年1月に稼働した（出資比率では芙蓉総合リースが75％で,シャープが25％である）。
・出力2,600キロワット,年間発電量約286万キロワットの太陽光発電所は2014年12月8日に栃木県塩谷町で稼働した。
・茨城県結城市の閉鎖されたゴルフ場を13,000キロワット級の大規模メガソーラーに改造し,2015年3月に稼働させる見込みである。
・出力2,190キロワット,年間発電量約238万キロワットの太陽光発電所は2015年7月13日に福島県富岡町で運転を始めた。
・三重県いなべ市の残土処分場だった土地を活用し,出力2,400キロワット,年間発電量268キロワットの太陽光発電所を2015年9月9日に完成した。

今では,シャープブランドの太陽電池の売上高は国内市場のトップシェアを維持しているが,その大半は実に海外他社によるOEM生産である。2012年に日本国内最大の太陽電池の生産拠点である奈良県葛城市の生産ラインが止められ,メガソーラー向けのパネルを生産する国内拠点は鴻海と共同運営している堺工場という1か所だけとなる。現在の国内生産能力はピーク時の3分の1程度に縮小され,自社製品で足りない分を中国などの海外企業から購入している。

そのほか,負の遺産による悪影響もある。たとえば太陽電池の原料となるポリシリコンの価格は2008年に1キログラムあたり500ドル近くまで高騰していたため,当時のシャープは2008年から2020年までの12年間に40ドルの価格で大量に購入するという長期契約を海外メーカーと結んだ。しかし,その後,太陽電池の主流はポリシリコンを原料とする「薄膜式」から「単結晶式」に大きく変わり,ポリシリコンの価格は急落し,2015年4月現在の実勢価格は18ドル前後である。シャープは時価の2倍以上の価格で購入せざるを得ないので,当然,

太陽電池事業の採算性に大きな悪影響を与えている。しかも，2015〜2020年までの間に2万トン以上を購入しなければならないという契約内容が残っている。2014年の年間消耗量は2,500トン程度なので，後5年で2万トンを使い切ることはできないはずである。買い取ることをせずに違約金を支払うか，それとも使わないものを買い取って減損処理にするか，いずれにせよ，シャープの太陽電池事業の行方に大きく影響しそうである。[50]

一方，原発の再開を期待する電力各社は自然エネルギー発電の買取に消極的で，大規模太陽光発電所（メガソーラー）からの電力受け入れを制限する事態がすでに起きている。太陽光発電の買取価格の引き下げはすでに決まっている現状のなか，住宅用太陽光パネルは今後も伸びる可能性はあるが，メガソーラーの成長はもはや期待できない。この配慮から，シャープは2014年度の出荷量（原発2基分の約200万キロワット）を前年度比約5％削減すると決定している。

上述したように，太陽光パネルの生産販売事業とメガソーラーの自社運営による売電事業の両方にとって，日本国内の競争環境が悪化しており，経営収益性の低下は避けられない。それと同時に，太陽電池の海外市場では，低価格を武器とする新興国企業，とりわけ中国企業の競争力が急速に上昇し，シャープの市場占有率が低下しつつ，採算性も悪化し始めた。そのため，海外事業の縮小と撤退が余儀なく進められており，たとえば以下の事例がある。

・英国の工場で2004年から太陽電池を生産していたが，価格競争の激化で収益性が悪化し，2014年2月末までに太陽電池の生産を終了する（工場そのものは閉鎖せず，電子レンジと複写機用トナーなどの生産を継続する）。

・米国テネシー州の工場で2003年以来行われてきた太陽電池の生産を2014年3月末まで停止し，最大約300人の従業員を解雇する。

・イタリア電力大手のエネルグリーンパワー（EGP）との合弁会社を2010年に作り，太陽光発電事業の共同運営を開始したが，採算性が見込めないため，2014年7月に143.8億円の特別損失を計上して撤退した。シャープの保有株式をわずか1ユーロでEGPに譲渡し，生産技術の供与は継続するものの，太陽光パネルの調達はやめると発表された。

・米国カリフォルニア州にある太陽光発電事業の子会社であるリカレント・エナジーは，2014年9月29日の1次入札（15社参加）と11月の2次入札（10社参加）を経て，2015年春にカナダの太陽光パネル大手であるカナディアン・ソーラーに売却される見込みである。このリカレント・エナジーはシャープが2010年に約250億円で買収した完全子会社で，用地選定からプラント建設まで手掛け，2013年度に200億円近い利益を上げた優良事業であったが，2014年から赤字に転落した。約300億円の売却収入を自己資本増強と中小型液晶事業投資に充てる予定であるが，実際，数百億円の資産減損処理をしなければならない。

一方，英国と米国とイタリアでの太陽電池生産の単独事業が中止されるなか，諸外国で現地企業と共同運営する太陽光発電所（メガソーラー）の新規建設事業には積極的である。たとえばシャープとタイの建設大手ITDとの共同出資で，バンコク北部のロップリ県で発電容量52,000キロワットの太陽光発電所を建設すると2014年1月に発表された。

こうして，シャープの太陽電池事業は，日本国内市場でも海外市場でも厳しい競争に晒され，経営収益性は急激に悪化している。2015年3月期の年度決算では，太陽電池事業単体の売上高は前年度の3,100億円から2,800億円へ減少し（9.68％減），営業利益は前年度の130億円の黒字から626億円の赤字へ転落した[51]（図表9－9参照）。シャープは低迷している産業向け太陽電池の構成比を減らし，住宅向け太陽電池の構成比を引き上げようとしているが，住宅向け分野で大きく先行しているパナソニックに競り勝つのは困難であろう。

（6）苦しい財務状況

シャープの経営業績は2013年度中に徐々に上向いているが，財務状況の根本的な改善には至っていない。製造業で健全とされる自己資本比率は20～30％とされるが，シャープの2013年6月末のそれがわずか6％で，債務超過になる一歩手前である。2013年9月30日に満期となる2,000億円分の転換社債（CB）を償還するために，直前の2013年6月に主力銀行の追加融資枠（5,100億円）など

を使って賄ったが，有利子負債は1兆円超に膨らんだ。2014年3月期に企業年金の積み立て不足から1,200億円を負債として新たに計上する必要があるとともに，2014年3月に300億円，9月に1,000億円の普通社債（SB）の償還が迫っている。

　財務状況のこの苦境から脱出するために，株式発行による資本増強が必要不可欠となる。シャープは2013年8月に第三者割当増資と公募増資で1,000億円超の資金を調達する計画を作った。水面下で打診した結果，取引関係のある日本企業数社が100億円超の第三者割当増資を引き受ける意向を示したが，銀行や証券会社などでの公募増資額の調整が難航し，目標の1,000億円に届かないとわかった。しかし，その後，東京オリンピック開催の決定（9月8日）が思わぬ追い風となり，株式市場の相場は全面的に上昇し始め，「大量の新株を株式市場でさばける環境になった」と銀行と証券会社は重い腰を上げた。「今しかない」と見たシャープは増資計画を練り直し，2013年10月中旬の払い込みを目指して総額1,663億円の一般公募増資と第三者割当増資を実施すると2013年9月18日に発表した。

　今回の増資分は総発行株数の4割を超え，株主権利が大幅に希薄化になるので，危機的な財務状況下でなければ，既存株主の賛同を得るのは困難なはずである。しかし，このかつてない大規模の株式公募が順調に行けば，シャープは潤沢な資金を入手でき，鴻海やサムソン電子のような脅威相手からの資金投入は不要になる。自己資本比率も10％台に回復し，危機的な状況から脱出することができる。

　増資計画の内訳として，まず約175億円の第三者割当増資について，電動工具大手のマキタは100億円程度（マキタの持ち株比率は約2.11％となり，2013年3月に103億円を出資したサムソンの2.10％を上回り，第6位株主になる），住宅設備大手のLIXILグループは50億円程度，自動車部品大手のデンソーは25億円程度を引き受けることとなる。この3社はともに「非電機業界」であり，またともに最初は100億円の出資が要請された。しかし，この3社はシャープへの資本参加の目的がそれぞれ異なり，シャープとの関係はまさに「同床異夢」である。

その結果,「満額回答」,「半額回答」,「4分の1回答」となり,2013年10月22日に払い込みを完了した。

　その次に,金融機関や証券会社などを通して一般公募増資の形をとり,公募発表前日の9月17日の株価（370円）を6％下回る348円を株式発行の予定価格に設定して,総額約1,489億円を調達する予定であった。しかし,公募発表の9月18日以降に,株主権利の希薄化や成長戦略の不透明感などへの懸念によって,シャープの株価は下がり始めた。払込計算日となる2013年10月7日の株価終値は当初予定された株式発行予定価格の348円を大きく下回る291円まで下がったため（図表9－1参照），新株の発行価格は7日終値の291円を4.12％下回る279円と計算し直された。株価下落の結果,一般公募による調達金額は当初予定された1,489億円から1,191億円に減った。

　2013年11月8日に調達金額が確定され,第三者割当と一般公募の合計が1,365億円となった。想定した1,663億円を約300億円下回ったが,財務の安定性を示す自己資本比率は6月末時点の6％から一気に12％程度へ上昇した。しかし,2014年3月末に企業年金の積み立て不足分の1,200億円を負債に計上すれば,自己資本比率はまた一桁台の8.9％程度に下がってしまう。製造業の適正水準とされる20％には届かないが,「最低ラインはクリアした」ため,企業の経営に大きな支障が出ないとシャープが強気に述べている。一方,1兆円を超える有利子負債は返済するめどが立っておらず,財務改善は道半ばである。今後は「液晶を中心に本業で十分なキャッシュフローを生み出すことができなければ,新たなパートナーに事業ごと売却する必要に迫られる」と証券業界の専門家が厳しい見方を示している。

　2014年の年始に中国のパソコン大手のレノボとシャープとの間に資本提携の交渉が行われたようだが,不発に終わった。また,2014年度にさらに2,000億円規模の公募増資を新規に行い,自己資本比率を3月末の8.9％から15～20％に引き上げるという報道もあったが,2014年7月にシャープの高橋興三社長は「現時点での公募増資は常識的にありえない」と述べ,「利益を稼ぐことで内部留保を高め」,資本増強につなげていくと強調した。実際,2014年4月1日以

降にシャープは保有する30社の株式を売却した。そのうち，7社の株は値下がりし，8,700万円の損失が出たが，23社で約47億円の売却益が発生したため，合計で約46億円の特別利益を計上した。その結果，2014年6月末の自己資本比率は3月末の8.9％から9.4％へ上昇した。

　さらなる資本増強策として，大阪府八尾市にある白物家電工場の土地，藤井寺市と茨木市にある物流センターなどを2015年3月までに売却する商談も進んでおり，売却収入の約100億円を資本増強に回す予定である。また，シャープは資本提携目的でパイオニアの発行株式の8.05％（3,000万株）を保有しているが，そのすべてを2014年9月11日に三菱UFJモルガン・スタンレー証券に一括売却し，株式売却額相当の約98億円を資本増強に充てるという。こうして，さまざまな厳しいやりくりを行い，2014年末の自己資本比率を10.8％に引き上げることができた。一方，新たな問題として，ポーランド工場をスロバキアのUMCに売却することによって約143億円の特別損失を2015年3月期の年度決算に計上しなければならず，自己資本比率はまた低下に転じることとなる。

　結局，2015年5月14日のシャープの年度決算発表では，最終損益2,223億円の赤字を計上したため，自己資本が破滅的に毀損して自己資本比率は一気に1.5％へ下落し，経営破綻の一歩手前になってしまった。シャープ経営陣は資本金を1,218億円から5億円に減らすとともに，デット・エクイティ・スワップ（DES：Debt Equity Swap）という形で2,000億円の銀行債務を優先株資本に切り替え，さらに250億円の優先株を新たに発行するという資本増強策をとり，自己資本比率を3月末の1.5％から5％強に引き上げることを決めた。さらに3年後の2018年3月期に，自己資本比率を約10％に引き上げることを目指している。

　しかし，シャープの有利子負債は2,000億円のDES実施によって3月末の9,742億円から7,742億円に減っても，なお高水準である。この7,742億円のうち，約5,100億円は主力銀行2行からの融資である。2016年3月末に返済期限を迎えるが，経営再建の成果がある程度実れば，償還期間延長の協議は可能である。しかし，それ以外の約2,600億円にのぼる金融機関借入金や社債などは

期日通りに返済しなければならない。また,国内で3,500人の希望退職募集(45～59歳が対象,2015年8月に募集し,9月末に実施する。45歳の社員に給与7か月分,50歳の社員には26か月分の特別加算金が支給される)にかかる特別損失は約350億円を見込んでおり,海外での事業縮小と撤退にも多額の減損処理費用を伴う。さらに利益創出のための新規投資も欠かせず,たとえば黒字を出す液晶事業に363億円の設備投資費を2015年度に計上している。2015年3月末の預金残高が2,322億円(前年比1,184億円減)しかないシャープにとって,債務返済や敗戦処理や新規投資などのための資金繰りは困難を極めている。(61)財務基盤を緊急に建て直さないと,2016年3月期に債務超過に陥りかねない。

(7) 経営危機の再来

先にも述べたように,2013年以降のシャープは,クアルコムとサムスンとの資本提携,経営体制の刷新,海外工場の売却,従業員数の削減,新商品の開発と国内外市場の新規開拓などの経営再建策を実施した。これらの経営努力が功を奏し,2014年3月期の年度決算で売上高も営業利益も純利益も大幅に改善して「薄氷のⅤ字回復」を実現した。そして,2015年3月期の年度決算について,売上高を前年比3％増の3兆円,営業利益をほぼ同額の1,000億円,最終損益を2.6倍の300億円と2014年10月時点に目指していた(図表9－7参照)。

しかし,シャープのテレビや白物家電や太陽光パネルなどの海外生産比率が高いので,2014年以来の大幅な円安の流れのなかで海外調達コストが大幅に上昇し,事業の採算性は急激に悪化している。また企業間競争が激しく,液晶パネルや太陽光パネルなどの販売単価が急激に下がり,商品の販売数が増えても売上高ないし利益はほとんど増えず,売上高利益率は逆に低下している。その後,太陽電池やテレビなどの不採算事業の損失処理や生産設備の減損処理などが追加され,最終損益を赤字転落の方向へ下方修正した。

それにしても,シャープの2015年3月期の決算が発表される直前の2015年4月に,複合機(売上高利益率8.82％),携帯電話(同5.83％),白物家電(同5.45％),液晶パネル(同4.12％),電子デバイス(同0.68％)などの事業は小幅な黒字を

第9章　鴻海とシャープの資本提携事業

図表9－9　2015年3月期のシャープ社内各種事業の経営業績の見通し（億円）

事業部門	売上高	営業利益	補足説明
液晶パネル	9,700	400 (→301)	中国市場で苦戦している。IGZOの価値を活かし切れないが、黒字を確保できる。
テレビ	4,500 (→4,000)	－120 (→－134)	国内市場の首位を維持しているが、高価格機種で劣勢である。海外工場の売却による減損処理で赤字に転落する。
太陽電池	2,800	－50 (→－626)	売上高（前年度3,100億円）も営業利益（前年度130億円）も悪化している。産業向け商品の低迷を受け、住宅向け商品に注力している。
白物家電	3,300	180	空気清浄機などのエコ商品の売れ行きはよいが、海外生産比率が高く、円安の悪影響を受けている。
複合機	3,400	300	市場シェアは低いが、収益性は安定している。
電子デバイス	4,400	30	カメラモジュールは堅調であるが、LED部材が苦戦している。
携帯電話	2,400	140	スマートフォンの売れ行きは伸び悩んでいるが、「フィーチャーフォン」の「AQUOS CRYSTAL」は存在感を持っている。
合計	30,500 (→27,862)	880 (→－480)	売上高3兆円の目標をなんとか達成でき、営業利益の黒字を上げられる

注：この表のなかの数字は2015年4月時点で出された2014年度見通しであり、わずか1か月後に発表された年度決算の数字とはかなり異なる。筆者が把握した範囲では、液晶事業の営業利益は400億円から301億円に、テレビ事業の売上高は4,500億円から4,000億円に、赤字は120億円から134億円に下方修正され、太陽電池事業の赤字が50億円から626億円へ膨らみ、売上高合計額は30,500億円から27,862億円へ減少し、営業利益は880億円の黒字から480億円の赤字に転じた。
出所：「シャープ解体へのカウントダウン」『週刊東洋経済』2015年5月16日号。

上げられるのに対して、テレビ事業と太陽電池事業は小幅な赤字を計上する。そして、会社全体は売上高3兆円の目標を何とか達成でき、880億円の営業利益を上げられるとシャープが楽観的に見ていた（図表9－9）。[62]

そして、2015年5月14日にシャープの年度決算が正式に発表された。その売上高は27,862億円、営業利益は480億円の赤字である。さらに液晶パネルの在庫評価損（295億円）、太陽電池原料ポリシリコンの長期仕入契約への引当金（587億円）、国内工場稼働率低下と海外テレビ工場売却による減損処理（約1,000億円）などが追加されたため、最終の経常損益（純利益）は2,223億円の赤字となった。この巨額の赤字を計上したため、資本金は1,218億円から5億円に減り、99.6％の自己資本が毀損して、自己資本比率は8.9％から一気に1.5％へ下落した。[63]こ

の最悪の決算結果を受け，シャープを取り巻く経営環境はかつてなく厳しくなった。

・株価の下落：資本金を5億円へ減資するという情報が5月9日（土曜日）に株式市場に伝わり，週明けの11日にシャープの株価は一時的に8日終値の258円から178円（前日比31％安のストップ安）に下がり，終値は68円安の190円（前日比26％安）となった。減資が正式に発表された14日の終値は200円で，翌15日の終値は186円（前日比7％安）となった。その後も下落傾向が続き，5月18日の取引中に一時161円まで下がった。株主総会が開かれた6月23日の終値は163円で，その後の数日間は連日，年来最安値を更新した。総額2,250億円の優先株による資本増強と5億円までへの減資が行われた6月30日には，シャープの株価終値は149円に下がり，2012年10月17日に付けた上場以来最安値の143円にあと6円と迫った。7月1日以降に株価は若干持ち直したが，お盆休みに入る8月14日までの1か月半の間に180円に届くことは一度もなかった（図表9－1参照）。

・格付けの引き下げ：資本支援の検討が報道された2015年3月3日に，シャープの株価は一時的に229円と前日比25円（10％）下落し，アメリカ格付け会社のスタンダード・アンド・プアーズ（S&P）はシャープの長期格付けを「シングルBプラス」から「トリプルCプラス」に引き下げた。株価下落の傾向が続く5月時点で，株価は40円台まで下がるかもしれないと大手のUBS証券が予測し，格付け会社各社はそろってシャープの格付けをさらに数段階も引き下げた。しかし，6月末の資本増強策と減資策が実施されることを受け，S&PやJCRなどの格付け機関はシャープの長期格付けを一気に数段階も引き上げた。

・機関投資家離れ：企業業績の悪化を受けて年金や投資信託などのような，株式を長期保有する機関投資家はシャープ株を手放し，日々の値動きを見て短期売買する個人投資家の割合が増え，2015年3月期末の個人株主の持ち株比率が44.1％（前年比4.5％増）と近年の最高値を付けた。そして，海外子会社との取引において，税金の申告漏れ（103億円）と所得隠し（12億

円）があると2015年7月に大阪国税局によって指摘された。シャープは会計処理上のミスを認め，指摘に従って税金を納めることにしたが，資本金を1億円に減らそうと企んでいたこと，すなわち優遇税制悪用の汚名に脱税の罪が加わり，シャープの企業イメージは一段と悪くなり，機関投資家離れの傾向がさらに強まる恐れがある。

（8）経営再建策の基本内容

債務超過による経営破綻の観測が飛び回り，取引先の企業も社内の従業員も大きく動揺する，という深刻な経営危機から脱出するために，シャープ経営陣は以下3点の内容を盛り込んだ経営再建策を銀行と投資ファンドに提示し，さらなる金融支援を求めた。

1）傘下事業の再編と社内カンパニー制の導入

現在27ある本部（8つの事業本部と19の管理本部）を2015年10月1日付けで5つの社内カンパニーと12の本部に再編する。本社副社長一人（大西徹夫）だけを除いて「副」が付く役職を全廃し，米国や欧州などの海外地域代表も中国以外は廃止する。組織構造は現在の最大8階層から最大4階層と減り，社内の部署総数は現在の900から500前後に減り，管理職ポストは600程度減る。組織の簡素化によって意思決定の迅速化と人件費の節約をはかる。各カンパニーの傘下に国内外の生産会社と販売会社を置き，一括した経営を行い，経営の自律性と単独採算性への重視を促す。

・コンシューマー・エレクトロニクス：現行の家電，通信，健康・環境という3事業部を統括する。
・エネルギー・ソリューション：現行の太陽電池事業部を統括する。
・ビジネス・ソリューション：現行の複写機，電子看板という2事業部を統括する。
・電子デバイス：現行の半導体事業部を統括する。
・ディスプレイ・デバイス：現行の液晶パネル事業部を統括する。

2）大規模な従業員削減

2012年に3,000人の希望退職（実際の退職者は2,960人）を実施したことに続き，世界で約4.9万人（国内2.4万人，海外2.5万人）の従業員のうち，国内で約3,500人（45～59歳が対象，2015年8月に募集し，9月末に実施する），海外で約2,500人の希望退職と解雇を実施する。また，新規採用者の数も抑え，2016年春入社の採用予定人数を前年度の308人より46％減の165人（大卒135人，高卒30人）とした。

3）経営陣の刷新と経営責任の明確化

経営責任を明確にするために，トップ経営陣の刷新を行う。具体的には，代表取締役は5人から2人に減り，取締役は10人に縮小した。高橋興三代表取締役社長（60歳）が1人だけ留任し，通信システム事業担当だった長谷川祥典が代表取締役専務執行役員に昇格する。財務畑の長い大西徹夫副社長（60歳）は取締役から外れ，液晶事業構造改革担当として副社長兼執行役員に残り，技術統括の水嶋繁光副社長（60歳）は代表権のない会長に就任する。液晶事業担当の方志教和専務と主力銀行派遣の中山藤一専務は顧問に退く。奥田隆司会長（61歳）は退任し，創業者一族で元社長・元会長の町田勝彦は現在の無報酬の特別顧問から退任する。

（9）資本増強策の実施と鴻海支援の門前払い

以上の3点セットの経営再建策が関係者に認められたため，主力銀行のみずほ銀行と東京三菱UFJ銀行がそれぞれ1,000億円，（大手銀行が共同運営している）企業再生ファンドのジャパン・インダストリアル・ソリューションズ（JIS）が250億円，合計2,250億円の出資を優先株の形で引き受け，今の1,219億円の資本金を5億円に減らして累積損失を一掃することを基本内容とする資本増強策が発表された。

実際，シャープは最初に資本金を1億円に減らそうとした。資本金が1億円以下となれば，「中小企業」と見なされ，法人税の軽減税率の適用や外形標準課税の不適用などの税法上の優遇措置を受けられる。しかし，中小企業育成という制度の趣旨に一致しないという民間からの批判があり，「企業再生として

は違和感がある」（経済産業省大臣の宮沢洋一），「常識的に１億円というのは国民に違和感がある」（内閣官房長官の菅義偉）と政府当局も指摘したため，シャープ経営陣は減資後の資本金を５億円と設定した。[67]

　個人株主の株式保有率が44.1％に達している現状下で，本来ならば，既存株主の権利が大きく希薄化されるこの減資策は個人株主に強く反対されるはずである。しかし，連続３年間無配が続き，会社存続自体が危惧されるという危機的な状況下で，どんな劇薬であっても飲まざるを得ない。2015年６月23日の株主総会は，出席株主1,212人，質問台に立った株主が23人，所要時間が３時間23分と過去最長となったが，[68] 出席株主の議決権の３分の２以上の賛成を要件とする特別決議などによって，資本金の大幅な減額，新たな株式発行，新しい社長（高橋興三）と会長（水嶋繁光）の選任などの計６議案はすべて承認された。

　株主総会の結果を受け，2,250億円の優先株発行と５億円への資本金減資という資本増強策は６月30日に無事に完了した。それにしても，主力２行からのDESの2,000億円は銀行負債（2015年３月末時点でみずほ銀行3,600億円，三菱東京UFJ銀行3,800億円，残高合計7,400億円）を株式に切り替えるという帳簿上の場所変更に過ぎず，実際の資金流入を伴わない。投資ファンドのJISからの250億円だけが新規流入の資金であるが，今のシャープにとって，戦略投資に振り向ける資金が250億円だけではあまりにも少な過ぎる。したがって，シャープの将来は楽観視できず，次年度（2016年度）の最終損益は１千億円以上の赤字になる見通しである。[69] 2011～2016年という６年間の数値（図表９―７参照）を眺めると，シャープの経営業績は一貫して低迷していることは明白である。

　一方，鴻海との資本提携事業については，「時価ならばいつでも出資する」と言い続けるのは鴻海（郭台銘）の変わらぬ態度である。シャープが再び経営危機に立たされている最中，2015年３月20日に鴻海はシャープに対して株式出資などを改めて打診する方針を明らかにした。鴻海が再び動き出したことに世間の注目を大きく集めたが，鴻海側が時価（230円前後）近辺の取得価格設定と経営意思決定への参加という２点にこだわっているのに対して，シャープ側は2012年３月に合意した「１株550円」にこだわり，出資条件の見直しに応じな

い構えである。結局，シャープは鴻海の資本支援提案を門前払いにし，日本国内の主力銀行と企業再生ファンドに資本支援を求めることにした。すでに3年も経過した両社間の出資交渉期間はもう1年延長されることとなったが，互いに感情悪化した両社が一緒になることはもうないと思われる。

(10) 経営再建策の実施状況

赤字への転落と鴻海の攻勢再来を前に，シャープの新しい経営陣はより抜本的な経営再建策に迫られているが，以下のような中途半端のものしか実施していない。

1) 人件費の削減

高橋興三社長ら首脳陣の役員報酬は最大55％の削減（2015年2～6月は55％削減，7～9月は70％削減），取締役と執行役員を含む数十人の経営幹部の役員報酬は20％前後の削減，全管理職約4,000人の給与は5％の削減，一般従業員の給与は2％の削減を2016年3月までに実施する。2015年度の一時金（ボーナス）について，4か月分という労働組合の要求に対して，2か月分支給という方針を示した。そのほか，残業代の抑制，各種手当の削減，福利厚生の見直し，雇用形態の調整といった施策も取り入れ，総額約500億円規模の固定費削減を目指している。電機大手各社がベースアップと定期昇給を実施しているなか，シャープ従業員の収入減はきわめて目立っている。

国内24,000人の従業員の1割強にあたる3,000人規模（5月に3,500人に拡大，45～59歳を対象とする希望退職募集），海外25,000人のうち2,000人規模（5月に2,500人に拡大，ポーランド工場やメキシコ工場などの事業撤退に伴う解雇）の人員削減を実施する。

実際，2015年7月27日～8月4日に国内で募集していた希望退職に対して，3,234人の応募があった。再就職が難しい中高年層が対象であったため，目標の3,500人に届かなかった。希望退職に応じたのは，シャープ本体と国内の主な子会社に務める45～59歳の正社員2,981人と，45歳以上の非正社員253人，国内社員の13％に当たり，9月30日に退職する。退職者数は目標値より少ないが，

第**9**章　鴻海とシャープの資本提携事業

給与が高く割増額が少ない50代後半従業員の応募が想定より多かったため，5月時点で予想していた年間150億円の人件費の削減は達成できる見込みとなり，追加募集はしない。一方，割り増し退職金の支給などで，2015年7～9月期決算に243億円（当初予定の350億円を下回る）の特別損失を計上する。(72)

2）海外工場の売却

　テレビ分野でのシャープのブランド力が強く，「液晶（テレビ）のシャープ」と言われるが，赤字に転落したテレビ事業は事業整理の対象となっている。本節（5）の2）の部分で説明したように，シャープは日本国内市場で利幅の大きい4Kテレビの構成比倍増計画（15%→30%）を打ち出しているが，ソニーやパナソニックなどの先行他社に競り勝つのは難しい。一方，海外市場での競争はさらに激しく，収益性もより悪いので，海外事業全体の縮小と撤退が余儀なく検討されている。本節（2）の部分で説明したように，シャープはポーランド，メキシコ，中国（南京），マレーシアの4か国にテレビ関連の生産工場を保有していた。2013年に海外4工場の売却を一旦決め，いろいろな相手と交渉したが，結局，2014年9月にポーランド工場をスロバキアのテレビメーカーのUMC社に売却しただけで，メキシコ，中国，マレーシアの3工場は売れずに自社保有にとどまった。しかし，経営危機に陥った2015年現在，メキシコ，中国，マレーシアの3工場は再び売却対象となった。

　まずメキシコにあるテレビ工場を売却し，テレビの販売からも手を引き，自社販売からブランド供与に切り替え，すなわち北米のテレビ事業から撤退することが決まった。シャープにとって，北米でのテレビ販売台数は2014年3月期に約90万台で，全社の1割強を占めているが，北米市場でのマーケット・シェアはわずか2％程度ときわめて小さく，知名度とブランド力が弱い。赤字体質からの脱却が難しいので，撤退することとなった。(73) 月間生産能力20万台程度のメキシコ工場は北米市場向けの主要拠点で，約1,500人の従業員を抱えている。このメキシコ工場を中国の大手家電メーカーの海信集団（Hisense, ハイセンス）(74)に売却し，シャープブランドの販売権を渡すと2015年7月31日に発表された。

　また同時期に，中国とマレーシアにある工場の売却も検討されている模様

355

第Ⅲ部　鴻海にみる労働問題と経営戦略

図表9—10　薄型テレビの世界販売シェア

順位	2005年 (2,704万台)	2013年 (21,806万台)
1	フィリップス (13.2%)	サムスン (22.2%)
2	シャープ (13.1%)	LG (14.5%)
3	サムスン (11.2%)	TCL集団 (6.2%)
4	パナソニック (9.9%)	ソニー (6.0%)
5	ソニー (9.4%)	海信集団 (4.5%)
6	LG (8.5%)	パナソニック (4.3%)
7	東芝 (3.5%)	創維集団 (4.3%)
8	日立 (2.1%)	東芝 (4.0%)
9	日本ビクター (1.8%)	
10		
11		シャープ (3.6%)
	その他 (27.3%)	その他 (30.4%)

注：空欄部分は情報不明である
出所：『日本経済新聞』2015年2月2日朝刊記事。

である。つまり，海外4工場のうち，ポーランド工場を売却し，メキシコ，中国，マレーシアの3工場を当面自社で保有すると2013年10月31日に高橋興三社長が方針を発表したわずか1年半後に，テレビ関連の海外4工場をすべて売却し，海外での生産・販売事業からほぼ完全に撤退することになった。

若干の補足的な説明をすると，海外市場でのテレビ販売不振はシャープだけでなく，ソニーもパナソニックも東芝も似たような状況である。米国ディスプレイサーチ社の調査によると，2005年から2013年の8年間に薄型テレビの市場は約8倍拡大したが，先進国を含む世界市場全体において，価格競争が激しく，高コスト体質の日本企業は苦戦を強いられている。その結果，韓国系メーカー2社(サムスンとLG)が世界市場を制覇し，中国系メーカー3社（TCL，海信，創維）が大きく躍進したのに対して，日系各社の市場占有率は軒並み縮小している。特にシャープに関して言うと，日本国内市場で依然として第1位のシェアを誇っているが，世界全体では2005年の第2位（13.1％）から2013年の第11位（3.6％）に大きく後退した。同じ日本企業のパナソニックやソニーや東芝と比べても，シャープの無策ぶりが際立っている(図表9—10)。しかも，これはテレビに限った話ではなく，液晶パネル，携帯電話，太陽電池，白物家電といったさまざまな製品分野で同じ現象が観察されている。

3）太陽電池事業の続行

本節（5）の4）の部分でも述べたが，太陽光発電パネルの海外生産事業は

2014年から縮小と撤退を進めていた。2014年2月に英国工場，2014年3月に米国テネシー工場，2014年7月にイタリア工場，2014年9月に米国カリフォルニア工場というように，海外工場の売却は次々と行われた。また日本国内において，元々，パナソニックや京セラなどとの競争が激しいうえ，インリー・グリーン・エナジー（中国），トリナ・ソーラー（中国），カナディアン・ソーラー（カナダ）という世界3強企業が相次いで低価格製品をもって日本市場に参入したため，太陽光発電の競争環境は一段と厳しくなっている。その結果，2015年3月期のシャープの太陽電池事業の売上高は前年度の3,100億円から2,800億円へ減少し（9.68％減），営業利益は前年度の130億円の黒字から626億円の赤字へ転落した（図表9－9参照）。

　国内外のライバル企業との価格競争で採算性の確保が難しくなり，2015年3月期の年度決算で太陽電池事業単体もシャープ全社も大きな赤字に転落した現状では，シャープの太陽電池事業は海外工場に限らず，国内生産体制も大幅に縮小すると見られる。国内事業の一部売却を昭和シェル石油などの企業と交渉しているという噂もあれば，赤字体質の太陽電池事業からの全面撤退という観測もある。

　ところが，2015年5月に発表されたシャープの中長期経営計画のなかに，太陽電池事業の続行と今年度中の14億円の新規投資という内容が盛り込まれている。価格競争の激しい産業向け太陽光パネルの生産事業を維持するとともに，太陽電池と蓄電池などと組み合わせた住宅向け太陽電池モジュールの生産と販売を強化する方針が打ち出された。その第1弾として，電力変換効率が従来商品より1％高い19.1％となる業界トップクラスの住宅向け太陽電池モジュール(75)（標準タイプは12.5万円）を2015年6月から発売した。しかし，住宅向け太陽電池モジュールの分野では国内シェア首位（約30％）のパナソニックはシャープや京セラなどを大きく引き離して独走している。また，太陽電池の核心技術，すなわち太陽光を電気に変換する性能に関しても，パナソニックの最新型製品の電力変換効率（22.5％）はシャープのそれ（19.1％）を大きく上回っている(76)。したがって，太陽電池分野でのシャープの勝算は小さいと業界関係者が見てい

4）液晶分社化構想の否定と再浮上

2015年3月期決算でシャープ全体は最終赤字に転落したが，液晶事業の年間連結売上高（9,701億円）はシャープ全体（27,862億円）の約35％を占め，約300億円の営業利益を稼ぎ出し，今のシャープ内の数少ない優良事業である（図表9－9参照）。しかし，液晶事業は典型的な資本集約型事業であり，巨額の投資を継続して行なわなければ企業間の技術競争に負けてしまう。シャープ全体のコア・コンピタンス部門と位置づけられているため，液晶事業に対する投資は従来から重点的に行われてきた。しかし，2015年からの3年間に液晶パネル事業に1,400億円を投資するという事業計画は発表されているものの，資金的な裏づけを確保できず，結局363億円の設備投資だけを2015年度に計上するにとどまった。

赤字に転落したシャープにとって年間数百億円以上の設備投資が耐えがたい重荷になっているところ，液晶事業の分社化という構想は2015年4月5日に報道された。報道内容によると，三重県亀山市の主力工場のほか，営業や開発部門なども新会社に移し，その資産価値は3,000億円程度となる。官民ファンドの産業革新機構から1,000億円規模の出資を受け入れるほか，主力銀行や協力企業からの株式出資も受け入れるが，シャープは51％以上の株式を継続的に保有していく予定である。つまり，利益の見込める液晶事業を分社化すれば，当面数年間は銀行融資や新株発行などの手法で必要となる設備投資資金を調達することができる。そして，液晶新会社の経営が軌道に乗ってからその収益の一部をシャープ全体の再建に回す，というシナリオである。この液晶分社化の構想はシャープの本丸に迫る経営再建策となるが，虎の子の液晶事業が抜けた後のシャープ母体は大丈夫かと不安視する意見も多い。また，この鴻海抜きの分社化構想は，シャープが鴻海と手を組まないことを明確に意味している。

ところが，さまざまな関係者がこの液晶分社化構想に大きく注目しているにもかかわらず，シャープはこの構想の実施可能性を否定した。2015年5月14日の中期経営計画を発表した際に，高橋社長は「うちの会社から液晶を除いたら

第9章 鴻海とシャープの資本提携事業

中期経営計画の達成なんて無理だ。(液晶事業の) 分社化などあり得ない」,「現時点で分社するロードマップを持っていない」, 当面は社内カンパニーの体制で行くと表明した。しかし, その実態は「関係者間で調整がつかず時間切れ」になっただけかもしれない。主力銀行の1つである三菱東京UFJ銀行の平野信行頭取は5月15日のシャープ決算の記者会見の席で「詰めが終っていない分野もある」と釘を刺したのは液晶事業の行方に対する見解が統一していないためだと解釈されている。社内カンパニー制度で十分の投資資金を用意できなければ, 液晶事業の分社化ないし売却の再編案はいずれ再浮上するに違いないと多くの関係者は見ている。

シャープの液晶事業は最大の中国市場で苦戦を強いられ, 国内工場の稼働率が下がっているため, 2015年第1四半期 (4～6月) の液晶事業の売上高は前年同期比9％減の1,878億円, 営業利益は137億円の赤字 (前年同期は21億円の黒字) である。稼ぎ頭の液晶事業の業績悪化を受け, シャープ全社の売上高は6,183億円, 連結営業利益は287億円の赤字, 連結最終損益は第1四半期として連続5年の最終赤字 (339億円) となった。シャープの液晶事業の2016年3月期の年間営業利益は450億円の黒字になると2015年5月時点で見込まれていたが, 2015年4～9月期は264億円の赤字を出したため, 年間営業利益は500億円前後の赤字に転落すると2015年10月に下方修正された。

液晶事業の採算性が急激に悪化しているため, 社内カンパニーの体制を維持することが難しくなり, 7月末に分社化の構想が再浮上した。高橋興三社長は7月31日の記者会見で「液晶事業で (分社化や他社との提携など) 幅広い選択肢を考える」,「(他社との資本) 提携もオプションの1つだ」と表明し,「資本受け入れはあり得ない」という5月の記者会見での「単独路線」の方針を大きく転換する可能性を示唆した。シャープは主力銀行から抜本的なテコ入れを求められ, 液晶事業の分社化と他社からの資本支援の受け入れなどを検討している。

鴻海は素早くシャープとシャープの主力銀行に対して本格的交渉を開始したい意向を伝えたようである。シャープの液晶事業を分社化にしてから鴻海の出資を受け入れて両社共同運営の形にすること, 鴻海と共同運営している堺工場

359

の持ち分をすべて鴻海に売却することの2点を鴻海が求めていると2015年8月23日に報道された。そして，2015年8月28日に，ジャパンディスプレイ産業（JDI）の筆頭株主である産業革新機構（INCJ）と交渉しているものの，液晶事業をJDIに売却する交渉に入っていないことをシャープが表明した。[81]

さらに2015年9月21日に，鴻海がアップルを誘ってシャープの液晶事業への共同出資と3社共同運営を提案していると報道された。調達先の複数化を基本方針とするアップルはシャープとJDIの統合を歓迎しないので，シャープ，鴻海，アップルの3社共同運営案に賛同する可能性があると見られる。一方，シャープにとってもJDIにとってもアップルは最重要顧客なので，アップルの反対を押し切って統合の道に進むと，アップルからの発注総量が減って収益性が悪化する恐れがある。また，アップルが入れば，鴻海が一方的に指図することはできず，事業経営の安定性と合理性が高まるので，シャープを安心させることができる。この意味から，アップルを買収陣営に招き入れるという鴻海の戦術を高く評価することができる。

シャープの液晶事業のパートナーとして，鴻海は最も有力な候補者と見られているが，今までの経緯から考えると決して楽観視できない。そもそも，日本政府と金融機関は液晶技術の流出に対する警戒心が強く，シャープと鴻海との資本提携に反対してきた経緯がある。シャープが鴻海との交渉を再開するというのは，あたかも交渉相手が多数いるという印象を作り出し，金融機関と政府のさらなる支援を誘い出すための作戦だという可能性が大きい。

5）その他の事業再編と資産売却

2015年に入ってから，数多くの事業再編策と資産売却案が検討されている。
- ブルーレイ・ディスクレコーダーの開発業務を海外に移転する。シャープのブルーレイ・レコーダーは栃木県矢板市の自社工場内で開発し，中国でのパイオニアとの合弁会社で生産している。日本国内の販売シェアはパナソニックに次ぐ第2位であるが，市場の縮小で採算性が悪化しているため，製品開発の業務を日本国内の自社工場から中国の合弁会社に移すと2015年1月下旬に報道された。[82]

・発光ダイオード（LED）を生産する三原工場（広島県三原市，従業員約400人）を閉鎖する。
・液晶テレビを生産する栃木工場（栃木県矢板市，従業員約1,000人。液晶パネルは亀山工場で生産されるが，テレビ組立の主力工場は矢板工場である）を閉鎖して生産業務を八尾工場（大阪府八尾市）へ集約する。
・スマートフォン向けのカメラやセンサー部品などを生産する福山第1～3工場（広島県福山市，従業員約1,500人）を閉鎖して福山第4工場へ集約する。
・自動車向けパネルなどを生産する三重第1工場（三重県多気町）を閉鎖して三重第2工場へ集約する。
・当面の経費を捻出するために，大阪市にある本社ビル（土地面積7,370平米）と本社ビルの向かい側にある液晶事業部門などが入る田辺ビル（同10,812平米）の売却を検討した。入札手続きを経て，本社ビルを約50億円で家庭用品販売大手のニトリに売却し，田辺ビルを約100億円でNTTグループの不動産会社（NTT都市開発）に売却すると2015年9月末に決まった。物件の引き渡しは2016年3月18日であるが，2018年3月までに賃貸契約を結び継続して使用する。また，鴻海と共同運営している堺工場の敷地の一部の売却（30万平米を100億円で売却することを大和ハウスと交渉中），千葉市にある「幕張ビル」（地上21階建て，延べ床面積4.4万平米，1992年完成）の売却，堺工場の持分の売却（37.6％の持分の一部ないし全部の売却を鴻海とサムスンと交渉中）なども検討されている。

しかし，後に，福山工場と三重工場の集約案は実施されたが，三原工場の閉鎖案と栃木工場の閉鎖・集約案は実施されず，両工場の当面の存続は決められた。ほかの再建築も難行している。
(83)

2015年3月期の最終損益は2,223億円の赤字を出し，債務超過による経営破綻が囁かれる危機的な状況下で，シャープの新しい経営陣は，2,250億円の優先株の発行と資本金の5億円への減資という荒療治を断行したことにとどまらず，社長から現場従業員までを対象とする人件費の削減と海外のテレビ関連工

場の売却を強力に押し進めている。一方，採算性がかなり悪化している太陽電池事業については，海外事業から撤退するという数年前に決まった方針をそのまま継続するとともに，国内事業は軸足を産業向け太陽光パネルから住宅向け太陽電池モジュールへ移す形で続行することを決めた。最重要部門となる液晶事業の行方について，一旦出された分社化の構想は否定され，社内カンパニーにとどまることが決まった。そして，国内にある複数の工場の集約と閉鎖が検討されたが，集約だけが実施され，閉鎖は先送りになった。

　全般的に見ると，これらの経営再建策はいずれも現状の延長線上にあり，不十分で中途半端のものである。つまり，やりやすいものを実行するが遂行困難なものを先送りにする，コストの削減に努力するが利益の創出に無策である。伝統と名声にとりつかれている今の経営陣は，より抜本的な経営再建策を実行する意志も力量も勇気も持っていないだろうと印象づけられる。しかも，主力の液晶事業が中国をはじめとする世界市場での販売は低迷しているため，2015年度第1四半期（4～6月期）は売上高（6,183億円，前年同期比0.2%減）も連結営業利益（287億円の赤字，前年同期46億円黒字）も最終損益（339億円の赤字，前年同期17億円赤字）も前年同期の水準を下回っている。そして，2015年10月30日に発表された4～9月期の連結決算では，売上高は期初予想を300億円下回る12,700億円（前年同期比4%減），営業利益は期初予想の100億円黒字から251億円の赤字（前年同期は292億円の黒字）に転落し，最終損益は836億円の赤字（前年同期は47億円の黒字）となった（図表9－7参照）。液晶事業単体の2016年3月期の年間営業利益を450億円の黒字と2015年5月時点で見込んでいたが，4～9月期は264億円の赤字となり，2015年通期の見通しも300～500億円の赤字に下方修正した。液晶事業の業績悪化を受けて，2016年3月期の全社連結営業利益の予想は期初の800億円黒字から100億円黒字へと大幅に引き下げられ，最終損益の予想も期初の1,000億円の赤字からさらに拡大された。シャープの会社再生策に早くも黄信号が点灯したため，2015年9月30日の株価終値は137円まで下がり，上場以来の最安値を更新した（図表9－1参照）。

第4節　交渉難航中の鴻海

（1）「打倒サムスン」の新戦術

　電子機器業界におけるアップルとサムスンの2強争いにおいて，アップル陣営の大番頭を自任する鴻海は「アップル・シャープ・鴻海の米日台大連合，打倒サムスン，世界制覇」の構図を描き，2012年3月にシャープとの資本提携契約を結んだ。その背景として，直前の2011年度に，鴻海の連結売上高（9.7兆円）は電子業界最大手のサムスン（12兆円）に迫るようになったが，売上高営業利益率ではアップルの28％，サムスンの10％弱と比べて，鴻海の2.4％は遠く及ばず，実力差が一目瞭然である。直近の2014年度の決算で見る鴻海対サムスンの実力対比は，売上高は15.6兆円対22.3兆円，売上高利益率は3.1％対12.1％，とその差はむしろ拡大している。経営収益性を高めるために，液晶パネルや半導体などのような付加価値の高い基幹部品を自社で生産する必要性があると感じた鴻海は，基幹部品の内製化と世界範囲の社内分業を特徴とする「グローバルな垂直統合モデル」を打ち出した。

　このモデルを実現するために，鴻海は液晶関連の核心技術を握るシャープに資本提携の計画を持ちかけた。しかし，さまざまな要因が絡み，結局，この資本提携計画は実行されず，シャープとのパートナーシップを構築することはできなかった。逆にシャープはサムスンの出資を受け入れ，シャープとサムスンの急接近という思わぬ結果を生んだ。「アップル・シャープ・鴻海の米日台大連合，打倒サムスン，世界制覇」という鴻海が描いた構図のうち，「アップル・シャープ・鴻海の米日台大連合」という手段に関する前半部分は失敗に終わったが，「打倒サムスン，世界制覇」という目的に関する後半部分に対して，鴻海は諦めておらず，新しい戦術を模索している。

　まずひとつは日本での地固めである。シャープ本体への出資が進まず，シャープの液晶技術が入手困難になっている状況下で，特許の購入と日本人技術者の採用に戦術を切り替えた。2012年9月28日にNECから液晶パネル関連の特許

使用権を94.5億円で取得すると発表した。2013年5月31日にディスプレイ関連の研究開発子会社「フォックスコン日本技研」を大阪市に設立した。ソニー元副会長の森尾稔を顧問に置きながら，シャープで液晶生産技術開発本部の本部長を務めた矢野耕三を社長として招き入れ，シャープ，パナソニック，ソニー，三洋電機などの大手電機企業を中途退職した技術者を中心に募集活動を開始した。120億円という最初予算で，翌年まで約40人の日本人技術者を採用し，鴻海の技術開発だけでなく，生産現場の実務担当者としても活躍してもらうという計画である。「フォックスコン日本技研」に入社した日本人技術者が次世代パネルと期待される有機ELディスプレイの開発に取り組んでおり，その奮闘ぶりは2014年5月17日放送されたNHKドキュメンタリー番組『Asiaの黒衣　動く　日本人技術者を取り巻く台湾企業』のなかで克明に描かれている。その後，横浜市にも同様の研究開発拠点を設け，首都圏在住の日本人技術者を採用している。そのほか，（シャープと共同運営している）最新型パネルを生産する堺工場とも技術的な連携活動を強化している。こうして，日本企業の特許を購入したり，日本人技術者を採用したりすることを通じて，日本企業の液晶パネルや有機ELパネルなどの技術開発力を獲得し，それを鴻海の生産現場に活かそうとしている。[84]

　もう一つは韓国進出である。2014年6月30日に，鴻海は韓国の電子・通信大手のSKグループ傘下の情報システム会社であるSK C&Cに約3,810億ウォン（約382億円）を出資して4.9％の株式を取得し，第2位株主となった。この出資をきっかけに，SKグループとの戦略的パートナーシップを構築し，宿敵サムスンの本拠地に乗り入れようと鴻海は考えていたが，その後の事業展開はあまり前進せず，2015年3月27日に（韓国ではなく）中国のITサービス市場の共同開拓事業がやっと発表された。SKグループは韓国第3位の財閥で，オーナー経営者の崔泰源（チェ・テウォン）会長は2013年に横領の罪で懲役4年の実刑判決となったが，約2年半収監された2015年に大統領特赦で経営の現場に復帰した。復帰後の崔泰源会長は鴻海との協力関係強化に積極的であり，2015年5月に香港に両社の合弁会社であるFSKホールディングスを設立し，SKが得意

とするITを活用した生産効率化サービスを鴻海の中国工場に提供する。また2015年10月にスマートセンサー部品を手掛ける香港の台和商事をFSKホールディングスが買収することはすでに決まっている。2015年8月にSK C&CとSKグループの持ち株会社との合併を行い，鴻海はSKグループ持ち株会社の3.5％の株主となった。台北で郭台銘会長と会談した後の2015年9月2日に，崔会長は「台湾や中国，インド，そして世界でどんな協力ができるかを探りに来た」と述べ，鴻海との協力関係の強化に自信を見せた。[85] オーナー経営者同士の崔会長と郭会長が意気投合となれば，鴻海の事業展開に大きなビジネスチャンスをもたらすであろう。

　こうして，シャープから見放された鴻海は，自分ひとりで日本と韓国という敵地に乗り入り，サムスンに立ち向かっている。しかし，今現在の戦術だけでは，巨人サムスンに勝つのは非常に難しい。したがって，「打倒サムスン」を目指す鴻海の今後には，厳しい試練が多く，試行錯誤が続きそうである。

（2）アップルからの発注減少

　鴻海にとって，アップルは一番のお得意先である。2012年までにiPadとiPhoneのほぼ全量，iPod，iMac，MacBookなどの相当数は鴻海1社だけによって組立生産されていた。アップル製品の世界範囲での販売好調が鴻海をEMS企業世界最大手の地位に押し上げ，アップルと鴻海の両社は相互依存の関係にあると言える。しかし，近年には，鴻海の中国工場での労働問題の多発に伴い，アメリカ国内をはじめとして，世界範囲でアップルに対する圧力が強まっている。創業者のスティーブ・ジョブズ（Steven P. Jobs）が2011年に死去してから，後任CEOとなったティム・クック（Timothy D. Cook：1960～）が率いるアップルは，「アップル製品が搾取工場で生産されている」という悪名を払拭するためにも，コストと品質面での競争を促して製品供給体制の安定性を高めるためにも，生産委託先複数化の方針を強力に進め，鴻海への発注比率を減らし始めている。[86]

　アップルは，まず台湾系のEMS大手企業である和碩（Pegatron，ペガトロン）

との協力関係を構築した。2012年前後から鴻海への発注を減らし，iPhone 4 s，iPhone 5，iPhone 5 c，iPad Mini，MacBook Air などの製品組み立て生産の一部を和碩に委託した。また2013年から iPhone 5 c の一部生産を台湾系の緯創集団 (Wistron, ウィストロン) へ，iPad mini の一部生産を台湾系の華宝通迅 (Compal Communications) と仁宝電脳 (Compal Computer, コンパル) へ委託することにした。さらに，「Mac Pro」の次期新機種を鴻海ではなく，シンガポールのEMS 大手企業であるフレクストロニクス (Flextronics) に委託し，アメリカ国内にあるフレクストロニクス社の工場で組立生産を行うという観測がある。また，アップルが開発中の腕時計型端末は，鴻海ではなく，台湾の広達電脳 (Quanta Computer, クアンタ) に発注する方針が決まったようである。なお，iPhone の金属筐体製造業務の大半はこれまで鴻海に依存してきたが，2014年秋に発売されるiPhone 6 の金属筐体製造の一部を鴻海から台湾の可成科技 (Catcher Technology, キャッチー・テクノロジー) に切り替えられ，しかも切り替えられる範囲と比率は今後さらに拡大すると見られている。

　長年，製品の開発・企画・マーケティングなどの業務を自社で行い，部品生産と組立加工を鴻海のような海外メーカーに委託する，というやり方はアップルの確立したビジネス・モデルである。ただし，付加価値の高い商品だけの生産拠点を米国内に置き，自社運営とする例外もある。たとえばパソコンの最上位機種「Mac Pro」はだいぶ前からテキサス州で製造している。しかし，近年には，アメリカ国内で生産する製品を増やす方針が打ち出されている。その第1弾として，2013年11月4日に，アップルはアリゾナ州メサ市に従業員1,000人以上の部品工場を新規に建設すると発表した。言うまでもなく，アメリカ国内での生産が増えていけば鴻海への発注が減っていくこととなる。

　一方，アップルへの過度依存は鴻海にとっても大きなリスクとなる。たとえばアップル主力製品の iPhone や iPad は2012年初めまで前年比倍増の勢いであった。特に2011年秋に発売された iPhone 4 s は，「スティーブ・ジョブズ最期の遺品」として話題を集め，爆発的に売れたが，2012年秋に出た iPhone 5 では，その勢いは続かなかった。2013年に入ってから，低価格帯のスマートフォ

第9章 鴻海とシャープの資本提携事業

図表 9—11　アップルの主要製品の受託生産企業（2014年6月時点）

EMS 企業名	受託生産する製品
ホンハイ（Foxconn）	iPhone 6（全体の85％）
	iPhone 5 s（ほぼ全量）
	iPhone 5 c
	iPad Air
	iPad mini Retina ディスプレイモデル
ペガトロン（Pegatron）	iPhone 6（全体の15％）
	iPhone 5 c
	iPad Air
	iPad mini
ウィストロン（Wistron）	iPhone 5 c
コンパル（Compal）	iPad mini Retina ディスプレイモデル
クアンタ（Quanta）	Apple Watch

出所：山田泰司（2014）の内容による。

ンやパソコンなどに需要を侵食された形で，高価格帯の iPhone 5 や iPad や iMac などのアップル製品は世界範囲での売れ行きが伸び悩み，スマートフォンの世界シェア首位はサムスンに奪われた。2013年秋に出た上級機種としての iPhone 5 s は盛り上がらず，廉価版の iPhone 5 c でも米国市場で（販売価格 $549）「予想より高額」と不評である。iPhone 5 c の世界中での売れ行きが予想を下回ったため，アップルは iPhone 5 c の組立生産体制の 2 ／ 3 を担う和碩社（ペガトロン）に対して発注量 2 割減，1 ／ 3 を担う鴻海に対して発注量 3 割減を通告した。そして，2014年9月に発売する最新機種の iPhone 6 では，それまでにアップルの iPhone シリーズに液晶パネルを供給し続けてきた鴻海グループ会社の群創光電に対して，「技術不足」の理由で液晶パネルの購入を取りやめた。また iPhone の組立生産については，それまでの鴻海と和碩の 2 社に加え，2014年から緯創（ウィストロン）という第 3 の会社を追加した。図表 9 —11からわかるように，鴻海がアップル製品を独占的に生産するという時代はもはや終ったと言えよう。ただし，高級機種の iPhone 5 s と5.5インチの iPhone 6 Plus はいまだに鴻海がほぼ全量受注しているようである。

こうして，直近数年間にアップルと鴻海との関係は大きく変わった。アップル側の調達先複数化と米国回帰と成長乱調などは鴻海との関係を疎遠させ，「アップル陣営大連合」の急先鋒であった鴻海を「アップル離れ」の道へと駆り立てることとなった。

（3）アップル依存からの脱出

全社売上高の約4割がアップル1社に依存していた鴻海にとっては，アップルからの発注減少は大きな悪影響を及ぼすこととなる。実際，アップルからの発注が大きく減少するたびに，鴻海の一部工場（鄭州，太原，深圳など）で設備投資の凍結，従業員募集の停止，新工場建設工事の延期，残業時間の圧縮などの事態が起きることになる。「すべての卵を同じ籠に入れるな」という諺があるように，最大顧客となるアップルの浮気と地盤沈下に翻弄される鴻海は，アップル一辺倒にならないように，中国，欧米，日本という広い地域範囲にわたり，顧客と製品の両面で取引関係の拡大を押し進めている。鴻海がとった対策の多くは第8章のなかで詳しく説明していたため，ここではそれらの対策をただ簡単にリストアップする。

・小米，楽視[92]，華為といった急成長している中国の新興企業を自社顧客に囲い込む。これら新興企業の製品は高級品ではなく，利幅も薄いが，加工単位数はきわめて大きいので，大量生産・薄利多売を強みとする鴻海にはぴったりの顧客となる。小米のような中国新興企業からスマートフォンなどの製品の超大口注文を次々と取り付けることに成功したことは，鴻海の経営基盤の安定性を大きく強めることになった。

・2013年4月，日本の太陽電池大手企業（シャープ，パナソニックなど）との交渉に入り，鴻海工場で受注生産された太陽光パネルを2014年度中に日本市場に投入すると報道された。鴻海の太陽光パネル事業には，生産工程の徹底した自動化によるコストダウンと，受注から5日間で出荷できる短納期という強みがある。

・2013年12月にカナダの通信機器大手であるブラックベリー（BlackBerry）

との業務提携が発表され，2014年5月にインドネシア市場で「ブラックベリーブランド＆鴻海生産」の低価格スマートフォン（219万9千ルピア，約200ドル）の開発と発売が発表された。インドネシアは東南アジアの一番の人口大国でありながら，携帯電話の普及率はいまだに2割程度で，市場規模の爆発的な拡大が可能である。

・ノキア，モトローラ，デル，ヒューレット・パッカード（HP），任天堂といった大手多国籍企業との長年の取引関係のさらなる拡大をはかる。たとえば2013年以降にHPのプリンターとデルのノートパソコンの大量受注，グーグルのメガネ型端末「グーグル・グラス」の新規受注，2014年11月にノキアブランドのタブレットの生産受注などに次々と成功した。

・2014年5月にクラウド分野のトップ企業であるHPとの合弁会社を設立した。グラウンドコンピューティングの普及に伴い，需要が急速に伸びているデータセンター向けのHP製品（サーバーなど）を鴻海が生産すれば，HP製品の価格競争力が高められるとともに，アップル製品の受注減少に苦しむ鴻海には新しい事業分野へ進出する機会が生まれる。

・2015年4月15日に，中国南西部でビッグデータの取引プラットフォームを運営するGBDExの21.5％の株式を取得した。元々貴陽市にあった鴻海のデータセンターと連携して，クラウド事業のさらなる拡大を目指す。その直後の2015年4月27日に，日本NECとの間で，クラウドビジネスに関する事業提携計画が発表された。

・2015年6月にインドへの本格進出計画を発表した。まずグジャラート州のハイテク工業団地の造成に50億米ドルを投資する。2020年まで総額200億米ドルで10〜12の組立工場やデータセンターなどを建設し，従業員数十万人規模でアップルのiPhoneやインドの通信最大手バルティ・エアテル（Bharti Airtel）ブランドのスマートフォンなどの製品を生産する。

・2015年6月に日本のソフトバンクとインドのバルティ・エンタープライス（Bharti Enterprise）と鴻海との共同出資で合弁会社を設立し，今後10年に約200億米ドルの投資で，インドで総発電能力2,000万キロワットの大規模

な太陽光発電所を建てるという計画が発表された。
・2015年6月に，ソフトバンクとアリババと鴻海の3社が合弁会社の設立に合意し，「日中台大連合」でヒト型ロボットの開発・製造・販売・サービス提供の一貫体制を作り上げた。接客や介護などの幅広い分野で活躍が期待されるヒト型ロボットは，パソコンやスマートフォンなどの代わりに，鴻海の持続的成長を支える将来の主力製品になる可能性が大きい。また，日本ないし世界的な大企業であるソフトバンクと中国電子商取引（EC）最大手のアリババとの協力関係を強化すれば，中国，日本ないし世界範囲での事業展開が有利になると鴻海は見ている。
・2005年2月の「安泰電業」の買収，2011年4月の江淮汽車集団との戦略提携，2014年6月の北京汽車集団との合弁会社設立，2014年8月の重慶元創汽車への出資，2015年1月の和諧汽車への出資，2015年6月の和諧，騰訊（テンセント），鴻海の3社による合弁子会社の設立という一連の取り組みで，自動車分野への進出という長年の夢に近づいた。
・2015年7月に，ブラジル国内に鴻海の工場を建設し，小米ブランドのスマートフォンを組立生産すると報道された。ブラジルのスマートフォン市場は未開発なので，うまく行くと大きなビジネスチャンスになる。
・2015年8月7日に鴻海とアリババの両社がインドのインターネット通販大手のスナップディールへの共同出資（最大出資枠5億米ドル）が決まったと報道された。8月18日に鴻海のグループ企業の富智康（FIHモバイル）を通じて2億米ドルを拠出して4.27％の株式を取得すると発表された。[93]
・2015年8月，インド南部のタミルナド州にある鴻海工場でソニーブランドのテレビ（43インチ型）のOEM生産，インド南部のアンドラプラデシュ州にある鴻海工場で小米ブランドの格安スマートフォン（紅米2プライム，約1.35万円）の現地生産，インドのムンバイにある（映画会社ムクタ・アーツの子会社である）映画制作学校に映画関連機器の供給，台湾パソコン大手の華碩電脳（エイスース）ブランドのスマートフォン（ZenFone）のOEM生産といった事業を一斉に開始し，インド工場とインド市場の戦略的地位

の重要性が一気に高まった。

- 2015年9月から，アメリカの携帯電話ベンチャー企業のネクストビット・システムズが開発した世界初のクラウド連動型スマートフォン「ロビン」（通常販売価格399米ドル）の生産を受注し，初年度だけでも100万台を生産する計画である。

こうして，シャープとの資本提携事業の難航とアップルの発注減少というダブルパンチを受けた鴻海は，アップル依存から脱出するために，新規顧客と新規事業を積極的に開拓している。また，これ以外の補強策として，第8章で説明したように，スマート・ウォッチといった独自製品の開発，テレビをはじめとする家電製品の自社ブランドの立ち上げ，家電小売業，商業施設運営，携帯電話通信，医療機器などの事業分野への多角化といった試みも慎重に進められている。また，従業員数の削減や事業の分社化などのリストラ対策にも果敢に取り組んでいる。

さまざまな取り組みの実施を通じて，海外でソフトバンク（孫正義）とアリババ（馬雲）と鴻海（郭台銘）による日中台大連合のヒト型ロボット協力体制を築き上げることと同時に，中国国内で騰訊（テンセント）と和諧と鴻海による電気自動車の製造・販売・通信の3強連合体制を築き上げることに成功した。そのため，パソコン，携帯電話，ゲーム機といった電子製品分野で今まで築き上げた伝統的な競争優位性を維持していくとともに，ヒト型ロボット，太陽光パネル，電気自動車といった新しい事業分野での世界戦略を描くこともできるようになった。

（4）大きな業績回復

図表9―12で示されているように，2012年度中に新型iPadとiPhone 5の生産を大量に受注したことによって，鴻海の営業利益（31％増）も売上高（13％増）も向上したが，売上高営業利益率（2.78％）は3年連続の2％台に低迷している。

2013年度の第1四半期に，中国工場の人件費上昇やアップルの成長失速や

シャープとの交渉難航などの逆風に立たされ，営業利益は減少し（10％減），売上高は3年半ぶりのマイナスとなり（19％減），売上高営業利益率（1.72％）は2％を下回った。第2四半期にもこの低迷傾向が続いていた。さいわい，第3四半期以降に iPhone 5 s と iPhone 5 c の受注成功によって息を吹き返し，第3四半期の営業利益（7％増）も売上高（5％増）も好転し，売上高営業利益率は3.46％へ大きく回復した。第4四半期もアップルの新型 iPad の受注に成功して営業利益（9％増）と売上高（17％増）が大幅に改善した。しかし，2013年の年間を通して，売上高営業利益率（2.76％）は前年度と同様に2％台に低迷しているとともに，営業利益（0.73％増）も売上高（1.21％増）も伸び悩み，郭台銘会長が目指した年間15％の成長目標には程遠い結果であった。

顧客と製品の新規開拓などの取り組みは2014年に入ってからようやくその効果が現れ，鴻海の経営業績は回復軌道に乗った。まず1～3月期の決算では，売上高（8,834億台湾ドル）は前年同期比9.2％増，連結営業利益（209億台湾ドル）は50％増，純利益（195億台湾ドル）は20％増，売上高営業利益率（2.37％）は0.65％増となった。直後の第2四半期では，売上高は2％減となったが，営業利益50％増，売上高営業利益率1.10％増の好成績を上げた。第3四半期の売上高（3％増）も営業利益（11％増）も好調である。9月に発表されるアップルの新製品（iPhone 6 ／ 6 Plus）をほぼ独占受注できたため，第4四半期の売上高（13％増）も営業利益（33％増）も大きく伸びた。その結果，2014年度の鴻海は，売上高7.0％増と営業利益22.0％増を実現し，売上高利益率は3.10％と5年ぶりに3％台に回復した。ただし，電子機器業界首位のサムスンとの差は依然として大きい（売上高は15.6兆円対22.3兆円，売上高利益率は3.1％対12.1％）。

シャープとの資本提携交渉を開始した2012年以降の最近数年間の経営業績（図表9―12）を眺めてみると，鴻海の経営業績は基本的に好調を維持しており，2015年に入ってからもその傾向は変わっていない。

（5）シャープへの片思い

2013年前後の鴻海にとって，シャープとの交渉が暗礁に乗り上げ，最大顧客

第9章　鴻海とシャープの資本提携事業

図表9－12　鴻海の最近数年の経営業績
（単位は億台湾ドル，1台湾ドルは約3.8円，括弧内数字は対前年度同期比）

期　　間	営業利益	売上高	売上高営業利益率	背景事項
2011年度 （1～12月）	828	34,526	2.40%	
2012年第1四半期 （1～3月）	152 （+20%）	10,013 （+37%）	1.52% （−0.22%）	新型iPadの受注
2012年第2四半期	215 （+36%）	8,919 （+14%）	2.41%	新型iPadの受注
2012年第3四半期	303 （+58%）	8,744 （+1%）	3.47%	iPhone 5の受注
2012年第4四半期	417 （+18%）	11,378 （+6%）	3.66%	iPhone 5の受注
2012年度 （1～12月）	1,085 （+31%）	39,054 （+13%）	2.78% （+0.38%）	アップル上昇気流に乗って成長した
2013年第1四半期 （1～3月）	139 （−10%）	8,090 （−19%）	1.72 （+0.20%）	アップル減速，人件費上昇
2013年第2四半期	186 （−13%）	8,956 （+0.4%）	2.08% （−0.33%）	アップル減速，人件費上昇
2013年第3四半期	318 （+7%）	9,193 （+5%）	3.46% （−0.01%）	iPhone 5s／5cの受注
2013年第4四半期	449 （+9%）	13,283 （+17%）	3.38% （−0.28%）	新型iPadの受注
2013年度 （1～12月）	1,093 （+0.73%）	39,523 （+1.21%）	2.76% （−0.02%）	アップル次第に大きく変化する
2014年第1四半期 （1～3月）	209 （+50%）	8,834 （+9.20%）	2.37% （+0.65%）	スマートフォン好調
2014年第2四半期	279 （+50%）	8,789 （−2%）	3.18% （+1.10%）	アップル受注減・中国新興企業受注増
2014年第3四半期	340 （+11%）	9,504 （+3%）	3.58% （+0.12%）	iPhone 6／6 Plusの受注
2014年第4四半期	567 （+33%）	15,001 （+13%）	3.78% （+0.40%）	iPhone 6／6 Plusの受注
2014年度 （1～12月）	1,305 （+22.0%）	42,131 （+7.0%）	3.10% （+0.34%）	アップル追い風に独自対策が奏功した
2015年第1四半期 （1～3月）	303 （+45%）	10,141 （+15%）	2.99% （+0.62%）	独占受注したiPhone 6 Plusの好調，ロボット導入による生産性改善
2015年第2四半期	331 （+18.6%）	9,726 （+10.6%）	3.40% （+0.22%）	iPhone 6 Plusの販売堅調，工場の生産自動化による人件費抑制
2015年第3四半期	378 （+11.2%）	10,656 （+12.1%）	3.55% （−0.03%）	iPhone 6S plusの受注増加，ロボット導入による生産自動化

出所：筆者作成。

のアップルからの受注も減らされ，中国工場の労働問題の頻発で世界中から批判が殺到し，まさに四面楚歌の状況であった。しかし，郭台銘会長が強力なリーダーシップを発揮し，日本と韓国への進出，顧客と製品の新規開拓，家電小売業，商業施設運営，携帯電話通信，医療機器などの事業分野への多角化などの取り組みを果敢に実施し，2014年度の経営業績は大きく回復することとなった。

「アップル離れ」の道へ歩み出したが，シャープの技術力への「未練」は断ち切れていない。今の鴻海はiPhone 6／6 PlusとiPhone 5 s／5 cの組立生産の約8割を受注しているが，スマイルカーブのごとく（図表7―1参照），組立生産工程の付加価値は非常に低い。自社製の液晶パネルをアップルに納入して売上高利益率を高めていくことは鴻海の悲願である。液晶パネルメーカーの世界勢力図を見ると，2009年の上位5社はサムスン，LG，友達光電（AUO），奇美電子，シャープであったが，2012年と2013年の上位5社はサムスン，LG，奇美電子（＝群創光電），友達光電，JDIである（図表9―13）。鴻海子会社の群創光電（元奇美電子）は，伝統的にテレビ用の大型パネルに強みを持ち，2014年度に世界シェア第3位（約14％）を獲得しているが，中小型液晶パネルの2014年世界シェアは第4位（約7％）にとどまっており（図表9―14），とりわけスマートフォン向けの小型パネルへの取り組みが遅れていた。2011年のiPhone 4 sと2013年のiPhone 5 cまでは群創光電の液晶パネルを供給し続けていたが，2014年に「技術不足」の理由でiPhone 6へのパネル供給の取引先から外された。

鴻海は2010年以降日立やシャープにラブコールを送り，資本提携事業を通じて高度な液晶技術を手に入れようと努力したが，そのいずれも実現できなかった。援軍を期待できなくなったため，自助努力する以外に方法がない。中小型パネルでの劣勢を挽回し，iPhoneをはじめとするハイエンド製品に液晶パネルを供給するために，親会社の鴻海と子会社の群創光電との共同出資という形で，総額800～1,000億台湾ドル（1台湾ドルは約3.8円）を投下し，スマートフォン向けの中小型液晶パネルを生産する新工場を台湾の高雄市に建設すると2014年11月20日に発表した。この新工場では「第6世代」と呼ばれるガラス基板を

図表9—13　液晶パネルの世界シェア

順　位	2009年	2012年	2013年
1	サムスン	サムスン	サムスン
2	LG	LG	LG
3	友達光電	奇美電子	群創光電
4	奇美電子	友達光電	友達光電
5	シャープ	JDI	JDI

出所：筆者作成。

図表9—14　中小型と大型液晶パネルの2014年世界シェア順位

順　位	中小型液晶パネルのシェア順位	大型液晶パネルのシェア順位
1	LGディスプレイ（約18％）	LGディスプレイ（約27％）
2	JDI（約17％）	サムスンディスプレイ（約18％）
3	シャープ（約16％）	群創光電（約14％）
4	群創光電（約7％）	友達光電（約13％）
5	中華映管（CPT）（約7％）	京東方（約10％）

注：パネル業界最大手のサムスンでは，テレビ向けなどの大型パネルは液晶パネルを使用しているが，スマートフォン向けなどの中小型パネルはもっと輝度の高い有機ELパネルを使用しているため，中小型液晶パネルでの順位は低い。また，収益性を重視する日本企業は大型パネルに重点を置いておらず，シャープとパナソニックのトップ2社を合計してもマーケット・シェアの7％程度である。
出所：液晶パネル業界の世界市場シェアとランキング（NAVERまとめ，2015年6月26日公表）：http://matome.naver.jp/odai/2141741452439483801

使い，高精細の画像を表示できる「低温ポリシリコン（LTPS）」技術を導入する予定である。鴻海グループ内部にLTPSの技術は蓄積されているが，「2016年にアップルの要求基準を満たす品質に達するのは難しい」と業界関係者が見ている。LTPSで世界最高水準の技術を持っているのはシャープであり，カメラモジュールやLEDデバイスなどの分野においてもシャープの技術優位性が確立されている。したがって，高級パネルの内製化と収益性の改善をはかるために，「鴻海は高雄市の工場でシャープの技術支援を期待している」という見方が出ている。[96]

シャープとの資本提携事業について，「時価ならばいつでも出資する」と鴻

海（郭台銘）は言い続けてきた。シャープが再び経営危機に立たされている2015年3月中旬に鴻海の広報室は，シャープについて「出資を含む経営支援策を提案する考えがある」と述べ，出資条件として「シャープの経営に参画できるかどうかがカギとなる」とも指摘した。3月下旬に郭台銘の側近である林忠正が大阪でシャープの大西徹夫副社長と会見し，経営意思決定に参加することを前提とする出資要望を正式に伝えた。郭台銘会長本人も2015年3月に『週刊東洋経済』のインタビューを受けたとき，シャープの経営不振を最近の経営者が経営責任を全うしないという「企業体質の問題」と断罪したうえで，「経営への参画が出資の前提だ」，「（シャープに融資した）銀行と話をしたい」と出資の意志を表明した。シャープが検討している太陽光発電事業からの撤退については，「この世の中に立ち遅れた産業はない。あるのは立ち遅れた技術とマネジメントだけである」。継続的に投資していけば，新興国においてシャープの太陽光発電ビジネスを広げられると反対意見を述べた。さらに，シャープ本体に出資したいが，交渉の権限をすでに高橋社長から銀行団に渡されたと判断して，「シャープよ，銀行よ，私と話をしよう」と声高に呼びかけている[97]。一方，同じ3月下旬に，「追加出資を含め，あらゆる支援をする準備がある」とサムスンも日本の金融機関を通じて，シャープの橋本仁宏常務（三菱東京UFJ銀行出身）に支援のメッセージを送った[98]。しかし，八方塞がりのシャープは身の動きが取れず，鴻海側の要望にもサムスンのメッセージにも正式に答えることすらしなかった。

「シャープの発行済み株式の9.9％を1株550円で取得する」という2012年3月の合意内容は，3年間実行されず，終了宣言がないまま自動延長されている状態である。鴻海側が時価（2015年3月31日の終値は235円）近辺への取得価格の見直しと経営意思決定への参加という2点に拘っているのに対して，シャープ側は「1株550円が前提だ」と出資条件の見直しに応じない。結局，シャープは日本国内の主力銀行や企業再生ファンドや協力企業などに資本支援を求め，毛嫌い相手の鴻海を門前払いにしたのである。両社間の出資交渉期間はさらに1年間延長されるようになったが，相互不信に陥った両社の資本提携はもはや

不可能だと思われる。

　本章第3節（10）の4）の部分でも説明したように，シャープの液晶事業は2015年第1四半期（4〜6月）に137億円の赤字を出したことと2016年3月期の年間営業利益の見通しが500億程度の赤字になることを受け，シャープの液晶事業の分社化と鴻海出資の受け入れに関する交渉が2015年8月から両社間で行われている。液晶技術という虎の子を獲得できれば，鴻海の当初のシャープ接近の目的は達成されることになるが，今までの経緯から考えるとこの交渉の行方を決して楽観視することはできない。2015年12月に鴻海は5,000億円でシャープ全体を買収する案を新たに提示したが，まったく相手にされなかった模様である。

第5節　結果と教訓

　以上説明したように，鴻海とシャープの経営状況と実力対比は両社の資本提携交渉の行方を大きく左右するものである。鴻海の高度成長とシャープの業績不振を背景に両社は資本提携の交渉を開始したが，鴻海の成長減速とシャープの業績回復によって交渉が難航して破談になった。しかし，この資本提携事業の進行過程からどんな結果が生まれ，どんな教訓を学べるかは，きわめて重要な問題である。

（1）「すべての道はローマに通じる」鴻海

　収益性の低迷に悩まされていた鴻海にとって，シャープの最先端の技術を入手できれば，液晶パネルという付加価値の高い製品を内製化することができ，収益性の大幅な向上が期待できる。また，鴻海とシャープの「日台連合」を実現すれば，宿敵のサムスンを撃破する可能性が一気に高まる。そして，「アップル・シャープ・鴻海の米日台大連合で世界制覇」という鴻海の郭台銘会長の野望を水面下で支えていたのは，商品ブランド力ナンバーワンのアップルという見えざる「第三の男」であった。

しかし，鴻海の日本でのパートナー探しは順調ではなかった。2010年から日立やシャープと交渉してみたものの，相手企業ならびに産業界と日本政府の不信感が強く，実施までには至らなかった。やっとの思いでシャープとの事業提携の交渉がまとまり，2012年3月に契約の調印が行われた。残念なことに，シャープの元堺工場を両社の合弁会社で共同運営するという一部内容が履行されたものの，シャープの株価下落を受けて鴻海は株式取得価格の見直しを求めたため，鴻海がシャープの筆頭株主となって両社の全面協力体制を築くという全体構想は，断続的に3年間も交渉し続けてきたにもかかわらず，結局，実現できなかった。

鴻海とシャープの資本提携交渉が難航している間に，両社はともに自力成長の道を探っていた。鴻海にとって，シャープ本社への出資は阻まれたが，堺工場の共同運営，日本人技術者の採用，日本企業からの特許購入などを通して，日本企業の液晶技術を入手する可能性は残っている。シャープがサムスンを招き入れ，アップルが鴻海に距離を置くという予想外の結果となり，郭台銘会長が描いた「アップル・シャープ・鴻海の米日台大連合で世界制覇」の野望は破滅した。しかし，鴻海は「打倒サムスン」の目標を諦めず，日本での地固めと韓国進出を内容とする新戦術を展開している。

アップル側の調達先複数化と米国回帰と成長乱調などを受けて，鴻海は「アップル離れ」の道へ歩み出した。顧客と製品の新規開拓や新事業への多角化などの取り組みを積極的に実施しているなか，グーグル・グラス，グラウンド・サーバー，太陽電池，ヒト型ロボット，自動車部品といった将来有望な製品の受注に成功し，グーグル，デル，HP，ノキア，ブラックベリー，ソフトバンク，バルティ・エンタープライズなどの世界大手企業と，華為，小米，楽視，テンセント，アリババなどの中国大手企業との戦略的パートナーシップを築き上げ，中国，北米，日本，ヨーロッパ，インドネシア，インド，ブラジルなどの人口規模の大きい市場で大きな存在感を獲得した。しかも，これらの取り組みの実施を通じて，海外でソフトバンクとアリババと鴻海という日中台大連合の3社協力体制を築き上げると同時に，中国国内で騰訊（テンセント）と和諧

第9章　鴻海とシャープの資本提携事業

と鴻海という製造・販売・通信の3強連合体制を築き上げることに成功した。この結果として，パソコン，携帯電話，ゲーム機といった電子製品分野で今まで築き上げた伝統的な競争優位性を維持していくとともに，ヒト型ロボット，太陽光パネル，電気自動車などの新しい事業を世界範囲で展開することもできるようになった。

図表9—15　Pepper発表会での孫正義と馬雲と郭台銘

出所：虎嗅網2015年6月18日：http://www.huxiu.com/article/118138/1.html.

　シャープの液晶技術に対する片思いが強いので，シャープの経営危機が再燃する2015年春に，鴻海（郭台銘）はあらためて資本支援のラブコールを送ったが，経営決定に介入する意思をあらわにした強引な態度はシャープ側の警戒心を強め，門前払いにされた。しかし，鴻海のさまざまな取り組みはすでに収益源を拡大させ，2014年度決算では，シャープなしの業績改善と企業成長が実現されている。

　鴻海（郭台銘）にとって，ヒト型ロボット（Pepper）事業を通して，世界有数の大企業であるソフトバンク（孫正義）と中国最強のアリババ（馬雲）との協力体制を築き上げたことは特に重要である。この「ソフトバンク・アリババ・鴻海による日中台大連合」は，郭台銘がかつて掲げていた「アップル・シャープ・鴻海による米日台大連合」の構想に劣らないものである。しかも，ソフトバンクもアリババも鴻海も同様に，カリスマ的なオーナー経営者の支配下にあり，オーナー経営者の個人的意向がそのまま会社の経営方針となり，即決即断の意思決定スタイルがとられている。この点では，資本提携交渉のプロセスのなかで会長と社長が何度も変わり，責任の所在が不明だったシャープとは大きく異なる。孫正義と馬雲と郭台銘という3人の風雲児が意気投合となればさまざまな大きな事業の展開が可能であり，「打倒サムスン，世界制覇」の夢が実現するかもしれない。この意味から，鴻海の現状を「すべての道はローマに通ず」で表現することができる。

（2）「吉凶未分」のシャープ

　鴻海との資本提携交渉が暗礁に乗り上げてから，シャープは，経営体制の刷新，海外工場の売却，従業員数の削減，商品開発と市場開拓などによって，一時的に「薄氷のＶ字回復」を実現したが，液晶パネルの価格崩壊，4Kテレビの立ち遅れ，スマートフォン携帯の販売不振，太陽電池事業の採算性悪化，円安による海外生産白物家電のコスト上昇などの不安要素を抱えている。また，自己資本比率が低く，早急の資本増強を必要としているシャープは，早くも鴻海はずしの道へ歩み出し，2012年12月以降に，鴻海に要求した550円を大幅に下回る株式取得価格（172円～290円）で，米国クアルコム，韓国サムスン，日本のマキタやLIXILやデンソーなどの企業からの株式出資を受け入れた。しかし，これらの新しいパートナーはシャープの経営に参加する意思がなく，事業提携の内容はどれも小規模で断片的なものであり，シャープに大きな成長可能性をもたらすことはできない。シャープ経営陣は部外者の介入を嫌い，「自力再建」を目指したが，2015年3月期決算は2,223億円の最終赤字に転落した。

　2015年5月に発足したシャープの新しい経営陣は，株価下落，格付け引き下げ，機関投資家離れなどの現象が起きている苦しい状況下で，傘下事業の再編と社内カンパニー制の導入，人件費の削減，海外工場の売却，優先株の発行，資本金の減資などの経営再建策を実施したが，検討されていた太陽電池事業の縮小と撤退，液晶事業の分社化，国内一部工場の集約と閉鎖などの再建策は見送られることになった。全般的な印象として，やりやすい案は実行するが遂行困難な案は先送りにする，コストの削減に努力するが利益の創出に無策である。伝統と名声に拘っている今の経営陣には，より抜本的な経営再建策を実行する意志も力量も勇気も持っていないようである。

　シャープの経営再生を妨げる要因は数多くあるが，そのひとつは社内利害関係の複雑さである。創業者一族を退陣させ，生え抜きのサラリーマンが社長に就任し，経営体制は刷新されたが，新社長の裁量範囲はかなり狭められている。なぜならば，シャープ内に利益が一致しない当事者が多すぎるからである。具体的には，主力銀行となるみずほ銀行と三菱東京UFJ銀行，企業株主となる

クアルコム，サムスン，マキタやLIXILやデンソー，安定株主となる日本生命保険と明治安田生命保険，堺工場を共同運営している鴻海，工場設備の一部に出資しているアップルなどは皆当事者である（図表9－3参照）。互いの利益が相反する事柄も少なからず，経営意思決定の難しさは想像できる。その結果，海外工場の行方は売却か維持かと二転三転している。また，鴻海とのスマートフォン共同事業は立ち上がってから早期撤退に転じた。そして，太陽電池事業の縮小と撤退，液晶事業の分社化，一部工場の集約と閉鎖などの再建策は検討されたものの，その実施は見送られた。

巨額の赤字を出したシャープは，傘下事業の再編と社内カンパニー制の導入，大規模の従業員削減，経営陣の刷新と経営責任の明確化という3点セットの経営再生案を前提条件に，2015年6月に主力銀行からの有利子負債2,000億円分を優先株に切り替え，銀行系投資ファンドから250億円分の優先株出資を受け入れ，資本金を5億円まで減らしたが，自己資本比率は5％程度と低く，危険水域にある。各製品事業部の収益増加によって財務基盤を緊急に建て直さないと，2016年3月期に債務超過に陥りかねない。全体的な印象として，シャープの経営再建はスタートしたばかりで，まさに前途多難である。この意味から，シャープの現状を「吉凶未分」で表現することができる。

（3）部品メーカー連合の構想は正しかった

鴻海とシャープの資本提携事業は失敗したが，アップル製品に基幹部品となる液晶パネルを供給するシャープと多数の非基幹部品を供給する鴻海による部品メーカー連合を結成して，「日台連盟・世界制覇」を目指すという郭台銘会長が描いた構想は間違っていない。開発技術に強いシャープと製造技術に強い鴻海は互いに補完関係にあり，互いの強みと弱みを補い合う「国際水平分業体制」の協力事業は理にかなっている。宿敵のサムスンも盟友のアップルも巨大すぎ，鴻海もシャープも一社単独ではサムスンまたはアップルと対等な競争関係または協力関係を結ぶことはできない。

液晶パネル価格低下とEMS業界の収益性低迷という世界共通の経営環境の

なか，最終製品のブランドを保有するアップルもサムスンも高い営業利益率を実現しているのに対して，部品メーカーの一面を共有するシャープも鴻海も営業収益性の低下に苦しんでいる。シャープと鴻海の収益性構造を大きく改善するために，両社による部品メーカー連合を結成して最終ブランドを持つアップルと対等な立場で交渉することは重要な意味を持つ。また，本章の説明でわかるように，鴻海とシャープの資本提携交渉の背後に，アップルもサムスンも緊密に絡んでおり，とりわけアップルの思惑と発注量が鴻海とシャープ両社の経営行動を大きく左右している。この事実は，部品メーカー大連合の重要性を反面から証明している。

なお，シャープは単純な部品メーカーではなく，テレビや携帯電話などの多数の最終製品で自社ブランドを使用している。鴻海と手を組めば，鴻海がシャープの技術を獲得するだけでなく，シャープは一部製品の製造を鴻海に委託して生産コストを削減することも可能となる。そうなれば，鴻海のEMS企業としての受注競争力が向上するとともに，国内外市場におけるシャープブランド製品の価格競争力も向上するので，まさにウィン・ウィンの互恵関係が築き上げられる。

鴻海とシャープの資本提携事業が失敗したことを受けて，鴻海とシャープの信頼関係が完全に崩れ，スマートフォン分野での両社協力体制（中国成都工場），堺工場の共同運営体制，鴻海へのシャープ海外工場の売却交渉，鴻海へのシャープブランドの太陽光発電パネルの委託生産などの事項はすべて大きなダメージを受けた。しかし，両社の資本提携事業が順調に行けば，これだけ多くのビジネスチャンスがあるという事実は両者提携構想の正しさを証明している。

(4) 相互尊重を事業提携の前提にせよ

資本提携の場合，当事者双方が互いの立場と利益を十分に理解・尊重しなければならない。そのため，喰う側か喰われる側か，先輩か後輩か，大か小かという世俗的なプライドと見栄を捨て，自社の利益にかなうかどうかという経済的合理性に基づいて冷静に判断すべきである。残念なことに，この点で鴻海と

シャープの双方はともに不必要なミスを犯してしまった。

　シャープは創業百年以上の名門企業である。創業者の早川徳次の強力なリーダーシップのもとで，「他社にマネされる商品を作れ」をモットーに，シャープペンシル，電卓，テレビ，電子レンジなどの画期的商品を生み出した。大きく成長して「家電王国日本」の一翼を担うまでになっていたが，「二流企業」のレッテルが貼られ，ソニー，パナソニック，東芝，日立などと比べて存在感が小さかった。しかし，バブル経済崩壊後に他社の低迷ぶりと対照的に，シャープはビデオカメラや液晶テレビなどの人気商品を連発し，大型の生産工場を次々と日本国内に建設した。「産業空洞化の阻止」とか「ものづくりの国内回帰」などとマスコミに大きく賛美され，キヤノンと並んで日本の家電業界の「勝ち組」と見なされていた。他方の鴻海は，台湾の小さな町工場として，1988年に中国大陸進出してから，わずか20数年間に，数々の世界規模の危機に乗り越え，世界中の一流企業から製品生産の大口オーダーを勝ち取り，売上高や製品種類や従業員規模などの面で世界最大のEMS企業に成長した。

　シャープは液晶事業への過剰投資などで経営危機に陥り，日本家電産業の「勝ち組」から落ちこぼれになったが，「老舗の名門」としてのプライドは依然高く，台湾系の鴻海を「下請工場成金」として見下している。また，剛腕経営者の郭台銘会長を「黒船乗っ取り屋」と見なし，シャープ経営体制の自主性が損なわれることを恐れている。一方，「シャープの経営には必ず介入する。もし経営介入が必要ないなら，シャープは銀行団とのみ話をすればよい」，「もし出資だけでよいなら私は必要ない。私はベンチャー・キャピタルではない」という郭台銘会長の談話内容はシャープ経営陣の恐怖感を一層刺激することになった。

　鴻海（郭台銘会長）の野心と経営手法に対するシャープ側の警戒感と反発心が非常に強かったため，シャープは鴻海の株式出資を頑なに拒みながら，クアルコム，サムスン，マキタ，LIXIL，デンソー，みずほ銀行，三菱東京UFJ銀行，企業再生ファンド（JIS）などの出資を自らの意志で招き入れた。しかも，クアルコム（取得価格172円），サムスン（同290円），第三者割当増資のマキタ・

LIXIL・デンソー（同348円），株式公募の一般投資家（同279円）はみんな契約合意時点または払い込み時点の株価を下回る価格で株式を取得しており，含み損を被っていない。鴻海だけに契約時の株価(495円)を11％上回る取得価格(550円）が算出させられ，大きな含み損を強いられている（図表9－4参照)。「契約通りにやれ，ジャンケンの後出しは認められん」というシャープ側の主張はたしかに正論であるが，差別的な扱いに不満を抱く鴻海側の心情も理解できるはずである。結局，当事者のだれも予測しなかった形で，最初から手を伸ばした鴻海が「火事場泥棒」の悪名を背負い，後から登場したサムスンが「白馬の騎士」となって「火中の栗」を拾った。

(5) 意思決定体制のスタイルを重視せよ

　資本提携が破談した原因について，取得価格や持ち株比率といった契約内容が大きく関係しているが，両社の意思決定体制のスタイルの違いによる影響も非常に大きい。鴻海側には，創業者の郭台銘会長が絶対的な権力を握り，即断則決の意思決定を行うことができる。実際，日本進出に当たり，日立やほかの企業にも接近したが，シャープを選んだ重要な理由のひとつは町田勝彦会長が創業者一族で，スピーディでトップ・ダウンの意思決定ができるからだと郭台銘本人が説明している。つまり，トップ・ダウンの意思決定スタイルに慣れた創業経営者の郭台銘会長は，即断即決をシャープにも期待した。またカリスマ経営者として，シャープの経営意思決定にも介入する意思をあらわにした。この高圧的な態度はシャープ側の警戒心を強め，資本提携を困難にした一因でもあった。

　一方，シャープ側には，資本提携の交渉が調印した後，提携事業を主導した町田会長ら創業者一族の経営者は経営失敗の責任を問われて総退陣した。新経営陣のトップを務める奥田隆司も高橋興三も生え抜きのサラリーマンで，強力なリーダーシップを発揮するのは難しい。しかも，シャープ経営陣は株主，従業員，取引業者，同業他社，銀行団，政府当局といったありとあらゆるステークホルダーに対する説明責任を重く見て，鴻海に対する妥協と譲歩によるバッ

シングを恐れ，柔軟かつ機敏な経営行動を取れなくなっている。鴻海とシャープの資本提携交渉が難航しているなか，シャープの2014年度株主総会において，鴻海を意識した形で，企業買収防衛のための特別委員会を立ち上げることが決定された。また株主総会の2日後に唯一の外国人執行役員のポール・モレニューの退任が発表され，シャープの保守的体質がより鮮明になった。

　2015年3月に『週刊東洋経済』のインタビューを受けたとき，郭台銘は出資交渉の破綻とその後のシャープの経営不振を「企業体質の問題」と断罪した。「シャープの経営陣は経営責任を全うしなかったにもかかわらず，役員報酬や退職金をしっかりもらう。これは企業体質の問題だ。今は大きいものが小さいものを食う規模競争の時代ではなく，速いものが遅いものを下すスピード競争の時代だ。シャープについて私が一番恐れているのはまさしく，彼らの決断があまりにも遅いということだ。何事も常に回り道をしている」。指摘した内容が正しいかどうかを別にして，鴻海とシャープの意思決定体制のスタイルの違いが明確になっている。

（6）「自国主義・自前主義」の「垂直統合モデル」に固執するな

　日本国内市場の規模は比較的大きいために，「いい物を作れば必ず売れる」という時代が長く続いた。その結果，「売れるものを大量に作って販売する」という力が育たず，「技術重視・市場軽視」は日本企業共通の弱点となっている。開発と生産現場での日本人的な「職人魂」は賞賛されるべきであるが，それは販売市場での成功を保証するものではない。「サムスンは『売れる液晶がよい液晶』と考えるが，シャープは『よい液晶は売れるはずだ』と考える」。この考え方の違いがサムスンとシャープの勝敗を大きく左右したことになり，サムスンが世界市場の攻略に大成功しているのに対して，シャープの液晶パネルの世界シェアは1997年の約80％から2006年の約15％に大きく低下したことに続き，2009年にかろうじて世界第5位になっていたが，2012年以降は上位5社から転落し，国内ライバルのJDIにも負けている（図表9―13参照）。

　具体例の一つとして，2004年に稼動したシャープの亀山工場は，大型ガラス

の製造，液晶パネルの製造，テレビの組立などを一貫とする世界初の「垂直統合モデル」の生産拠点である。得意の部品技術を自社製品のみに応用するという自前主義戦略が成功し，「アクオス（AQUOS）」というブランドのテレビは世界最高品質を誇り，日本国内のテレビ市場では4割以上のシェアを獲得した。しかし，国内市場だけに照準を合わせていたため，コスト高の体質から脱皮できなかった。国内需要が低迷してから海外で展開しようとしたが，ブランド力の高いサムスンやLGなどの韓国勢，コスト優位性の高いTCLや海信（ハイセンス）などの中国勢の前で惨敗を喫した。採算性が大きく悪化したため，アップルから設備投資の資金を受け入れ，亀山第1工場をアップル製品向けの中小型パネルの専門工場に改造せざるを得なかった。

　実際，自前主義の垂直統合モデルは日本企業の国際的競争力の向上にマイナスの影響を及ぼすことが多いと日立製作所とサムスンに勤務した経験をもつ吉川良三（東京大学ものづくり経営研究センター特任研究員）は明確に指摘する。経済活動のグローバリゼーションに伴い，ものづくりのデジタル化も急速に進んでおり，インターネットの普及，CAD/CAM（コンピュータによる設計と製造），3Dプリンターの出現などがその象徴である。過去のアナログ型のものづくりでは，現場経験豊かな設計者や技術者が欠かせず，技術人材の厚さが日本企業の競争優位につながっていた。しかし，現在では標準化されたモジュール（複合部品）を組み合わせるだけで完成品を作れるようになり，日本企業が重視する独自規格部品の開発は邪魔になる。また制御機能を担うマイコンも進化し，日本企業が得意とする「すり合わせ」を不要とする可能性が高まっている。アップルやサムスンなどの外国企業がこういう時代的変化に早く気づき，デジタル情報をうまく使って汎用性のある部品を組み合わせ，魅力的な商品を素早く量産化して世界市場を大きく占領している間に，日本企業は「自分の技術は絶対に真似できない」，「品質のいい製品を作れば必ず売れる」と思い込み，「垂直統合モデル」というブラックボックスで高度な技術を日本国内に囲い込み，機能過剰・品質過剰・高コスト構造の製品を開発している。「クールジャパン」という美名のもとで日本のものづくりはスピードや柔軟性を失い，ガラパゴス

的に進化してきている。1億2千万人という中規模の日本国内市場では日本人の国民性などによって日本ブランド製品の優位性は何とか確保されているが，より広い海外市場では，先進国も途上国も問わず，日本製品の販売は大変な苦戦を強いられている。その結果，日本の電機大手8社（日立，パナソニック，ソニー，東芝，富士通，三菱電機，NEC，シャープ）の2013年度営業利益をすべて合計しても2兆円に満たず，約3.7兆円というサムスンの2013年営業利益に遠く及ばなかった。

シャープないし日本家電メーカーの敗因について，シャープで技術開発に30年以上携わった中田行彦は「自国至上主義，自前主義に固執し，グローバルで劣位に陥った」と指摘した。また，「『すり合わせ』をしなくても完成品がつくれる『モジュール化』の時代が到来したのに，日本の電機産業はその対応に遅れてしまった。国内ですり合わせをやりすぎて国内市場に過剰適応した結果，日本のものづくりが『ガラパゴス化』となってしまった」と中田氏が結論づけている。

明らかに，実務経験の長い吉川良三と中田行彦の見解は基本的に同じものであり，正しいものである。この見解を裏づける事例として，ソニーとフィリップスが開発したCD技術も，日本ビクターが開発したVHS技術も，トヨタが開発したハイブリッド技術も，同業他社にライセンスを供与することによって製品規格のデファクト・スタンダードを確立し，自社の持続的競争優位性を大きく強めた。逆にベータ（β）技術を自社内に抱え込もうとするソニーは孤立無援の戦いを強いられ，製品市場で惨敗した。また次世代DVDの規格確立をめぐり，東芝を中心とした「HD-DVD」陣営とソニーや松下などを中心とした「ブルーレイ・ディスク（BD）」陣営が激しく争っていたが，勝ち目がないと判断した東芝は早期の全面撤退を決め，より大きな損失を出すことは避けられた。シャープを含む日本企業は，これら両面の事例から経験と教訓を学び，「自国主義・自前主義」の「垂直統合モデル」を見直すべきである。

近年の日中両国の企業提携事例として，世界最大級の生産量を誇るレノボ（聯想）がNECのパソコン事業部門を買収した後，山形などの日本国内工場はフ

ル稼働に追われた。ハイアールが三洋電機の白物家電部門をパナソニックから再買収した後，日本国内の三洋工場に活気が溢れた。鴻海がシャープの堺工場に経営参加した後，海外顧客からの大口注文を獲得して液晶パネル生産ラインの稼働率は大きく向上した。これらの成功事例には，日本企業の内部に蓄積されている付加価値を生み出せない技術が，中国企業のネットワークを経由して世界市場につなぐことによって，その価値が実現された，という共通の事実が観察される。したがって，グローバリゼーションが進むなか，「自国主義・自前主義」を前提とする「垂直統合モデル」に固執せず，一部のキー・ディバイスだけを自社工場で生産し，それ以外の「モジュール化」された良質な部品を世界中の部品メーカーから買い集め，完成品の組み立てを生産効率の良いEMS企業に委託するという「水平分業モデル」に切り替えることは望ましい。

　実際，アップルは，自社工場を持たず，商品の開発設計とマーケティングだけに経営資源を集中しているため，優れた「i○○」商品を次々と世界市場に投入することができた。その結果，アップルのブランド力が世界ナンバーワンになり，高い営業利益率を持続的に実現している。もっとおもしろい事例として，新興の米国ベンチャー企業であるビジオ（VIZIO）社は，鴻海を含む複数の台湾系企業の中国工場に製品の開発から製造までのすべてを依頼し，自社は販路の開拓のみに専念している。その結果，品質のよい格安テレビが北米市場で大量に売られ，2005年に創業したビジオ社は2010年にアメリカ国内ナンバーワンの市場占有率を誇っている。それに対して，「垂直統合モデル」を採用しているシャープもパナソニックも生産工場への過大投資によって苦しめられ，巨額の赤字に陥った。したがって，生産能力過剰で工場稼働率が低迷しているシャープと，たくさんの大口顧客を抱え込み，世界ナンバーワンのEMS企業となる鴻海と共同事業を展開するのは，もともと理にかなっており，双方の経済利益が両立できるはずである。

（7）オンリーワン技術の流出を恐れるな

　多くの日本企業と同様に，シャープも「オンリーワン技術」にこだわる志向

が強い。しかし，シャープのオンリーワン技術が経済的利益を生み出しているのは，液晶テレビ（アクオス）や「ヘルシオお茶プレッソ」のような数少ない完成品市場だけである。一方，スマートフォンや iPad などの液晶パネル部品市場では，IGZO のようなオンリーワン技術に頼るだけでは勝てず，サムスンのように，他社並み品質の部品を大量に，しかもどこよりも安く作れる「ナンバーワン企業」でなければ勝てない。たとえば IGZO という高級パネルを最初に発注した企業はアップルであったが，複数社調達の原則を守るために，アップルはシャープとサムスンと LG の 3 社から液晶パネルを同時に調達していた。品質の統一性を保つために，サムスンのアモルファス液晶と同じ水準まで，解像度をわざと落とした廉価版の IGZO を発注した。このやり方では，世界オンリーワンの技術を誇る IGZO は何のプレミアム価値も生み出していない。

　ついでに，シャープは2011年11月に IGZO を商標として登録したが，研究者・技術者・学会は商標の無効を求めて裁判を起こした。裁判の結果として，商標法が認めない「原材料のみを表示する商標」にあたるとして，日本の特許庁（2014年3月）も知財高裁（2015年2月）も「登録無効」の判断を下した。シャープの立場からすると，この一件は「技術抑圧」であり，「屈辱」であるかもしれないが，企業に属さない研究者たちを敵に回すというシャープのやり方は間違っており，知的財産戦略の失敗とも言えよう。

　液晶パネルの先端技術が EMS 最大手の鴻海に流出するのを恐れていたため，鴻海という超大口顧客を失ったが，シャープは2013年以降に中小型 IGZO パネルを中国などの海外企業に供給するようになった。アップルの高性能スマートフォンに続き，中国の小米，華為，中興通訊などの低価格スマートフォンの生産向けに月に数百万枚規模で出荷している。大型液晶と比べて，小型液晶の収益性が高いので，中国向けの IGZO パネル販売はシャープの液晶事業の収益性改善に大きく貢献した。自社生産ラインを持たないスマートフォン企業に IGZO パネルを提供するという今のやり方は確かに技術流出の恐れは小さいが，供給先が製品規格と仕入れ先を簡単に切り替えられるために，IGZO をスマートフォン業界のデファクト・スタンダードに押し上げる力もそれなりに弱くな

図表9—16　2013年と2014年の特許国際出願件数トップ10企業

順位	2013年		2014年	
	企業名	件数	企業名	件数
1	パナソニック（日）	2,881	華為技術（中）	3,442
2	中興通訊（中）	2,309	クアルコム（米）	2,409
3	華為技術（中）	2,094	中興通訊（中）	2,179
4	クアルコム（米）	2,036	パナソニック（日）	1,682
5	インテル（米）	1,852	三菱電機（日）（前年度12位）	1,593
6	シャープ（日）（次年度14位）	1,840	インテル（米）	1,539
7	ボッシュ（独）	1,786	エリクソン（スウェーデン）	1,512
8	トヨタ自動車（日）（次12位）	1,696	マイクロソフト（米）（前21位）	1,460
9	エリクソン（スウェーデン）	1,467	シーメンス（ドイツ）（前11位）	1,399
10	フィリップス（オランダ）	1,423	フィリップス（オランダ）	1,391

出所：『日本経済新聞』2014年6月20日と2015年3月20日朝刊記事。

る。しかも，結果的に，シャープもJDIもサムスンも中国企業からの受注獲得のために激しく競争し，最先端のパネルを格安の価格で納入せざるを得ず，納入量の大幅増・売上高の微増・収益性の低下という予期せぬ苦境を強いられている。

　一方，経営業績の悪化と事業再編などに伴い，シャープの技術力が低下し始めており，その結果はすでに特許出願件数に現れている。世界知的所有権機関（WIPO）が発表する2014年度の特許の国際出願件数を見ると，総出願件数214,500件（前年度比5％増）のうち，首位の米国は堅調であるが，2位の日本は低迷し（3％減），3位の中国が上昇している（19％増）。日中逆転が現実味を帯びているなか，とりわけシャープの順位は2013年の第6位から2014年の第14位に大きく下がり，技術力の低下が心配される（図表9—16）。

　実際，近年の韓国企業も台湾企業も中国企業も凄まじい勢いで追い上げてきており，日本企業の技術はもう昔ほどの先進性を持っておらず，その差はせいぜい2～3年程度のものに過ぎない。たとえば高精細と省エネを特徴とするIGZOパネルはシャープのオンリーワン技術とされているが，技術革新のスパンがどんどん短くなっている状況下で，恐らく数年内に韓国，台湾，中国のど

こかの企業がこのIGZOレベルの技術を自力で掌握することになるだろう。実際，台湾の友達光電（AUO）は高精細と省エネを前提とする「最高色域」の液晶パネルを2015年4月に中国深圳市で開かれる中国ITエキスポに出展した。また（シャープが得意とする）液晶パネルの代わりに，より品質の良い有機ELパネルを使用する製品が急速に増えており，有機ELパネルで先行しているLGとサムスンの競争優位性はさらに強まっている。たとえばアップルは2018年発売予定の一部のiPhoneで有機ELパネルを採用すると発表しており，現在，スマートフォン向けの有機ELパネルを安定的に量産できるのはサムスンとLGに限られる。したがって，シャープないし日本の家電産業を復興させるために，守りの姿勢から攻めの姿勢に切り替え，オンリーワン技術をナンバーワン企業に成長する原動力に生かすことが重要である。そのため，オンリーワンの技術が流出するのを恐れず，海外企業とのパートナーシップ関係を積極的に構築し，自社の勢力範囲を広げていくことは有益である。

（8）「日の丸液晶大連合」の道に進むな

簿価ベースでの資産価値が約650億円となる液晶事業はシャープの最重要部門であり，黒字を計上した優良事業である。しかし，年間数百億円以上必要とされる設備投資は巨額の赤字に転落した今のシャープにとって耐えがたい重荷になっている。そのため，シャープの液晶事業の行方に関して，分社化や事業売却や企業合併などのさまざまな構想が浮上している。そのなかで，政府系投資ファンドの産業革新機構（INCJ）のリーダーシップのもとで，シャープの液晶事業カンパニーとジャパン・ディスプレイ産業（JDI）とを合併させ，「日の丸液晶大連合」を作ろうという産業再編の構想が最も注目されている。しかし，この構想について，慎重な検討と判断が必要である。

まずこの構想の背景事情を説明すると，2012年4月にINCJから2,000億円の出資を受けて，東芝，日立，ソニーの3社はジャパン・ディスプレイ産業（JDI）という中小型液晶の国内連合体を共同設立した。JDIの設立時にシャープにも参加を呼び掛けたが，液晶の覇者と自負するシャープは乗らなかった。それ以

降，JDIとシャープは中小型液晶パネルの分野で競いながら日本国内の2強体制を維持してきている。シャープは高精細・省電力のIGZOパネルなどの先端技術を保有しているのに対して，JDIの強みは高精細の画像を表示できる「低温ポリシリコン（LTPS）」の量産技術である。

ここ数年液晶パネルの価格が急低下している悪状況のなか，シャープは中興通訊や小米などの中国新興スマートフォン企業へのパネル供給を積極的に拡大し，IGZOなどの中小型パネルの供給先となる中国企業を2014年に15社，2015年に25社にすると発表した。とりわけ急成長する小米へのパネル納入量が大きく，2014年夏に小米全体シェアの6割を超え，高級機種向けでは8割を超えた。2014年4－9月期のシャープとJDIの中小型液晶パネル出荷枚数は同じ1億300万枚程度で拮抗していたが，シャープは37％をアップルに，27％を小米に供給していたのに対して，JDIは32％をアップルに，2％を小米に供給していた。つまり，アップル向けの出荷量に大差がなく，小米向けの出荷量でシャープはJDIを大きく上回っていた。

2014年のスマートフォン出荷台数6,112万台（世界第3位）を達成した小米という「いい馬に乗った」ため，シャープの中国向けパネルの出荷額が大きく増えた。2014年4－9月期の中国スマートフォン向けの液晶売上高は前年比5倍の規模に急伸し，液晶事業全体の売上高（9,700億円）の2割強を占めるようになった。しかし，小米向けに生産したパネルはいったん台湾企業の勝華科技（Wintek，ウィンテック）に納入し，勝華科技の工場内にシャープのパネルにタッチ入力機能が加えられ，タッチ・パネルとして小米に納入されるという間接供給の方式であった。その勝華科技は2014年11月に突然倒産したため，タッチ機能のないシャープのパネルは行き場を失い，在庫が山積みとなった。

一方，2012年に事業を開始したJDIはスマートフォンの普及拡大に伴って順調に成長し，2014年3月に上場を果たしたが，中国向け販売の不振やアップル向け販売の変調などで3度も業績予想を下方修正し，株価は一時的に公募価格の約3分の1に落ち込んだ。当然，勝華科技の倒産という千載一遇のチャンスを見逃さず，JDIはタッチ機能内蔵の「インセル型」パネルをもって小米に

営業攻勢をかけた。コストパフォーマンスの良いJDIのパネルが小米に採用され，シャープの納入シェアをJDIが一気に大きく奪い取った。小米の大口発注を失ったシャープが苦しんでいることと対照的に，JDIの2014年10〜12月期の売上高が前年同期比55％増の2,511億円，純利益が2.8倍の191億円と経営業績が大きく上向いた。それにしても，JDIの2015年3月期の年度決算では，売上高は25％増えたが，営業利益は81％減，最終損益は122億円の赤字（前期は339億円の黒字）に沈んでいる。

　パネルの受注が前年比10％増え，生産ラインの稼働率は9割を超えていても，液晶パネルの価格下落が止まらず，収益性が低迷し続けている現状のなか，売上高の8割をスマートフォンに依存するという製品構造をはじめとして，より効果的な経営改善策が必要である。そのため，JDIは2015年からの5年間に3,000億円を投資し，高精細液晶パネルの生産能力を大幅に増やすとともに，車載用パネルや反射系ディスプレイ（腕時計や電子書籍）などの販路拡大にも力を入れるという中長期計画を発表した。一方，小米受注競争でJDIに負けたシャープは，「インセル型」の小型パネルの量産化を2015年6月以降に開始して失地回復をはかるとともに，スマートフォン向けの小型パネルの比率を減らし，自動車，医療機器，産業機器，電子黒板といった「B2B（企業相手の生産財）」の中型以上のパネルの比率を引き上げるという中長期計画を公表した。

　JDIとシャープの戦いは「仁義なき戦争」と言われ，パネル価格の決定権はスマートフォンのブランドを持つアップルや小米などに握られ，体力消耗戦の行く末に勝者がないのは明白である。また，シャープとJDIの両社はともに赤字に転落し，新規投資のための資金が枯渇している。この状況下で，まず液晶事業をシャープから分社化し，その次にINCJと銀行界の主導でシャープの液晶事業子会社をJDIと合併させるという液晶産業再編のシナリオが描かれた。

　INCJはJDI設立の立役者である。2014年のJDI上場後に持株の一部を売却したとはいえ，約36％を保有する筆頭株主として，INCJは設立当初から現在までJDIの経営方針に大きな影響力を保有している。もしINCJの主導下で

シャープの液晶事業子会社とJDIとの資本提携あるいは合併を実現することとなれば，新たに生まれる「日の丸液晶大連合」の体制下で次のような多くのメリットが期待できる。

- ・容易な資金調達：INCJという政府系投資ファンドが両社共通の大株主になるので，「国策会社」の信用度を活かして金融機関や一般投資家からの資金調達が容易になり，液晶産業特有の巨額投資の資金源の問題は解決できる。
- ・開発コストの節約：両社の力を合わせて最新技術の開発に取り組むことができ，時間コストと金銭コストを大きく節約することが期待できる。
- ・技術秘密の保持：先端技術が海外企業に流出するリスクが減少し，日本の家電産業ないし日本国家全体の競争力の保持に貢献することができる。たとえば現時点で高精細液晶の生産に必要不可欠な低温ポリシリコン（LTPS）の量産技術を持つのはJDI，シャープ，LGディスプレイという日韓3社だけである。もしこの技術が鴻海の手に渡ると，鴻海の中国工場でLTPSの大量生産体制が立ち上がり，高精細液晶は一気にコモディティ（汎用品）となり，日本の液晶産業全体の収益性が大幅に低下してしまうかもしれない。
- ・規模の経済性の獲得：中小型液晶パネル世界シェア第2位のJDIと第3位のシャープが提携すれば，世界シェア3割を超えて首位に立つ（図表9－14参照）。規模の経済性を生かして韓国系のLGとサムスン，台湾系の群創，友達，中華映管などのライバルとの競争を有利に進められるだけでなく，アップルや小米などの大口納入先に対しても強気の価格交渉が可能になる。

一方，この「日の丸液晶大連合」に伴う問題点も少なくない。

- ・政府介入不要：戦略論学者のポーターらが明確に指摘したように，政府当局が旗を振り，「日の丸連合艦隊」の編成と航路決定を主導するという終戦直後の復興期のやり方は，グローバリゼーションが大きく進んでいる今日にはもはや有効性を持たない。今の時代には，企業独自の創造性の保持

と経営資源の活用が最も重要で，政府当局の指導と介入は基本的に不要である。政府主導下の「日の丸連合艦隊」の形で外国企業と競争するという産業保護戦略は非効率な国内産業の肥大化を助長し，企業ないし産業全体の長期的競争力を損なうだけでなく，成功する可能性もほとんどない。トヨタ，日産，ホンダなどの自動車企業がそれぞれ独自の戦略を展開して国際的な競争優位を築き上げていることは「日の丸連合艦隊」の不要性を証明している。それとともに，シャープ自社工場の業績低迷と対照的に，鴻海とシャープが共同運営している堺工場は鴻海の顧客ネットワークを存分に活用し，生産ラインの稼働率をきわめて高いレベルに維持していることは，シャープと鴻海（あるいは日本企業と海外企業）による「多国籍連合軍」の妥当性を証明している。

・独占禁止法違反と利益相反：シャープとJDIは中小型液晶パネルの国内市場をほぼ二分しているので，両社が一緒になると，中小型液晶パネル分野でほぼ独占的な企業となる。したがって，JDIとの合併を前提としたシャープの液晶子会社に対するINCJの出資は独占禁止法に抵触する可能性が大きい。また，INCJがJDIとシャープという競合企業2社にともに出資することは会社法に禁止されている利益相反行為に当たる可能性が高く，一部の関係者は反対するはずである。

・モラル・ハザード：独占企業となれば，技術革新の努力を怠り，強い交渉力を行使して取引先から利益を強奪する可能性がある。また，政府出資の国策会社となれば放漫経営が起きる可能性が大きくなり，金融機関に対する債務や経営失敗の損失などを税金負担に転嫁する可能性もある。また，液晶技術の将来が明るくない現状のもと，シャープの液晶事業に対する丸ごとの支援は単純な救済策となり，成長分野の技術に出資するというINCJの本来の目的に沿わないはずである。

・逆シナジー効果：アップルは部品供給先の複数社方針に拘っているので，シャープとJDIが一緒になると，アップル向けのパネル供給シェアの合計がむしろ下がり，「1＋1＜2」という逆シナジー効果が表れる公算が

大きい。またその場合，逆にライバルのLGや群創光電（鴻海子会社）などに大きなビジネスチャンスを与え，今まで以上の苦しい立場に追われる可能性がある。

　こうして，「日の丸液晶大連合」の構想にはメリットもデメリットも多数あり，すんなりと採用できるものではない。2015年5月時点のシャープは黒字部門の液晶事業を分社化にするのではなく，社内カンパニーとして社内に残すことを決断したが，「日の丸液晶大連合」の構想が消えたわけではなく，水面下で関係者の利益を調整して大政翼賛の可能性を探る勢力が結集している。本章第3節（10）の4）の部分でも説明したように，シャープの液晶事業の2016年3月期の年間営業利益は450億円の黒字になると2015年5月時点に見込んでいたが，2015年4～6月期に137億円の赤字，4～9月期に264億円の赤字を出し続け，年間通期の見通しも300～500億円の赤字に転落すると見られている。液晶事業単体の自力再建がもはや不可能になったことを受け，シャープの液晶事業を独立会社に分社し，独立した後の液晶会社を鴻海やJDIなどとの資本提携を進めていくというシナリオが2015年8月に報道されている。さらに鴻海がアップルを誘ってシャープの液晶事業への共同出資を検討していると9月に報道されている。

　一方，JDIでは，アップルのiPhone 6sや中国向けの高精細パネルの販売が好調のため，2015年4～9月期の連結売上高は前年同期比78％増の5,078億円となり，連結営業損益は105億円の黒字（前年同期は202億円の赤字）を実現した。中国をはじめとする世界市場での日本企業全体の競争優位性を強化するために，INCJはJDIとの合併を前提にシャープの液晶事業への出資を検討しているようである。2015年11月9日にJDIの本間充会長兼最高経営責任者（CEO）は，「シャープが持つ貴重な技術が第三国に流れた方がさらなる脅威になる」，「日本の液晶産業を守る」必要性があるとの認識を示し，シャープとの連携について，「まだ何も話は来ていない」としながら，「（JDIの株主である）革新機構が動いているならば同調していかなければならない」，「そういう話があれば拒否しない」と前向きの態度を表明した。

第9章　鴻海とシャープの資本提携事業

　2016年1月時点で，鴻海，米国系投資ファンドのコールバーグ・クラビス・ロバーツ（KKR）とベインキャピタル，INCJ，JDI などはシャープの液晶事業ないしシャープ本体に対する出資意向を表明している。シャープの液晶事業の行方がどうなるかを予測するのは難しいが，日本の産業界と政府当局の立場から考えると，出資パートナーとして鴻海などの外資系よりも JDI のほうが望ましいであろう。たしかに「日の丸液晶大連合」は一利一害のある構想ではあるが，筆者はモラル・ハザードの問題を特別に重視する立場から，「日の丸液晶大連合」の道に進むべきではないと考えている。

　筆者は「部品メーカー連合の構想は正しかった」と言いながら，「日の丸液晶大連合の道に進むな」と言うのは矛盾しているように見えるかもしれない。しかし，収益性の向上を目指すために企業連合を組むのは正しいものの，モラル・ハザードはあってはならない。シャープと JDI の液晶連合と根本的に異なり，鴻海とシャープとの部品メーカー連合では，モラル・ハザードの問題をはじめとして，独占禁止法，利益相反，政府介入，逆シナジー効果といった問題も一切起きないのである。

　鴻海とシャープの資本提携事業は3年以上も断続的に交渉し続けてきているにもかかわらず，結局，実現できなかった。資本提携の交渉が難航している間に，両社はともに自力成長の道を探っていた。さまざまな独自の取り組みを展開してソフトバンクやアリババなどの新盟友を得た鴻海は，シャープなしの業績改善と企業成長を実現し，まさに「全ての道はローマに通ず」という状況である。一方のシャープは小規模の資本提携と大規模の優先株発行などを行い，さまざまな経営再建策を実施してきたが，会社再建の行方を楽観視できず，「吉凶未分」の状況下にある。

　資本提携交渉が開始してからの両社の態度と行動と結果から考えると，1）部品メーカー連合の構想は正しかった，2）相互尊重を事業提携の前提にせよ，3）意思決定体制のスタイルを重視せよ，4）「自国主義・自前主義」の「垂直統合モデル」に固執するな，5）オンリーワン技術の流出を恐れるな，6）

「日の丸液晶大連合」の道に進むな，という6点の教訓と提言が浮かび上がる。

鴻海とシャープの資本提携事業は本来，「日台連合・サムスン打倒・世界制覇」という大きな成長可能性を帯びたものであり，それが不発に終ったのはとても残念なことである。資本提携が破談になった表向きの原因は，契約合意後のシャープの株価が大幅に下落し，合意された株式取得価格（550円）を大きく下回ったためである。鴻海は株式取得価格の見直しを求めたのに対して，シャープは「後出しジャンケン」を認めず，譲歩しなかった。一方，裏の事情もあった。まず自分の意志を強引に押し付けようとする鴻海（郭台銘会長）側に落ち度があり，シャープ側の内部事情をより理解し，交渉相手のプライドとメンツを傷つけないように十分に配慮すべきであった。しかし，何よりも，IGZOのようなオンリーワン技術流出の恐れ，経営自主性の確保，老舗の名誉と伝統の継承，台湾下請工場に対する軽視，鴻海以外の資金調達ルートの存在，日本の産業界全体ないし日本政府の反対態度といった理由から，鴻海に譲歩する必要性はそもそもないというシャープないし日本社会全体の保守的，閉鎖的，傲慢な姿勢は提携交渉を破談に導く最大の原因だと筆者は見ている。

多分，仮にプライドの高い老舗と野心的な成金と手を組んだとしても同床異夢の関係に過ぎず，鴻海とシャープの資本提携事業の破談はそれほど意外な結果でもない。しかし，これまでにも中国系・台湾系企業の日本進出は徐々に増えてきている。規模が小さく，提携範囲が限定的である場合は大体うまく行っているようであるが，ハイアールと三洋電気，山東如意とレナウン，レノボとNECといった本格的な大型案件では，主導権争い，組織再編，組織文化の摩擦といったさまざまな問題が現れている。本章で取り上げた鴻海とシャープの資本提携事業には，中国新興企業の海外進出，日本老舗企業の再生，日中企業の戦略的提携といった重大な課題が絡んでいる。今後も増えていく日中提携事業の実行可能性を考えるときに，本件から得られた経験と教訓は大いに参考にされるべきであろう。

第**9**章　鴻海とシャープの資本提携事業

〈注〉
(1) 「五大問題！両岸三地高校調研組富士康報告」『優米網』2012年3月31日：http://chuangye.umiwi.com/2012/0331/66383.shtml。
(2) 『日本経済新聞』2014年10月6日朝刊記事。
(3) 『日本経済新聞』2011年7月1日朝刊記事。
(4) 「シャープの反省」『週刊東洋経済』2014年4月19日号。
(5) 2009年11月の液晶パネルの世界シェア上位5社はサムスン，LG，友達光電（AUO），奇美電子，シャープである。
(6) 鴻海の出資が完了した2010年3月以降に，筆頭株主の奇美実業集団は合併後の奇美電子の17％の株式を保有していたが，液晶パネルの需要低迷で赤字が続き，2012年6月に奇美から派遣された役員全員を引き揚げ，経営の実権を第2位株主の鴻海に渡した。奇美実業の持ち株は当面維持するが，社名から「奇美」の文字を外し，群創光電の名前を2012年12月19日付で復帰させた。そして，鴻海の手による経営再建が功を奏して2013年第1四半期は11四半期ぶりに最終黒字を実現した。
(7) 『日本経済新聞』2013年11月8日朝刊記事。
(8) 『日経産業新聞』2012年5月11日記事。
(9) 持ち株比率が10％を超えると，会社の解散を裁判所に請求できる権利が発生し，会社経営への関与能力が強まるので，鴻海からの10％以上の出資比率の要求にシャープ内が強く反対したとされる。
(10) 液晶パネルの世代数はガラス基板のサイズによって便宜的に分けられている。たとえばこの第10世代は2.85メートル×3.05メートルであり，シャープ亀山第2工場や韓国系企業や台湾系企業が現在採用している第8世代（2.16メートル×2.4メートル）の1.6倍の大きさとなる。
(11) 『日本経済新聞』2012年5月21日朝刊記事。
(12) ソニーは2009年末に堺工場に100億円（持ち株比率7.04％）を出資し，生産されるパネルの約3割を買い取ると考えていたが，デジタル放送への全面移行や家電エコ・ポイント制度などの特需で液晶パネルが不足した2010年に，シャープは自社テレビへの供給を優先し，ソニーへの納入遅延を度々起こした。「二度とシャープからパネルは買わない」と怒ったソニーはその後堺工場の持ち株をすべて売却してシャープとの資本関係を解消した。『日本経済新聞』2012年11月22日朝刊記事。
(13) 『日経産業新聞』2012年9月4日記事。
(14) 「電子の帝王：シャープとのすべてを語ろう」『週刊東洋経済』2014年6月21日号。
(15) 『日本経済新聞』2012年11月20日朝刊記事。
(16) 『日経産業新聞』2012年8月7日記事。
(17) 『日本経済新聞』2012年11月20日朝刊記事。
(18) 「電子の帝王：シャープとのすべてを語ろう」『週刊東洋経済』2014年6月21日号。
(19) 同上。
(20) 『日本経済新聞』2013年3月12日朝刊記事。
(21) 『日本経済新聞』2013年4月14日朝刊記事。
(22) 中田行彦（2015），234頁。
(23) 『日本経済新聞』2013年3月7日朝刊記事。

(24) 『日本経済新聞』2013年3月12日朝刊記事。
(25) 『日経産業新聞』2013年3月8日記事。
(26) 『日本経済新聞』2013年3月24日朝刊記事。
(27) 『日本経済新聞』2013年5月18日朝刊記事。
(28) 『日本経済新聞』2013年6月27日朝刊記事。
(29) 同上。
(30) 『日本経済新聞』2013年11月21日朝刊記事。
(31) 『日本経済新聞』2013年11月21日夕刊記事。
(32) 職場を天理工場（奈良）に異動された片山幹雄は2014年9月に日本電産の副会長執行役員兼最高技術責任者（CTO）に転職し，2015年6月に同社の代表取締役に就任した。
(33) 「歴代社長4人が中枢から退去，シャープの『伏魔殿』が解体へ」『週刊東洋経済』2013年7月20日号。
(34) 『日本経済新聞』2012年8月11日朝刊記事。
(35) 聯想集団（Lenovo）は，中国科学院のコンピュータ研究所に務めていた柳伝志が1984年に北京市で創業したコンピュータ会社で，資本金20万元，従業員10人でスタートした。2004年に会社の英語名称をLegendからLenovoに変更し，2005年にIBMのPC業務を買収し，2011年7月にNECとの合弁会社を設立した。今は全世界で従業員数約5万人を擁し，世界最大のPCメーカーであるとともに，コンピュータ全般や携帯電話などの事業も大きい。2014年度の売上高は463億米ドル（約5.8兆円）である。
(36) 中興通訊（ZTE）は1985年に広東省深圳市に設立されたIT企業である。2013年の従業員数は7.8万人，主力製品は携帯電話や通信設備などである。2014年売上高は815億元（約1.5兆円）である。
(37) 北京小米科技とは，セキュリティー・ソフトやネット・ゲームを手掛ける金山軟件（キングソフト）社の経営トップを務めた雷軍ら8人が2010年4月に創業した会社で，2011年から「小米（シャオミ）」というブランドの低価格スマートフォンや液晶テレビなどの商品を開発・販売している。たとえばサムスンやアップルなどの高級機種の約半額となる1,999元（約32,000円）の「小米3」スマートフォンを2013年10月に発売し，5.5インチの「紅米Note」スマートフォンを2014年3月に799元という激安価格で発売した。「小米」スマートフォンのシリーズ商品は絶大な人気を博し，爆発的に売れている。累積販売台数として，「小米2」は1,742万台，「小米3」は1,438万台，「紅米」系列は4,016万台，「紅米Note」は1,972万台，「小米4」も2015年5月に1千万台を超えた。小米は創立わずか3年後の2013年に1,870万台のスマートフォンを出荷し，中国スマートフォン市場シェアの第10位になった。2014年1～6月のスマートフォン出荷台数は2,611万台で，前年同期の3.7倍に急増した。2014年7～9月のスマートフォン世界出荷台数では小米の1,730万台（世界シェア5.3%）は韓国サムスン（同23.8%），米国アップル（同12.0%）に続く第3位になった。そして，2014通年で6千万台（6,112万台）を売ったことに続き，2015年通年で8千万～1億台の販売目標を目指している。小米が大成功した理由として，まず「微博」という中国独自のミニブログ上のつぶやきとクチコミから商品開発のヒントを得ながら，「コピー商品」，「知的財産権侵害」などの批判をまったく恐れず，有名ブランド製品の「山寨版（模倣品を意味する中国語）」であると正々堂々とアピールする。それで高値のブランド品を買えない消費者が喜んで購入してくれる。次にはIT機器の国際分業化の波に乗って高性能な商品を安価で世界の一流企業に外注

生産させ，「安かろう，悪かろう」という従来の中国製品とは一線を画し，高品質・高性能・低価格を実現している。たとえば「小米4」というスマートフォンの主なサプライヤーを見ると，システムLSIはクアルコム（米国）と積体電路（台湾），液晶パネルはシャープとジャパン・ディスプレイ（JDI），カメラはソニーとサムスン，画像センサーはソニー，リチウムイオン電池はソニーとサムスンSDIとLG化学，組み立ては鴻海と英業達（台湾），基本ソフトはグーグル，フラッシュ・メモリーはサムスンに委託している。一流メーカーの製品を大量に使用しているにもかかわらず，小米のスマートフォンはライバル商品より大幅に安く，たとえばサムスンの「ギャラクシー」の半額以下である。こうして，生産工場をまったく持たないだけでなく，商品開発と技術開発も部品製造企業に頼り，商品仕様と流通販売とブランドイメージの管理だけを社内業務とするビジネス・モデルは，生産工場の自前主義にこだわっている中国国内大手のレノボや華為などの各社とは大きく異なる。また，商品設計（デザイナー）を最重視するというアップル同様なやり方を取っているから「デザイナー資本主義」の典型例とされる。小米CEOの雷軍は「中国のジョブズ」，小米は「中国のアップル」と呼ばれるなか，当の雷軍本人は「自分たちとアップルを比較したことはない。我々のモデルはアマゾンの電子書店のキンドルストアに似ている」と述べている。『日本経済新聞』2013年10月1日朝刊記事。

(38)　2015年4月1日の実際の入社者は前年比120名増の214人である。

(39)　京東方科技集団（BOE）は1993年に北京市に設立され，今は液晶パネルの中国最大手メーカーである。2014年売上高は約7,000億円である。堺工場（第10世代）を超える世界最大の大型パネル工場（第10.5世代）を2018年に稼動させる予定である。

(40)　TCL集団は1981年に広東省恵州市に設立され，主要商品は液晶パネル，テレビ，スマートフォン，白物家電，パソコンなどの家電全般である。2014年売上高は約2兆円である。

(41)　華為技術有限公司（Huawei）は1987年に広東省深圳市に創立された民営企業であり，今は15万人以上の従業員を擁し，スマートフォンなどを含む通信設備製造の中国最大級企業である。技術力に定評があり，特許保有数は中国最大級である。創設者かつ現職CEOの任正非は軍隊直属研究所から転身した人物であり，今の華為は政府と軍隊関連の業務を大量に引き受けているため，安全面の理由で，アメリカをはじめとする国際社会は華為との取引に非常に慎重であるが，海外での売上高はすでに全体の4割まで拡大している。2013年の「Fortune500」売上高順位は315位であり，2014年の売上高は2,882億元（約5.4兆円）である。

(42)　『日本経済新聞』2014年9月13日朝刊記事。

(43)　『日本経済新聞』2015年6月25日朝刊記事。

(44)　2014年度の日本国内出荷台数ベースでは，首位のシャープは37.3％（前年比1.7％減），2位のパナソニックは21％（1.9％増），4位のソニーは4Kテレビで躍進して11.1％（2.5％増）となった。

(45)　『日経産業新聞』2014年12月15日記事。

(46)　2015年5月時点の50型4Kテレビの実勢販売価格は20万円を切り，1年前より4割も下落した。

(47)　『日経産業新聞』2013年11月8日記事。

(48)　『日本経済新聞』2015年3月13日朝刊記事。

(49)　『日本経済新聞』2015年5月19日朝刊記事。

(50)　「液晶に次ぐ業績低迷の元凶，撤退不可避の太陽電池事業」『週刊ダイヤモンド』2015年4

月25日号.
(51) 『日本経済新聞』2015年5月19日朝刊記事.
(52) 『日本経済新聞』2013年9月20日朝刊記事.
(53) 株主権利希薄化の問題について,喬晋建(1991)が詳しい.
(54) 『日本経済新聞』2013年11月18日朝刊記事.
(55) 『朝日新聞』2014年4月13日記事.
(56) 『日経産業新聞』2014年7月2日記事.
(57) 『日本経済新聞』2014年8月13日朝刊記事.
(58) 『日本経済新聞』2014年9月13日朝刊記事.
(59) 「シャープ重大局面再び」『週刊東洋経済』2015年3月28日号.
(60) 『日本経済新聞』2015年5月15日朝刊記事.
(61) 『日本経済新聞』2015年5月17日朝刊記事.
(62) 「シャープ解体へのカウントダウン」『週刊東洋経済』2015年5月16日号.
(63) 『日本経済新聞』2015年5月15日朝刊記事.
(64) 『日本経済新聞』2015年7月30日朝刊記事.
(65) 週刊誌などは同年齢の高橋,大西,水嶋の3人を「仲良し3人組」と呼んでいる.
(66) 『日本経済新聞』2015年4月17日朝刊記事.
(67) 『日本経済新聞』2015年5月13日,15日朝刊記事.
(68) 「シャープ液晶事業,残留経営陣の下で深まる迷走」『週刊ダイヤモンド』2015年6月30日.
(69) 『日本経済新聞』2015年5月15日朝刊記事.
(70) 最初予定の1.5%から2.0%に拡大された.
(71) 『日本経済新聞』2015年3月19日,5月14日朝刊記事.
(72) 『日本経済新聞』2015年8月22日朝刊記事.
(73) 『日本経済新聞』2015年2月1日朝刊記事.
(74) 海信集団は1969年に創業した国有系の電機メーカーであり,本社所在地は山東省青島市である.2014年の従業員数約1.5万人,売上高980億元(約1.85兆円)で中国有数の大企業である.
(75) シリコン系太陽電池の変換効率は約30%が限界とされる.研究レベルでパナソニックが2014年4月に発表した25.6%は世界最高レベルである.シリコン以外の半導体材料と上手に組み合わせると,理論上の限界値は85%に上がるとされる.『日本経済新聞』2015年8月7日朝刊記事.
(76) 『日本経済新聞』2015年7月23日朝刊記事.
(77) 『日本経済新聞』2015年4月5日朝刊記事.
(78) 『日本経済新聞』2015年5月15日朝刊記事.
(79) 『日本経済新聞』2015年5月22日朝刊記事.
(80) 『日本経済新聞』2015年8月1日朝刊記事.
(81) 『日本経済新聞』2015年8月23日,29日朝刊記事.
(82) 『日本経済新聞』2015年1月23日朝刊記事.
(83) 『日本経済新聞』2015年5月15日朝刊記事.
(84) 「シャープを見切った鴻海の『皇帝』,日本に研究所新設の舞台裏」『週刊ダイヤモンド』2013年7月13日号.

第**9**章　鴻海とシャープの資本提携事業

(85)　『日本経済新聞』2015年9月9日朝刊記事。
(86)　「王者・鴻海の独り勝ちに異変あり」『週刊東洋経済』2013年9月21日号。
(87)　和碩聯合科技は、2008年に台湾パソコン大手の華碩電脳（ASUS，エイスース）の製造部門から分離・独立したEMS企業である。ノートパソコンやiPhoneの受託生産で大きく成長した。従業員数（約10万人）も株式時価総額も鴻海に遠く及ばないが、株価はすでに鴻海と競い合い、2014年の売上高（10,197億台湾ドル）では広達電脳（Quanta Computer，クアンタコンピュータ）を抜き、鴻海に次ぐ世界第2位のEMS企業になった。アップルが和碩を選んだ最大の理由は、生産工場の複数化によるリスク分散ではなく、鴻海を下回る加工費の提示であったとされる。iPhoneの受託製造は鴻海の独壇場であったが、和碩は2011年秋のiPhone 4 sの少量受注を皮切りに、2012年秋のiPhone 5も受注に成功し、2013年秋のiPhone 5 c（鴻海3割強、和碩7割弱とされる）と2014年のiPhone 6（鴻海7割、和碩3割とされる）は大量受注を獲得し、存在感を一気に高めた。『日本経済新聞』2015年5月8日記事。
(88)　「苹果加速"去富士康"化」『IT商業新聞網』2013年11月8日：http://productnews.itxinwen.com/2013/1108/541444.shtml。
(89)　iPhone 6部品の受注成功によって、可成科技の2014年の経営業績が大きく向上しており、売上高（552億台湾ドル）は28％増、純利益（178億台湾ドル）は30％増、いずれも過去最高である。特に36％の売上高利益率は鴻海の3％をはるかに凌駕しており、可成科技のコスト競争力は非常に高く、鴻海以上に低価格競争に耐えうることを示している。『日経産業新聞』2015年4月14日記事。
(90)　運営方法として、アップルはメサ工場の一部設備だけを所有し、設備維持や部品供給は米国系部品メーカーのGTアドバンスト・テクノロジーズ社が担当する。このメサ工場が本格的に稼働を開始した2014年に、GE、フォード自動車、キャタピラー、モトローラなどの米国工場の新設も相重なっているため、「製造業の米国回帰」と評価されている。
(91)　『日本経済新聞』2013年10月17日夕刊記事。
(92)　楽視（Letv）集団とは、2004年11月に北京市の中関村ハイテク産業区に誕生した企業である。ネットテレビ番組の配信を主業とするが、映画製作などの事業も手掛けている。2013年3月に同じ山西省をルーツに持つ楽視創業者の賈躍亭（49歳）と鴻海創業者の郭台銘（63歳）は、両社の戦略的な提携関係を結んだ。その後の5月7日に楽視ブランドのスマートテレビ（ネット配信テレビ）を鴻海が生産するシャープブランドの液晶パネルを使うと発表し、楽視の株価が一気に上昇した。しかし、5月27日にシャープは楽視への液晶パネルの供給を正式に否定し、楽視の株価はストップ安となった。その後、液晶パネルは鴻海とシャープが共同出資している堺工場（SDP）の製品で、シャープ自社工場（亀山工場や三重工場）のものではないと楽視が弁明した。
(93)　アリババからの出資の有無は言及していない。
(94)　事業ごとの責任を明確にするとともに収益基盤の強化を目指すために、鴻海はグループ内事業の分社化を推進している。その第一弾として、創業時以来のコネクター事業を独立させ、全額子会社の新翼国際公司（New Wing International Company）を設立すると決めた。2013年6月26日の株主総会での承認を経てこの新会社がスタートした。
(95)　『日本経済新聞』2014年11月21日朝刊記事。
(96)　『日本経済新聞』2015年4月5日朝刊記事。

⑼7 「シャープよ，銀行よ，私と話をしよう」『週刊東洋経済』2015年3月28日号。
⑼8 「シャープ解体へのカウントダウン」『週刊東洋経済』2015年5月16日号。
⑼9 シャープが二流ブランド企業から上昇するプロセスや成長に至る経営戦略などについて，芦澤成光（2010）が詳しい。
⑽ 「郭台銘詳談夏普合資案与世界工場観」『虎嗅網』2012年5月21日記事：http://www.huxiu.com/article/637/1.html.
⑾ 「シャープよ，銀行よ，私と話をしよう」『週刊東洋経済』2015年3月28日号。
⑿ 『日本経済新聞』2013年1月22日朝刊記事。
⒀ 『日本経済新聞』2012年11月20日朝刊記事。
⒁ 『日本経済新聞』2014年7月2日朝刊記事。
⒂ 中田行彦氏は神戸大学大学院修了後の1971年にシャープに入社し，2000年にシャープの液晶研究所の技師長となり，無機ELや液晶などのパネル開発に携わっていた。2004年に立命館アジア太平洋大学教授に転職した。
⒃ 『日本経済新聞』2012年6月16日朝刊記事。
⒄ 中田行彦（2015），9頁。
⒅ 同上書，228頁。
⒆ 『日本経済新聞』2015年2月13日朝刊記事。
⒇ Porter & Takeuchi & Sakakibara（2000）.
(111) 『日本経済新聞』2015年11月10日朝刊記事。

主要参考文献
（ネット文献を除く）

1．中国語文献（漢字 pinyin のアルファベット順）

蔡禾・劉林平・万向東（2009）『城市化進程中的農民工』社会科学文献出版社。
蔡昉編（2011）『中国人口与労働問題報告（No.12）』社会科学文献出版社。
曹徳駿（2005）「跨国公司与中国労工権益受損関係初探」『中国工業経済』第5期。
陳佳貴ほか（2009）『中国企業社会責任研究報告（2009）』社会科学文献出版社。
陳佳貴ほか（2010）『中国企業社会責任研究報告（2010）』社会科学文献出版社。
陳蘭通編（2008）『2008中国企業労働関係状況報告』企業管理出版社。
陳迅・韓亜琴（2005）「企業社会責任分級模型及其応用」『中国工業経済』第9期。
国務院発展研究中心編（2012）『中国経済年鑑2012』中国経済年鑑社。
韓長斌（2011）「解決農民工問題的基本思路」『新華文摘』第2期。
黄群慧ほか（2009）「中国100強企業社会責任発展状況評価」『中国工業経済』第10期。
金碚・李剛（2006）「企業社会責任公衆調査的状況初歩報告」『経済管理』第3期。
金碚・李剛・陳志（2006）「加入 WTO 以来中国製造業国際競争力的実証分析」『中国工業経済』第10期。
黎建飛編（2010）『労働法案例分析（第2版）』中国人民大学出版社。
李培林・李偉（2010）「近年来農民工的経済状況和社会態度」『中国社会科学』第1期。
李文臣（2005）「国際労工権益保護及其対中国企業的影響」『中国工業経済』第4期。
李智・崔校寧（2011）『中国企業社会責任』中国経済出版社。
林民盾・蔡勇志（2005）「「中国価格」探索」『中国工業経済』第9期。
劉林平ほか（2011）「労働権益的地区差異：珠三角和長三角地区外来工的問卷調査」『中国社会科学』第2期。
劉林平・孫中偉編著（2011）『労働権益：珠三角農民工状況報告』湖南人民出版社。
劉渝琳・劉渝妍（2010）『中国農民工：生活質量評価与保障制度研究』科学出版社。
劉蔵岩（2010）『民営企業社会責任研究』浙江大学出版社。
栄兆梓ほか（2010）『通往和諧之路：当代中国労資関係研究』中国人民大学出版社。
沈艶・姚洋（2010）『企業社会責任与市場競争力』外文出版社。
石軍偉ほか（2009）「企業社会責任，社会資本与組織競争優勢」『中国工業経済』第11期。
湯庭芬編（2010）『深圳労働関係発展報告（2010）』社会科学文献出版社。
田虹（2009）「企業社会責任与企業績効的相関性」『経済管理』第1期。
王暁栄（2006）「労工標準水平与外商直接投資流入」『中国工業経済』第10期。
王小章（2010）『走向承認：浙江省城市農民工公民権発展的社会学研究』浙江大学出版社。
王志楽ほか編著（2009）『2009跨国公司中国報告』中国経済出版社。
温素杉・方苑（2008）「企業社会責任与財務績効関係的実証研究」『中国工業経済』第10期。
呉江（2007）『非公有制企業労資関係研究』経済科学出版社。
許葉平（2007）『全球化背景下的労資関係』北京郵電大学出版社。
楊河清（2010）『中国労働経済藍皮書（2009）』中国労働社会保障出版社。
楊正喜（2008）『中国珠三角労資衝突問題研究』西北大学出版社。

岳経綸（2011）『転型中的中国：労働問題与労働政策』東方出版中心。
張恩（2009）「社会責任投資：財務績効及其対企業行為的影響」『経済管理』第7期。
張新国・張蕾（2007）「労工標準与我国国際競争力」『経済管理』第21期。
召来安（2005）「SA8000対我国的影響及応対」『経済管理』第19期。
中国国家統計局編（2007～2014）『中国統計年鑑2007～2014』中国統計出版社。
中国人力資源和社会保障部編（2009）『中国労働和社会保障年鑑2008』中国労働社会保障出版社。
鐘宏武（2008）「日本企業社会責任研究」『中国工業経済』第9期。
中華全国総工会研究室編（2010）『第六次中国職工状況調査』中国工人出版社。
周祖城・張漪傑（2007）「企業社会責任相対水平与消費者購買意向関係的実証研究」『中国工業経済』第9期。
朱玲（2009）「農村遷移工人的労働時間和職業健康」『中国社会科学』第1期。

2．日本語文献（五十音順）

朝元照雄（2012）「鴻海（ホンハイ）グループの企業戦略──シャープの筆頭株主になったEMS企業の成長過程」（九州産業大学）『エコノミクス』17巻2号。
朝元照雄（2014）『台湾の企業戦略』勁草書房。
浅羽茂（2004）『経営戦略の経済学』日本評論社。
芦澤成光（2010）「シャープの全社レベル戦略転換の分析」『日本経営学会誌』第26号。
遊川和郎（2011）『中国を知る』日本経済新聞社出版社。
足立勝彦（2004）『マーケティングのエッセンス──ビジュアルノート方式』晃洋書房。
池尾恭一ほか（2010）『マーケティング』有斐閣。
石井淳蔵・広田章光編著（2009）『1からのマーケティング』中央経済社。
江口泰広（2010）『マーケティングのことが面白いほどわかる本』中経出版。
バーバラ・エーレンライク／中島由華訳（2009）『スーパーリッチとスーパープアの国，アメリカ──格差社会アメリカのとんでもない現実』河出書房新社。
王曙光（2002）『中国製品なしで生活できますか』東洋経済新報社。
王幼平（2015）「華人系企業の経営構造に対する一考察──EMSフォックスコンの事例研究を通して」『東アジアへの視点』。
岡田正大（2012）「包括的ビジネス・BOPビジネス研究の新潮流とその経営戦略研究における独自性について」『経営戦略研究』No. 12。
岡田正大（2015）「CSVは企業の競争優位につながるか」『ダイヤモンドハーバードビジネスレビュー』（1月号）。
小河光生編著（2010）『ISO26000で経営はこう変わる──CSRが拓く成長戦略』日本経済新聞出版社。
加藤辰也（2015）「台湾IT企業の創業者の経営理念の比較──奇美電子の許文龍，台積電の張忠謀，宏碁の施振榮，そして鴻海の郭台銘」『愛知淑徳大学大学院現代社会研究科研究報告』第11号。
川端寛（2015）「早川家 vs 佐伯家，シャープ二つの創業家『百年の恩讐』」『文芸春秋』7月号。
喬晋建（1991）「中国国有企業の株式化における資産評価問題──会計基準と評価方法の選択」『公益事業研究』第43巻2号。

喬晋建（2011）『経営学の開拓者たち——その人物と思想』日本評論社.
喬晋建（2012）「中国における CSR 活動——農民工の労働権利保護を中心に」（熊本学園大学）『産業経営研究』第31号.
喬晋建（2014）「鴻海社の経営戦略」『産業経営研究』第33号.
喬晋建（2015）「敵か味方か——鴻海社とシャープ社の資本提携事例」『産業経営研究』第34号.
金奉春（2011）「中国における台湾 EMS 企業の急成長の要因分析と将来予想——鴻海集団（Foxconn）の発展経過の分析と事業展開方向の予測」（龍谷大学大学院経営学研究科）『龍谷ビジネスレビュー』第12号.
黄雅雯（2013）「EMS 企業における活用と探索の検討——鴻海社の事例」『早稲田商学』第437号.
黄雅雯（2014）「台湾系 EMS 企業の研究開発における探索の範囲と機動性——鴻海社を事例として」『アジア経営研究』No. 20.
黄文雄監修／張殿文著／薛格芳訳（2014）『郭台銘＝テリー・ゴウの熱中経営塾』ビジネス社.
小林昌之（2009）「中国の労働者の権利保護と労働監査制度の役割」『アジア経済』50巻1号.
菰田雄士（2013）「多国籍企業における社会的責任に関する考察——台湾企業フォックスコン社工場における連鎖的自殺発生を事柄に」（立教大学21世紀社会デザイン研究科）『21世紀社会デザイン研究』No. 12.
酒井正三郎（2009）「中国における CSR」日本比較経営学会編（2009）『CSR の国際潮流——理論と現実』文理閣.
時晨生（2011）「『世界の工場』の労働問題に関する一考察——富士康の事例を中心に」（法政大学大学院経済学研究科）『経済学年誌』第46号.
嶋口充輝ほか（2009）『1からの戦略論』中央経済社.
谷本寛治（2006）「企業の社会的責任（CSR）の評価と市場」日本比較経営学会編（2006）『会社と社会』文理閣.
塚本隆敏（2010）「中国外資企業における労務管理問題——台湾系華僑企業富士康（フォックスコン）を事例にして」『国際金融』1216号.
出見世信之（2009）「米英における CSR の理論と現実」日本比較経営学会編（2009）『CSR の国際潮流——理論と現実』文理閣.
中田行彦（2014）「グローバル戦略的提携における組織間関係——シャープ，鴻海，サムスン，アップルの四つ巴提携の事例」『経営情報学会誌』Vol. 22, No. 4.
中田行彦（2015）『シャープ「液晶敗戦」の教訓——日本のものづくりはなぜ世界で勝てなくなったのか』実務教育出版.
日本貿易振興機構（JETRO）海外調査部（2006）『欧州企業の中国戦略』.
野口悠紀雄（2012）『日本式モノづくりの敗戦——なぜ米中企業に勝てなくなったのか』東洋経済新報社.
平沢克彦（2008）「CSR とソーシャルディメンション」（日本比較経営学会年報）『比較経営研究』第32号.
チャールズ・フィッシュマン／中野雅司監訳／三木本亮訳（2007）『ウォルマートに呑み込まれる世界——「いつも低価格」の裏側に何が起きているのか』ダイヤモンド社.
福島香織（2013）『中国絶望工場の若者たち』PHP 研究所.
藤井敏彦・海野みづえ編著（2006）『グローバル CSR 調達——サプライチェーンマネジメント

と企業の社会的責任』日科技連出版社.
前野裕香（2013）「強者サムスンへ鞍替え，シャープ生き残りの賭け」『週刊東洋経済』2013年3月16日号.
増田辰弘・馬場隆（2013）『日本人に真似できないアジア企業の成功モデル』日刊工業新聞社.
丸山恵也（2006）「現代社会における企業の社会的責任」日本比較経営学会編（2006）『会社と社会』文理閣.
水尾順一・田中宏司編著（2004）『CSRマネジメント──ステークホルダーとの共生と企業の社会的責任』生産性出版.
水尾順一（2005）『CSRで経営力を高める』東洋経済新報社.
水野誠（2014）『マーケティングは進化する』同文館出版.
山城章（1949）「経営の社会的責任」『経営評論』No. 12.
山田泰司（2014）「iPhone 6 はどこが作るのか？ 鴻海に続くペガトロン，ウィストロンも台頭」『エコノミスト』2014年6月10日号.
吉原英樹・佐久間昭光・伊丹敬之・加護野忠男（1981）『日本企業の多角化戦略』日本経済新聞社.
李少燕（2013）「中国における企業の社会的責任──富士康事件を踏まえて」『福岡大学大学院論集』.

3．英語文献（アルファベット順）

Aaker, D. A.（2014）, *Aaker on Branding : 20 Principles That Drive Success*, New York, NY ; Morgan James Publishing.（阿久津聡訳（2014）『ブランド論──無形の差別化を作る20の原則』ダイヤモンド社）

Ansoff, H. I.（1965）, *Corporate Strategy : An Analytic Approach to Business Policy for Growth and Expansion*, New York, NY : McGraw Hill, Inc.（広田寿亮訳（1969）『企業戦略論』産業能率大学出版部）

Ansoff, H. I., et al.（1971）, *Acquisition Behavior of U.S. Manufacturing Firms : 1946-1965*, Nashville, TN : Vanderbilt University Press.（佐藤禎男監訳（1972）『企業の多角化戦略』産業能率大学出版部）

Ansoff, H. I.（1990）, *Implanting Strategic Management*（Revised edition）, Prentice Hall International（UK）Ltd.（中村元一・黒田哲彦・崔大龍監訳（1994）『戦略経営の実践原理──21世紀企業の経営バイブル』ダイヤモンド社）

Barney, J. B.（1991）, "Firm Resources and Sustained Competitive Advantage," *Journal of Management*, 17（1）.

Barney, J. B.（2002）, *Gaining and Sustaining Competitive Advantage*,（2nd edition）Upper Saddle River, NJ : Pearson Education, Inc.（岡田正大訳（2003）『企業戦略論──競争優位の構築と持続（上・中・下）』ダイヤモンド社）

Bongiorni, S.（2007）, *A Year without "Made in China" : One Family's True Life Adventure in the Global Economy*, Hoboken, NJ:John Wiley & Sons, Inc.（雨宮寛・今井章子訳（2008）『チャイナフリー──中国製品なしの1年間』東洋経済新報社）

Bowen, H. R.（1953）, *Social Responsibilities of the Businessman*, New York, NY : Harper & Row.

Carroll, A. B. (1979), "A Three-Dimensional Conceptual Model of Corporate Performance," *Academy of Management Review*, Oct., 4 (4).

Carroll, A. B. (1991), "The Pyramid of Corporate Social Responsibility: Toward the Moral Management of Organizational Stakeholders," *Business Horizons*, Jul-Aug., 34 (4).

Carroll, A. B. (1993), *Business and Society: Ethics and Stakeholder Management* (2nd ed.), Cincinnati, Ohio: College Division, South-Western Publishing Co.

Dasgupta, S., B. Laplante, and N. Mamingi (2001), "Pollution and Capital Markets in developing Countries," *Journal of Environmental Economics and Management*, 42 (3).

Drucker, P. F. (1954), *The Practice of Management*, New York, NY: Harper & Row. (上田惇生訳 (1996)『新訳 現代の経営』ダイヤモンド社)

Feldman, S. J., P. A. Soyka, and P. G. Ameer (1997), "Does improving a Firm's Environmental Management System and Environmental Performance Result in a Higher Stock Price?," *Journal of Investing*, 6 (4).

Freeman, R. E. (1984), *Strategic Management: A Stakeholder Approach*, Boston, MA: Pitman Publishing.

Friedman, M. (1962), *Capitalism and Freedom*, Chicago, IL: University of Chicago Press. (村井章子訳 (2008)『資本主義と自由』日経BP社)

Friedman, M. (1970), "The Social Responsibility of Business Is to Increase Its Profits," *The New York Times Magazine*, Sep. 13.

Hamel, G. and C. K. Prahalad (1994), *Competing for the Future*, Boston, MA: Harvard Business School Press. (一條和生訳 (2001)『コア・コンピタンス経営——未来への競争戦略』日本経済新聞出版社)

Harney, A. (2008), *The China Price: The True Cost of Chinese Competitive Advantage*, London, England: Penguin Books, Ltd. (漆嶋稔訳 (2008)『中国貧困絶望工場——「世界の工場」のカラクリ』日経BP社)

Henderson, B. D. (1979), *Henderson on Corporate Strategy*, Cambridge, MA: Abt Books. (土岐坤訳 (1981)『経営戦略の核心』ダイヤモンド社)

Jensen, M. (2002), "Value Maximization, Stakeholder Theory, and the Corporate Objective Function," *Business Ethics Quarterly*, 12 (2).

Klassen, R. D. and C. P. McLaughlin (1996), "The Impact of Environmental Management on Firm Performance," *Management Science*, 42 (8).

Kotler, P. and G. Armstrong (2001), *Principles of Marketing*, (9th edition) Upper Saddle River, NJ: Prentice-Hall, Inc.

Kotler, P. (2003), *Marketing Insights from A to Z: 80 Concepts Every Manager Needs to Know*, Hoboken, NJ: John Wiley & Sons Inc. (恩蔵直人監訳／大川修二訳 (2003)『コトラーのマーケティング・コンセプト』東洋経済新報社)

Levitt, T. (1955), "The Dangers of Social Responsibility," *Harvard Business Review*, Sep-Oct.

Margolis, J. D. and J. P. Walsh (2003), "Misery Loves Companies: Rethinking Social Initiatives by Business," *Administrative Science Quarterly*, 48 (2).

Mitchell, L. (2001), *Corporate Irresponsibility: America's Newest Export*, New Haven, CN:

Yale University Press.

Porter, M. E. (1980), *Competitive Strategy : Techniques for Analyzing Industries and Competitors*, New York, NY : Free Press. (土岐坤ほか訳 (1995)『競争の戦略』ダイヤモンド社)

Porter, M. E. (1985), *Competitive Advantage : Creating and Sustaining Superior Performance*, New York, NY : Free Press. (土岐坤ほか訳 (1985)『競争優位の戦略――いかに高業績を持続させるか』ダイヤモンド社)

Porter, M. E. (1987), "From Competitive Advantage to Corporate Strategy," *Harvard Business Review*, (May-June). (DIAMONDハーバード・ビジネス・レビュー編集部編訳 (2010)『戦略論1957～1993』ダイヤモンド社)

Porter, M. E., H. Takeuchi, and M. Sakakibara (2000), *Can Japan Compete?*, Cambridge, MA : Perseus Publishing. (ポーター・竹内弘高 (2000)『日本の競争戦略』ダイヤモンド社)

Porter, M. E. and M. R. Kramer (2006), "Strategy and Society," *Harvard Business Review*, Dec.

Porter, M. E. (2008), *On Competition : Updated and Expanded Edition*, Boston, MA : Harvard Business School Press. (竹内弘高訳 (1999)『競争戦略論 I & II』ダイヤモンド社)

Porter, M. E. and M. R. Kramer (2011), "Creating Shared Value," *Harvard Business Review*, Jan-Feb.

Post, J. E., A. T. Lawrence, and J. Weber (1999), *Business and Society : Corporate Strategy, Public Policy, and Ethics (9th ed.)*, Boston, MA : Irwin/McGraw Hill, Inc. (松野弘・小阪隆秀・谷本寛治監訳 (2012)『企業と社会――企業戦略・公共政策・倫理 (上・下)』ミネルヴァ書房)

Prahalad, C. K. and G. Hamel (1990), "The Core Competence of the Corporation," *Harvard Business Review*, (May-June). (DIAMONDハーバード・ビジネス・レビュー編集部編訳 (2010)『戦略論1957～1993』ダイヤモンド社)

Prahalad, C. K. and S. L. Hart (2002), "The Fortune at the Bottom of the Pyramid," *Strategy + Business*, No.26.

Prahalad, C. K. and A. Hammond (2002), "Serving the World's Poor, Profitably," *Harvard Business Review*, Sep.

Prahalad, C. K. (2004), *The Fortune at the Base of the Pyramid : Eradicating Poverty through Profits*, Upper Saddle River, NJ : Wharton School Publishing.

Rangan, K., L. Chase, and S. Karim (2015), "The Truth about CSR," *Harvard Business Review*, Jan-Feb. (ランガンら「CSRこそ効率化せよ」『DIAMONDハーバード・ビジネス・レビュー』2015年8月号)

Rumelt, R. P. (1974), *Strategy, Structure, and Economic Performance*, Cambridge, MA : Harvard University Press. (鳥羽欽一郎ほか訳 (1977)『多角化戦略と経済成果』東洋経済新報社)

Rumelt, R. P. (1984), "Towards a Strategic Theory of the Firm," in R. B. Lamb (ed.) (1984), *Competitive Strategic Management*, Upper Saddle River, NJ : Prentice-Hall.

Schwartz, M. S. and A. B. Carroll (2003), "Corporate Social Responsibility : A Three-Domain Approach," *Business Ethics Quarterly*, 13 (4).

Sheldon, O. (1924), *The philosophy of Management*, London, England : Sir Issac Pitman & Sons Ltd.

Simanis, E. (2012), "Reality Check at the Bottom of the Pyramid," *Harvard Business Review*, (June). (シマニス「薄利多売は通用しない，BOP 市場の新たなビジネスモデル」『DIAMOND ハーバード・ビジネス・レビュー』2014年2月号)

Vermeulen, F. (2010), *Business Exposed : The Naked Truth about What Really Goes on in the World of Business*, Pearson Education Canada.（本木隆一郎・山形佳史訳（2013）『やばい経営学』東洋経済新報社）

Wernerfelt, B. (1984), "A Resource-Based View of the firm," *Strategic Management Journal*, 5（2）.

4．鴻海社関連の中国語図書と論文リスト（本書注釈に含まれていないものもある）

陳潤（2010）『富士康内幕』湖南文芸出版社。
方儒（2011）『郭台銘：銭能解決一切問題？』中国発展出版社。
費陸文・聶振亜（2011）『郭台銘的経営故事：虎歩与狐歩』浙江大学出版社。
李燕萍・徐嘉（2013）「新生代員工：心理和行為特徴対組織社会化的影響」『経済管理』第4期。
劉珍（2008）『富士康変道』海天出版社。
馬晶梅・喩海霞（2014）「鴻海集団的企業昇級戦略」『企業管理』第7号。
穆志浜（2010）『郭台銘生意経』中国商業出版社。
潘毅・盧暉臨・郭於華・潘原編著（2012）『我在富士康』知識産権出版社。
史末編著（2012）『富士康管理模式』浙江人民出版社。
王樵一（2012）『創造奇迹的郭台銘』印刷工業出版社。
魏昕・廖小東（2010）『富士康内幕：全球最大代工企業成長真相』重慶出版社。
肖紅軍・張俊生・曽亜敏（2010）「資本市場対公司社会責任事件的懲戒効応：基於富士康公司員工自殺事件的研究」『中国工業経済』第8期。
徐明天・徐小妹（2010）『富士康真相』浙江大学出版社。
徐明天（2011）『郭台銘管理日誌』浙江大学出版社。
徐明天（2012a）『富士康真相』浙江大学出版社。
徐明天（2012b）『解密富士康：台湾大象也会跳舞』企業管理出版社。
徐明天（2012c）『郭台銘与富士康』中信出版社。
徐明天編著（2012d）『喬布斯苹果樹長在中国』海天出版社。
袁峰編著（2012）『郭台銘和他的富士康帝国』華中科技大学出版社。
張戌誼（2002）『三千億伝奇郭台銘的富士康』機械工業出版社。

索　引

欧　文

ACFTU　196
BCG　291
BOP　18
BOP 戦略　18
BOP ビジネス　18
CSC9000T　50
CSR（企業の社会的責任）　2, 110
　　受動的――　11
　　攻めの――　236
　　戦略的――　11, 148
　　守りの――　236
CSV　12
DES　347, 353
DMS　86, 276
EDLP　57
EMS　168
Fair Trade　26
FLA　28, 180
Foxconn　154
GVC　83
IGZO　306, 321
INCJ（産業革新機構）　306, 360, 391
ISO26000　24
JDI（ジャパン・ディスプレイ産業）　306, 336, 360, 391
JIS（ジャパン・インダストリアル・ソリューションズ）　352
LTPS　306, 375
magazineplus　158
OBM　86, 276
ODM　86, 276
OEM　82, 86, 276
Product Red　26
SA　38
SA8000　38
SAI　38

SK グループ　364
SRI　35, 112
USCBC　139
VRIO　261

ア　行

アウトソーシング　83, 302
アカウンタビリティ　3
アクセスベースのポジショニング　266
アップル　180, 300, 360, 365
　　――陣営大連合　368
　　――離れ　368
アディダス　29, 71, 225
アメリカ管理論　147
アリババ　83, 270, 379
イオン　46
5つの力　245
五つ星工場　90
員工関愛中心　180, 205
インセル型　336, 392
ウォルマート　57
　　――効果　58
エイボン・プロダクツ　44
液晶分社化構想　358
オンリーワン技術　388

カ　行

学習効果　82
核心労働基準　37
火事場泥棒　308
価値連鎖　82
金のなる木　291
株主権利の希薄化　346
ガラパゴス化　387
雁行型経済発展モデル　95
監査機関　68
監査スタッフ　68
監査疲労　69

機械による人間の代替　226
企業の社会的責任（CSR）　2
技術関連多角化　294
吉凶未分　380
規模の経済性　82,245
逆シナジー効果　395
ギャップ　55
教育実習　215
共同監査　70
クアルコム　314
グレシャムの法則　88
グローバルな垂直統合モデル　363
黒船乗っ取り屋　155,383
経験曲線効果　82
経済人仮説　146
経済責任　9,115,235
コア・コンピタンス　260,326
工会　128
公共資源乱用　218
工場監査　55
行動規範　27,59,236
公募増資　345
顧客ニーズベースのポジショニング　265
顧客の創造　246
国際水平分業体制　381
国連グローバル・コンパクト　30
コスト・ビヘイビア　245
コスト・リーダーシップ戦略　244
コスト優位性　245
戸籍管理制度　116,126
550円の壁　319
コンカレント・エンジニアリング　271
コングロマリット多角化　294
コンプライアンス　6,43,59

サ　行

搾取工場　155,177
サムスン（電子）　301,315
　打倒――　315,363
三鹿集団　113
三鹿粉ミルク事件　113

産業革新機構（INCJ）　306,360,391
産業クラスター　86
残業志望協議書　190
残業超過　97
3強連合体制　371
資源配分戦略　291
資源ベース戦略論　260
自国主義・自前主義　385
自己資本比率　344,349
自社ブランド　272
市場の失敗　239
下請工場成金　155,383
執行力　200
実習生　215
児童労働　216
シナジー効果　248
　逆――　395
老舗の名門　383
シャープ　300
社会的責任のピラミッド　9
社会ニーズ　16
社会保障制度　87
シャドウ工場　61,90
社内カンパニー制　351
ジャパン・インダストリアル・ソリューションズ（JIS）　352
ジャパン・ディスプレイ産業（JDI）　306,336,360,391
ジャンケンの後出し　320
収入別ピラミッド　18
主人公　135
受動的CSR　11
小米　327,336,368,392
書類偽造　61,89
仁義なき戦争　393
人口ボーナス　127,212
新自由主義　5
新生代農民工　130,189,213
垂直立ち上げ　257
垂直統合モデル　385
　グローバルな――　363

索　引

水平分業モデル　388
ステークホルダー　3
すべての道はローマに通じる　377
スマイルカーブ　85, 228, 303
静音模式　193
生産委託先複数化　365
成長戦略　278
製品種類ベースのポジショニング　265
世界最大の工場　167
世界制覇　304, 363
世界の工場　79
攻めのCSR　236
戦略的CSR　11, 148
戦略的パートナーシップ関係　268
戦略的ポジション　265
ソフトバンク　270, 379

タ　行

台幹　203
第三者通報　205
第三者割当増資　307, 345
第三の男　302
多角化戦略　279
多国籍連合軍　395
脱・中国生産　225
打倒サムスン　315, 363
チャイナ・プライス　79, 80
チャイナ・プラス・ワン　105
チャレンジャー　284
調達先複数化　368
賃金未払い　120
ティンバーランド　48, 64
テスラー・モーターズ　286
デッド・エクイティ・スワップ（DES）　347
デファクト・スタンダード　389
同業他社間のポジショニング　283
独裁為公　194
トップ・ダウンの意思決定　384
飛び降り自殺　177

ナ　行

内幹　203
ナイキ　25, 44, 83, 225
　　——事件　25
南通帝人　47
ナンバーワン企業　389
日経テレコン21　158
日台連合　304
ニッチャー　284
日中台大連合　270, 370, 379
任天堂　216
農民工　87, 96, 116
　　新生代——　130, 189, 213

ハ　行

博愛責任　10, 115, 235
薄氷のV字回復　335, 348
薄利多売　302
花形　291
範囲の経済性　248
万能工　193
ビジオ（VIZIO）　274, 310, 388
ヒト型ロボット　270, 379
日の丸液晶大連合　391
日の丸連合艦隊　394
秘密主義　166, 232
100万台のロボット　214, 227, 259
フォックスコン　154
フォックスコン日本技研　264, 290
フォロワー　284
富士康　154
部品メーカー連合　304, 381
ブランド・イメージ　277
ブランド価値　273
ブランド戦略　277
米日台大連合　363, 379
宝成国際集団　69, 82
法律責任　10, 115, 235
ポジショニング・アプローチ　259
鴻海（ホンハイ）　144, 147, 154, 379

415

──科技集団 154
──はずし 313

マ 行

負け犬 291
守りのCSR 236
民工荒 132
モジュール化 387
モジュラリゼーション 83
模倣自殺症候群 206
モラル・ハザード 395
問題児 291

ヤ・ラ・ワ行

良い循環 148
良き企業市民 6,59
リーバイス 27
リーダー 284
利益相反 395
離職率 191
リソース・ベースト・ビュー 260
倫理責任 10,115,235
聯志玩具礼品 48
労働監査 143
労働契約 124
──法 139
労働搾取工場 28,60
労働訴訟 132
悪い循環 148

人 名

朝元照雄 162,164
アンゾフ 278,292
ウォルトン 57
王幼平 165
岡田正大 5
奥田隆司 311,313
郭守正 172,288
郭台銘 170,178,214,232,246,261,307,312,376,379
片山幹雄 308,312
加藤辰也 164

カロール 9,115,235
金奉春 160
クック 365
クラマー 7,12
胡錦濤 139
ゴイズエタ 273
黄雅雯 161,163
黄文雄 164
コトラー 272
菰田雄士 163
時晨生 160
シマニス 20
ジョブズ 180,257
施振栄 228
孫丹勇 206
孫正義 379
高橋興三 319,352,359
崔泰源 364
塚本隆敏 159
デル 267
鄧小平 136
中田行彦 164,387
野口悠紀雄 162
バーニー 259
ハーニー 79
ハメル 260
プラハラード 18,260
フリードマン 5
ポーター 7,12,244,265,292,394
本間充 396
馬雲 379
町田勝彦 246,307,312
丸山恵也 34
毛沢東 135
矢野耕三 317
吉川良三 386
吉原英樹 292
ランガン 8
李健熙 316
李在鎔 316
李少燕 162
ルメルト 292

《著者紹介》

喬　晋建（きょう・しんけん）
　1957年　中国山西省太原市に生まれる。
　1984年　天津大学工業工程管理系卒業。
　1993年　筑波大学大学院社会工学研究科博士課程単位取得。
　2003年　熊本学園大学商学部教授（現在に至る）。

最近の著書と論文
『経営学の開拓者たち』（単著）日本評論社，2011年。
『東亜産業経営管理』（共著）暉翔興業出版（台湾），2012年。
「コンティンジェンシー理論の誕生過程」『商学論集』第16巻3号，2012年。
「チャンドラーと経営戦略論」『海外事情研究』第40巻1号，2012年。
「経営理論のジャングル」『産業経営研究』第32号，2013年。
「経営戦略論の誕生と発展」『海外事情研究』第41巻1号，2013年。
「アンゾフの企業成長戦略」『商学論集』第18巻2号，2014年。

Minerva Library〈経営学〉①
覇者・鴻海の経営と戦略

2016年3月20日　初版第1刷発行		〈検印省略〉
		定価はカバーに表示しています
著　　者	喬　　晋　　建	
発 行 者	杉　田　啓　三	
印 刷 者	藤　森　英　夫	

発行所　株式会社　ミネルヴァ書房
607-8494 京都市山科区日ノ岡堤谷町1
電話代表 (075)581-5191
振替口座 01020-0-8076

© 喬　晋建, 2016　　　亜細亜印刷・新生製本

ISBN978-4-623-07550-8
Printed in Japan

日中合弁企業のマネジメント
―――――― 兪　成華 著　Ａ５判・260頁・本体6,500円
●技術・資金・人的資源　日本語と中国語を駆使した聞き取り調査により，段階的・包括的にその全容を詳細に捉える。

現代中小企業の海外事業展開
―――――― 佐竹　隆幸 編著　Ａ５判・240頁・本体3,500円
●グローバル戦略と地域経済の活性化　企業への実態調査から，進出時点の動機，形態，現状や課題などを明らかにし，今後の可能性と支援策を検討する。

中国における日・韓・台企業の経営比較
―――――― 板垣　博 編著　Ａ５判・282頁・本体6,500円
中国において，日本，韓国，台湾企業の経営にはどのような共通点と差違があるのか。これらの課題の考察を通じて，現在の中国の経済と産業の特徴を描く。

アジア経営論
―――――― 陳　晋 著　Ａ５判・274頁・本体2,800円
●ダイナミックな市場環境と企業戦略　各国主要企業の発展形態と躍進する現状を詳解し，今後のアジアの市場構造と企業経営の展開を捉える。

―――――― ミネルヴァ書房 ――――――
http://www.minervashobo.co.jp/